Chemie des Alltags

„Wissen allein ist nicht Zweck des Menschen
auf der Erde; das Wissen
muß sich im Leben auch betätigen."
                                    Helmholtz

Prof. Dr. Hermann Raaf

Chemie des Alltags

Praktische Chemie für Jedermann
von Alkohol bis Zündholz

25., neubearbeitete Auflage
des von Prof. Dr. Hermann Römpp
begründeten Werkes

Kosmos
Gesellschaft der
Naturfreunde
Franckh'sche Verlagshandlung
Stuttgart

41 Zeichnungen im Text von Maria Bertsch, Adolf Tschan und Hans-Hermann Kropf nach Vorlagen des Verfassers

Schutzumschlag von Edgar Dambacher
unter Verwendung einer Aufnahme von Uwe Höch

CIP-Kurztitelaufnahme der Deutschen Bibliothek

Raaf, Hermann:
Chemie des Alltags : prakt. Chemie für Jedermann
von Alkohol bis Zündholz / Hermann Raaf. — 25.,
neubearb. Aufl. d. von Hermann Römpp begr. Werkes. —
Stuttgart : Franckh, 1982.
 ISBN 3-440-04726-1
NE: Römpp, Hermann [Begr.]

25. Auflage / 142.—149. Tausend
Franckh'sche Verlagshandlung, W. Keller & Co. Stuttgart/1982
Alle Rechte, insbesondere das Recht der Vervielfältigung, Verbreitung
und Übersetzung, vorbehalten. Kein Teil des Werkes darf in irgendeiner
Form (durch Fotokopie, Mikrofilm oder ein anderes Verfahren) ohne schriftliche Genehmigung des Verlages reproduziert oder unter Verwendung elektronischer Systeme verarbeitet, vervielfältigt oder verbreitet werden
© 1939, 1967, 1971, 1975, 1976, 1979, 1982, Franckh'sche Verlagshandlung,
W. Keller & Co., Stuttgart
Printed in Germany / L 10kr H rr / ISBN 3-440-04726-1
Gesamtherstellung: Konrad Triltsch, Graphischer Betrieb, Würzburg

Vorwort zum 142.—149. Tausend

„Der moderne Mensch kommt mit Chemikalien und chemischen Markenartikeln täglich in mannigfache Berührung. Eine unermüdliche Propaganda legt uns den Gebrauch unzähliger chemischer Handelspräparate täglich nahe. Viele erwerben die angepriesenen Markenartikel, ohne ihre chemische Zusammensetzung und Wirkungsweise zu kennen. Viele möchten gewiß gern einen Blick hinter die Kulissen der Alltagschemikalien werfen; sie möchten wissen, aus welchen Stoffen diese oder jene Erzeugnisse bestehen, warum sie diese oder jene Wirkungen haben ... Schlagen wir ein Chemie-Lehrbuch auf, um über diese Fragen Rat zu holen, so werden wir zumeist vergeblich suchen, denn die Lehrbücher erwähnen die zahlreichen Markenartikel, die das chemische Gesicht unseres Alltagslebens bestimmen, höchstens am Rande. Hier möchte die „Chemie des Alltags" eine Lücke ausfüllen. Sie soll den Leser in die Lage versetzen, aufgrund eigener, einfacher Versuche einen Eindruck von der Zusammensetzung und Wirkungsweise der bekanntesten Markenartikel zu erhalten."
Diese Sätze schrieb Hermann Römpp zur 19., der letzten von ihm besorgten Auflage der „Chemie des Alltags". Von diesem Buch sind nun mehr als 140 000 Exemplare verkauft worden – ein sicheres Zeichen, daß es bei jungen und alten Chemiefreunden großen Anklang gefunden hat. Nach dem Tode von Hermann Römpp im Jahre 1964 habe ich die Bearbeitung seiner Chemiebücher übernommen, was in gewisser Weise nahelag, da ich mit Hermann Römpp 15 Jahre lang im Gedankenaustausch stand und mit ihm freundschaftlich verbunden war. Außer der „Chemie des Alltags" sind hier „Chemische Experimente, die gelingen" und „Organische Chemie im Probierglas" zu nennen.
Die von mir besorgte 20. Auflage (1967) wurde wesentlich erweitert und auf den neuesten Stand gebracht. 1971, 1975, 1976 und 1979 konnten weitere Auflagen folgen, und die unverändert anhaltende Nachfrage machte nur zwei Jahre später die 25. Auflage nötig. Es wurden wiederum die jüngsten Forschungsergebnisse ausgewertet, der vorhandene Text sorgfältig überprüft, neue Präparate berücksichtigt sowie eine Reihe neuer Stichworte und Abbildungen aufgenommen.

Weitere einfache Rezepte zur Naturkosmetik wurden ergänzt. — Auf Probleme des Umweltschutzes haben wir mehrfach hingewiesen.

Der Leser, der über irgendeinen Gegenstand oder Stoff Auskunft wünscht, schlägt am besten z u e r s t d a s S a c h r e g i s t e r am Schluß des Buches nach, da viele Abschnitte (z. B. Düngemittel, Farben, Kosmetika) über eine große Zahl von Stoffen berichten. Die einzelnen Überschriften geben nur eine ungefähre Vorstellung vom Umfang der behandelten Stoffe.

Das vorliegende Buch gliedert sich in zwei Teile. Im ersten wird eine praktische Anleitung zu einfachen chemischen Untersuchungen gegeben. Der zweite, weit größere Teil bringt die einzelnen Stoffe und Stoffgruppen in alphabetisch angeordneten Abschnitten. Die chemischen Formeln und Gleichungen werden den Anfänger weiter nicht stören, dem Fortgeschrittenen jedoch vielleicht erwünscht sein.

Neben Chemikalien des täglichen Lebens wurde wichtigen chemischen Arbeitsverfahren besondere Aufmerksamkeit gewidmet: Abbeizen, Fleckenreinigung, Desinfektion, Metallätzung, Nahrungsmittelkonservierung, Photographieren, Reinigungsverfahren.

Die „Chemie des Alltags" setzt einige Grundlagen der Chemie voraus. Der Leser findet zahlreiche experimentelle Hinweise und Erläuterungen chemischer Grundbegriffe in den oben genannten Büchern „Chemische Experimente, die gelingen" und „Organische Chemie im Probierglas". Ein unerschöpfliches Nachschlagewerk ist „Römpps Chemie-Lexikon" (8. Auflage 1979 ff.), in dem auch die einschlägige Literatur aufgeführt ist.

Bei den Vorarbeiten zu dieser Auflage haben mir viele Chemiker und Chemiefirmen wertvolle Auskünfte erteilt. Ihnen allen sei herzlich gedankt. Die vielen Zuschriften aus dem Kreis der Chemielehrer lassen die Wertschätzung des Bandes auch in der Schule erkennen. Je mehr man das Gewicht in den Schulbüchern auf den theoretischen Bereich verlagert, desto mehr sucht der Lehrer Informationen zur angewandten Chemie, die Leben und Gesellschaft des Menschen bestimmt.

Möge die 25. Auflage dieser „Praktischen Chemie für Jedermann" die gleiche freundliche Aufnahme wie ihre Vorgänger finden und damit in einem bescheidenen Rahmen zur Verbreitung des lebensnotwendigen chemischen Wissens und Könnens beitragen!

Prof. Dr. Hermann Raaf

Chemie des Alltags

Vorwort 5

I. Allgemeiner Teil
Die Ausrüstung für chemische Untersuchungen 9
Unsere Laboratoriumsgeräte 10
Unsere wichtigsten Chemikalien 10
Die einfachsten Handgriffe 12
Chemische Arbeitsverfahren 12
Die Untersuchung beginnt 14
Anwendung chemischer Nachweismittel 18
Einfache halbquantitative Bestimmungen 30
Einfache Gasuntersuchungen 31

II. Spezieller Teil

Abbeizen	34	Stickstoff-Dünger	76
Alkohol	35	Kali-Dünger	79
Alkohol und Verkehr	38	Phosphat-Dünger	80
Alkoholbestimmung im Blut ...	39	Volldünger	82
Alkoholische Getränke	39	Spezial-Düngungsverfahren ...	85
Aluminium	45	Eier	86
Anstreicharbeiten	46	Enthaarungsmittel	88
Aspirin	49	Essig	89
Auto-Reinigungs- u. Glanzmittel ..	50	Essigsäure	91
Backpulver	51	Essigsaure Tonerde	92
Badezusätze	53	Farben und Lacke	93
Bakterien	55	Farbstoffe	109
Bleichsoda	55	Fingerabdrücke	112
Bleistifte	56	Fleckenreinigung	113
Bohnermassen	57	Fleischextrakte	121
Borax	59	Formaldehyd	123
Brandbekämpfung u. Feuerlöscher	60	Frostschutzmittel	123
Carbid	63	Futterkalke und Kalkpräparate ...	124
Chemiefasern	64	Geleeherstellung	126
Chlorkalk	65	Gerbsäure	127
Desinfektion	67	Glasätzen	128
Desodorierung	73	Glycerin	129
Düngemittel	74	Haarfärben	130

Haarsprays	131
Haarwaschmittel	131
Haarwasser	132
Hautcremes	134
Heizöle	140
Honig	140
Kaffee und Coffein	141
Kaliumpermanganat	143
Kaltdauerwellen	143
Kieselgur	145
Kitte	146
Klebstoffe	147
Klebebänder	152
Kochsalz	152
Kölnisch Wasser	152
Kosmetische Präparate	153
Kugelschreiber-Farbmassen	154
Kunststoffe (Kunstharze)	155
Die vier Kunststoff-Gruppen	156
Phenoplaste, Aminoplaste	161
Polyäthylen (PE)	161
Polystyrol (PS)	163
Acrylglas (PMMA)	164
Ungesättigte Polyesterharze (UP)	164
Leuchtmassen	166
Limonaden	168
Löten	169
Mandelkleie	171
Marmelade	172
Metallätzung	172
Milch	173
Mineralwasser	174
Mondamin	177
Münzen	178
Nahrungsmittel und Ernährung	178
Nahrungsmittelkonservierung	184
Natron	188
Neutralisation	189
Nicotin	190
Nitrit	193
Nur 1 Tropfen	194
Ovulationshemmer (Pille)	194
Oxidation und Reduktion	195
Penicillin	196
Photographieren	196
Schwarzweiß-Photographie	197
Das Polaroid-Verfahren	203
Farbenphotographie	204
Phototrope Brillengläser	205
Pottasche	206
Propan, Flüssiggas, Erdgas	207
Rasiersteine	207
Reinigungsmittel	208
Reinigungsverfahren	212
Rost und Rostschutz	216
Saatbeizmittel	220
Saccharin und andere Süßstoffe	221
Salicylsäure	223
Salmiakgeist	225
Schädlingsbekämpfung	226
Insektizide	229
Fungizide	232
Unkrautvertilgungsmittel	235
Bodendesinfektion	237
Fliegenbekämpfung	239
Abschreckungsmittel	241
Mäuse- und Rattenbekämpfung	242
Neue Wege der Schädlingsbekämpfung	244
Schlankheitsmittel	245
Schuhcreme	246
Schwangerschaftstest	248
Seifen	249
Soda	253
Sodbrennen	254
Spiegel	256
Sprühdosen	257
Süßmost	258
Synthesefasern	260
Polyamide: Perlon, Nylon	260
Polyacrylnitrile: Dralon, Dolan	261
Polyester: Trevira, Diolen	262
Taschenbatterien und Akkumulatoren	263
Tinten	265
Treibstoffe	267
Trockenrasier-Tonics	273
Vitamine	273
Wasch- und Waschhilfsmittel	280
Wasser	290
Wasserglas	295
Wasserstoffionenkonzentration	296
Wasserstoffperoxid	298
Zahnpflegemittel	300
Zitronat	306
Zündhölzer	306
Sachregister	308

I. Allgemeiner Teil

Die Ausrüstung für chemische Untersuchungen

Ein Bekannter bringt ein weißes Pulver; er hat es zu Hause in einer Flasche ohne Aufschrift gefunden und möchte nun wissen, was es ist. Ein anderer bringt eine Malerfarbe, ein Putzmittel, einen Blumendünger, ein Waschmittel, eine Münze, ein Schädlingsbekämpfungsmittel, ein Zahnputzmittel, ein Schmuckstück oder ein Arzneimittel und möchte erfahren, aus welchen Stoffen diese Dinge zusammengesetzt sind. Wir nehmen den zu untersuchenden Stoff in unser Laboratorium, beobachten dort sorgfältig alle seine Eigenschaften, so z. B. Farbe, Kristallform, Wasserlöslichkeit, Härte, Dichte, sein Verhalten gegenüber dem Feuer, seine Flammenfärbung und seine Reaktion mit anderen Chemikalien. Je nach der Schwierigkeit des Falls kann die Untersuchung nach einigen Minuten, Stunden oder Tagen beendet sein, und wir können den Bescheid geben: Das weiße Pulver ist Natronsalpeter, die Malerfarbe ist Bleiweiß, das Putzmittel enthält Soda und Sand, das Arzneimittel ist Aspirin usw. Nach der Sprache der Chemiker haben wir in den obigen Fällen q u a l i t a t i v e A n a l y s e n ausgeführt; das heißt, wir haben lediglich festgestellt, aus welchen Stoffen der zu untersuchende Körper bestand. Wären wir auch noch aufgefordert worden, herauszubringen, aus wieviel Prozent Sand und Soda beispielsweise das obige Putzmittel besteht oder wieviel Hundertteile reines Silber in einem Schmuckgegenstand enthalten sind, so hätten wir eine sogenannte q u a n t i t a t i v e A n a l y s e vornehmen müssen.

Im folgenden wollen wir uns lediglich auf die qualitative Analyse beschränken. Diese spielt in der Wissenschaft und im praktischen Leben eine sehr wichtige Rolle. Viele Gelehrte haben ihr ganzes Leben diesem Forschungsgebiet gewidmet und ihre Erfahrungen und Beobachtungen in zahlreichen Schriften und dicken Büchern veröffentlicht. An den Universitäten und technischen Hochschulen befassen sich die Chemiestudenten in den ersten Semestern vorwiegend mit qualitativer Analyse. In zahlreichen nahrungsmittelchemischen Laboratorien, staatlichen Untersuchungsämtern, Fabriklaboratorien usw. werden täglich Dutzende von chemischen Analysen ausgeführt. Das ist ein ausreichender Grund, sich wenigstens mit den Elementen dieses interessanten Wissenschaftszweiges zu beschäftigen.

Unsere Laboratoriumsgeräte. Für einfachere qualitative Analysen genügt eine sehr bescheidene, von jedermann leicht zu beschaffende Ausrüstung. Wir brauchen 1. ein Dutzend gewöhnliche Probiergläser, 2. einen Glastrichter mit Filtrierpapieren, 3. Magnesiastäbchen, 4. ein Stück blaues Glas (Kobaltglas), 5. einige Glasstäbe, 6. zwei Bechergläser, 7. zwei Erlenmeyerkolben, 8. eine Spritzflasche aus Plastik *(Bild 1)* mit destilliertem Wasser (im Notfall Regen- oder Schneewasser), 9. ein Porzellanschälchen von etwa 6 Zentimetern Durchmesser, 10. ein Drahtdreieck, auf dem das Porzellanschälchen oder der Trichter aufgesetzt wird, 11. einen Dreifuß zum Filtrieren und Erhitzen von Flüssigkeiten in Bechergläsern und Porzellanschalen, 12. ein Drahtnetz mit Asbestplatte, 13. eine Tiegelzange (im Notfall Flachzange oder Beißzange), 14. einige Porzellanscherben, 15. einige Uhrgläser (im Notfall Deckel von Einmachgläsern), 16. einige Glasplatten, 17. einen Glaszylinder (im Notfall schlankes Einmachglas von 0,5 bis 1 Liter Inhalt), 18. rotes und blaues Lackmuspapier. Alle diese Geräte sind in jedem Chemiekaliengeschäft unter den oben genannten Bezeichnungen erhältlich, einige davon wurden auf Seite 25 abgebildet [1].

Wärmequellen. Bei chemischen Experimenten wird zum Erhitzen der Bunsenbrenner bevorzugt. Wenn man eine besonders breite Flamme erzeugen will, so setzt man auf den Brenner einen Schlitzaufsatz. Als Brenngas dienen Stadtgas (giftig), Erdgas (ungiftig) oder Propangas. Man kann auch einen Camping-Labor-Gasbrenner verwenden, der in einem kleinen Behälter Butan enthält *(Bild 2)*. Für manche Versuche genügt ein Spiritusbrenner oder der Esbitkocher mit dem weißen hexamethylentetraminhaltigen Esbit-Brennstoff $(CH_2)_6N_4$.

Unsere wichtigsten Chemikalien. Die folgenden Chemikalien, die man auch als Nachweismittel oder Reagenzien bezeichnet, können in Drogerien oder Apotheken billig erstanden werden. Es empfiehlt sich im Interesse einer rascheren Arbeitsweise, gleich Lösungen von den käuflichen Salzen und dergleichen herzustellen und in sauberen Flaschen mit Aufschriften (und – wenn möglich – Glasstöpseln) aufzubewahren. Die Reagenzien sind stets in destilliertem Wasser aufzulösen und vor Verunreinigung peinlichst zu schützen. Man darf aus den Reagenzflaschen stets nur Flüssigkeit ausgießen, niemals irgendwelche Stoffe dazu hineingeben. Wir benötigen:

---

[1] Eine sehr gut geeignete Grundausrüstung enthalten auch die KOSMOS-Experimentierkästen „All-Chemist 2000" und „Chemielabor C 1".

1. Chemisch reine **Salzsäure**, etwa 250 Gramm (diese ist etwa 25%ig).
2. **Salpetersäure**, chemisch rein, braune Flasche mit Glasstöpsel; 250 Gramm der 25—30%igen Säure reichen für viele Versuche.
3. **Schwefelsäure**, chemisch rein, 98%ig, 200 Gramm in Flasche mit Glasstöpsel, ferner verdünnte Schwefelsäure, diese erhältlich, wenn man zu 160 Kubikzentimeter Wasser langsam, portionenweise 40 Kubikzentimeter konz. Schwefelsäure gießt. Vorsicht! Erhitzung!
4. **Natronlauge**, etwa 500 Gramm, 10–20%ig, Flasche mit Gummistopfen, da Glasstöpsel sich bald im Flaschenhals festsetzt.
5. Flasche mit käuflichem 10%igem **Salmiakgeist** (= Ammoniakflüssigkeit = Ammoniumhydroxid):
6. **Bariumchloridlösung**: 2 Gramm Bariumchlorid werden in 20 Gramm destilliertem Wasser gelöst.
7. **Bleiacetat**: 2 Gramm Bleizucker (= Bleiacetat) werden in 20 Gramm destilliertem Wasser gelöst; dazu gibt man einige Tropfen Essigsäure, damit das Bleiacetat nicht unter dem Einfluß der Luftkohlensäure allmählich getrübt wird.
8. **Eisensulfat** (= Eisenvitriol): Grüne oder weißgewordene Kristalle werden erst im Bedarfsfalle in kaltem, destilliertem Wasser gelöst, dem man etwas verdünnte Schwefelsäure zugefügt hat. Im Lauf der Zeit zersetzen sich Eisenvitriollösungen unter Abscheidung trüber Niederschläge.
9. **Kaliumhexacyanoferrat** (II) (= Kaliumferrocyanid = gelbes Blutlaugensalz): 1 Gramm davon wird in 20 Gramm Wasser gelöst.
10. **Kaliumdichromat**: 2 Gramm rotgelbes Kaliumdichromat werden in 20 Gramm Wasser aufgelöst.
11. **Kaliumthiocyanat** (= Kaliumrhodanid): 4 Gramm Kaliumthiocyanat werden in 20 Gramm destilliertem Wasser gelöst.
12. **Kaliumpermanganat**: Im Bedarfsfall wird aus einem Kaliumpermanganatkriställchen im Probierglas durch Umschütteln mit Wasser eine Lösung hergestellt und ein wenig verdünnte Schwefelsäure zugegeben.
13. **Kalkwasser**: Wir werfen einige Gramm gebrannten Kalk in einen mit Wasser gefüllten Zylinder, rühren um, lassen die Trübung absetzen und filtrieren. Man erhält auf diese Weise eine Lösung, die auf etwa 700 Gramm Wasser 1 Gramm **Calciumhydroxid**, $Ca(OH)_2$ enthält.
14. **Ammoniummolybdat**: 15 Gramm Ammoniummolybdat werden unter Erwärmen in 65 Kubikzentimeter Wasser gelöst; sodann fügt man 40 Gramm Ammoniumnitrat hinzu, löst unter Umschwenken und gießt die Lösung sofort in 135 Kubikzentimeter 25%ige Salpetersäure (Dichte 1,145—1,148 g/cm³). Die Mischung bleibt 24 Stunden stehen und wird dann filtriert.

15. **Silbernitrat**: 1 Gramm festes Silbernitrat (= Höllenstein) wird in 20 Gramm destilliertem Wasser gelöst und in brauner Flasche mit Glasstöpsel aufbewahrt.

16. **Kobaltchlorid**: 2 Gramm der roten, käuflichen Kobaltchloridkristalle ($CoCl_2$) werden in 20 Gramm Wasser gelöst.

17. **Eisenchlorid**: Löse 1 Gramm braunes Eisen(III)-chlorid ($FeCl_3$) in 20 Kubikzentimeter Wasser auf. Man kann die Lösung auch selbst herstellen, wenn man reines Eisen (Blumendraht) in Salzsäure unter Zusatz von etwas Wasserstoffperoxid erwärmt.

18. **Gipswasser**: Man gibt eine starke Messerspitze des in Apotheken und Drogerien erhältlichen Gipspulvers zu 100 ml Wasser, schüttelt längere Zeit kräftig um und filtriert in eine Chemikalienflasche. Die Gipslösung ist ungefähr 0,25%ig.

19. **Jodlösung**: In Apotheken ist Jodtinktur (ziemlich konzentrierte, braune Lösung von Jod in Alkohol) erhältlich; wir können diese Lösung mit der 5fachen Brennspiritusmenge verdünnen.

Neben diesen wichtigen chemischen Reagenzien werden wir in unser Laboratorium noch viele mehr oder weniger reine Stoffe aufnehmen, die vom Haushalt her bekannt sind, so z. B. Kochsalz, Soda, Borax, Stärke, Zucker, Kupfersulfat, Marmor, Mennige, Gerbsäure, Zinkblech (aus alten Taschenbatterien), Lötzinn, Eisenfeilspäne, Natron, Gips, Carbid, Schwefel, Fett, Kohle, Wasserstoffperoxid, Weinsäure, Wasserglas, Brennspiritus, Erdöl, Farben usw.

Die einfachsten Handgriffe

Chemische Arbeitsverfahren. Die folgenden sechs Arbeitsverfahren kehren bei chemischen Untersuchungen ständig wieder. Wir wollen uns daher mit ihnen vertraut machen.

1. **Erwärmen im Probierglas.** Gläser, die in die Flamme gehalten werden, müssen außen trocken sein, sonst springen sie leicht. Die Probierglasmündung ist stets vom Gesicht abzuwenden, da infolge der Erhitzung oft ein Teil der Flüssigkeit plötzlich herausspritzt. Enthält das Probierglas feste Stoffe, so muß es über einer kleinen Flamme hin und her bewegt werden, damit das Glas nicht zu schmelzen anfängt.

2. **Erhitzen auf dem Porzellanscherben.** Soll ein fester Stoff stärker erhitzt werden, so bringen wir ihn auf einen Porzellanscherben und halten diesen mit der Zange in die obere Hälfte der Flamme. Porzellan eignet sich besonders gut, denn es ist billig, in gewöhnlichen Flammen unschmelzbar, und es verbindet sich auch bei hohen Temperaturen mit den allerwenigsten Stoffen.

3. **Feststellung der Flammenfärbung.** Streut man etwas Kochsalz in die Flamme, so leuchtet sie in hellem Gelb. Kupfergeräte

rufen oft eine grüne oder blaue Flammenfärbung hervor. Man kann mit Hilfe der Flammenfärbung einige Elemente, wie Kalium, Natrium, Calcium, Kupfer u. a., mit mehr oder weniger großer Sicherheit in Stoffgemischen nachweisen. Dies geschieht im Laboratorium folgendermaßen: Man hält ein Magnesiastäbchen so lange in die farblose, heiße Gasflamme, bis es keine Flammenfärbung mehr verursacht (auf diese Weise werden am Stäbchen haftende Verunreinigungen von früheren Versuchen beseitigt), taucht dann das heiße Ende in eine kleine Probe des zu untersuchenden Stoffs und bringt es von neuem in die Flamme. Wird diese deutlich gelb gefärbt, so enthält die Untersuchungssubstanz Natrium. Näheres Seite 17 und 18.

4. Eindampfen. Oft ist der Chemiker vor die Aufgabe gestellt, einen festen Stoff, der in einer Flüssigkeit gelöst ist, in reinem Zustand zu gewinnen. In diesem Fall muß die Flüssigkeit durch „Eindampfen" vertrieben werden. Man bringt die Lösung in eine Porzellanschale und erhitzt diese auf Asbestplatte und Dreifuß nach *Bild 3* so lange zum Sieden, bis die Flüssigkeit verdampft ist. Es empfiehlt sich, das Erhitzen sofort nach dem Verdampfen einzustellen, da sonst auch der feste Rückstand zersetzt werden könnte.

5. Filtrieren. Wenn ein fester, nicht gelöster Stoff von einer Flüssigkeit getrennt werden soll, muß man filtrieren. Man faltet zu diesem Zweck ein käufliches, kreisrundes Filter zweimal zusammen, so daß ein Viertelkreis entsteht. Dieser wird in einen Glastrichter gesteckt und so geöffnet, daß die eine Hälfte des Trichters mit einer einfachen, die andere mit einer dreifachen Papierschicht bedeckt ist. Das Filtrierpapier soll nicht über den Trichterrand hinausragen. Damit es an der Glaswand gut haftet, spritzen wir etwas destilliertes Wasser hinein. Das Filtrieren wird dann nach *Bild 4* ausgeführt. Die zu filtrierende Flüssigkeit soll vom Rand des Filters noch etwa 1 Zentimeter entfernt bleiben, da sonst feste Teilchen zwischen Papier und Glaswand hinunterrutschen könnten. Man soll womöglich heiß filtrieren, da die warme Flüssigkeit rascher (und oft auch klarer) durchs Filter läuft. Die zum Trichterrohr heraustropfende, gereinigte Flüssigkeit wird als Filtrat, der im Filter verbleibende, feste Rest als Rückstand bezeichnet. Soll der Rückstand von löslichen Beimengungen vollständig befreit werden, so muß man ihn längere Zeit im Filter mit destilliertem Wasser oder anderen geeigneten Flüssigkeiten (z. B. Alkohol) begießen; man bezeichnet diese Tätigkeit als Auswaschen.

6. Destillieren. Wenn der Chemiker aus gewöhnlichem Meer-, Fluß- oder Leitungswasser chemisch reines Wasser gewinnen will, muß er destillieren. Im einfachsten Fall kann man mit einem Prüfglas und einer Glasröhre destillieren *(Bild 6)*. Sehr praktisch ist auch das Gerät nach Flörke *(Bild 7)*; man erhitzt das Salzwasser

im Kölbchen, wobei das Wasser verdampft und durch Kühlung auf der rechten Seite kondensiert. Wir können auch durch Destillieren zwei Flüssigkeiten mit verschiedenen Siedepunkten, wie z. B. Wasser und Alkohol, trennen.

Die Untersuchung beginnt! Freund A hat zu Hause eine Tüte ohne Aufschrift gefunden, die große und kleine Brocken einer weißen Substanz enthält. Niemand weiß sicher, um welchen Stoff es sich hier handelt. Ist es Salz, Soda, Zucker, Borax, Stärke, Glaubersalz, verwittertes Eisensulfat, Weinstein, Backpulver, Natron, Kleesalz, Mehl, Schlämmkreide, Salmiak, Fixiersalz, Chlorkalk, Salpeter, ein Kunstdünger, ein Waschmittel, ein Kraftfutter für Haustiere oder sonst irgend etwas anderes? Wir werden es herausbringen! Aber vorher müssen wir noch einiges Neue lernen.

1. **Die Probeentnahme.** Gewöhnlich reichen zur Untersuchung eines Stoffes einige Gramm aus. Diese nehmen wir nicht gerade von der Oberfläche der Ware, da an dieser Stelle im Lauf der Zeit Veränderungen, wie Austrocknung, Zersetzung, Verbindung mit dem Sauerstoff oder der Kohlensäure der Luft, eintreten können. Wir schaben daher die oberste Schicht beiseite und greifen aus den tieferen Stellen eine Probe von wenigen Grammen zur Untersuchung heraus. Wir wollen diese Probe künftig als **Untersuchungssubstanz** oder kurz als Substanz bezeichnen.

2. **Sparsamkeit vor allem!** Wir dürfen keinesfalls schon beim ersten Versuch die ganze Substanz verbrauchen, denn es müssen unter Umständen Dutzende von Reaktionen ausprobiert werden. Für eine einzelne Probe ist ein erbsengroßes Körnchen Substanz mehr als ausreichend, meist genügt weniger. Es ist zu bedenken, daß die Ergebnisse um so genauer werden, je weniger Substanz verbraucht wird.

3. **Erkenntnisse ohne chemische Versuche.** Erfasse die Eigenart der Stoffe mit allen Sinnesorganen! Diese Regel der modernen Erziehungslehre gilt in erhöhtem Maße auch für unsere chemischen Untersuchungen. Oft geben uns die Farbe, der Geruch, der Geschmack, die Ätzwirkung auf der Haut, die Festigkeit und das Gewicht der Substanz wertvolle Fingerzeige. Das weiß schon der kleine Junge, der – im Zweifel, ob er den Zucker- oder Salzbehälter vor sich hat – mit der Zunge prüft und dann ohne weitere Analysen zur Tat schreitet. Eine für die Erkennung der Stoffe sehr wichtige Eigenschaft ist die Farbe[1]. Unsere oben erwähnte weiße Substanz ist höchstwahr-

---
[1] Einschränkungen und Täuschungsmöglichkeiten sind freilich auch hier nicht selten, so geben z. B. Mischungen aus Gelb und Blau Grünfärbungen, viele Stoffe kommen in verschiedenen Farben vor; spurenweise Verunreinigungen können in einzelnen Fällen starke Färbungen hervorrufen (z. B. Farbe mancher Edelsteine, Eisenspuren färben rohe Salzsäure gelblich); scheinbar weiße Salze (kristallwasserfreies Eisensulfat bzw. Kupfersulfat) können dennoch farbige Lösungen ergeben usw.

scheinlich frei von Eisen-, Nickel-, Kobalt-, Chrom- oder Kupfersalzen, da diese fast stets mehr oder weniger stark gefärbt sind – man denke nur an Kupfersulfat oder Chromgelb! Ist die Substanz grün, so kann sie Chromoxid, Nickelverbindungen, Schweinfurter Grün oder Eisensulfat enthalten; rote Färbungen rühren oft von Mennige, Zinnober, Quecksilberoxid, Quecksilberjodid, Kupfer(I)-oxid oder Antimonsulfid her; orange ist das Kaliumdichromat; mehr oder weniger gelbe Farben findet man bei Chromaten, einigen Silbersalzen, einigen Phosphaten, dem gelben Blutlaugensalz, Cadmiumsulfid usw., blau sind einige Kupfersalze, Berlinerblau, Indigo, Ultramarin u. a. Auch die G e s c h m a c k s p r o b e gibt wichtige Anhaltspunkte: wir bringen einen Tropfen der gelösten, verdünnten Substanz mit dem Finger auf die Zunge und spülen ihn nachher mit viel Wasser wieder aus. Süßen Geschmack haben Zucker, Bleiacetat, verdünntes Saccharin u. a., bitter schmecken Magnesium- und Calciumverbindungen; Aluminiumsalze haben einen zusammenziehenden Geschmack, Säuren schmecken sauer, Laugen alkalisch, die meisten Salze salzig. Auch der G e r u c h mancher Stoffe ist charakteristisch: so lassen sich z. B. aus dem Chlor-, Schwefelwasserstoff-, Schwefeldioxid- oder Ammoniakgeruch einer Substanz wichtige Schlüsse auf deren Zusammensetzung ziehen. Es ist zweckmäßig, zunächst an bekannten Stoffen Geschmacks- und Geruchsproben anzustellen und sich die verschiedenen Empfindungen gut einzuprägen. Leuchtet die Untersuchungssubstanz im Dunkeln, so hat man es wahrscheinlich mit gelbem Phosphor oder mit künstlichen Leuchtmassen zu tun. Ist sie außerordentlich schwer, so dürften Schwerspat, Quecksilber- oder Bleiverbindungen vorliegen. Durch auffällige Leichtigkeit sind dagegen Magnesium- und Aluminiumverbindungen gekennzeichnet. Knirschende Härte findet man bei Sand (Quarz) und vielen Silicaten, auffällig weich sind Blei und Graphit, die schon auf Papier einen deutlichen Strich geben. Laugen ätzen die Unebenheiten der Haut weg, sie fühlen sich deshalb schlüpfrig an; Wasserglas ist klebrig, Borsäure und Talk sind an der Oberfläche schwer benetzbar usw. Nicht selten gibt auch die Kristallform wertvolle Fingerzeige; so kristallisieren z. B. Kochsalz, Katzengold, Bleiglanz u. a. meist in Würfeln, beim Alaun und Magneteisenstein trifft man häufig Doppelpyramiden (Oktaeder). Bergkristall, Rauchquarz u. a. bilden sechsseitige Säulen mit sechsteiligen Dächern darauf, der Asbest kristallisiert in langen, biegsamen Nadeln. Freilich ist es nicht so, daß jeder Stoff seine besondere Kristallform hätte. Oft kommt es vor, daß verschiedene Stoffe gleichartige Kristalle bilden und derselbe Stoff in zwei oder mehr verschiedenen Kristallformen auftritt.

4. O r g a n i s c h o d e r a n o r g a n i s c h ? Feste organische Stoffe (z. B. Fette, Seifen, Zucker, Stärke, Eiweiße, organische Säuren, Zellstoff usw.) verbrennen früher oder später beim Erhitzen auf dem

Porzellanscherben unter Verkohlung. Der Anfänger kann hier getäuscht werden, da auch einige anorganische Verbindungen beim Erhitzen auf dem Porzellanscherben dunkel werden; es sei hier nur an Eisen- und Kupfersalze erinnert. Die Unterscheidung solcher Fälle wird erleichtert, wenn man zum Vergleich einige Proben von Eisensalzen neben organischen Stoffen erhitzt und gleichzeitig die Rauch- und Dampfentwicklung vergleicht. Die organischen Stoffe geben beim Erhitzen einen bezeichnenden Brandgeruch, der an verbrennende Lebensmittel, wie Zucker, Mehl und Fleisch oder an Teer bzw. verbranntes Holz erinnert, während bei den anorganischen Substanzen diese Gerüche in der Regel fehlen. Verschwindet die feste Substanz beim Erhitzen allmählich vom Porzellanscherben, ohne zu verkohlen oder zu schmelzen, so liegt ein sogenannter sublimierender Stoff vor; hierher gehören z. B. Salmiak, Hirschhornsalz (ausprobieren!), Jod, Ammoniumnitrat und Quecksilberchlorid (= Sublimat).

Wir erhitzen 1 g Zucker oder Stärke mit 10 g Kupfer(II)-oxid nach *Bild 19* (S. 159) im Prüfglas. Die sich bildenden Gase durchstreichen eine mit Wasser gekühlte U-Röhre und ein mit Kalkwasser gefülltes Prüfglas. Nach einiger Zeit schlagen sich Wassertröpfchen in der U-Röhre nieder, während das Kalkwasser getrübt wird. Beim Glühen mit Kupferoxid wird der Kohlenstoff zu Kohlendioxid, der Wasserstoff zu Wasser oxidiert. Mit diesem Versuch können beide Elemente zugleich als Bestandteile der organischen Verbindungen nachgewiesen werden.

Verkohlt und verbrennt die Untersuchungssubstanz, so ist es uns nur in einigen wenigen Ausnahmefällen (z. B. bei Traubenzucker, Stärke, Gerbsäure, Salicylsäure) möglich, auf Grund einfacher Versuche anzugeben, um welchen Stoff es sich handelt. Da es über eine Million organische Verbindungen gibt, verbietet es sich von selbst, hier einen einfachen „Bestimmungsschlüssel" auszuarbeiten. Wir müssen deshalb die Untersuchung der allermeisten organischen Verbindungen dem spezialisierten organischen Chemiker überlassen.

5. **Löslich oder unlöslich?** Wir bringen eine Messerspitze Untersuchungssubstanz in ein Probierglas, füllen etwa bis zur Hälfte mit destilliertem Wasser auf und erwärmen unter Umschütteln. Wenn sich die Substanz schließlich vollständig auflöst, ist uns das sehr willkommen; die Untersuchung wird dadurch wesentlich vereinfacht. Oft bleibt die Substanz aber auch ganz oder teilweise ungelöst; dann filtrieren wir die Probe und dampfen einige Tropfen des Filtrats auf einer Glasplatte ein. Bleibt nach dem Verdunsten des Wassers eine Kruste zurück, so enthielt die Substanz auch wasserlösliche Stoffe. Wir untersuchen dann das Filtrat und den Rückstand getrennt weiter. Hinterlassen die auf der Glasplatte verdampften Wassertropfen keine Kruste, so ist nur der Rückstand zu untersuchen. Diese wasserunlös-

lichen Rückstände lösen sich oft in Säuren oder Laugen auf; doch gibt es Stoffe, die auch hier nicht in Lösung gehen. Die Chemie hat eine Reihe von Verfahren ausgearbeitet, solche unlöslichen Rückstände „aufzuschließen", d. h. in lösliche Verbindungen zu verwandeln. Wir wollen im folgenden auf alle schwierigen und langwierigen Aufschließungsmethoden (z. B. von Silicaten, Fluoriden, Aluminiumoxiden, Zinn-, Arsenverbindungen usw.) verzichten und uns lediglich auf die in Säuren löslichen, in Wasser unlöslichen Rückstände von **Metallen, Metalloxiden, Sulfiden und Carbonaten beschränken.**

6. **Die Reaktion mit Lackmus.** Wir halten in die gelöste Substanz ein Stück blaues und rotes Lackmuspapier hinein; tritt in beiden Fällen keine Farbveränderung auf, so reagiert die Flüssigkeit neutral; wird blaues Papier rot, so ist saure Reaktion, bei Blaufärbung des roten Lackmus dagegen alkalische (= basische = laugenhafte) Reaktion festzustellen. Leider liegt nun die Sache nicht so, daß damit einwandfrei die Anwesenheit von Säuren bzw. Laugen bewiesen wäre, denn viele Salze verändern den Lackmusfarbstoff ebenfalls. Lösen wir z. B. einige blaue Kupfersulfatkristalle in destilliertem Wasser, so wird Lackmus gerötet; umgekehrt färbt eine Sodalösung roten Lackmus blau, wie wir uns leicht überzeugen können. Noch viele andere Salze reagieren nicht „neutral", sondern sauer oder alkalisch. Anstelle von Lackmuspapier wird heute oft Universalindikatorpapier (Merck, Macherey, Nagel) verwendet (S. 297).

7. **Flammenfärbung.** Wir bringen eine Spur Kochsalz, Soda oder Natron in die nichtleuchtende Gasflamme. Infolge der Hitze verflüchtigt sich die Substanz, dabei wird die Flamme gelb gefärbt. Da bei allen drei Substanzen die gleiche Gelbfärbung auftritt, muß diese von einem gemeinsamen Bestandteil herrühren. Kochsalz hat die chemische Formel $NaCl$, Soda Na_2CO_3, Natron $NaHCO_3$; der gemeinsame Bestandteil ist Natrium, also verursacht dieses vermutlich die gelbe Flammenfärbung. Die Vermutung wird durch weitere Versuche bestätigt; so entsteht z. B. auch beim Verbrennen von etwas Natriummetall eine grellgelbe Flammenfärbung, und alle übrigen Natriumverbindungen, wie z. B. Natronwasserglas, Natronsalpeter, Natronlauge, Natriumphosphat usw., färben ebenfalls die nichtleuchtende Flamme stark gelb. Umgekehrt fehlt bei natriumfreien Verbindungen (z. B. Kupfersulfat) die charakteristische Gelbfärbung. Enthält die Untersuchungssubstanz neben Natriumverbindungen noch organische Stoffe, so können die glühenden Kohlenstoffteilchen ebenfalls eine Gelbfärbung der Flamme bewirken (dies ist z. B. bei verbrennendem Holz, Zucker, Petroleum, Benzol und dergleichen der Fall), doch kann man diese mit einiger Übung leicht auseinanderhalten. Bringe nacheinander Spuren von Zucker bzw. Kochsalz am Magnesiastäbchen in die Flamme und beobachte den Unterschied der Flammenfärbung!

Mische etwas Kochsalz mit Zucker und studiere die Flammenfärbung des Gemisches!

Deutliche Flammenfärbungen geben auch Kalium-, Calcium- und Kupferverbindungen. Halte Spuren von Kaliumsalzen (z. B. Pottasche, Kalisalpeter, Kaliumsulfat und dergleichen) am Magnesiastäbchen in die nichtleuchtende Gasflamme! Die Flamme erscheint in gewöhnlichem Licht fahlgelb, bei Betrachtung durch ein Kobaltglas karminrot. Diese Flammenfärbung muß durch K a l i u m verursacht worden sein, da nur dieses in allen geprüften Substanzen vorkam. Reinste Kaliumsalze geben eine rote Flammenfärbung; da die meisten K-Verbindungen jedoch mit Na-Verbindungen verunreinigt sind, entsteht gewöhnlich eine fahlgelbe Flammenfärbung. Bei Betrachtung durch ein blaues Kobaltglas wird die gelbe Natriumfarbe absorbiert (Komplementärfarbe), und das Rot des Kaliums kommt zum Vorschein. Mische Kochsalz und Kalisalpeter und prüfe, ob man Natrium und Kalium nebeneinander nachweisen kann! Kobaltglas!

Bringe etwas Calciumchlorid oder Kalksalpeter (= Calciumnitrat) in die Flamme! Es entsteht für kurze Zeit eine ziegelrote, orangerote oder rotgelbe Flammenfärbung. Hält man unlösliche Calciumverbindungen, wie Kalk, Gips, Calciumphosphat und dergleichen, in eine Flamme, so bleibt diese Färbung aus. Sie stellt sich erst ein, wenn wir die Substanz mit etwas Salzsäure betupfen und dann in die Flamme halten. Erklärung: Die unlöslichen Calciumverbindungen sind in der Flamme schwer flüchtig, sie geben deshalb auch keine deutliche Flammenfärbung. Nach Zusatz von Salzsäure entsteht aus den unlöslichen, nichtflüchtigen Calciumverbindungen etwas lösliches, flüchtiges Calciumchlorid, $CaCl_2$, das die Flamme für einen Augenblick deutlich färbt. Wir halten deshalb bei der Prüfung auf Calcium eine Spur der Substanz zuerst in etwas Salzsäure und hernach in die Flamme.

Kupferverbindungen geben eine grüne bzw. blaue Flammenfärbung. Bringe einen Kupferblechstreifen oder Kupferdraht längere Zeit in die farblose Gasflamme! Tauche ihn nach dem Erkalten in etwas Salzsäure und bringe ihn nochmals ins Feuer! – Beobachtung: Auch beim Kupfer ist das Chlorid in der Hitze flüchtig; es gibt eine grüne bzw. blaue Flammenfärbung. Da es beim Kupfer eine Reihe von sonstigen Nachweisen gibt, brauchen wir uns hier mit der Flammenfärbung nicht lange aufzuhalten, um so weniger, als auch noch andere Elemente (Bor, Barium) grüne Flammenfärbungen geben und dadurch die Bestimmung des Kupfers in einer Substanz auf Grund der Flammenfärbung allein sehr erschwert wird.

Anwendung chemischer Nachweismittel. Bisher haben wir durch Kristallform, Farbe, Gewicht, Geschmack, Verhalten gegen Wasser, Flammen und Lackmus einige Eindrücke von unserer Substanz erhalten. Zur genauen Bestimmung reicht das aber noch nicht aus. Wir müssen nun auf unsere Untersuchungssubstanz bestimmte Stoffe nach erprobten Vorschriften einwirken lassen: aus dem Eintreten oder Ausbleiben bezeichnender chemischer Vorgänge (Reaktionen) können wir dann Rückschlüsse auf die An- oder Abwesenheit bestimmter Stoffe ziehen. Dafür ein Beispiel:

Wir wollen untersuchen, ob der braune Ackerboden Eisen enthält. Man erhitzt zu diesem Zweck eine Messerspitze Boden in einigen Kubikzentimetern Salpetersäure. Nach wenigen Minuten wird filtriert und zum Filtrat etwas Kaliumhexacyanoferrat(II) (= gelbes Blutlaugensalz) gegeben. Sofort erscheint ein tiefblauer Niederschlag, der die Anwesenheit von Eisen beweist. Erklärung: Das Eisen ist in den Böden fast immer in Form wasserunlöslicher Oxide enthalten. Da diese mit Blutlaugensalz überhaupt nicht reagieren würden, muß man den Boden zunächst mit Salpetersäure kochen. Hierbei entsteht aus dem braunen Eisenoxid wasserlösliches Eisennitrat, das nachher im Filtrat mit dem Kaliumhexacyanoferrat(II) einen blauen Niederschlag von sogenanntem „Berlinerblau" (bekannte Malerfarbe) ergab. Diese Reaktion ist charakteristisch, d. h., Kaliumhexacyanoferrat(II) gibt n u r mit löslichen E i s e n s a l z e n den blauen Niederschlag; sie ist auch sehr empfindlich, wie wir durch Verdünnen der Eisensalzlösung zeigen können. Der Chemiker sagt in diesem Fall: Kaliumhexacyanoferratlösung ist ein Reagenz (Nachweismittel) auf Eisen: d. h., immer, wenn Kaliumhexacyanoferrat(II) mit irgendeiner Lösung einen blauen bis blauschwarzen Niederschlag gibt, muß diese Lösung ein Eisensalz enthalten (bzw. Fe^{3+}-Ionen).

Die chemische Wissenschaft hat nun schon seit langer Zeit eine Reihe von chemischen Nachweisverfahren für verschiedene Elemente und Verbindungen ausgearbeitet. Bei der Untersuchung komplizierter Gemische werden zunächst sogenannte „Gruppenreagenzien", wie Salzsäure, Schwefelwasserstoff, Ammoniumsulfid, angewendet. Diese verwandeln eine Reihe von Metallsalzen in unlösliche Niederschläge, die dann nach ganz bestimmten Vorschriften voneinander getrennt werden. Wir müssen diese umständlichen, zeitraubenden und oft recht schwierigen Arbeiten den Berufschemikern überlassen und beschränken uns hier auf die unmittelbare Anwendung einfacher Nachweismittel, wie wir es am Beispiel des Eisens oben näher ausgeführt haben. Zu dieser Beschränkung sind wir um so mehr berechtigt, als wir uns hier grundsätzlich nur mit der Untersuchung einfachster Stoffe und Stoffgemische befassen.

1. N a c h w e i s v o n N a t r i u m , K a l i u m u n d C a l c i u m : Mit Flammenfärbungen nach S. 17 und 18. Ca^{2+}-Ionen bilden mit Ammoniumoxalat, $(NH_4)_2 C_2O_4$ einen weißen Niederschlag von Calciumoxalat. Dadurch lassen sich Ca-Ionen leicht im harten Wasser nachweisen.

2. **Nachweis von Zink.** Wir befeuchten ein Stück Filtrierpapier mit wenig Salpetersäure, bringen Zinkpulver (durch Abfeilen von Zinkblech zu erhalten!) auf die befeuchtete Stelle, erwärmen vorsichtig ein wenig, so daß die entstandene Lösung in das Papier eindringt (wobei das Papier nicht verbrennen darf!), geben auf die gleiche Stelle einige Tropfen Kobaltchloridlösung und erhitzen über der nichtleuchtenden Gasflamme längere Zeit so stark, daß vom Papier nur noch ein ausgeglühter Rückstand übrigbleibt. Er besteht aus einer grünen Verbindung von Kobaltoxid und Zinkoxid. Schon im Jahre 1780 wurde diese grüne Farbe von Rinmann entdeckt; sie findet heute noch als Malerfarbe unter der Bezeichnung Rinmanns Grün Verwendung. Nur Zink und Zinkverbindungen geben bei der obigen Versuchsanordnung mit dem Kobaltchlorid die grüne Färbung; man kann also nach dieser Methode Zink in vielen Untersuchungssubstanzen nachweisen. Bequemer läßt sich der Zinknachweis durchführen, wenn man zu einigen Kubikzentimetern der zu untersuchenden Flüssigkeit einige Tropfen Kobaltchloridlösung gibt und ein hineingetauchtes Filtrierpapierstück in der farblosen Gasflamme verbrennt und längere Zeit glüht. Wenn neben dem Zink noch andere Metallsalze vorhanden sind, gelingt der obige Nachweis nicht gut; in diesen Fällen werden vorherige Trennungen notwendig.

3. **Nachweis von Aluminium.** Dieser wird genauso ausgeführt wie der Zinknachweis; nur sind an Stelle des Zinks oder der Zinkverbindungen Aluminiumverbindungen zu nehmen. Diesmal ist der Rückstand schön blau gefärbt; er wird ebenfalls als Malerfarbe unter dem Namen Kobaltblau oder Thénardsblau verwendet. Kobaltblau wurde im Jahre 1777 zum ersten Mal dargestellt; es besteht aus Kobaltoxid und Aluminiumoxid; Formel Al_2CoO_4.

4. **Nachweis von Eisen.** Metallisches Eisen wird von Magneten angezogen. Will man Metalle oder wasserunlösliche Verbindungen auf Eisen untersuchen, so erhitzt man Proben davon im Probierglas mit reiner, eisenfreier Salzsäure, der man etwas Wasserstoffperoxid oder eine weizenkorngroße Menge Kaliumchlorat beigemischt hat. Wenn Eisen vorhanden ist, wird es hierbei in lösliches, braungelbes Eisenchlorid, $FeCl_3$, verwandelt; dieses gibt mit Kaliumhexacyanoferrat(II) Berlinerblau; Näheres S. 19. Wässerige Lösungen von dreiwertigen Eisensalzen geben übrigens noch eine zweite schöne Farbreaktion: Gießt man zu einer solchen Lösung etwas Kaliumthiocyanat- oder Ammoniumthiocyanatlösung, so entsteht eine blutrote Färbung von Eisenthiocyanat; die Rotfärbung ist oft erst nach weiterem Wasserzusatz erkennbar.

5. **Nachweis von Blei.** Im Probierglas gießen wir zu Bleiacetatlösung ein wenig gelöstes Kaliumdichromat. Sofort entsteht ein prächtiger, gelber Niederschlag von Chromgelb ($PbCrO_4$). Dieser be-

reits 1809 entdeckte Stoff spielt in der Anstreicherei eine hervorragende Rolle. Das Chromgelb unseres obigen Versuchs ist in Wasser unlöslich, dagegen löst es sich in Laugen (NaOH, KOH) und heißer Salpetersäure. Bei einer chemischen Analyse geben wir zum löslichen Teil der Untersuchungssubstanz etwas Kaliumdichromatlösung. Entsteht dann ein gelber Niederschlag, so liegt vielleicht Blei vor; es könnte aber auch Barium anwesend sein, da Bariumsalze mit Kaliumdichromat ebenfalls einen gelben Niederschlag geben. Löst sich der gelbe Niederschlag nach Zusatz von viel reiner, sodafreier Natronlauge glatt auf, so ist Blei anzunehmen, denn bei Bariumverbindungen würde unter diesen Verhältnissen eine blaßgelbe „Milch" entstehen. Gibt unsere Substanz nach Zusatz von Kaliumdichromat überhaupt keinen gelben Niederschlag, so ist damit die Abwesenheit von Blei noch nicht erwiesen, denn die Substanz könnte ja viel Lauge oder Salpetersäure enthalten, welche die Entstehung des Niederschlags verhindern. Man muß also vor dem Kaliumdichromatzusatz die Reaktion der Untersuchungssubstanz mit Lackmuspapier prüfen und dann gegebenenfalls neutralisieren.

Soll eine unlösliche Substanz (z. B. ein Metall) auf Blei untersucht werden, so muß man diese im Probierglas einige Zeit mit Salpetersäure zum Sieden erhitzen. Dabei entsteht (bei Anwesenheit von Blei) lösliches Bleinitrat; man neutralisiert und gibt wie oben Kaliumdichromat dazu.

6. Nachweis von Kupfer. Viele Kupferverbindungen sind grün oder blau gefärbt, es sei hier nur an Kupfersulfat, Kupferchlorid und Kupfercarbonat erinnert. Die Flammenfärbung ist grün oder blau. Wasserlösliche Kupfersalze (z. B. Lösung von Kupfersulfat) geben auch in sehr starken Verdünnungen mit Kaliumhexacyanoferrat(II) einen braunen bis rotbraunen Niederschlag von Kupferferrocyanid. Ausprobieren! Sollte bei etwaiger Anwesenheit von Laugen kein Niederschlag entstehen, so geben wir etwas Salzsäure dazu. Der Niederschlag wird nämlich durch Laugen zerstört; dagegen vermögen ihm geringe Säuremengen nichts anzuhaben. Anstelle des Kaliumhexacyanoferrats(II) kann man Ammoniakwasser (= Salmiakgeist) zum Nachweis von Kupfer verwenden. Man gibt zu dem gelösten Kupfersalz (z. B. Kupfersulfat, Kupferchlorid und dergleichen) langsam Salmiakgeist; es entsteht dann zuerst ein blaugrüner Niederschlag, der sich bei weiterem Salmiakgeistzusatz mit prächtig tiefblauer Farbe wieder löst. Oder man taucht einen eisernen Nagel etwa 5 Minuten lang in eine Kupfersulfatlösung; er wird allmählich verkupfert. (Gleichung: $CuSO_4 + Fe \rightarrow FeSO_4 + Cu$.)

Mit unbekannten Untersuchungssubstanzen führt man am besten alle obigen Kupfernachweise durch. Fallen sie positiv aus, so ist die Anwesenheit von Kupfer mit Sicherheit bewiesen.

Wollen wir Kupfer in Erzen, Legierungen oder sonstigen unlöslichen Stoffen nachweisen, so müssen wir diese zuerst längere Zeit in Salpetersäure kochen. Falls überhaupt Kupfer vorhanden ist, entsteht bei diesem Vorgang wasserlösliches, blaues Kupfernitrat. Dieses wird wie die obigen Kupferlösungen mit Kaliumferrocyanid bzw. Ammoniak auf Kupfer untersucht.

7. **Nachweis von Zinn.** Für Zinnverbindungen gibt es leider keinen kurzen und einigermaßen zuverlässigen Nachweis; dagegen ist metallisches Zinn oder Zinn in Legierungen daran zu erkennen, daß es beim Kochen mit Salpetersäure am Boden des Probierglases eine graue bis weiße, pulvrige Masse von unlöslichem Zinndioxidhydrat gibt, Formel $SnO_2 \cdot xH_2O$. Bei Anwesenheit von Antimon entsteht nach Behandlung mit Salpetersäure eine ähnliche Masse, doch wird sich Antimon in unseren Untersuchungssubstanzen selten finden.

8. **Nachweis von Silber.** Wir geben zu einer Silbernitratlösung einige Tropfen Salzsäure. Sofort entsteht ein dicker, weißer Niederschlag von wasserunlöslichem Silberchlorid (Gleichung: $AgNO_3 + HCl \rightarrow AgCl + HNO_3$). Statt Salzsäure könnte man auch eine verdünnte Kochsalzlösung nehmen. Wie wäre die Gleichung in diesem Falle zu schreiben? Da Bleisalzlösungen (z. B. Bleiacetat oder Bleinitrat) mit Salzsäure ebenfalls einen weißen Niederschlag geben (ausprobieren!), sind wir bei einer Analyse nicht sicher, ob der weiße Niederschlag nach Zusatz von Salzsäure auf die Anwesenheit von Blei oder von Silber zurückzuführen ist. Die Frage wird geklärt, wenn wir zum Niederschlag langsam Salmiakgeist geben. Besteht er aus Silber, so löst er sich in Salmiakgeist schließlich vollständig, während der von Blei hervorgerufene Niederschlag nahezu unverändert bleibt. Außerdem löst sich der Bleiniederschlag beim Verdünnen und Erwärmen allmählich auf, während Silberniederschläge sich kaum verändern.

Enthält die auf Silber zu untersuchende Substanz das Silber nicht in wasserlöslichem Zustand (wie es wohl in der Regel der Fall sein wird), so muß sie einige Minuten mit Salpetersäure gekocht werden. Dabei verwandelt sich das metallische oder in unlöslichen Verbindungen und Legierungen befindliche Silber in lösliches Silbernitrat. Zu diesem gibt man Salzsäure und untersucht wie oben. Handelt es sich darum, wertvolle Schmuckgeräte möglichst schonend auf Silber zu untersuchen, so kann man an einer unauffälligen Stelle ein wenig Metall abfeilen und dieses in Salpetersäure lösen.

9. **Nachweis von Ammoniak in Ammoniumverbindungen.** Wir bringen eine Messerspitze Salmiak in ein Schälchen und prüfen den Geruch. Salmiak ist geruchlos. Ein über das Pulver gehaltenes rotes Lackmuspapier verändert sich nicht. Nun gießen wir etwas konzentrierte Natronlauge auf den Salmiak. Bald spürt man einen stechenden Ammoniakgeruch (wie beim Riechen an einer Sal-

miakgeistflasche), und über das Schälchen gehaltenes feuchtes, rotes Lackmuspapier wird von dem aufsteigenden Ammoniakgas gebläut. Erklärung: Beim Zusammentreffen von Salmiak und Natronlauge entstand Ammoniakgas nach folgender Gleichung: $NH_4Cl + NaOH \rightarrow NaCl + NH_3 + H_2O$. Das flüchtige, gasförmige NH_3 verband sich mit dem Wasser des Lackmuspapiers zu NH_4OH; dieses bewirkte die alkalische Reaktion.

Ammoniakgas wird nicht nur von Salmiak allein (nach Zugabe von Natronlauge) erzeugt, sondern von allen sogenannten Ammoniumverbindungen, wie z. B. von Ammoniumsulfat $(NH_4)_2SO_4$, Hirschhornsalz, Ammoniumnitrat NH_4NO_3, Ammoniumphosphat usw. Wenn wir also feststellen wollen, ob eine Ammoniumverbindung vorliegt, geben wir im Porzellanschälchen etwas konzentrierte Natronlauge zur Substanz und prüfen Geruch und Lackmusreaktion des eventuell aufsteigenden Gases. Die Lauge muß möglichst konzentriert sein, da sich im Wasser einer verdünnten Lauge unter Umständen das ganze Ammoniak lösen könnte (1 Liter Wasser löst über 1000 Liter Ammoniakgas), so daß der Nachweis erschwert würde.

Die Erkennung von gasförmigem Ammoniak erfolgt durch den Geruch, durch die Blaufärbung von rotem, feuchtem Lackmuspapier und durch den weißen Salmiakrauch, der bei Annäherung eines Salzsäuretropfens (Glasstab) nach folgender Gleichung entsteht: $NH_3 + HCl \rightarrow NH_4Cl$.

10. **Nachweis von chemisch gebundenem Schwefel.** Viele Erze, z. B. Katzengold, Bleiglanz, Kupferkies, Zinkblende usw., sind Verbindungen aus Metall und Schwefel. Geben wir zu einem solchen Sulfid Salzsäure, so entsteht Schwefelwasserstoff; Näheres Seite 33! Wenn sich also bei irgendeiner Substanz mit Salzsäure Schwefelwasserstoff bildet, muß diese chemisch gebundenen Schwefel enthalten. Freilich gilt dieser Nachweis nur für Sulfide, bei Sulfaten und anderen Schwefelverbindungen müssen andere Verfahren angewendet werden.

11. **Nachweis von chemisch gebundenem Chlor** (Chloridionen). Das nicht gebundene, freie, gasförmige Chlor ist an dem eigenartig stechenden, unangenehmen Geruch und an der grüngelben Farbe leicht zu erkennen. Das Chlor in chemischen Verbindungen (z. B. in Kochsalz $NaCl$, Magnesiumchlorid $MgCl_2$, Calciumchlorid $CaCl_2$ usw.) ist dagegen farb- und geruchlos; es muß also auf andere Art nachgewiesen werden. Ein alteingeführtes Reagenz auf chemisch gebundenes Chlor (genauer ausgedrückt: auf Chloridionen) ist Silbernitratlösung. Um die Wirkung dieser Lösung zu studieren, geben wir eine Probe davon im Probierglas zu einer verdünnten Kochsalzlösung. Sofort entsteht ein dicker, weißer Niederschlag von Silberchlorid, den wir vom obigen Silbernachweis her schon kennen. Gleichung: $AgNO_3$

Chemische Nachweise

$+NaCl \rightarrow AgCl+NaNO_3$. Silberchlorid ist in Wasser fast völlig unlöslich; 100 Gramm destilliertes Wasser lösen bei 20° nur 0,15 Milligramm AgCl. Prüfe, ob der weiße Silberchloridniederschlag auch entsteht, wenn man statt Kochsalz andere gelöste Chloride (Zinkchlorid, Calciumchlorid, Eisenchlorid, Magnesiumchlorid) oder Salzsäure (HCl) verwendet! Gleichungen? Gib im Probierglas etwas Silbernitratlösung zu Leitungswasser und beobachte nach einigen Minuten! Warum soll die Untersuchungssubstanz stets in destilliertem Wasser gelöst werden?

Leider gibt Silbernitrat nicht nur mit Chloridionen, sondern beispielsweise auch mit Soda weiße Niederschläge (ausprobieren!); die Reaktion ist also nicht eindeutig. Aber auch hier gibt es eine Unterscheidungsmöglichkeit. Fügen wir nämlich zu dem Niederschlag aus Silbernitrat und Soda etwas Salpetersäure, so löst er sich auf, während Silberchlorid im gleichen Fall unverändert bleibt. Wenn wir also unsere Substanz auf Chlorverbindungen untersuchen, müssen wir im Probierglas zunächst etwa gleiche Raumteile Silbernitrat und Salpetersäure vermischen. Entsteht dann nach Zugabe von gelöster Substanz trotzdem ein weißer Niederschlag, so rührt dieser wahrscheinlich von Silberchlorid her, das heißt, er wurde durch gelöste Chloridionen verursacht. Dies ist mit Sicherheit anzunehmen, wenn sich der Niederschlag nach Zugabe von Salmiakgeist wieder vollständig auflöst. Erklärung: Trotz der Salpetersäure könnten Bromverbindungen mit Silbernitrat einen weißen Niederschlag von Silberbromid (AgBr) geben; dieser wäre aber, im Gegensatz zu Silberchlorid, in Salmiakgeist nur sehr schwer löslich.

Nun gibt es eine große Zahl von wichtigen organischen Chlorverbindungen, die sich in Wasser gar nicht lösen und auch keine Chloridionen abspalten. Hierher gehören z. B. Tetrachlorkohlenstoff, Trichloräthylen, Chloroform, p-Dichlorbenzol (Globol), DDT, Hexachlorcyclohexan, Hexachloräthan und viele andere Verbindungen. In diesen Fällen läßt uns das Silbernitrat im Stich, und wir müssen andere Wege einschlagen. Falls wir einen guten Bunsenbrenner haben, können wir uns der sogenannten Beilsteinschen Probe (nach Fr. Beilstein, 1872) bedienen: Wir glühen einen Kupferdraht in der farblosen, heißen Bunsenflamme (Pinzette!) so lange, bis er keine Flammenfärbung mehr gibt; dann tauchen wir ihn in die Substanz, so daß etwas davon an ihm hängenbleibt, und halten ihn von neuem in die Flamme. Zunächst verbrennt dann der Kohlenstoff mit gelber Flamme; hat die

Bild 1. Spritzflasche aus Plastik. Bild 2. Labogaz-Brenner mit Butanbehälter. Bild 3. Abdampfen in der Porzellanschale. Bild 4. Filtrieren. Bild 5. Gasentwicklung im Prüfglas und Auffangen des Gases mit Hilfe der pneumatischen Wanne. Bild 6. Destillation mit zwei Prüfgläsern. Bild 7. Destillation mit dem Flörke-Kölbchen.

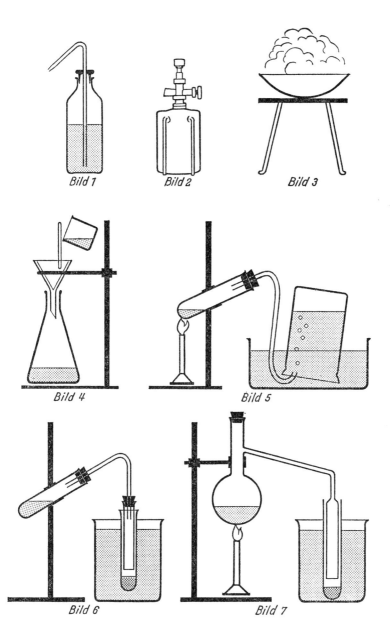

Substanz Chlorverbindungen enthalten, so entsteht nach einigem Erhitzen vorübergehend eine grüne Flammenfärbung, weil sich etwas von dem Kupfer mit dem Chlor zu Kupferchlorid (in der Hitze flüchtig, gibt grüne Flammenfärbung) verbunden hat. Freilich verläuft der Versuch mit anderen Halogenen (Brom, Jod) in ähnlicher Weise.

12. Nachweis von Chloraten. Die bekanntesten Chlorate sind Kaliumchlorat, $KClO_3$, und Natriumchlorat, $NaClO_3$. Fast alle Chlorate sind wasserlöslich. Sie enthalten die einwertige ClO_3-Gruppe (Chloratgruppe). Um Chlorate nachzuweisen, bringen wir eine etwa erbsengroße Menge der Untersuchungssubstanz in ein Uhrgläschen, gießen vorsichtig 1–2 Kubikzentimeter konzentrierte Salzsäure (25–35%ig) darüber, ohne den Rand des Uhrgläschens zu befeuchten. Nebenher klebt man ein etwa zentimeterlanges Stückchen blaues oder rotes Lackmuspapier mit einem Tropfen destilliertem Wasser auf der Innenseite eines zweiten, gleich großen oder größeren Uhrschälchens fest und deckt dieses behutsam auf das erste Uhrschälchen, so daß das Ganze wie eine Linse aussieht und das Lackmuspapier den aus der Substanz entweichenden Gasen ausgesetzt ist. Wenn die Substanz Chlorat enthält, nimmt man sofort oder nach einiger Zeit einen widerwärtigen, stechenden, chlorartigen Geruch wahr (Chlordioxid, ClO_2). (Vorsicht!) Das Lackmuspapier wird schnell gebleicht. Reaktion: $KClO_3 + 2\,HCl \rightarrow Cl + ClO_2 + KCl + H_2O$.

13. Nachweis der SO_4-Gruppe. Wir geben im Probierglas zu etwas verdünnter Schwefelsäure einige Tropfen Bariumchloridlösung. Sofort bildet sich ein dicker, weißer Niederschlag von wasserunlöslichem Bariumsulfat ($BaSO_4$) nach der Gleichung: $H_2SO_4 + BaCl_2 \rightarrow BaSO_4 + 2\,HCl$. Der gleiche Niederschlag entsteht, wenn wir an Stelle der Schwefelsäure irgendein gelöstes Sulfat (z. B. Glaubersalz Na_2SO_4, Bittersalz $MgSO_4$, Zinksulfat $ZnSO_4$, Eisensulfat $FeSO_4$, Kupfersulfat $CuSO_4$) mit Bariumchloridlösung zusammenbringen. Stelle die Gleichungen zusammen! Wir erkennen beim Vergleich, daß hier jedesmal das Barium des Bariumchlorids mit der SO_4-Gruppe des Sulfats eine unlösliche Verbindung eingegangen ist. Bariumsulfat ist außerordentlich schwer löslich; je 100 Gramm destilliertes Wasser lösen nur 0,22 Milligramm $BaSO_4$. Wir können also mit Bariumchloridlösung in unbekannten Lösungen die SO_4-Gruppe (Sulfatrest) nachweisen. Allerdings ist die Reaktion in dieser einfachen Form nicht eindeutig, denn gelöste Carbonate (z. B. Soda, Pottasche), Phosphate u. a. geben mit Bariumchloridlösung ebenfalls weiße Niederschläge (ausprobieren!). Gibt also eine gelöste Substanz mit Bariumchloridlösung einen weißen Niederschlag, so wissen wir nicht, ob dieser von einem Sulfat, einem Carbonat oder einem Phosphat herrührt. Diese Frage kann durch Zusatz von verdünnter Salzsäure geklärt werden. So löst sich z. B. ein Niederschlag, der aus Bariumchlorid und Soda entstand, in heißer, verdünnter Salzsäure vollständig auf (vorausgesetzt, daß die Salzsäure nicht selbst durch Schwefelsäure oder Sulfat verunreinigt war – prüfen!), während der Bariumsulfatniederschlag auch in heißer Salzsäure nicht gelöst wird.

Nach dem Vorhergegangenen müssen wir also den Nachweis der SO_4-Gruppen folgendermaßen anstellen: Wir mischen im Probierglas etwa 2 Kubikzentimeter Bariumchloridlösung mit der dreifachen Menge verdünnter Salzsäure (Verdünnung etwa 1:3), erhitzen und geben das heiße Reagenz zur gelösten Untersuchungssubstanz. Entsteht dann trotz der heißen Salzsäure ein weißer Niederschlag, so kann dieser nur von Schwefelsäure oder einem Sulfat herrühren; bleibt alles klar, so enthält die Substanz keine SO_4-Verbindungen. Was beobachtet man, wenn Bariumchloridlösung zu Leitungswasser gegeben wird? Warum müssen die Untersuchungssubstanzen in destilliertem Wasser gelöst werden?

14. **Nachweis der NO_3-Gruppe.** Salpetersäure hat die chemische Formel HNO_3. Wird das H durch ein Metall ersetzt, so entstehen die Salze der Salpetersäure oder Nitrate. Es gibt z. B. Natriumnitrat (= Chilesalpeter = Natronsalpeter, $NaNO_3$), Kaliumnitrat (= Kalisalpeter = indischer Salpeter, KNO_3), Calciumnitrat = Kalksalpeter, $Ca(NO_3)_2$, Bleinitrat $Pb(NO_3)_2$, Silbernitrat $AgNO_3$ usw. Jedes Nitrat enthält $1-x\ NO_3$-Gruppen. Da alle Nitrate wasserlöslich sind, kann man durch Zugabe eines Reagenzes überhaupt keinen Niederschlag erhalten. Dagegen läßt sich die NO_3-Gruppe durch folgende Farbreaktionen nachweisen: Wir geben ins Probierglas zu einer kleinen Messerspitze Salpeter 1–2 Kubikzentimeter konzentrierte Schwefelsäure (Achtung! Keine Schwefelsäuretropfen auf Haut und Kleider bringen!), schütteln um und schichten darauf vorsichtig (Probierglas neigen!) eine kalt hergestellte Eisensulfatlösung. An der Berührungsstelle zwischen Schwefelsäure und Eisensulfatlösung (Eisen[II]-sulfat, $FeSO_4$) entsteht ein charakteristischer brauner Ring. Erklärung: Schwefelsäure und Salpeter bilden Salpetersäure; diese zerfällt in Stickstoffoxid, Wasser und Sauerstoff. Der Sauerstoff oxidiert einen Teil des Eisen(II)-sulfats zu Eisen(III)-sulfat. Das Stickstoffoxid, auch Stickoxid genannt, verbindet sich mit Eisensulfat zu einem dunkelbraunen Komplexsalz, Formel: $[Fe(NO)]SO_4$. Da diese beiden Stoffe nur an der Grenze zwischen der Schwefelsäure und der Sulfatlösung zusammentreffen, kann sich zunächst nur dort ein brauner Ring bilden. Beim Erwärmen oder Umschütteln zersetzt sich die sehr unbeständige Komplexverbindung. Bei der Untersuchung eines unbekannten Stoffes wird die Prüfung auf die NO_3-Gruppe genau wie im obigen Beispiel vorgenommen; nur ist an Stelle des Salpeters eine Messerspitze der Untersuchungssubstanz ins Probierglas zu bringen. Entsteht nach Ausführung der Probe ein brauner bis schwarzer Ring, so enthält die Substanz ein

Nitrat (oder Nitrit, doch ist dieses in der Praxis viel seltener); fehlt der Ring, so handelt es sich um andere Verbindungen.

15. **Nachweis der Carbonatgruppe.** Zu den Carbonaten gehören: Soda Na_2CO_3, Pottasche K_2CO_3, Kalk $CaCO_3$, Magnesiumcarbonat $MgCO_3$, Zinkcarbonat $ZnCO_3$ u. a. Allen diesen Stoffen ist die CO_3-Gruppe gemeinsam. Gibt man in einem Becherglas zu festen Carbonaten (z. B. Sodabrocken, Kalkstücken) etwas verdünnte Schwefelsäure, so beobachtet man lebhaftes Aufschäumen; das entweichende Gas ist farbloses, geruchloses, unbrennbares Kohlendioxid, CO_2, oft auch Kohlensäure genannt; Gleichung: $Na_2CO_3 + H_2SO_4 \rightarrow Na_2SO_4 + H_2O + CO_2$. Das Kohlendioxid gibt folgende Reaktionen: 1. Es bringt eine ins Becherglas gehaltene Flamme zum Erlöschen; 2. „Gießt" man das über der Becherglasflüssigkeit befindliche Kohlendioxid langsam in ein Probierglas, das zu etwa $1/3$ mit klarem Kalkwasser gefüllt ist, so entsteht nach dem Umschütteln eine weiße Trübung von Kalk nach der Gleichung: $Ca(OH)_2 + CO_2 \rightarrow CaCO_3 + H_2O$. Die weiße Trübung verschwindet nach Zusatz einiger Salzsäuretropfen wieder. Am einfachsten läßt sich der Nachweis der Carbonatgruppe mit 2 Probiergläsern nach *Bild 8* durchführen: Man bringt in Glas a die Untersuchungssubstanz und dann verdünnte Schwefelsäure. Glas b enthält klares Kalkwasser, in das man das entstehende Kohlendioxid leitet. Magnesiumcarbonat, Eisencarbonat u. a. werden nur von warmer Schwefelsäure unter Abscheidung von Kohlendioxid angegriffen.

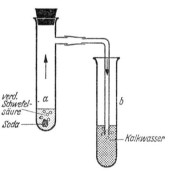

Bild 8. Nachweis der Carbonat-Gruppe

16. **Nachweis der PO_4-Gruppe.** Phosphorsäure (genauer Orthophosphorsäure) hat die chemische Formel H_3PO_4. Ersetzt man die H-Atome dieser Säure ganz oder teilweise durch Metall, so entstehen Salze der H_3PO_4, Orthophosphate (im folgenden kurz Phosphate genannt). Wichtige Phosphate sind z. B. Ammoniumphosphat, Natriumphosphat, Calciumphosphat usw. Die in Phosphorsäure und Phosphaten enthaltene PO_4-Gruppe wird folgendermaßen nachgewiesen: Wir kochen im Probierglas ein wenig Calciumphosphat mit einigen Kubikzentimetern Salpetersäure, filtrieren, wenn Trübung vorhanden, geben zum Filtrat viel von unserer nach S. 11 zubereiteten Ammoniummolybdatlösung und erwärmen nochmals. Es entsteht sofort oder allmählich ein gelber, pulveriger Niederschlag von kompliziert gebautem Ammoniummolybdatphosphat, dem die Formel

$(NH_4)_3[P(Mo_3O_{10})_4]$ zukommt; er ist in Salpetersäure unlöslich, in Natronlauge oder Kalilauge leicht löslich. Bei einer chemischen Analyse bringen wir anstelle des oben erwähnten Calciumphosphats etwa die gleiche Menge Untersuchungssubstanz ins Probierglas und verfahren im übrigen genau wie oben. Entsteht beim Erwärmen der gelbe Niederschlag, so enthält die Substanz Phosphate. Ist die Substanz von vornherein eine Flüssigkeit, so genügt es, wenn wir zu einer Probe davon Ammoniummolybdat geben und erwärmen. Leider fällt ein ähnlich gelber Niederschlag auch beim Erhitzen von Arsenaten mit Ammoniummolybdat aus; da die Arsenate aber in den von uns untersuchten Präparaten kaum vorkommen, können wir von dieser Komplikation absehen. In modernen Waschmitteln, Reinigungsmitteln, Wasserenthärtungsmitteln usw. sind oft nicht Orthophosphate, sondern Metaphosphate, Pyrophosphate, Polyphosphate, phosphathaltige Komplexsalze und dergleichen enthalten, die mit Ammoniummolybdat nicht in der üblichen Weise reagieren. Diese Phosphate gehen bei längerem Kochen vielfach in Orthophosphate über. Wenn unsere Untersuchungssubstanz bei Ammoniummolybdatzusatz und Erwärmung auf 40 bis 60 °C keinen gelben Niederschlag gibt, sind keine Orthophosphate anwesend, wohl aber können Metaphosphate, Diphosphate usw. vorliegen. Um diese festzustellen, kochen wir eine etwa erbsengroße Menge der Untersuchungssubstanz mindestens 2 Minuten lang mit einem Gemisch aus etwa 5 Kubikzentimeter konzentrierter Salpetersäure und etwa 5 Kubikzentimeter Wasser (hierbei gehen die Metaphosphate usw. in Orthophosphate über) und prüfen dann wie gewöhnlich auf Orthophosphate.

17. **Nachweis von Silicaten.** An dieser Stelle wollen wir uns auf die einfachsten Fälle beschränken. Nehmen wir an, wir sollten eine nicht näher bekannte Flüssigkeit auf Wasserglas untersuchen. Zu diesem Zweck bringt man einige Kubikzentimeter der Flüssigkeit in ein Probierglas und gibt etwas Salzsäure dazu. Bei Anwesenheit von Wasserglas entsteht dann sofort oder nach einiger Zeit eine glas- oder eisartige, zunächst gallertige, allmählich erstarrende Masse von Kieselsäure; ausprobieren! An dieser Reaktion erkennt man die in Drogerien erhältlichen Wasserglaslösungen; man kann nach der gleichen Methode auch Wasserglas in einigen Feuerschutzanstrichfarben nachweisen. Die Unterscheidung der unzähligen festen Silicate ist so schwierig, daß wir sie mit unseren bescheidenen Mitteln nicht in Angriff nehmen können.

Mit dem Nachweis des Wasserglases wollen wir unsere chemischen Einzelnachweise abschließen. Natürlich fehlen noch sehr viele Stoffe, aber wir müssen uns auf die wichtigsten beschränken. Die chemischen Untersuchungen in der oben angedeuteten, einfachen Art sind am unterhaltsamsten, wenn zwei zusammenarbeiten. Der eine, den wir

A nennen wollen, gibt dem andern (B) irgendeinen einfachen Stoff, dessen Zusammensetzung nur dem A bekannt ist. B untersucht nun die Substanz in der oben angedeuteten Art auf Natrium, Kalium, Eisen, Sulfate usw. und teilt am Schluß seine Ergebnisse mit. Es empfiehlt sich, über die einzelnen Versuchsergebnisse genau Buch zu führen. Nachdem B eine Reihe von einheitlichen festen oder gelösten Substanzen wie Kochsalz, Gips, Soda, Schlämmkreide (= Kalk), Kupfersulfat, Eisensulfat, Zinkchlorid, Bleinitrat, Wasserglas, Eisen, Zink, Zinn, Aluminium, Blei, Silber, Kupfer, Messing usw. chemisch untersucht hat, kann er sich auch an einfachere Gemische wagen. A mengt z. B. Glaubersalz und Pottasche gut durcheinander und läßt B die chemische Zusammensetzung des Gemisches ermitteln. Wollte B am Schluß seiner Untersuchung die Salze selber angeben, so käme er in Verlegenheit; denn es gibt beispielsweise ein gelöstes Gemenge von Glaubersalz (Na_2SO_4) und Pottasche (K_2CO_3) die gleichen Reaktionen wie ein Gemenge von Kaliumsulfat (K_2SO_4) und Soda (Na_2CO_3). Man darf deshalb am Schluß der Mischungen nur die sogenannten Ionen angeben. B würde also als Ergebnis seiner Untersuchungen aufschreiben: Es wurden nachgewiesen: Na, K, CO_3, SO_4. Bei der Herstellung von Salzmischungen muß A auch sorgfältig darauf achten, daß keine Stoffe zusammenkommen, die bei der Auflösung unlösliche Niederschläge geben, wie es z. B. beim Vermischen von Bariumchlorid und Kupfersulfat der Fall wäre. Ohne weiteres können z. B. folgende Stoffe gemischt werden: Kochsalz und Soda, Kupfersulfat und Kalisalpeter, Pottasche und Salmiak, Zinksulfat und Kochsalz, Bleiacetat und Ammoniumnitrat, Ammoniumsulfat und Kochsalz, Natriumphosphat und Glaubersalz und dergleichen. Im äußersten Fall kann A auch noch schwerere Aufgaben stellen und drei verschiedene Stoffe zusammenmischen. Dabei dürfen zur Abwechslung auch einmal Metallpulver oder Mischungen derselben vorgelegt werden. Oder man nimmt Metallpulver, organische Substanzen und feste Salze. Auch an einfache Mineralien, wie Kalkspat, Gips, Katzengold, Bleiglanz, Malachit usw., kann man sich wagen. Interessant sind auch Analysen von Pflanzenasche, Knochenasche, Futterkalken, Kunstdünger, Malerfarben, Farbstiften, alten Münzen, Böden, Mineralwässern, Reinigungsmitteln, Zahnpulvern und verschiedenem anderem. Der Einfachheit wegen wollen wir uns meist auf anorganische Stoffe beschränken; einige einfachere organische Nachweise sind in späteren Abschnitten beschrieben; z. B. Traubenzucker S. 183, Fette S. 181, Eiweiße S. 180, Salicylsäure S. 223. Mit den bisherigen Nachweisen haben wir nur die einfachsten Grundzüge der chemischen Analyse kennengelernt.

Einfache halbquantitative Bestimmungen. Seit kurzem gibt es Teststreifen, die mit ausreichender Genauigkeit innerhalb kürzester Zeit die halbquantitative Bestimmung der Menge von Ionen in einer gegebenen Lösung erlauben (Merckoquant, E. Merck, Darmstadt).

Es sind schmale Kunststoffstreifen, an einem Ende mit einem Papierstückchen beklebt, welches das jeweils für eine Ionenart spezifische Reagens enthält. Die Streifen werden in die zu untersuchende Lösung getaucht, und dann vergleicht man die Verfärbung des Reagenspapieres mit einer Farbskala auf der Vorratsschachtel. Dabei kann sofort die Konzentration der Ionen abgelesen werden.

Fe^{2+}-Teststreifen. Bei Anwesenheit von Fe^{2+}-Ionen in der Testlösung färbt sich der Streifen rosa bis rot. Dadurch können 5, 20, 50, 125, 250, 500 und 1000 mg/L (oder ppm) Fe^{2+} sicher bestimmt werden. Will man Fe^{3+} nachweisen, dann reduziert man vorher mit Ascorbinsäure. Zur Zeit sind noch 5 weitere Teststreifen im Handel: Co^{2+}-Test, Ni^{2+}-Test, Mn^{2+}-Test, Cu^+/Cu^{2+}-Test und Ag^+-Test zur Überprüfung von Fixierbädern.

Einfache Gasuntersuchungen. Freund A kann seinem Genossen B auch einmal zur Abwechslung ein Gas zu untersuchen geben. Die Herstellung der Gase erfolgt am besten nach folgendem Verfahren: Man gibt die Stoffe, aus denen sich das gewünschte Gas entwickelt, in ein kleines Becherglas und stellt dieses in einen Glaszylinder, der etwa ½ Liter faßt *(Bild 9)*. Während der Gasentwicklung wird der Zylinder mit einer Glasplatte bedeckt, daß nur noch ein kleiner Spalt übrigbleibt, durch den die Luft entweichen kann, die das entwickelte Gas verdrängt. Sobald sich genügend Gas im Zylinder befindet, nimmt man das Becherglas vorsichtig heraus und gibt den Zylinder, der sofort wieder bedeckt wird, zur Untersuchung. Im folgenden sollen nur einige bekannte Gase berücksichtigt werden:

1. Kohlendioxid (oft Kohlensäure genannt). Darstellung: In das oben erwähnte Becherglas kommt Soda und etwas verdünnte Schwefelsäure. Es entsteht Kohlendioxid nach der Gleichung: $Na_2CO_3 + H_2SO_4 \rightarrow Na_2SO_2 + H_2O + CO_2$. Nachweis: Kohlensäuregas (= Kohlendioxid) ist farblos, geruchlos, löscht die Flamme aus, in den Zylinder gebrachtes Kalkwasser wird beim Umschütteln getrübt.

2. Sauerstoff. Darstellung: Wir geben in das Becherglas Kaliumpermanganat, etwas Braunstein und Wasserstoffsuperoxid oder Natriumperoxid, verdünnte Schwefelsäure und Kaliumpermanganat. Nachweis: Ein glimmender Span flammt in Sauerstoff hell auf.

3. Schwefeldioxid. Darstellung: Ins Becherglas gibt man das in Drogerien erhältliche Natriumhydrogensulfit ($NaHSO_3$) und etwas verdünnte Schwefelsäure. Es entsteht Schwefeldioxid nach der Gleichung: $NaHSO_3 + H_2SO_4 \rightarrow NaHSO_4 + H_2O + SO_2$. Nachweis: Schwefeldioxid ist ein farbloses Gas, das nach verbranntem Schwefel riecht.

4. Chlor. Darstellung: Im Becherglas läßt man Kaliumpermanganatkristalle und Salzsäure einige Minuten aufeinander einwirken. Dabei füllt sich der Zylinder allmählich mit grünlichem Chlorgas. Erkennung: Chlor ist ein gelbgrünes

Gasuntersuchungen

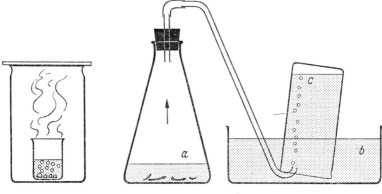

Bild 9. Gasentwicklung im Becherglas

Bild 10. Darstellung von Wasserstoff aus Zink und Salzsäure

Gas von durchdringendem, sehr unangenehmem Geruch. Feuchtes Lackmuspapier, blaue Blumen, Blaukrautblätter usw. werden im Chlorgas nach einiger Zeit entfärbt. Vorsicht! Nicht viel Chlor einatmen! Giftig!

5. S a l z s ä u r e g a s (= Chlorwasserstoff, HCl). Darstellung: Wir gießen in den leeren Zylinder einige Kubikzentimeter konzentrierte Salzsäure, bedecken mit Glasplatte, schütteln etwa eine Minute lang kräftig um und lassen dann die Flüssigkeit rasch ausfließen. Im Zylinder befindet sich Chlorwasserstoff, der aus der Salzsäure stammt. Nachweis: Chlorwasserstoff ist ein farbloses, stechend riechendes Gas (man rieche an einer Salzsäureflasche); bringt man an einem Glasstab einen Tropfen Salmiakgeist dazu, so bildet sich ein weißer Rauch von Salmiak (Gleichung: $NH_3 + HCl \rightarrow NH_4Cl$). Feuchtes, blaues Lackmuspapier wird in Chlorwasserstoff gerötet; schüttelt man mit Wasser um, so entsteht Salzsäure, die mit Silbernitrat einen weißen Niederschlag gibt.

6. A m m o n i a k g a s. Darstellung: Man verfährt wie beim vorigen Beispiel; nur ist anstelle der Salzsäure Salmiakgeist zu nehmen. Nachweis: Ammoniak ist ein farbloses, stechend riechendes Gas (eine Salmiakgeistflasche riecht nach Ammoniak!), das feuchtes, rotes Lackmuspapier blau färbt und mit Salzsäuretropfen (Glasstab!) einen weißen Rauch von Salmiak bildet. Gleichung siehe oben.

7. W a s s e r s t o f f g a s. Darstellung: Man gibt in den Erlenmeyerkolben a *(Bild 10)* Zinkblech von alten Taschenbatterien (oder Eisenspäne) und verdünnte Salzsäure. Es entsteht Wasserstoff nach der Gleichung: $Zn + 2 HCl \rightarrow ZnCl_2 + H_2$. Das Gas leitet man in einer Glasröhre zur Pneumatischen Wanne b und füllt durch Wasserverdrängung den Zylinder c. Nachweis: Man hält den mit einem Tuch umwickelten Zylinder mit der Mündung nach unten gegen eine Flamme. Enthält der Zylinder neben dem Wasserstoff noch Luft, so explodiert der Inhalt: dabei verbinden sich Wasserstoff und Sauerstoff zu Wasser, das als Dampfbeschlag an der Glaswand sichtbar ist. Reiner Wasserstoff verbrennt geräuschlos mit bläulicher Flamme; es entsteht dabei ebenfalls ein Wasserdampfbeschlag.

8. **Schwefelwasserstoffgas.** Darstellung: Ins Becherglas gibt man einige Stückchen Eisensulfid (= Schwefeleisen, FeS, kann durch starkes Erhitzen eines Gemisches von 4 Teilen Schwefelpulver und 7 Teilen Eisenpulver erhalten werden) und etwas Salzsäure. Es entsteht dabei Schwefelwasserstoff nach der Gleichung $FeS + 2 HCl \rightarrow FeCl_2 + H_2S$. Vorsicht! Den Versuch vor dem Fenster ausführen! Schwefelwasserstoff ist in größeren Mengen giftig! Nachweis: Schwefelwasserstoff hat einen unangenehmen, an faulende Eier erinnernden Geruch. Filtrierpapier, das mit Bleiacetatlösung getränkt wurde, färbt sich in Schwefelwasserstoff dunkel. Der Schwefel des Schwefelwasserstoffs verbindet sich dabei mit dem Blei zu dunklem Bleisulfid nach der Gleichung: $H_2S + (CH_3COO)_2Pb \rightarrow PbS + 2 CH_3COOH$.

9. **Kohlenwasserstoffe.** Darstellung: Wir gießen einige Tropfen Benzin oder Benzol in den leeren, trockenen Zylinder und schütteln längere Zeit um. Zudecken! Nachweis: Die Dämpfe verbrennen mit Luft gemischt explosionsartig; ist Benzingeruch im Zylinder wahrzunehmen, so muß man diesen mit einem Tuch umwickeln, bevor er an die Flamme kommt. Größere Benzinmengen geben eine helle Flamme. Vorsicht! Feuergefahr! Bei der Verbrennung der Kohlenwasserstoffe entsteht ein Wasserdampfbeschlag; außerdem kann mit Kalkwasser Kohlendioxid nachgewiesen werden.

Einfache quantitative Gasanalyse. Mit dem Gasspürgerät (Dräger, Lübeck) kann man ohne große Vorkenntnisse quantitative Untersuchungen über die Konzentration von Gasen anstellen. Der wichtigste Teil des kleinen Gerätes ist die Gasspürpumpe (Mod. 31), die ein einziges Ventil enthält. Auf diese Balgpumpe setzt man ein Prüfröhrchen *(Bild 11);* dann wird die Pumpe mit einer Hand betätigt und die zu prüfende Luft angesaugt. Man muß lediglich die Saughübe zählen und das Farbbild des Prüfröhrchens beobachten. Beides zusammen ergibt ein direktes Maß für die Konzentration des in Betracht kommenden Gases. Es gibt verschiedenartige Prüfröhrchen, mit denen 150 Gase und Dämpfe wie Kohlendioxid, Kohlenmonoxid, Chlor, nitrose Gase u. a. gemessen werden können. Anwendung: CO_2-Messung in Gärkellern und Getreidesilos, Messung von SO_2, CO u. a. im Rahmen des Umweltschutzes, CO in Rauch- oder Auspuffgasen, MAK-Kontrolle (max. Arbeitsplatzkonzentration), Einstellung der Einspritzpumpe bei Dieselmotoren.

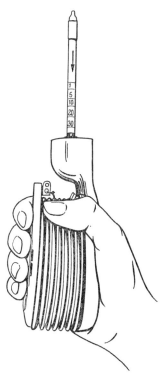

Bild 11. Gasspürgerät Multi-Gas-Detektor (Modell 21/31) für quantitative Gasuntersuchungen

II. Spezieller Teil

Abbeizen. Unter A b b e i z e n oder A b l a u g e n versteht man die Beseitigung alter, schadhaft gewordener Ölfarben- oder Lackanstriche auf Holz, Metall, Stein und Gips unter Anwendung chemischer Hilfsmittel. Neue Anstriche auf Fußböden, Möbeln usw. haften am besten, wenn die alten, rissig gewordenen, abblätternden Anstriche sorgfältig beseitigt werden. Falls ein alter Ölfarbanstrich oder Öllackanstrich abgebeizt werden soll, löst man sog. Seifenstein oder Laugenstein in heißem Wasser auf und bepinselt mit der so hergestellten Lösung oder mit einer 20–25%igen Natronlauge den alten Anstrich. Man darf die Lauge nicht mit der Haut in Berührung bringen, da sie stark ätzt. Zum Aufstreichen der Lauge verwende man nur alte, ausgebrauchte Pinsel. Die konzentrierte, heiße Natronlauge „verseift" das festgetrocknete Öl des alten Anstrichs; es findet hier ein ähnlicher chemischer Vorgang wie beim Seifensieden statt. Unter dem Einfluß der ein- oder mehrmals nacheinander aufgestrichenen Lauge wird die Farbdecke weich und kann mit einem Spachtelmesser oder Scheuerbesen beseitigt werden. Vorsicht! Lauge nicht berühren! Nachdem die Lauge ihren Dienst getan hat, muß sie sofort wieder mit viel heißem Wasser sorgfältig weggewaschen werden, sonst trocknet der nächste Anstrich nie richtig aus. Um die Lauge mit Sicherheit zu beseitigen, gibt man zu dem letzten Spülwasser Essig, verdünnte Salzsäure, Oxalsäurelösung oder verdünnte Schwefelsäure. Dadurch werden die im Holz sitzenden Laugenreste neutralisiert. Mit einer 20–25%igen Natronlauge kann man Ölfarben- und Öllackanstriche auf einem Untergrund aus Holz, Metall (außer Zink und Aluminium, diese werden von Natronlauge angegriffen) und vielen Legierungen entfernen. Eine häufig verwendete Abbeizmischung bestand aus 1 Teil Salmiakgeist, 1 Teil 50prozentiger Natronlauge und 6 Teilen Wasserglas. Im allgemeinen wirkt Natronlauge, Soda usw. nur auf die Ölfarben- und Öllackanstriche erweichend; die zahlreichen neuen, synthetischen Lacke werden vielfach überhaupt nicht angegriffen. Ein Lösungsmittel für harzreiche Lacke ist Terpentinöl.

Bei vielen modernen, nicht verseifbaren Lacken werden als Abbeizmittel Lösungsmittel (wie Benzol, Toluol, Methylalkohol, Methylenchlorid, Tetralin, Trichloräthylen, Tetrachlorkohlenstoff, Spiritus, Äther oder Aceton) bzw. Lösungsmittelgemische verwendet. Alle diese Stoffe verdunsten schnell, sie sind (mit Ausnahme des Methylenchlorids, Tetrachlorkohlenstoffs und Trichloräthylens) feuergefährlich. Man trägt diese Flüssigkeiten mit dem Pinsel rasch ein- oder mehreremal auf den alten Anstrich und zieht die erweichte, quellende Schicht mit dem Spachtelmesser ab, bevor die schnell verdunstende Lösung wieder eingetrocknet ist. Im Handel sind verschiedene Lösungsmittelgemische erhältlich, die infolge eines Zusatzes von Paraffin, Wachsen und anderen Stoffen langsamer verdunsten als die obengenannten reinen Flüssigkeiten und aus diesem Grunde mit Vorteil angewendet werden. Moderne Abbeizmittel können z. B. 65–70% Methylenchlorid, techn. (CH_2Cl_2, löst viele Anstrichfilme, unbrennbar), 10–16% Methanol (löst viele Filme auf), einige % Aceton, Toluol, Xylol (steigert Auflösungsvermögen), ca. 5% Benzylalkohol (hält aufgeweichten Film länger feucht), 0,5–3% Paraffin u. Methylcellulose (verdickt das Abbeizmittel, so daß es nicht zu rasch an senkrechten Wänden herabrinnt), Emulgatoren, Netzmittel (erleichtert das Eindringen der Lösungsmittel in den Film und die spätere Beseitigung von Abbeizmittelresten) enthalten. Auf rein mechanischem Weg lassen sich Anstriche mit Bimsstein, Glaspapier oder Schmirgel beseitigen.

Versuch : Bestreiche glatte Holz- und Blechstücke mit Öl- bzw. Lackfarben und entferne diese Anstriche nach völligem Trocknen mit Hilfe der obenerwähnten Abbeizmittel! Prüfe die in Farbgeschäften erhältlichen Abbeizmittel auf Brennbarkeit, Flammenfärbung, Löslichkeit, Reaktion mit Lackmus, Ätzwirkung auf die Haut und auf Anstriche! Untersuche Abbeizsalben auf Stärke (S. 178); diese wird hie und da als Verdickungsmittel beigemischt; sie gibt mit Natronlauge einen gut streichbaren Leim. Vermische 13 Gewichtsteile festes, gepulvertes Ätznatron mit 7 Teilen Kartoffelmehl und verdünne dieses Abbeizmittel vor dem Gebrauch mit der 2–6fachen Wassermenge!

Alkohol. Alle Bier-, Wein- und Schnapssorten enthalten als wesentlichen Bestandteil den Äthylalkohol = Äthanol (C_2H_5OH), der in der Regel kurz als Alkohol bezeichnet wird. Weingeist ist eine klare, farblose, flüchtige Flüssigkeit mit 90,09–91,29 Volumprozent Äthylalkohol vom spezifischen Gewicht 0,824–0,828; der Rest ist Wasser. Der Alkoholgehalt des Bieres beträgt 3–5%. Moselwein enthält 6–8, Rheinwein 5–11, Tokaier 8–17, Sherry 12–19, Wodka (russischer Schnaps) 40 bis 60, Kognak mindestens 38, Rum und Arrak 50–60 Volumenprozent Alkohol. Die alkoholärmeren Getränke (Bier und leichtere Weine) sind – mäßig genossen – für Erwachsene ziemlich unschädlich; dagegen ist Alkohol in jeder Form für Kinder und Jugendliche sehr nachteilig. Bei einmaligen, mäßigen Alkoholmengen beobachtet man anfänglich eine Steigerung der Muskelleistung (bis zu 30%), später ein Absinken unter die Norm. Die Stimmung hebt sich, die Fehlerzahlen bei Präzisions-

Alkohol

leistungen (Rechnen, Schreibmaschinenschreiben usw.) erhöhen sich. Dauernder Alkoholmißbrauch führt zu schweren Schädigungen des Verdauungs-, Kreislauf- und Nervensystems. Etwa 30–40% aller Insassen von Irrenanstalten sind unter dem Einfluß chronischer Alkoholvergiftung geistig erkrankt. Übermäßiger Schnapsgenuß führt nach 4–10 Jahren zum sogenannten Säuferwahnsinn (Delirium tremens).

Gegen den Alkoholismus und gegen Beschwerden nach Alkoholexzessen (Katzenjammer) wurden schon vielerlei Mittel empfohlen. So wirkt z. B. das „Migränin" (Tabletten aus zitronensaurem Coffein-Antipyrin) der Hoechster Farbwerke vielfach gegen Katzenjammer. Die „Spalt-Tabletten" der Much A.G., Bad Soden (Taunus) kürzen den Katzenjammer ab. Alkohol im Blut kann schneller abgebaut werden, wenn man zusammen mit Whisky oder Cognac ein Gemisch aus Fruchtzucker und Vitamin C trinkt. Nach H. Dietl und G. Ohlenschläger soll man mit dieser Methode überhaupt nicht so viele Promille erreichen, wie wenn man die gleiche Menge Alkohol ohne dieses Gemisch zu sich nimmt („Umschau" 77. Jg., Nr. 5). Intravenöse Einspritzung von 50–100 Milligramm Vitamin B_6 können rasche Ernüchterung bewirken. Gegen viele Ernüchterungsmittel des Handels wurden von wissenschaftlicher Seite vielfach Bedenken erhoben. Schwarzer Kaffee und Weckamine (z. B. Pervitin) beleben den Schwerberauschten, aber sie beschleunigen die im Körper stattfindende Alkoholoxidation nicht.

Ein Mittel gegen die Trunksucht ist das 1948 von Jacobsen in Kopenhagen erstmals erprobte „Antabus" (in anderen Präparaten „Abstinyl", „Antaethan", „Aversan" oder „Exhorran" genannt), das aus Tetraäthyldithiuramdisulfid, $(C_2H_5)_2 \cdot NC(S) \cdot S \cdot S \cdot C(S) \cdot N(C_2H_5)_2$, besteht. Nach Einnahme von 0,2–1,5 Gramm dieses Mittels wird Alkoholüberempfindlichkeit ausgelöst. Die Behandlung entsprechender Patienten mit diesem Heilmittel sollte ausschließlich in der Hand des Arztes liegen. Das Tetraäthyldithiuramdisulfid stört die normale Oxidation des Alkoholes, so daß sich im Körper größere Mengen von Acetaldehyd ansammeln, die Unbehagen hervorrufen.

In der Schweiz wurden in den letzten Jahren 270 Fälle von Trunksucht mit Apomorphin (Alkaloid, starkes Brechmittel) behandelt; man registrierte dabei 50% Dauererfolge, die $2^1/_2$ Jahre lang keine Rückfälle zeigten. Gegen Alkoholkater wird Alka-Seltzer (Anasco) und auch Aspirin (Bayer) empfohlen.

Wird reiner Alkohol in die Blutbahn gespritzt, so wirkt er als tödliches Gift. Ein Pferd geht z. B. schon nach 1 bis 3 Minuten zugrunde, wenn ihm 30 Gramm Reinalkohol in die Venen gespritzt werden. Ein vierjähriges Kind, dem man nachts einen mit Alkohol getränkten Brustwickel umlegte, starb an den eingeatmeten Spiritusdämpfen. In Trier starb ein Mann, der auf Grund einer Wette in 30 Minuten

3 Flaschen Moselwein trank. Die „Stuttgarter Zeitung" vom 29. Dezember 1950 berichtet: Ein Bauer aus Baienfurt, Kr. Ravensburg, der $^1/_2$ Liter Schnaps getrunken hatte, ist wenige Stunden später an Alkoholvergiftung gestorben. Gibt man zu einer Kolonie umherschwimmender Kleinlebewesen (z. B. Pantoffeltierchen) während der mikroskopischen Beobachtung einen Tropfen Schnaps, so erlischt nach wenigen Augenblicken alles Leben. Alkohol ist für alle Kleinlebewesen, auch für die fäulnis- und krankheitserregenden Bakterien, ein tödliches Gift; deshalb bewahrt man z. B. zoologische Präparate in 70prozentigem Spiritus auf.

Der chemisch reine Alkohol wird durch mehrfache Destillation und Behandlung mit wasserentziehenden Stoffen (gebranntem Kalk) dargestellt. In neuerer Zeit gewinnt man reinen Alkohol auch durch Vermischung des 4,3% Wasser enthaltenden Alkohols mit Benzol und nachfolgende Destillation. (Bei 64,85° C destilliert ein Gemisch aus Wasser, Alkohol und Benzol, bei 68,25° C eine Mischung aus Alkohol und Benzol und bei 78,3° C reiner Alkohol über.) Um Alkohol auf Wasser zu untersuchen, wirft man etwas weißes, ausgeglühtes Kupfersulfat (in Pulverform) hinein; bei Anwesenheit von Wasser färbt sich die Flüssigkeit nach einigem Warten und Umschütteln bläulich. Der reine Alkohol ist eine angenehm riechende, leicht bewegliche, farblose Flüssigkeit, die bei 78,3° C siedet (Gefrierpunkt −112° C) und sich mit Wasser in jedem Verhältnis mischen läßt. Entzündet man in einem Becherglas *(Bild 9)* etwas Brennspiritus, so entsteht ein bläuliches Flämmchen; gleichzeitig beschlägt sich der Zylinder mit Wasserdampf, und beim Umschütteln mit Kalkwasser bildet sich eine weiße Trübung (Näheres S. 28). Alkohol verbrennt zu Wasserdampf und Kohlendioxid. Ein Gramm Reinalkohol gibt bei der Verbrennung etwa 7 Kalorien (kcal) = $29,3 \cdot 10^3$ Joule [1]. Alkohol wird in großem Umfang zu Genußzwecken, als Heizstoff (Brennspiritus), Desinfektionsmittel, Lösungsmittel für Lacke, Firnisse, Kunstseiden, Parfüme usw. verwendet. Da der technisch verwendete Spiritus unbesteuert ist, wird er durch Zusatz von übelriechenden und/oder widerwärtig schmeckenden Vergällungsmitteln wie z. B. Pyridinbasen, Methylalkohol, Aceton oder 1% Terpentinöl (für Lacke) oder Diäthylphthalat (für Parfümeriezwecke) u. dgl. ungenießbar gemacht. Der zum Heizen und dergleichen verwendete Brennspiritus wird von der Monopolverwaltung für Branntwein in Literflaschen mit Verschlußsicherung ausgegeben und in Drogerien usw. verkauft; er ist eine übelriechende, vergällte Flüssigkeit mit 92,4 Gewichtsprozent (95 Volumprozent) Alkohol. Das Trinken von Brennspiritus ist gesundheitsschädlich und strafbar; trotzdem wird dieses Getränk von unverbesserlichen Alkoholikern hin und wieder konsumiert.

[1] Die Einheit der Wärmemenge und Energie ist das Joule (J); 10^3 Joule = 1 kJ, 1 kcal = 4,19 kJ.

Alkohol und Verkehr

Alkohol und Verkehr. Autofahrer, die Alkohol genossen haben, erkennen Gefahrensituationen nicht rasch genug, da der Alkoholgenuß die Reaktionszeit verlängert.

Etwa 25 Prozent aller Verkehrsunfälle werden durch Trunkenheit am Steuer verursacht. Die Bundesregierung hat die untere Grenze der Fahrunfähigkeit auf 0,8 Promille herabgesetzt. In England soll die absolute Grenze auch bei einem Alkoholspiegel von 0,8 Promille festgesetzt werden (1 Promille bedeutet 1 g Alkohol in 1 Liter Blut).

Tabelle 1.
Blutalkohol und Verkehrstüchtigkeit

Blutalkoholgehalt	Auswirkung
0,6 bis 0,9‰	Erhöhung der Reaktionszeit
0,5 bis 0,8‰	Geringere Fahrtüchtigkeit
ab 0,9‰	Fahrunfähigkeit
2,5‰ bis 3,5‰	Erschöpfungszustände, Bewußtlosigkeit

Eine einfache quantitative Bestimmung des Blutalkohols ist über den Atemalkohol mit dem „Alcotest"-Gerät der Drägerwerke Lübeck möglich *(Bild 12)*. Nach dem Henryschen Gesetz ist die Konzentration des Alkohols im Blut bei konstanter Temperatur direkt proportional der Alkoholkonzentration in der darüber befindlichen Luft (Alveolarluft). Bei 34 °C gilt die Beziehung: Blutalkohol in ‰ = 200 × Alkoholmenge in Atemluft (mg/l). Da die normal ausgeatmete Luft eine Mischung von Alveolarluft und Pendelluft ist, muß der Faktor 200 durch 330 ersetzt werden, also: Blutalkohol in ‰ = 330 × Alkoholmenge in Atemluft (mg/l). Der „Alcotest" der Polizei wird folgendermaßen ausgeführt: Der Betroffene bläst einen Meßbeutel von einem Liter Inhalt voll auf. Seine Atemluft passiert dabei eine Prüfröhre mit einer Indikatorschicht aus Kieselsäuregel, das mit Chromatschwefelsäure imprägniert ist. Falls die Atemluft Alkoholdampf enthält, reduziert dieser in saurer Lösung das gelbe Dichromat

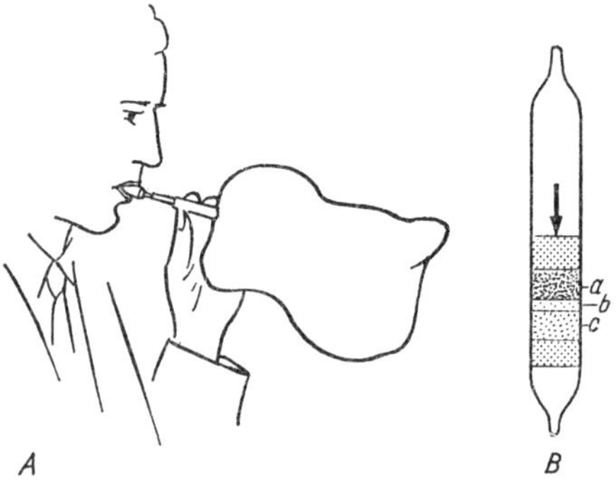

Bild 12. Alcotest, A. Die Testperson bläst durch das Alcotest-Röhrchen in den Meßbeutel, B. Prüfröhrchen nach dem Test: a grün verfärbte Schicht, b Markierungsring, c unverändertes Reagenz

des Indikators zu grünen Chromverbindungen. Es entsteht dann im Röhrchen eine grüne Farbzone. Je länger die grüne Zone ist, um so mehr Alkohol hat der Betreffende getrunken. Bei diesem Verfahren kann man noch einen Blutalkohol von 0,5‰ bestimmen. Zeigt sich bei der Atemluft-Prüfung im Röhrchen eine Grünfärbung, so ist eine Blutentnahme und eine Blutalkoholbestimmung im Laboratorium angebracht.

Versuch: Man gibt im Becherglas zu 25 cm³ Natriumdichromatlösung (15%ig) langsam 15 cm³ 20%ige Schwefelsäure. Bringt man dann 8—10 Tropfen Brennspiritus oder reinen Alkohol dazu, so färbt sich die Lösung grün. Hier wird wie im Prüfröhrchen der Alkohol über Acetaldehyd (CH_3-CHO) zu Essigsäure (CH_3-COOH) oxidiert, das Natriumdichromat hingegen reduziert.

Alkoholbestimmung im Blut. Nach der Methode von Widmark läßt man bei einer Temperatur von 50—60° C den im Blut gelösten Alkohol verdampfen und oxidiert den Alkoholdampf durch eine Kaliumdichromat-Schwefelsäure-Lösung zu Essigsäure. Die nicht verbrauchte Dichromatmenge wird jodometrisch bestimmt und aus der bei der Oxidation verbrauchten Dichromatmenge der Blutalkohol berechnet. Die enzymatische Blutalkoholbestimmung mit Alkoholdehydrogenase liefert auch genaue Werte.

Alkoholische Getränke

Weinbereitung

Versuch: Presse ein Pfund Trauben (oder die gleiche Menge Kirschen, Erdbeeren, Stachelbeeren, Johannisbeeren und dgl.) in einem beutelförmig zusammengefalteten Tuch aus! Gib zum abfließenden Saft die 1½fache Menge Leitungswasser und so viel Zucker, als ein Drittel des unverdünnten Traubensaftes wiegt! Einen Teil dieser süßen, nahrhaften Mischung gießen wir in einen Erlenmeyerkolben *(Bild 13)*, fügen etwas Reinhefe dazu (in Drogerien erhältlich unter den Bezeichnungen „Oma"-Reinhefe, „Kitzinger Reinzuchthefe", „Vierka-Reinzuchthefe" usw.), verkorken gut und tauchen das Gasableitungsrohr in das mit frischem Kalkwasser gefüllte Probierglas b. Nach mehrtägigem Aufenthalt in einem 16—25 Grad warmen Raum sieht der Inhalt des Erlenmeyerkolbens undurchsichtig, trüb aus; gleichzeitig strömt ein Gas in das Probierglas und ruft dort eine weiße Trübung hervor — Kohlensäure! Bringen wir einen Tropfen aus dem Erlenmeyerkolben unter das Mikroskop, so sehen wir viele kleine, elliptische,

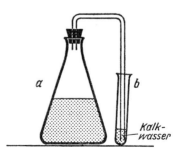

Bild 13. Erlenmeyerkolben mit gärenden Fruchtsäften

eiförmige oder längliche Körperchen im Wasser herumschwimmen. Nach einigen Wochen klärt sich der Inhalt unseres Erlenmeyerkolbens, die Gasentwicklung hört auf; die Flüssigkeit schmeckt dann nicht mehr süß, aus dem Zuckersaft ist ein alkoholisches Getränk geworden.

Die obigen Beobachtungen sind folgendermaßen zu erklären: Mit der Reinzuchthefe kamen viele mikroskopisch kleine Lebewesen, die sogenannten Hefezellen, zu dem süßen Traubensaft. Diese Zwerge, von denen zweihundert auf einen Millimeter gehen, vermehren sich in dem warmen Saft außerordentlich rasch, wobei sie die verschiedenen Zucker nach den Gleichungen $C_{12}H_{22}O_{11} + H_2O \rightarrow 4 C_2H_5OH + 4 CO_2$ und $C_6H_{12}O_6 \rightarrow 2 C_2H_5OH + 2 CO_2$ in Alkohol und Kohlendioxid zersetzen. Ein Kilogramm Zucker ergibt etwa ein halbes Kilogramm Alkohol; enthält also ein süßer Most 14% Zucker, so entsteht durch die Gärung ein Getränk mit 7% Alkohol. Unter den Hefezellen gibt es viele verschiedene Rassen und Arten, die sich im Aussehen und in der Lebensweise voneinander unterscheiden. So gedeihen z. B. die wenig Alkohol erzeugenden Bierhefen schon bei 2–3° C, während die Weinhefen 15–25° C benötigen. Es gibt „wilde" Heferassen, die dem Wein einen unangenehmen Geschmack verleihen, und daneben edle Formen, die hochwertige Weine liefern. Ein „Rüdesheimer" unterscheidet sich z. B. von einem „Dürkheimer" zu einem wesentlichen Teil durch die verschiedenen Geschmacksstoffe, die von den in Rüdesheim und Dürkheim lebenden, verschiedenen Weinheferassen erzeugt wurden. Es ist gelungen, die an berühmten Weinorten gedeihenden, hochwertigen Heferassen rein zu züchten; solche Kulturen sind in Form kleiner, mit Most gefüllter Fläschchen billig aus Drogerien zu beziehen. Da ein Teil der Geschmacksstoffe schon von vornherein im Wein enthalten ist und nicht erst durch die Tätigkeit der Hefezellen gebildet wird, ist es nicht möglich, einen an und für sich minderwertigen Wein oder gar einen Apfelmost durch Zusatz der entsprechenden Heferasse in einen „Tokaier" oder „Rüdesheimer" zu verwandeln; wohl aber werden durch den Zusatz hochwertiger Reinzuchthefen die schädlichen Hefe- und Bakterienrassen rasch verdrängt, und damit kann eine tadellose Gärung mit reichlicher Bildung hochwertiger Geschmacksstoffe eintreten.

Um schädliche Bakterien zu vernichten, wendet man oft auch das „Schwefeln" an. In leere Weinfässer hängt man an einem Draht brennende Schwefelschnitten durch das lose bedeckte Spundloch; es entsteht so stechend riechendes Schwefeldioxidgas, das die unerwünschten Kleinlebewesen abtötet. Es empfiehlt sich auch, bei normal-gesunden Weinen in je 100 Litern $^1/_2$–1 Tablette, bei säurearmen oder fehlerhaften Weinen 1–1$^1/_2$ Tabletten und bei stark braunen oder bakterienkranken Weinen 1$^1/_2$–2 Tabletten Kaliumdisulfit ($K_2S_2O_5$) oder Natriumdisulfit ($Na_2S_2O_5$) aufzulösen. Man löst zweckmäßigerweise die

Tabletten zunächst etwa in einem Liter Wein und verrührt diese Lösung dann in etwa 100 Litern Wein. Die Säure des Weins bildet mit diesem Stoff schweflige Säure, welche die schädlichen Kleinlebewesen im Wachstum stärker hemmt als die hochwertigen Heferassen. Übergießt man in einem Schälchen eine Kaliumdisulfit-Tablette mit verdünnter Salzsäure, so beobachtet man den stechenden Geruch von Schwefeldioxid und ein darübergehaltener feuchter Lackmuspapierstreifen wird gebleicht. Gleichung: $K_2S_2O_5 + 2\,HCl \rightarrow 2\,KCl + 2\,SO_2 + H_2O$. Bei der Rotweinbereitung läßt man den Most mit Hülsen und Körnern vergären, damit sich der in den Häuten befindliche rote Farbstoff allmählich herauslöst und den Wein färbt. Während der etwa 5–8 Tage dauernden Hauptgärung entstehen im Mittel 60–120 Gramm Alkohol auf das Liter Wein; dies entspricht etwa 7,5–15 Volumprozenten. Damit im Wein beim Lagern keine schädlichen Zersetzungen stattfinden, ist ein Alkoholgehalt von mindestens 50 Gramm im Liter nötig. Nach der Gärung fallen die abgestorbenen Hefezellen nach unten. Damit der Wein durch ihre Fäulnis keinen Schaden leidet, wird er nach 2–6 Monaten „abgelassen", d. h. in andere Fässer gefüllt.

Obst- und Beerenweine. Die Obstweine werden von dem ausgepreßten Saft der Äpfel und Birnen hergestellt. Es empfiehlt sich, dem frischen Preßsaft eine käufliche Reinzuchthefe (z. B. „Rheingau", „Mosel", „Franken", „Pfälzer", solche Reinzuchthefen stellt z. B. die Paul Arauner KG., Kitzingen/Main, her) zuzusetzen, dadurch wird der Geschmack weinartiger. Die Gärung ist bei Zusatz von Reinhefe nach 1 bis 2 Monaten beendet. Beerenweine stellt man hauptsächlich aus Heidelbeeren, Johannisbeeren und Stachelbeeren her. Will man z. B. aus Heidelbeeren einen süßen Dessertwein gewinnen, so preßt man 10 Kilo Beeren aus. Daraus entstehen rund 7 Liter Saft. Zu diesem gibt man 3 Liter Wasser, 3 Gramm Salmiak, 3,5 Kilo Zucker und käufliche „Portwein"- oder „Laureiro"-Reinhefe und läßt vergären. Um einen roten Tischwein zu erhalten, preßt man 4,5 Kilo Johannisbeeren, gibt zu den 3 Litern Saft 6 Liter Wasser, 1,8 Kilo Zucker und die Reinzuchthefe „Aßmannshausen". Bei der Herstellung eines Tischweins aus Stachelbeeren preßt man 10 Kilo Beeren und gibt zu den ausgepreßten 7,5 Litern Saft 3 Liter Wasser, 1,5 Kilo Zucker und die Reinzuchthefe „Rheingau", „Pfälzer" oder „Franken". Die Gärung soll sich in vollkommen sauberen, ausgeschwefelten, luftdichten Fässern vollziehen. Um die äußere Luft abzuschließen, die entstehende Kohlensäure aber trotzdem entweichen zu lassen, empfiehlt es sich, einen käuflichen Gärspund gut aufzusetzen. In ungeheizten Kellern ist die Gärung der Beerentischweine nach zwei bis drei Monaten im wesentlichen beendigt. Während des Gärens soll die Temperatur nicht unter 15° C sinken. Nach Beendigung der Gärung werden die Obst- und Beerenweine von der Hefe getrennt.

Alkoholische Getränke

B i e r. Bei der Bierbereitung läßt man gut gereinigte Gerste unter Wasserzufuhr bei 15–18° C 7–8 Tage lang keimen, bis der hervorbrechende Blattkeim etwa $^1/_2$–$^3/_4$ der Kornlänge erreicht hat. Dieses „Grünmalz" wird an der Luft getrocknet und auf der „Darre" schließlich auf 60–80° C, bei dunklen Bieren auf 90–100° C (Münchener Bier) erhitzt. Dabei verdunstet ein großer Teil des von den Gerstenkörnern aufgenommenen Wassers; gleichzeitig bilden sich aus Zucker und Eiweiß wertvolle färbende und aromatische Stoffe, 100 Kilo trockene Gerste geben etwa 140 Kilo Grünmalz und 76 Kilo Darrmalz. In der Brauerei wird das Darrmalz zerschrotet und mit Wasser gemischt; hierbei wird die Stärke der Gerste mit Hilfe eines in keimender Gerste vorhandenen Fermentgemisches, der sogenannten D i a s t a s e, in wasserlösliche Zucker (und Dextrin) gespalten, die nachher von der Bierhefe vergärt werden können. Vor der Gärung kommt die zuckerreiche Flüssigkeit („Würze" genannt) in den sogenannten Hopfenkessel, wo sie mit Hopfen zum Sieden erhitzt wird. Dabei gehen wertvolle Geschmacksstoffe in das Bier über; gleichzeitig werden schädliche Kleinlebewesen vernichtet. Die gehopfte Würze wird nach dem Sieden auf 2–7° C abgekühlt und nach Zusatz von Reinhefe zum Gären gebracht, wobei der Zucker von den Hefezellen in Alkohol und Kohlensäure gespalten wird. Nach längerer Lagerzeit (Nachgärung bei 0 bis 2° C) kommt das Bier in den Handel. Die Hauptbestandteile des Bieres sind: Wasser, Kohlensäure (0,3–0,6%), Alkohol und sogenannte nichtflüchtige nahrhafte Extraktstoffe, die zu 80% aus Zucker, Dextrin u. a. bestehen. Die Extraktstoffe und der Alkohol werden im Körper unter Wärmeentwicklung verbrannt; ein Liter Bier hat einen Nährwert von ca. 470 kcal = 1927 kJ. (Vergleiche das Bier nach Preis und Kaloriengehalt mit den Nahrungsmitteln auf S. 176 f.!) Der Durchschnittsgehalt an Alkohol (bzw. Extraktstoffen) beträgt bei Pschorr (München) 3,6 (6,5), Hofbräu (München) 3,8 (6,8), Spaten (München) 3,35 (6,9), Kulmbacher Sandlerbräu 4,8 (7–8,5), Dortmunder Union 4,4 (5). Ex-Bier Geva, Münster mit 0,5 Prozent gilt als alkoholfrei.

B r a n n t w e i n. Der meiste Branntwein wird aus Kartoffeln hergestellt. Da die Hefezellen Kartoffelstärke nicht vergären können, muß man die gedämpften Kartoffeln mit diastasereichem Grünmalz (Herstellung siehe oben!) zusammenbringen. Bei 55–60° C zerlegt die Diastase die unlösliche Kartoffelstärke schon nach 30 Minuten in löslichen, gärfähigen Zucker, der von den Hefezellen zu Alkohol und Kohlensäure vergärt wird. Da die Gärungstätigkeit der Hefezellen bei 14–18 Volumprozent aufhört, muß man zur Erzielung höherer Alkoholkonzentrationen destillieren. Dabei erhitzt man das Wasser-Alkohol-Gemisch und fängt den schon bei 80° C siedenden Alkohol für sich auf. Da man zu dieser Arbeit ein Feuer braucht, spricht man auch von „Branntwein", „Schnapsbrennerei", „Weinbrand" usw. Bei der Herstellung vieler einfacher Trinkbranntweine wird der Kartoffelsprit nach der Reinigung auf kaltem Wege mit Wasser und gewissen als Würze bezeichneten Geschmackstoffen (z. B. Kümmel, Anis, Fenchel, Wacholder) vermischt. Die gewöhnlichen Branntweine sollen mindestens 32, wenn das Wort „Doppel" (z. B. Doppelkümmel) darin vorkommt, mindestens 38 Volumprozent Alkohol enthalten.

Versuche: Halten wir ein Streichholz in eine kleine Probe Schnaps, so erlischt es. Um die Brennbarkeit des Alkohols zu zeigen, bringen wir ca. 20 Kubikzentimeter Schnaps oder Likör in einen kleinen Erlenmeyerkolben, setzen einen durchbohrten Stopfen mit einer 60 bis 80 Zentimeter hohen, geraden Glasröhre in den Hals des Kolbens, erhitzen dessen Inhalt zum Sieden und halten hin und wieder ein brennendes Streichholz ans obere Röhrenende. Schließlich brennt der Alkohol mit einer bläulichen Flamme. Bei diesem Vorgang findet in der Röhre eine Trennung von Wasserdampf und Alkoholdampf statt; das höher siedende Wasser verflüssigt sich in der Röhre zum größeren Teil und tropft nach unten, während die leichter flüchtigen Alkoholdämpfe in größerem Ausmaß das obere Röhrenende erreichen und dort entzündet werden können. Mit dem Flörke-Kölbchen (nach *Bild* 7) oder mit Probiergläsern (nach *Bild* 6) können wir aus alkoholischen Flüssigkeiten wie Wein oder Apfelmost einen ca. 70%igen Alkohol abdestillieren.

Weitere alkoholische Getränke:

Aquavit: Vorwiegend mit Kümmel aromatisierter Trinkbranntwein mit 32 Volumprozent Alkohol. Tafelaquavit ist ein unter Verwendung von Destillat aus Kümmel hergestellter, mindestens 38 Volumprozent Alkohol enthaltender Aquavit.

Arrak: Feiner, farbloser Branntwein mit mindestens 38% Alkohol, der durch Vergärung von Reis, Zuckerrohrmelasse oder zuckerhaltigen Pflanzensäften in Übersee gewonnen wird.

Boonekamp: Bitterbranntwein besonderer Art mit ca. 42% Alkohol. Wurde zuerst in Holland hergestellt; enthält u. a. Anis-, Curaçaoschalen-, Enzian-, Nelken-, Fenchel-Auszüge.

Chartreuse: Ein gesetzlich geschützter, französischer Likör, der von Kartäuser Mönchen hergestellt wird.

Cocktail ist die Sammelbezeichnung für unzählige kalte Mischgetränke, die unter Zuhilfenahme von Fruchtsäften, Likören, Branntweinen, Wein, Essenzen, Honig, Kakao, Milch und dergleichen besonders in angelsächsischen Ländern hergestellt werden. Der Name Cocktail (deutsch Hahnenschwanz) wird folgendermaßen erklärt: Ursprünglich bemühten sich die Cocktail-Mixer, verschiedenfarbige Flüssigkeiten in den Gläsern so zusammenzugießen, daß sie sich nicht vermischten, sondern farbige Bänder, ähnlich wie der bunte Schwanz eines Hahnes, bildeten.

Curaçao: Feiner, süßer Likör, zu dessen Herstellung die bitteren, würzigen Schalen einer auf der holländischen Insel Curaçao (liegt bei Venezuela in Südamerika) angebauten Pomeranzenabart verwendet werden. In 100 Gramm Curaçao sind 42 Gramm Alkohol, 28 Gramm Zucker und Extraktstoffe enthalten.

Danziger Goldwasser: Feiner, farbloser Likör mit Kümmelgeschmack, in dem Blattgoldflitterchen herumschwimmen; Alkoholgehalt mindestens 38 Volumprozent.

Alkoholische Getränke

Glühwein wird aus Rotwein mit Zucker und Zusätzen von Nelken, Zimt und Rum hergestellt.

Grog: Getränk aus heißem Wasser, Weinbrand, Rum, Arrak und Zucker. Man erhitzt z. B. eine Mischung aus 1 Liter Wasser, 0,25 Liter Rum, 250 Gramm Zucker und ein wenig Zitronenschale bis zum Sieden.

Kognak: Ein aus Wein destillierter, teurer Schnaps, der in 100 Raumteilen mindestens 38 Raumteile Alkohol enthält.

Kornbranntwein („Kornbrand", „Korn"): Branntwein, der ausschließlich durch Destillation von vergorenem Getreide (Roggen, Weizen, Buchweizen, Hafer oder Gerste) und nicht im Würzverfahren gewonnen wird. Alkoholgehalt mindestens 32 Volumprozent, bei „Doppelkorn" oder „Kornbrand" mindestens 38 Volumprozent.

Liköre: Spirituosen mit Zusatz von Zucker und aromatischen Stoffen, Pflanzen- und Fruchtauszügen und (oder) -Destillaten, Fruchtsäften und (oder) ätherischen Ölen; ein Teil des Zuckers kann durch Stärkesirup ersetzt werden. Alkoholgehalt (oft von Extraktgehalt abhängig) zumeist mindestens 20 Prozent.

Punsch ist ein Getränk, das ursprünglich von den Engländern aus Indien gebracht wurde; es ist eine Mischung aus Arrak oder Rum mit Fruchtsaft und Zucker. Unter „Punsch-Extrakten" und „Punsch-Sirupen" (beide auch kurz als „Punsch" bezeichnet) versteht man Spirituosen, die dazu bestimmt sind, mit Wasser getrunken zu werden.

Rum ist ein Branntwein, der besonders auf den westindischen Inseln (Jamaika, Kuba usw.) durch Destillation vergorener Zuckerrohrabfälle gewonnen wird. Das farblose Destillat enthält 70—80 Prozent Alkohol; es wird gewöhnlich in Europa auf ein genießbares Getränk von etwa 50 Volumprozent Alkohol verdünnt.

Schaumweine (Sekt, Champagner) sind meist Burgunderweine, die in starken Flaschen eine zweite Gärung durchmachen. Nach beendeter Gärung werden die Flaschen 1-3 Jahre später mit der Mündung nach unten geöffnet, wobei die Hefereste durch den Kohlensäuredruck herausspritzen. Dann setzt man jeder Flasche 10—50 Kubikzentimeter „Likör" (eine Lösung von Zucker in Wein) zu, verkorkt gut und läßt die Flaschen noch einige Monate lagern. Bei billigen Sektsorten wird die Kohlensäure maschinell in die Flaschen gepreßt.

Sherry: Feiner, feuriger Südwein, der nach der spanischen Stadt Xeres in der Nähe von Cadiz benannt ist.

Steinhäger ist ein in Steinhagen/Westfalen aus vergorenen Wacholderbeeren durch zweimalige Destillation gewonnener Trinkbranntwein mit 38 Volumprozent Alkohol.

Wermutwein: Diesen in Italien („Vermouth di Torino") und Frankreich hergestellten Wein erhält man, wenn Wein mit Zuckercouleur (=Zucker, der durch Erhitzung auf 200 Grad gebräunt wurde) und einem alkoholischen Auszug von blühendem Wermutkraut (Artemisia absinthium) versetzt wird. Im Wermutwein lösen sich die Bitterstoffe des Wermutkrauts, nicht aber dessen giftiges ätherisches Öl.

Weinbrand ist ein Trinkbranntwein, dessen Alkoholgehalt ausschließlich durch Destillation von Wein gewonnen wurde. Als Weinbrand-Verschnitt darf ein Trinkbranntwein bezeichnet werden, wenn mindestens $1/10$ seines Alkohols aus Weinbrand stammt. Weinbrand und -Verschnitt müssen mindestens 38 Volumprozent Alkohol enthalten. Bekannte Marken: Asbach Uralt, Chantré.

Whisky: Ein besonders in Irland und Schottland aus Gerstenmalz, Roggen und Weizen hergestellter Branntwein, mit dem für Whisky charakteristischen Geschmack und Geruch, der mindestens 43 Prozent Alkohol enthält.

W o d k a : Branntwein, der aus rein filtriertem Alkohol oder nach besonderem Verfahren behandeltem Primasprit bzw. Kornfeinsprit hergestellt wird. Alkoholgehalt mindestens 40 Volumprozent. Wird in Rußland meist aus vergorenem Mais gewonnen; er ist farblos wie Wasser.

Aluminium. Diesem Leichtmetall der Zukunft begegnen wir im Alltag immer mehr. In großem Umfang wird Aluminium zur Herstellung von Milchkannen, Fischkonservendosen, Tuben für Zahncreme sowie anstelle von (Zinn-) Stanniol als Umhüllungsmaterial für Butter, Käse, Schokolade, Zigaretten usw. verwendet. Seit einiger Zeit wird Melitta-alufolie zum Frischhalten, Kochen, Backen, Braten und Grillen im Haushalt gebraucht, da sie keimfrei, kälte- und hitzebeständig ist. Mit der Alufolie kann man in der Diätküche im „eigenen Saft" garen. Aus Aluminium oder Aluminiumlegierungen werden Auto- und Flugzeugteile, Armaturen, Motoren, Türgriffe, Bierkessel, Getränkeleitungen für Mineralwässer u. a. hergestellt.

Aluminium wird technisch aus Bauxit gewonnen. In einem ersten Arbeitsgang werden nach einem Patent von K. J. Bayer mit Hilfe von Natronlauge Eisen- und Titanoxid abgeschieden. Das entstehende Tonerdehydrat ($Al_2O_3 \cdot 3\,H_2O$) wird dann entwässert und im Elektrolyseofen durch einen Gleichstrom von 30 000 Amp. und 5–7 Volt auf 950° C zum Schmelzen erhitzt. Das metallische Aluminium sammelt sich am Boden der Wanne (Minuspol).

Aluminium läßt sich mit folgendem Versuch nachweisen: Schneide vom Silberpapier einer Nahrungsmittelverpackung kleine Streifen von 3 mm Breite. Übergieße im Prüfglas diese Streifen mit 2 ml reiner Salzsäure (noch einige Tropfen Salpetersäure zusetzen). Nach dem Erwärmen geht das Aluminium in eine lösliche Verbindung über. Gib dann einige Tropfen Kobaltchloridlösung dazu. Tauche ein Stück Filtrierpapier ins Prüfglas und verbrenne es in der farblosen, heißen Gasflamme. Der blaue hitzebeständige Aschenbestandteil ist Thénardsblau. Seine Formel ist $Al_2O_3 \cdot CoO$. Feile von einem Aluminiumbecher ein klein wenig Pulver ab, löse es in Salzsäure auf und prüfe auf Aluminium nach den obigen Angaben. In ähnlicher Weise lassen sich essigsaure Tonerde, Aluminiumfarben und geleimtes Kunstdruckpapier auf Aluminium prüfen.

Obwohl Aluminium ein sehr unedles Metall ist (es steht in der Spannungsreihe zwischen Magnesium und Zink), ist es gegen den Sauerstoff und die Feuchtigkeit der Luft viel widerstandsfähiger als das Eisen. Deshalb brauchen Kochgeschirre aus Aluminium keine Schutzüberzüge. Die Korrosionsbeständigkeit des Aluminiums beruht auf einer sehr dünnen, harten Oxidschicht, die sich auf frisch angefeiltem Aluminium an der Luft sofort bildet. Diese Schutzschicht ist anfangs nur 2 Angström (2/10 000 000 mm) dick und wächst im Laufe von 4 Wochen auf das 30fache. Man kann diese Schutzschicht durch das Eloxal-, Alodine- und MBV-Verfahren noch verstärken.

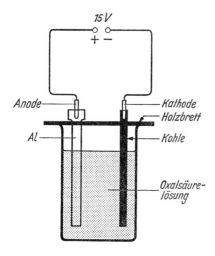

Bild 14. Eloxalverfahren

Eloxalverfahren (d. h. elektrisch oxidiertes Aluminium): Fülle (nach *Bild 14*) in ein Becherglas 200 ml dest. Wasser und löse darin 14 g Oxalsäure. Hänge ein Stück Aluminium zur Hälfte und einen Kohlestab in die Lösung und verbinde mit einer Gleichstromquelle (Taschenlampenbatterien od. Gleichstromnetzgerät; ca. 15 V, 0,1 A). Das Aluminium muß als Anode geschaltet sein. Nach 10 Minuten wird das Blech abgespült und getrocknet. Dann wird mit Hilfe einer Taschenlampenbatterie und eines passenden Birnchens die elektrische Leitfähigkeit des Aluminiumblechs geprüft. Der obere unbehandelte Teil des Blechs leitet den elektrischen Strom, der untere, mit einer dicken Oxidschicht versehene jedoch nicht.

MBV-Verfahren (d. h. Modifiziertes Bauer-Vogel-Verfahren): Tauche Aluminiumblech 10 Minuten lang in eine 90° C heiße Lösung, die in 100 ml Wasser 5 g wasserfreie Soda und 1,5 g Natriumchromat enthält. Nach gutem Abspülen mit klarem Wasser und anschließendem Trocknen zeigt das Blech eine hell- bis dunkelgraue Oberfläche. Erklärung: Es entstand eine etwa 0,002 mm dicke Schutzschicht aus 73% Aluminiumhydroxid, $Al(OH)_3$, und 25% Chromhydroxid, $Cr(OH)_3$, die das Aluminium z. B. beständig macht gegen Salzwasser, Fruchtsäfte, Sauerkraut und Wasserstoffperoxid.

Aluminium wird von Salzsäure, Essigsäure u. a. verdünnten organischen Säuren, aber auch von Laugen um so schneller angegriffen, je unreiner das Metall ist. Deshalb sollen Aluminiumgeschirre weder mit starken Säuren noch mit Laugen oder Sodalösungen gereinigt werden. Kocht man eisenreiche Speisen in Aluminiumgeschirren, so entstehen auf diesen unschöne, dunkle, ungiftige Eisenniederschläge, die beim nachherigen Kochen säurereicher Speisen (Sauerkraut, Rhabarber) wieder verschwinden.

Anstreicharbeiten. Eine große Zahl praktischer Anstreicharbeiten kann auch vom Nichtfachmann ohne besondere Schwierigkeiten ausgeführt werden. Die in Fachgeschäften oder Drogerien erhältlichen Farbpulver (siehe „Farben und Lacke"!) verrührt man vor dem Anstrich mit einem Bindemittel, das aus Kalkmilch, Wasserglas, Leim, Leinöl oder synthetischen Produkten bestehen kann. Sehr häufig werden die Farben schon in streichfertigem Zustand gekauft; man ist dann der oft mühsamen und schwierigen Anrührarbeit enthoben. Lacke und Lackfarben bezieht man streichfertig, da sich deren Selbstherstellung allein schon aus Gründen der Feuergefährlichkeit verbietet. Bei allen streichfertigen Farben und Lacken sind Farbpulver und Bindemittel gerade im richtigen Verhältnis gemischt.

1. K a l k a n s t r i c h e. Man verrührt etwa fünf Teile festen, gelöschten Kalk mit sechs Teilen Wasser zu einer dicken Kalkmilch und streicht diese auf die vorher gereinigten und befeuchteten Wände. Wünscht man einen farbigen Anstrich, so mischt man etwa 10% einer Kalkfarbe (Näheres S. 103) in die Kalkmilch. Auf Stein, Gips, Holz und Leimfarben hält der gewöhnliche Kalkanstrich [bestehend aus dicker Kalkmilch, $Ca(OH)_2$] nur schwer, doch kann man ihn durch Zusätze haltbar machen. Verwendet man z. B. beim Kalklöschen heißes Wasser und gibt auf 40 Liter Kalkmilch etwa 0,5 Kilogramm Zinkvitriol ($ZnSO_4$) und 0,25 Kilogramm Kochsalz, so hält ein Anstrich von diesem Gemisch auch auf Holz und Stein. Kalkanstriche empfehlen sich besonders bei Fassaden, Hauseingängen, Bädern, Küchen, Decken, Wänden usw. Man benötigt zwei bis drei Anstriche; beim ersten wird ganz dünne Kalkmilch verwendet. Wünscht man bunte Wände, so sind nur beim letzten Anstrich Farben beizumischen. Beim Endanstrich sind die Wände von oben nach unten, die Decken senkrecht zu den Fenstern zu streichen; auf diese Weise wird eine störende Schattenwirkung durch Rillenbildung und dergleichen vermieden. Ein Kalkverputz bildet eine gute Unterlage für Öl-, Leim- und Caseinfarbanstriche.

Beim „Weißen" der Wände mit Kalkmilch finden folgende chemischen Vorgänge statt. Die Kalkmilch nimmt aus der Luft allmählich Kohlendioxid auf und bildet mit dem Wasser des Mörtels zunächst etwas H_2CO_3. Nur diese (nicht das CO_2 an sich) gibt mit dem $Ca(OH)_2$ der Kalkmilch Calciumcarbonat ($CaCO_3$) nach der Gleichung $Ca(OH)_2 + H_2CO_3 \rightarrow CaCO_3 + 2 H_2O$. Damit die Bildung von hartem, beständigem Kalk ungestört vonstatten gehen kann, soll man die Räume nicht zu rasch austrocknen (sonst keine H_2CO_3-Bildung mehr möglich), obwohl dies im Interesse einer raschen Beziehbarkeit erwünscht sein mag. Derselbe chemische Prozeß spielt sich bei der Erhärtung des Mörtels ab, den die Maurer zwischen die Fugen der Bausteine streichen. Der gewöhnliche Maurermörtel besteht aus etwa einem Teil Sand- und zwei Teilen Kalkbrei von der Formel $Ca(OH)_2$.

V e r s u c h e : Prüfe die verschiedenen Wände auf Kalk durch vorsichtiges Betupfen mit einigen Tropfen verdünnter Salzsäure! Bei Anwesenheit von Kalk treten kleine Gasbläschen auf. (Näheres S. 28.) Stelle durch Vermischen von 5 Teilen gelöschtem Kalk, 6 Teilen Wasser und einem Teil Ocker oder Ultramarin eine Kalkfarbe her, bestreiche damit Brett-, Metall-, Glasstücke und dergleichen und beobachte nach einigen Tagen die eingetretenen Veränderungen!

2. W a s s e r g l a s a n s t r i c h e. Herstellung der Wasserglasfarben vergleiche S. 103! Anstriche mit Wasserglas haften auf Zement, Stein,

Kalk- und Sandverputz, Zinkblech, Holz, Glas und dergleichen. Dauerhafte Pigmentfarben mit wasserglasartigen Bindemitteln sind z. B. die Keimfarben der Industriewerke Lohwald bei Augsburg, die Silinfarben vom Silinwerk Gernsheim/Rh. u. dgl.

3. **Silicon-Präparate**. Die Silicone bilden eine Gruppe von polymeren Verbindungen, in denen Silicium-Atome teilweise über Sauerstoffatome verknüpft und die restlichen Valenzen des Si durch Kohlenwasserstoffreste (meist CH_3-Gruppen, seltener C_2H_5-, C_3H_7-, C_6H_5-Gruppen) abgesättigt sind. Ein Siliconöl kann z. B. nebenstehende Struktur haben. Die Silicone nehmen chemisch und technologisch eine interessante Mittelstellung zwischen rein anorganischen Silicaten und organischen Kohlenwasserstoffen ein.

$$\begin{array}{ccc} CH_3 & CH_3 & CH_3 \\ | & | & | \\ -Si-O-Si-O-Si- \\ | & | & | \\ CH_3 & CH_3 & CH_3 \end{array}$$

Heute werden farblose Anstriche auf Siliconbasis (z. B. Wacker-Silicon-Imprägnier-Emulsionen BS und BSR, Silicon-Imprägniermittel Bayer, Silikonat Goldschmidt u. dgl.) bei Wetterseiten von Mauerwerken verwendet; sie wirken wasserabstoßend, ohne die „Atmung" der Mauern zu beeinträchtigen.

Versuch: Löse 0,5 ccm Siliconöl in 10 ccm Benzol und tränke damit einige dicke Papierstreifen. Nach dem Verdunsten des Lösungsmittels ist das Papier mit dem Siliconöl „imprägniert". Tauche jetzt den imprägnierten Streifen und einen gewöhnlichen Papierstreifen für 10 sec in Wasser. Der Papierstreifen mit Siliconöl wird kaum naß, das Wasser rinnt in kleinen Tropfen ab. Der gewöhnliche Papierkontrollstreifen dagegen saugt das Wasser auf.

4. **Leimfarbenanstriche**. Die Zusammensetzung und Herstellung der Leimfarben ist auf S. 103 beschrieben. Leimfarben im weiteren Sinne entstehen, wenn tierische Leime (Tischlerleim), Pflanzenleime, Celluloseleime oder Casein zum Anrühren der Farbpulver verwendet werden. Sie spielen bei Innenanstrichen eine hervorragende Rolle. Eine weiße Leimfarbe erhält man z. B. durch Auflösung von einem halben Kilogramm trockenem „Sichel"-Leim in 5 Liter kaltem Wasser, in dem nachher 10 Kilogramm feine Schlämmkreide gründlich verrührt werden. Leimfarben halten am besten auf einer körnigen, rauhen, mit Kalkmilch bestrichenen Fläche.

5. **Ölfarben- und Lackanstriche**. Diese haben für Fachleute und Nichtfachleute unter allen Farben die größte Bedeutung. Sie sind in zahlreichen Farbtönungen und Qualitäten in Drogerien, Farbgeschäften usw. streichfertig zu beziehen. Man verwendet sie in erster Linie zum Anstreichen von Holz- und Metallgegenständen, wie Fenster, Türen, Küchen-, Zimmer-, Garten- und Balkonmöbel, Veranden und Balkons, Zäune, Blumenkästen, Schränke, Truhen, Maschinen, Wagen, Fahrräder, Boote usw. Alte, brüchige, abblätternde Farben sind vor dem Anstrich mit Schmirgel oder einem chemischen Mittel zu

entfernen; siehe „Abbeizmittel"! Während des Streichens und Trocknens ist jede Staubbildung durch Auskehren usw. sorgfältig zu vermeiden, da sonst der Anstrich leiden würde. Im Freien darf man nicht im Sonnenlicht, Wind und Regen anstreichen, weil die Ölfarbe in der warmen Sonne verläuft, im Winde verstaubt und im Regen nicht trocknet. Streicht man bei Frostwetter, so werden Ölfarben und Lacke leicht dickflüssig; es empfiehlt sich in diesem Fall, das Farbgefäß vor und während der Arbeit in heißes Wasser zu stellen.

Zwei bis drei möglichst dünne Ölfarbenanstriche sind besser als ein einziger dicker Anstrich; denn das Leinöl erhärtet an der Oberfläche unter Aufnahme von Luftsauerstoff und wird damit selbst bis zu einem gewissen Grad luftundurchlässig, so daß bei zu dickem Anstrich die tieferen Schichten nur schwer erstarren und auf dem Holz nicht genügend haften. Zu Beginn des Streichens rührt man die Farbe gut um und setzt mit dem Pinsel Farbtupfen mit wenigen Zentimetern Abstand auf die ganze Fläche. Dann verreibt man die Farbtupfen durch Streichbewegungen, die quer zur Faserungsrichtung des Holzes verlaufen, zuletzt wird in der Faserungsrichtung gestrichen. Der erste und zweite Anstrich kann mit Bleiweiß ausgeführt werden. Beim obersten Anstrich empfiehlt sich zur Verhinderung des Nachdunkelns (Näheres S. 94) ein Anstrich von Zinkweiß oder von zinkweißhaltigem Lack. Nach dem ersten Anstrich, der mit dünnflüssiger Farbe ausgeführt wird, muß man etwa 2 Tage warten, bis alles trocken ist und ein fest angedrückter Finger nach etwa 20 Sekunden ohne Haften wieder abgehoben werden kann. Vor dem nächsten Anstrich soll man mit Glaspapier abschleifen und hernach eine dickere Ölfarbe oder einen Lack verwenden. Zur Erzielung eines schönen Glanzes genügt es vollkommen, wenn der oberste Anstrich aus Lack besteht. Soll der Gegenstand farbig werden, so ist lediglich beim letzten Anstrich Farbe aufzutragen; der Voranstrich kann weiß sein. Gegenwärtig gewinnen die ölarmen oder ölfreien Kunstharz-, Chlorkautschuk-, Cyclokautschuk-, Nitro- und Acetylcelluloselacke in steigendem Maße Beachtung (vgl. S. 106 f.).

Aspirin ist die geschützte Bezeichnung für ein weitverbreitetes Arzneimittel, das in allen Apotheken ohne Rezept erhältlich ist. Herstellerfirma Bayer, Leverkusen.

Aspirin ist im Wasser schwer löslich; ein Gramm desselben löst sich erst in der 300fachen Menge Wasser auf. Gibt man eine Tablette zu wenig Wasser, so entsteht eine weiße Brühe, die blaues Lackmus rötet. Der Geschmack dieser Aufschwemmung ist säuerlich.

Chemischer Aufbau. Aspirin entsteht, wenn sich Salicylsäure und Essigsäure unter Wasseraustritt vereinigen. Formel: $C_6H_4(COOH)OCOCH_3$. Es ist Acetylsalicylsäure. Kocht man Aspirin in verdünnter Natronlauge, so spaltet es sich zum Teil unter Wassereinlagerung in freie Salicylsäure und Essigsäure; es entsteht dann bei Zugabe von etwas brauner Eisenchloridlösung eine blauviolette Färbung (damit ist freie Salicylsäure nachgewiesen, siehe auch Abschnitt Salicylsäure!). Aspirin, das nur in kaltem Wasser gelöst wird, darf diese Reaktion nicht geben.

V e r w e n d u n g : Aspirin wird seit 1899 als Mittel gegen Fieber, Kopfschmerzen und Rheumatismus in steigendem Umfang verwendet. Man läßt 1 bis 2 Tabletten in etwas Wasser zerfallen und trinkt sofort nach dem Einnehmen viel Wasser. Bei schwerem Rheumatismus können 7–10 Gramm täglich verordnet werden. Bei Kopfschmerzen und Fieber genügen etwa 3 Tabletten täglich. Das Aspirin durchwandert den Magen unverändert und wird erst im Darm in seine Bestandteile (Salicylsäure und Essigsäure) zerlegt. Um eine Spaltung des Aspirins im Magen zu verhindern, darf es nicht mit alkalischen Mineralwässern oder alkalischen Arzneien eingenommen werden. Eine A s p i r i n p l u s C-Tablette enthält noch 0,240 g Vitamin C und wird als Brausetablette geliefert.

„T o g a l"-Tabletten enthalten als wesentlichen Bestandteil ca. 75% Aspirin®, daneben noch 12,6% Lithiumcitrat und 0,46% Chinin. Togal wird ähnlich wie Aspirin verwendet. Das Schmerzlinderungsmittel „Coffetylin" besteht aus 90% Aspirin® und 10% reinem Coffein; „Cafaspin" besteht aus der 0,5 g Aspirin® und 0,05 g Coffein. Acetylsalicylsäure ist auch einer der Bestandteile folgender Schmerzlinderungsmittel: „A 55", „Acetylopyrin Aubing", „Amigren", „Andralgin", „Alka-Seltzer" (Anasco), „Apragon", „Apyron", „Arcanol", „Aspiphenin", „Chinaspin", „Contradol", „Dolviran", „Gelonida", „Thomapyrin" (Thomae) u. v. a.

Auto-Reinigungs- und Glanzmittel. Man unterscheidet hier u. a. folgende Typen: A. Rasch wirkende Mittel, die, ohne besonders zu reinigen, schnell einen glänzenden, kurzlebigen Film hervorrufen. Es handelt sich hier um Öl-in-Wasser- oder auch Wasser-in-Öl-Emulsionen, die z. B. 40–60% Wasser, 40–50% Mineralöl oder Lösungsmittel, 4 bis 6% Fettsäure oder sulfonierte Öle und 2–4% Emulgatoren (Morpholin, Triäthanolamin) enthalten. B. Die Mittel vom Typ A können zur Reinigung noch scheuernde Zusätze (Kieselgur, Kalk, Kaolin, Tripel) enthalten und z. B. aus 40–60% Wasser, 10–20% leichtem Mineralöl, 5 bis 10% Alkohol, 10–20% Lösungsmittel, 4–6% Emulgatoren und 10–15% Scheuermittel bestehen, dazu kommen eventuell noch Farbstoffe und geruchverdeckende Parfüme. Ein Erzeugnis dieser Art läßt sich z. B. aus 28 Tl. Kieselgur, 30 Tl. Isopropylalkohol, 10 Tl. Glycerin (spez. Gew. 1,23), 11 Tl. Paraffin, 50 Tl. Maschinenöl, 2 Tl. Kaolin, 1 Tl. Triäthanolaminlinoleat (Emulgator) und 175 Tl. Wasser herstellen. C. Einen dauerhaften Glanz geben Präparate, die Scheuermittel, Mineralöl, Wasser, Emulgatoren und etwas Wachs enthalten. Wachs gibt ähnlich wie bei Schuhcremes und Bohnermassen den besten Glanz. Ein solches Präparat könnte z. B. aus 2 Tl. Carnaubawachs, 1 Tl. Bienenwachs, 8,5 Tl. leichtem Mineralöl, 0,8 Tl. Olein, 0,7 Tl. Morpholin (glanzerzeugender Emulgator), 0,2 Tl. Harz, 10 Tl. Fullererde, 15 Tl. Mineralpulver, 0,8 Tl. Methylcyclohexanol, 1 Tl. Amylacetat und 60 Tl. Wasser bestehen. D. Am zweckmäßigsten ist es, bei der Autobehandlung zunächst ein scheuerndes Reinigungsmittel (z. B. aus 50–65% Wasser, 10–15% Mineralöl, 15–20% Lösungsmittel, 15–20% Emulgator und 10–20% Schleifmittel) anzuwenden und nachher mit Präparaten aus glanzgebenden Wachsen (ähnlich der Ölware von Bohnermassen und Schuhcremes) bis zur Glanzbildung zu polieren. E. Autopolituren mit Siliconen (z. B. Wacker-Siliconöle AK, Wacker-Siliconölemuls) können z. B. 5–15% Siliconöl, 10–75% flüchtige Kohlenwasserstoffe, 0,1–12% Kationenemulgator (Rest Wasser) enthalten. Neuerdings werden auch Autoglanzmittel aus Aerosol-Sprühkannen unter einem Druck von 2–3 atü auf die zu reinigenden Autos versprüht.

Backpulver. Dies sind fabrikmäßig hergestellte Stoffe, die unter Gasentwicklung den Teig auftreiben und dadurch das Brot locker und leichter verdaulich machen. Beispiele:
1. H i r s c h h o r n s a l z. Weißes, nach Ammoniak riechendes Pulver, das sich beim längeren Lagern an offener Luft zum Teil verflüchtigt, zum Teil in trübe Masse verwandelt. Man destillierte diese Verbindung früher aus trockenen, zerkleinerten Hirschgeweihen, daher der Name. Es besteht u. a. aus Ammoniumcarbonat, das schon von 60 °C an in Gase (Ammoniak, Wasserdampf, Kohlendioxid) zerfällt. Hirschhornsalz für Backzwecke wird heute z. B. von der Firma Neeb (München-Pasing) unter der Bezeichnung „Nebona" in Glasröhrchen in den Handel gebracht. Der „ABC-Trieb" (Backpulver der Badischen Anilin- und Soda-Fabrik) besteht aus dem farblosen Ammoniumhydrogencarbonat, NH_4HCO_3, das ähnlich wie Hirschhornsalz beim Erwärmen oberhalb 100° C in Wasser, Ammoniak und Kohlendioxid übergeht. Für 500 Gramm Mehl benötigt man 5—10 Gramm „ABC-Trieb".
V e r s u c h e : Erhitze im Probierglas eine Messerspitze Hirschhornsalz oder „ABC-Trieb". Nach wenigen Minuten ist die Substanz verschwunden, d. h. in unsichtbare Gase zerfallen nach der Gleichung: $(NH_4)_2CO_3 \rightarrow 2\,NH_3 + H_2O + CO_2$. Der Wasserdampf schlägt sich an der Probierglasmündung nieder, das Kohlendioxid bringt ein brennendes Streichholz zum Erlöschen und trübt Kalkwasser; das Ammoniak ist an dem unangenehmen Geruch erkennbar.
Wir füllen ein Probierglas etwa bis zur Hälfte mit Leitungswasser und lösen darin eine Messerspitze Hirschhornsalz. Beim Erwärmen auf etwa 60° C (Thermometer!) tritt lebhafte Gasentwicklung auf. Das entweichende Gas ist vorwiegend Kohlendioxid; das ebenfalls entstehende Ammoniakgas ist in Wasser außerordentlich leicht löslich (1 Liter Wasser nimmt rund 1000 Liter Ammoniakgas auf); es bleibt deshalb zumeist im Wasser zurück. Ein Teelöffel Hirschhornsalz reicht für 500 Gramm Mehl.
Beim Backen treibt vor allem das im Wasser schwerlösliche Kohlendioxid den Teig auf; das Ammoniak spielt eine wesentlich geringere Rolle. Da letzteres dem Brot einen unangenehmen Geschmack bzw. Geruch verleiht, verwendet man Hirschhornsalz nur noch zum Backen von flachen, dünnen Keks, Plätzchen, Honigkuchen und dergleichen.

Diese werden bei hoher Hitze gebacken, so daß fast alles Ammoniak in die Luft entweicht.

2. N a t r o n. Dieses im Haushalt vielbenutzte, weiße Pulver zerfällt in der Hitze in Soda, Wasser und Kohlendioxid nach der Gleichung: $2\,NaHCO_3 \rightarrow Na_2CO_3 + H_2O + CO_2$.

V e r s u c h : Erhitze eine Messerspitze Natron im trockenen Probierglas! Nach kurzer Zeit sammeln sich oben Wassertropfen an. Das gleichzeitig entstehende Kohlendioxid kann man in ein Probierglas mit Kalkwasser leiten.

Da Natron beim Backen in Soda übergeht und damit dem Brot einen unangenehmen Geschmack verleiht, wird es verhältnismäßig selten (z. B. bei Pfefferkuchen und dergleichen) in reinem Zustand verwendet. Viel günstiger wirkt Natron in Verbindung mit Säuren, welche die Sodabildung verhindern, wie wir in den folgenden Beispielen sehen werden.

D r. O e t k e r s B a c k p u l v e r „B a c k i n". Dieses weitverbreitete Backpulver enthält Natron, Natriumdihydrogendiphosphat und Stärkepuder. Das Natron liefert die zum Lockern des Teiges nötige Kohlensäure. Das saure Phosphat setzt diese zum Teil während der Teigbereitung bei der Zugabe der Flüssigkeit, zum andern Teil erst in der Hitze des Ofens in Freiheit. Der Stärkepuder dient als „Trennmittel". Dieses wirkt der vorzeitigen Zersetzung entgegen, indem es eine allzu innige Berührung der Bestandteile in Gegenwart der immer etwas Feuchtigkeit enthaltenden Luft verhindert; die beste Wirkung hat feine Reis- oder Maisstärke.

V e r s u c h : Wir schütten etwa ein Drittel eines Päckchens „Backin" in ein Becherglas und gießen etwas Wasser darüber. Umschütteln! Die Mischung schäumt auf. Wenn die Gasentwicklung nachgelassen hat, erwärmt man die Mischung gelinde. Es findet eine neuerliche Gasentwicklung statt. Das entstehende Gas bringt ein hineingehaltenes Streichholz zum Erlöschen: Kohlendioxid. Weise in „Backin" Phosphat (S. 29), Natrium (S. 17 f.) und Stärke nach! Bei der Umsetzung von Backpulvern aus Natron und Natriumdihydrogendiphosphat spielt sich folgende Reaktion ab:

$$Na_2H_2P_2O_7 + 2\,NaHCO_3 \xrightarrow[\text{Hitze}]{H_2O} 2\,CO_2 + 2\,Na_2HPO_4 + H_2O.$$

Die bei Zimmertemperatur einsetzende CO_2-Entwicklung heißt auch „Vortrieb"; beim späteren Erhitzen wird weiteres CO_2 frei („Nachtrieb"). Als saurer Bestandteil des Backpulvers wird oft auch Weinstein verwendet; Gleichung:

$$C_4H_5O_6K + NaHCO_3 \xrightarrow[H_2O]{\text{Hitze}} C_4H_4O_6KNa + H_2O + CO_2.$$

Der Weinstein kann z. T. auch durch Weinsäure ersetzt werden. Bei ausschließlicher Verwendung von Weinsäure erfolgt jedoch eine zu stürmische Gasentwicklung. Zur vollständigen Umsetzung von 5 g Natron werden 6,6 g Diphosphat oder 11,2 g Weinstein benötigt.

V e r s u c h : Wir zerkleinern ca. 10 g Weinstein und vermischen ihn gut mit 5 g Natron. Bei Wasserzusatz erfolgt schon bei Zimmertemperatur ein stärkeres

Aufschäumen als beim Diphosphat-Backpulver. Erklärung: Weinstein hat — bei gleicher Gesamttriebkraft — eine stärkere „Vortrieb"-Wirkung als das Natriumdihydrogendiphosphat.

Versuch: Man kann ein Phosphatbackpulver bereiten, wenn man 25 g Calciumhydrogenphosphat, 22 g Natriumhydrogencarbonat und 20 g Mehl miteinander mischt. Nach dem Anfeuchten bildet sich Kohlendioxid nach folgender Gleichung: $3 Ca(H_2PO_4)_2 + 8 NaHCO_3 \rightarrow Ca_3(PO_4)_2 + 4 Na_2HPO_4 + 8 CO_2 + 8 H_2O$.

Bei der Verwendung von Backpulvern ist folgendes zu beachten: Das Pulver ist möglichst bei Bedarf zu kaufen, trocken aufzubewahren und erst bei der Benützung aus dem Täschchen herauszunehmen. Läßt man das Backpulver tagelang offen in feuchter Umgebung liegen, so schlägt sich der Wasserdampf auf der Oberfläche der wirksamen Bestandteile nieder und bringt kleine Teile davon in Lösung. Dies führt zur Umsetzungsreaktion, bei der CO_2 ungenützt entweicht. Beim Backen ist das Backpulver in der Regel mit dem trockenen Mehl gut zu vermischen; erst hernach wird unter Flüssigkeitszugabe der Teig angerührt. Es soll immer möglichst wenig Flüssigkeit mit dem Mehl-Backpulver-Gemisch in Berührung kommen, da sonst viel CO_2 entweicht, ohne den Teig aufzutreiben. Alle Zutaten müssen bei der Teigzubereitung kalt zur Verwendung kommen, da in der Wärme das CO_2 zu schnell entwickelt wird und nutzlos entweicht.

Anwendungsbereich der Backpulver: Backpulver ist das vielseitigste Teiglockerungsmittel; denn es kann zur Bereitung aller Teigarten und aller nur erdenklichen Backwaren verwendet werden. Zucker- und fettreiche Teige sowie besonders Honig- und Lebkuchenteige werden von Hefe nur unzureichend oder überhaupt nicht gelockert. Für diese Gebäcke sowie für Biskuitteig und zuckerhaltige Gebäcksorten ist Backpulver unentbehrlich.

Badezusätze. Diese werden dem Badewasser beigegeben, sie machen das Wasser vielfach weich und wohlriechend. Die Sauerstoff- und Kohlensäurebadesalze entwickeln außerdem noch Sauerstoff und Kohlensäure, denen günstige Wirkungen zugeschrieben werden. Die einfacheren Badesalze enthalten Kochsalz, Soda, Natron, Borax, Parfüme und dergleichen. Die sog. Quellbadesalze sind Rückstände von Heilquellen; sie werden vielfach auch künstlich durch Zusammenmischen der betreffenden Salze hergestellt. Ein einfaches Badesalz erhält man z. B. durch Mischen von gleichen Gewichtsteilen Borax und Natron oder durch Vermischen von 25 Tl. Natriumdiphosphat (wirkt wasserenthärtend), 50 Tl. Soda und 25 Tl. Borax (Parfümzusatz). Ein Sauerstoffbadesalz könnte aus 60 Tl. Soda, 30 Tl. Natron, 9 Tl. Natriumperborat und 1 Tl. Parfüm hergestellt werden.

Das Vitaminbadepräparat „badedas" (Lingner u. Fischer, Bühl/Baden) enthält neben waschaktiven Substanzen noch die Vitamine A, E, F, Biotin, Panthenol und Roßkastanienextrakt. Die Vitamine A, E, F mit Lecithin und ätherischen Ölen finden sich auch im „Pinopon-Schaumbad" (Pino-A.G., Freudenstadt/Schwarzwald).

Versuche: „Saltrat", das schmerzlindernde Fußbad (Hersteller: Wick Pharma, Berlin) ist ein feines, weißes, in Wasser nur teilweise lösliches Pulver. Gelbe Flammenfärbung (Na-Verbindungen). Reaktion alkalisch. Bringe eine etwa erbsengroße Menge „Saltrat" in ein Probierglas, gieße einige cm^3 verdünnte Schwefelsäure darüber (starkes Aufbrausen) und „gieße" das entwickelte Gas vorsichtig in ein Probierglas mit einigen cm^3 Kalkwasser. Letzteres gibt nach dem Umschütteln eine milchige, in Salzsäure leicht lösliche Trübung von Calciumcarbonat; Saltrat enthält somit u. a. Carbonate. Gibt man zum ersten Probierglas (das Saltrat und verd. Schwefelsäure enthielt) etwas Kaliumpermanganatlösung, so wird diese entfärbt; Saltrat enthält sauerstoffabgebende Per-Verbindungen. Schüttelt man etwas Saltrat im Probierglas mit destilliertem Wasser, so entsteht kein Schaum; Saltrat ist frei von Seife und waschaktiven Substanzen. Prüfe Saltrat mit Ammoniummolybdat auf Phosphat nach S. 29.

Prüfe die wasserenthärtende Wirkung von Badesalzen nach dem unter Wasser beschriebenen Verfahren. Untersuche andere Bade- und Fußbadesalze, so z. B. „Silvapin"-Sauerstoffbad (Pino-A.G., Freudenstadt), „Efasit"-Fußbad (Togal-Werk, München 27). Efasit-Fußbad (8 Täschchen in gelben Packungen) bildet ein weißgrünliches Pulver, reagiert alkalisch; braust bei Säurezusatz stark auf (Carbonate), entfärbt (nach Säurezusatz) violette, schwefelsäurehaltige Kaliumpermanganatlösung (sauerstoffabgebende Per-Verbindungen). Prüfe die folgenden Präparate auf Phosphor mit Ammoniummolybdat nach S. 29: „Dulgon"-Schaumbad, „Dulgon"-Duschbad, „Dulgon"-Wasserkosmetikum (Joh. A. Benckiser, Ludwigshafen). Diese Badepräparate enthalten dermatologisch geprüfte Wirkstoffe in einer Kombination mit Polyphosphaten. Schütte eine etwa walnußgroße Menge von dem „Silvapin"-Sauerstoffbad (I) in einen Zylinder und gieße gewöhnliches Wasser darüber, umrühren. Es entwickelt sich so viel Sauerstoffgas, daß ein Streichholz im Gasraum heller weiterbrennt. Mischt man den Sauerstoffentwickler II (blaßgelbes, schäumendes Pulver in besonderem Täschchen) dazu, so entstehen längere Zeit viele feine Sauerstoffblasen. Eine beschleunigte Sauerstoffentwicklung beobachtet man auch, wenn man zu einer wässerigen Aufschwemmung von I etwas Braunsteinpulver gibt (Katalysator!). Mit Schwefelsäure angesäuerte Kaliumpermanganatlösung wird durch I entfärbt. Bei Säurezusatz entwickelt I viel Kohlendioxid. Prüfe in ähnlicher Weise das Sauerstoff-Bad „Bastian" (Bastian-Werk, München-Pasing), Sauerstoff-Bad „Marke Driesch" (Pharm. Lab. E. v. d. Driesch, Düsseldorf), Sauerstoff-Bad „Helag" (H. Leitholf, Chem. Fabrik, Krefeld), Sauerstoff-Bad „Sandow". Die in Aluminium-Folie eingewickelten, etwa 40 Gramm schweren Fichtennadel-Badetabletten (sprudelnd) Silvapin (Pino-A.G., Freudenstadt im Schwarzwald) entwickeln sofort viel Kohlendioxid, wenn wir z. B. eine bohnengroße Menge der bröckeligen Masse im Probierglas mit Wasser übergießen. Präparate, die mit Wasser Kohlendioxid entwickeln, bestehen aus einem Carbonat (Kohlensäurelieferant) und aus einem festen, sauren Stoff (feste organische Säuren oder saure Salze), der bei Wasserzusatz die Säure frei macht. Auf diese Weise wird die Auflösung der Tablette erheblich beschleunigt. Bei Wasserzusatz wird übrigens nur ein Teil des Carbonats zersetzt; fügt man nach Schluß der Kohlendioxidentwicklung noch etwas Säure hinzu, so setzt erneut heftige Kohlendioxidentwicklung ein. Die leuchtende grüngelbe Färbung ist auf kleine Mengen des Farbstoffs Fluorescein zurückzuführen. Füllt man ein Probierglas zur Hälfte mit Wasser, so erscheint die Flüssigkeit nach Zugabe von etwas Silvapin-

Tabletten in durchfallendem Licht hellgelb und in auffallendem Licht grüngelb (Fluoreszenz von Fluorescein).

Bakterien. Die Bakterien sind kugel-, stäbchen-, korkenzieher-, hantel- oder kommaartige, mit bloßem Auge unsichtbare Kleinlebewesen, die in über tausend teils gestaltlich, teils chemisch voneinander abweichenden Arten über die ganze Welt verbreitet sind. Die meisten Bakterien sind etwa ein tausendstel Millimeter groß; doch gibt es auch Arten, die infolge ihrer Kleinheit sogar in den über 100 000fach vergrößernden Übermikroskopen nur schwer zu erkennen sind. Das Gewicht eines einzelnen Bazillus ist unvorstellbar klein; so würden z. B. von dem überall vorkommenden Kolibazillus 6 400 000 000 erst ein tausendstel Gramm wiegen. Trotz ihrer Kleinheit vermögen die Bakterien beim Menschen eine Reihe lebensgefährlicher ansteckender Krankheiten, wie Cholera, Pest, Diphtherie usw., hervorzurufen. Auch viele höhere Tiere und Pflanzen werden von Bakterien heimgesucht. Daneben machen sich viele Bakterien aber auch außerordentlich nützlich; sie bringen die abgestorbenen Organismen zur Verwesung und geben damit viele wertvolle Stoffe in den Kreislauf der Natur zurück. Ohne Fäulnis und Verwesung wäre die Erde ein riesiges Leichenfeld, und alles Leben hätte längst ein Ende nehmen müssen. Die gewaltigen, teils nützlichen, teils schädlichen Wirkungen der Bakterien sind deshalb möglich, weil ein lebender Bazillus in 24 Stunden ein Mehrfaches seines Eigengewichtes zersetzen kann (der Mensch braucht in der gleichen Zeit nur 1–2% seines Gewichtes an Nahrung) und weil sich unter günstigen Bedingungen manche Bazillen schon alle 20 Minuten zu teilen vermögen. Bei ausreichender Ernährung könnte ein Bazillus von 0,001 Millimeter Länge, Breite und Dicke in einer Woche 504 Generationen hervorbringen, die insgesamt erst in einer würfelförmigen Kiste von 100 Milliarden Lichtjahren Kantenlänge Platz hätten. Man begreift bei diesen Zahlen, daß auch der verhältnismäßig riesige menschliche Körper diesen gefährlichen Zwergen zum Opfer fallen kann, wenn sie sich einmal irgendwo eingenistet haben. Manche Bakterien können bis zu 75° C Hitze ertragen; andere überstehen sogar die Kälte des flüssigen Wasserstoffs (−250° C). Bei ungünstigen Lebensbedingungen umgibt sich der Bazillus mit einer dicken Haut, gleichzeitig kommen die Lebensvorgänge beinahe zum Stillstand. Solche Bakteriensporen sind gegen Hitze und Kälte **besonders** unempfindlich; sie können über 100 Jahre alt werden und beim Eintritt günstiger Bedingungen wieder zu neuem Leben erwachen.

Bleichsoda. Die älteste Bleichsodasorte ist Henkels Bleichsoda, die bereits 1878 auf den Markt kam. Vor dem Zweiten Weltkrieg bestand Henkels Bleichsoda laut Angabe lange Zeit aus 48% Soda, 8% Wasserglas und 44% Wasser. Heute enthält die verbesserte „Henko"-Bleichsoda mit Faserschutz neben Soda und Wasserglas auch 2-3% aktive, stark schäumende Waschrohstoffe, 3-5% Tylose HBR und gewisse komplizierte Phosphate, welche die nachteilige Verkrustung der Gewebe durch faserzerstörende Kalkkriställchen herabsetzen. Man verwendet „Henko" und andere Bleichsodasorten zum Einweichen der Wäsche und zur Wasserenthärtung (man verrührt z. B. 30 Minuten vor Bereitung der Waschlauge eine Handvoll „Henko" in dem mit kaltem Wasser gefüllten Kessel); nachher schäumen die zugesetzten seifenhaltigen Waschmittel viel stärker (s. Abschnitt Wasser). Die Soda von „Henko" fällt den Gips des harten Leitungswassers in Form von Kalk aus ($CaSO_4 + Na_2CO_3 \rightarrow CaCO_3 + Na_2SO_4$); das Wasserglas bewirkt eine Ausfällung verschiedener Härtebestandteile des Wassers; außerdem bindet es die im Waschwasser oft vorhandenen Eisenspuren durch Adsorption (sofern diese nicht durch Komplexbildung mit Phosphaten unschädlich gemacht werden, s. Fußnote S. 294 über Calgon), so daß diese die Wäsche nicht mehr verfärben können; daher der Name Bleichsoda. Bei den sog. Schnellwaschmitteln (z. B. „Wipp") ist die Bleichsoda entbehrlich.

Versuche: Löse eine kleine Messerspitze von „Henko" mit Faserschutz in einem zur Hälfte mit destilliertem Wasser gefüllten Reagenzglas. Prüfe die Reaktion mit Lackmus (stark alkalisch). Schüttle um! Starke Schaumentwicklung, die sich bei Säurezusatz (infolge Kohlendioxidentwicklung aus Soda) noch verstärkt (waschaktive, synthetische, säureunempfindliche Stoffe). Übergieße im Becherglas eine etwa haselnußgroße Menge „Henko" mit einigen Kubikzentimetern Salzsäure. Starke Gasentwicklung (Kohlendioxid aus Soda), die ein über die Flüssigkeit gehaltenes brennendes Streichholz zum Erlöschen bringt. Übergieße im Reagenzglas eine bohnengroße Menge „Henko" mit einigen Kubikzentimetern Salpetersäure (konzentriert), erhitze etwa eine Minute zum Sieden, gieße dann einige Kubikzentimeter der Ammoniummolybdatlösung hinzu und erhitze von neuem 1-2 Minuten. Es entsteht dann ein dicker gelber Niederschlag, der auf Phosphat hinweist. Bringe eine Probe „Henko" am Magnesiastäbchen in die Flamme. Man beobachtet leichte Verkohlung und Brandgeruch, die auf etwa 3% waschaktive schäumende Stoffe zurückzuführen sind. Die Probe auf Per-Verbindungen mit Kaliumpermanganat bzw. Kaliumdichromat (s. Abschnitt Wasch- und Bleichmittel) verläuft negativ. Untersuche nach diesem Verfahren auch andere Bleichsoda-Marken.

Bleistifte. Heute werden die Bleistifte aus Graphit (Ceylon-Graphit oder gereinigter Mexikographit, evtl. Zusatz von 1-2% Ruß) und eisenoxidfreiem, geschlämmtem, fettem Ton hergestellt. Beide Stoffe zerkleinert man zunächst getrennt, dann werden die pulverisierten Stoffe vermischt und unter Wasserzusatz fein gemahlen. Das wieder entwässerte Gemisch preßt man durch Düsen. Die so entstehenden ca. 2-3 mm dicken Fäden werden an der Luft getrocknet und in verschlossenen Tongefäßen auf etwa 1000° C erhitzt. Bei noch höheren Temperaturen werden die Fäden härter, bei tieferen weicher. Die gewöhnlichen Bleistifte enthalten etwa zwei Teile Graphit und einen Teil Ton, bei höherem Tongehalt entstehen härtere, bei niederem weiche Bleistifte. Für die billigen Zimmermanns- und Steinhauerstifte verwendet man Abfälle aus der Bleistiftminenfabrikation, Madagaskar-Graphit, Elektrographit u. dgl. Die fertiggebrannten Fäden werden „präpariert", d. h. mit mineralischen, pflanzlichen oder tierischen Ölen, Fetten oder Wachsen durchtränkt (diese brennen mit leuchtenden Flämmchen ab, wenn man eine herausgebrochene Bleistiftfüllung ins Feuer hält) und zwischen Holzbrettchen geleimt. Nachdem diese zu Stiften gehobelt und mit Zaponlösungen poliert sind, wird zum Schluß noch die Stift- und Firmenbezeichnung aufgestempelt. Die wichtigsten deutschen Bleistiftfabriken sind in Nürnberg.

Bei den Tintenstiften (Kopierstiften) besteht die Füllung aus reinem Ton, Talk oder Graphit und wasserlöslichen Teerfarbstoffen, wie z. B. Kristallviolett, Eosin, Methylenblau, Tartrazin, Lichtgrün und dergleichen. Als Bindemittel wird Methylcellulose oder Tragant verwendet. Damit die Stifte gut über das Papier gleiten, muß man der Füllmasse noch Calciumstearat zusetzen. Eine Tintenstiftmine kann z. B. 50% Talk (oder Talk und Kaolin), 15,1% Methylviolett, 17,5% Calciumstearat und 17,2% Tragant enthalten. Schabt man von der Füllmasse eines roten Tintenstifts ein wenig in ein Probierglas, so entsteht nach Zugabe von einigen Kubikzentimetern Wasser (umschütteln, erwärmen!) rote Tinte.

Bohnermassen. In Warenhäusern und Drogerien sehen wir oft breite, niedere Blechbüchsen mit verschiedenartigen Aufschriften, z. B. „Dracholin", „Kinessa-Bohnerwachs", „Regina-Hartglanzwachs", „Widder-Hartwachs", „Loba", „Sigella" u. dgl. Der meist weiße oder braune, butterweiche oder auch härtere Inhalt dieser Büchsen wird als Bohnerwachs (oder Bohnermasse) bezeichnet. Man verreibt ihn auf gereinigtem Holz (Böden, Möbel), Linoleum oder Leder mit Hilfe eines Tuchstücks, läßt ihn eintrocknen und streicht nachher längere Zeit rasch mit einem Lappen darüber, wobei der Gegenstand allmählich einen schönen Glanz annimmt. Es gibt wasserfreie, halbfeste und wasserhaltige, flüssige Bohnermassen. Die ersteren erhält man durch Zusammenschmelzen von Bienenwachs, Paraffin, Synthesewachsen, Erdwachs, Carnaubawachsrückständen, Japanwachs, raffiniertem Montanwachs, Stearin usw. mit Terpentinöl oder Terpentinölersatzgemischen[1]. Ein erstklassiges, weißes Bohnerwachs entsteht z. B., wenn man in einem Gemisch aus 60 kg Terpentinöl und 14 kg Schwerbenzin 12 kg Schuppenparaffin (Schmelzpunkt 50–52° C), 8 kg gebleichtes Car-

---

[1] Terpentinölersatz ist z. B. Tetralin ($C_{10}H_{12}$) oder Dekalin ($C_{10}H_{18}$); beides sind flüssige, aus Naphthalin und Wasserstoff hergestellte Verbindungen, die Harze, Fette und Öle auflösen.

naubawachs und 6 kg gebleichtes Montanwachs unter Erwärmung (Vorsicht, Feuersgefahr!) auflöst und nachher erstarren läßt. Bei den wasserfreien, flüssigen Bohnerwachsen wird der Gehalt an Wachsen auf 6–15% gesenkt und der Anteil der Lösungsmittel (Testbenzin, Terpentinöl, Dekalin) auf über 80% erhöht. Beispiel: Man löst 4,5 Tl. Wachs OP, 1,0 Tl. Wachs V, 1,0 Tl. Ozokerit (ca. 100%, 70° C), 4,0 Tl. vollraffin. Tafelparaffin (50/52° C Schmelzpunkt) und 0,3 Tl. Parfümöl „speik" in 89,7 Tl. Testbenzin. Oder: Man löst 3% Hartparaffin (aus der Kohlenoxidhydrierung vom Fließpunkt 102° C), 3% Polyäthylen (Molekülmasse 5000), 2% Ozokerit und 20% gewöhnliches Paraffin (Fließpunkt 50 bis 52° C) in 72% Lösungsmittel (Terpentinöl oder Schwerbenzin oder Gemisch aus beiden). Bei den billigeren, verseiften Bohnermassen wird als Lösungsmittel für den Wachskörper an Stelle von Terpentinöl, Schwerbenzin und dergleichen gewöhnliches Wasser und ein Emulgator verwendet; der letztere bewirkt die Bildung einer Emulsion aus Wasser und Wachsanteilen. Der Wasseranteil erreicht bei diesen Bohnermassen 65–75%; bis zu 70% der verwendeten festen Wachsbestandteile können aus Paraffin bestehen. Beispiel: Man emulgiert 15 kg raff. Montanwachs und 5 kg Japanwachs durch Erhitzen und Verrühren in einer Lösung von 3 kg Pottasche und 3,5 kg Seife in 74 Liter Wasser. Die verseiften Bohnermassen sollen nicht auf ölhaltigem Untergrund (Linoleum, farbgestrichene, lackierte Böden) verwendet werden, da sie infolge ihrer alkalischen Reaktion teilweise Verseifungen verursachen könnten. Zum Ersatz verschiedener teurer, ausländischer Wachssorten verwendet man auch die erprobten synthetischen Wachse, die heute von der BASF, Ludwigshafen, und der Lech-Chemie, Gersthofen bei Augsburg, in großem Umfang hergestellt werden. Das S c h i w a c h s ist eine zähflüssige oder wachsweiche Mischung aus Wachs, Harz, Talg, Polyäthylen, Kolloidgraphit und dergleichen, mit dem man die Laufflächen der Schier einreibt. Ein sog. flüssiges Schiwachs entsteht, wenn man z. B. eine heiße Schmelze aus 4 Teilen Carnaubawachs und 12 Teilen Montanwachs mit 84 Teilen heißem Leinölfirnis unter Umrühren verdünnt. Vorsicht: Feuergefahr!

V e r s u c h e : Verreibe ein wenig Bohnerwachs mit einem Lappen so lange auf Holz, Linoleum oder Leder, bis Hochglanz auftritt! Bringe einige Stückchen einer gewöhnlichen, butterweichen Bohnermasse in ein Probierglas, tauche dieses und ein Thermometer in ein mit Wasser zur Hälfte gefülltes Becherglas und erwärme! Das Bohnerwachs fängt an zu schmelzen, wenn das Wasser 50–60° C warm ist. Gib zu dieser geschmolzenen Masse etwas warmes Wasser und schüttle kräftig um! Das Wachs löst sich nicht, es schwimmt infolge seines geringen spezifischen Gewichts an der Oberfläche. In Schwefelkohlenstoff und Benzin (Vorsicht, feuergefährlich, Flammen löschen!) löst sich Bohnerwachs auf. Halte eine Messerspitze Bohnerwachs auf dem Porzellanscherben ins Feuer! Das Wachs brennt leicht mit einer hellen, rußenden Flamme.

Da Bohnermassen infolge ihres Gehalts an Schwerbenzin, Kienöl, Terpentinöl, Terpentinölersatz und dergleichen feuergefährlich sind, dürfen sie niemals auf dem heißen Ofen oder Herd aufgeweicht werden, wie es im Winter zuweilen geschieht. Richtig ist vielmehr, sie in einiger Entfernung vom Ofen oder Herd aufzustellen oder den Behälter in warmes Wasser zu tauchen. Will man Bohnerwachsanstriche entfernen (dies ist z. B. bei Ölfarbenanstrichen nötig), so ist der Gegenstand mit einer konzentrierten „Imi"-Lösung zu bestreichen und abzureiben. Daß „Imi" Bohnerwachs angreift, zeigt ein Probierglasversuch mit etwas Bohnerwachs und viel Imi-Lösung – kochen, umschütteln! Um wasserfreies Bohnerwachs im kleinen herzustellen, geben wir in einen Erlenmeyerkolben 25 Gramm gelbes Bienenwachs (in Drogerien erhältlich), tauchen diesen so lange in heißes Wasser, bis das Wachs geschmolzen ist (Wachs soll nicht unmittelbar über einer Flamme erhitzt werden – Feuergefahr!) und gießen letzteres unter Umrühren in ein Glas, das 50 Gramm Terpentinöl enthält. Es entsteht eine gelbliche, durchsichtige Flüssigkeit, die nach einigen Stunden zu einer undurchsichtigen, schmalzähnlichen Masse erstarrt. Beim Verreiben auf Holz gibt dieses Bohnerwachs Hochglanz. Wässeriges, verseiftes Bohnerwachs entsteht, wenn man z. B. 20 Gramm Bienenwachs in 80 Gramm Wasser zum Schmelzen erwärmt und während des Siedens unter fortgesetztem Umrühren 10 Kubikzentimeter Wasser hinzufügt, in denen vorher 3 Gramm Pottasche aufgelöst wurden. Man muß so lange kochen, bis eine gleichmäßige, weiße, seifenartige Flüssigkeit entsteht, nötigenfalls kann man auch noch mit etwas Natronlauge nachhelfen. Wasserfreie Bohnerwachse (auch Öl-Bohnermasse genannt) und wasserhaltige, verseifte Bohnerwachse sind an ihrer verschiedenen Feuergefährlichkeit zu unterscheiden.

„Dual" (Lever-Sunlicht, Hamburg) ist ein milchig-flüssiges Fußboden-Polier- und Reinigungsmittel. Dual poliert und reinigt in einem Arbeitsgang. Diese doppelte Wirkung wird dadurch erzielt, daß es sowohl waschaktive Substanzen zur Reinigung als auch eine Kombination von Wachsen, Harzen und Kunststoff-Polymerisaten enthält, die für den Glanzeffekt sorgen.

Borax. Reiner Borax bildet farblose, an der Luft zerfallende Kristalle von der Formel $Na_2B_4O_7 \cdot 10 H_2O$. Die wässerige Lösung bläut rotes Lackmuspapier, Leitungswasser wird durch Borax nur wenig „enthärtet". Borax färbt die Flamme gelb (Natrium!); er bläht sich unter Wasserabgabe zuerst stark auf und schmilzt dann zu einer durchsichtigen „Perle" zusammen, die viele Metalloxide auflöst. Verwendung: zur Körperpflege („Kaiserborax" ist ein besonders reiner Borax mit Zusätzen, Dr. Scholls „Badesalz" enthält Borax, Natron und Seife), zum Löten von Metallen (Borax löst in der Hitze Metalloxide auf), zur Herstellung von Emaille, zu Glasuren für Steingut und Porzellanwaren, zum Steifen von Geweben, als Zusatz zu Glassorten, als Waschmittel, als Bestandteil von Putzmitteln (hell lackierte Küchenmöbel sollen mit Boraxlösung und Schlämmkreide gereinigt werden), als Spurenelementzusatz (gegen Herz- und Trockenfäule der Rüben u. dgl.), in vielen Düngemitteln usw.

Brandbekämpfung. Brennende, feste Stoffe, wie Holz, Papier, Stroh, Heu, Tuch u. a., werden in der Regel mit Wasser gelöscht. Dieses entzieht so viel Wärme, daß sich die brennenden Gegenstände unter ihren Entflammungspunkt abkühlen und infolgedessen erlöschen. Kleinere Brände werden bekämpft, indem man die Flamme mit einer Decke (oder Sand, Boden, Brettstücken und dergleichen) rasch erstickt. Sind die Kleider in Brand geraten, so wälzt man sich auf dem Boden; hierbei werden die brennenden Stellen der Reihe nach infolge Luftmangel gelöscht. Wirksamer ist auch in diesem Fall die Absperrung der zur Verbrennung nötigen Luft mit Hilfe einer übergeworfenen Decke.

Brennende, mit Wasser nicht mischbare, leichte Flüssigkeiten, wie Öle, Benzin, Benzol, Erdöl und dergleichen, können mit Wasser nicht gelöscht werden. Dies läßt sich gleich zeigen:

Versuch: Entzünde in einem Blechgefäß einige Kubikzentimeter Benzin (Vorsicht! Flasche gut verkorkt beiseite stellen!) und gieße Wasser darüber! Die Flamme brennt weiter, das leichte Benzin schwimmt auf dem Wasser. Deckt man jedoch eine Schale darüber, so erlischt das Feuer infolge Luftmangels. Das gleiche ist der Fall, wenn man in einem Zylinder Kohlendioxid (nach S. 31) entwickelt und eine Blechbüchse mit einigen Kubikzentimetern brennendem Benzin hineinhält. Blechbüchse mit Zange halten!

Zur Bekämpfung kleinerer Brände hat die Industrie 4 Grundtypen von Handfeuerlöschgeräten auf den Markt gebracht, die sich vor allem in der chemischen Zusammensetzung des Löschmittels unterscheiden *(Bild 15)*.

1. Der Naßlöscher (Minimax, Urach) enthält etwa 10 l Löschflüssigkeit, die oben herausgepreßt werden, wenn das Kohlendioxid der Stahlflasche ausströmt. Die Stahlflasche wird geöffnet, wenn man den Kopf des kleinen Stahlstiftes auf den Boden aufschlägt oder das entsprechende Druckhebel-Ventil betätigt. Naßlöscher älterer Bauart enthalten statt der Stahlflasche einen Glasbehälter mit Schwefelsäure. Die Säure entwickelt mit dem im Löschwasser gelösten Natron sofort viel Kohlendioxid, das 6—12 l Löschwasser in einem bis zu 10 m langen Strahl herausspritzt (Reaktionsgleichung: $2\,NaHCO_3 + H_2SO_4 \rightarrow Na_2SO_4 + 2\,H_2O + 2\,CO_2$).

2. Bei den Trockenlöschern, die zur Bekämpfung von Autobränden und dergleichen Verwendung finden, werden auf die Flamme feinstverteilte anorganische Salze, z. B. Natriumhydrogen-

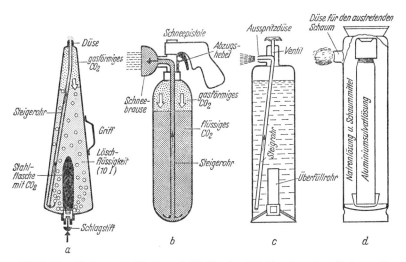

Bild 15: Feuerlöscher, a Naßlöscher mit CO_2-Flasche, b Kohlensäureschneelöscher, c Halonlöscher, d chemischer Schaumlöscher

carbonat, gespritzt. Dieses Salz zerfällt in der Hitze in Kohlendioxid, Wasser und Soda. Erhitze im Probierglas *(Bild 5*, S. 25) etwas Natronpulver und weise das entstehende Wasser und Kohlendioxid nach. Der Rückstand im Probierglas besteht aus Soda. Streue mit einem Kaffeesieb fein gepulvertes Natron über ein brennendes Holzstück, das auf dem Dreifuß liegt. — Die Soda bildet bei Anwendung eines Trockenlöschers eine feste Kruste um die Brandstellen; Wasser und Kohlendioxid wirken ebenfalls luftabsperrend. Daneben liegt noch ein antikatalytischer Effekt vor. Zur Bekämpfung aller Brände eignen sich Löschgeräte mit ABC-Lösch-Pulver. Die Minimaxlöscher Typ PV 6, PG 12 enthalten Multi-Troxi-Pulver, das im wesentlichen aus Ammoniumphosphat und Ammoniumsulfat sowie einem schwerlöslichen Barium- und Calciumsalz besteht. Beim Löschen von Glutbränden kommt dieses Pulver auf das brennende Objekt und schmilzt dort. Durch die Schmelzschicht erfolgt Luftabschluß.

3. S c h n e e l ö s c h e r o d e r K o h l e n s ä u r e l ö s c h e r. Bei den obigen Löschern wird das Kohlendioxid nur als Druckgas verwendet. In anderen Apparaten benutzt man es als Löschgas. Stark zusammengepreßtes flüssiges Kohlendioxid wird beim Drücken auf den Abzug herausgespritzt. Dies verwandelt sich an der Luft zu etwa 30% in

minus 80 Grad kalten Kohlensäureschnee, der die Flamme stark abkühlt und die Luftzufuhr sperrt.

4. H a l o n l ö s c h e r enthalten Halogenkohlenwasserstoffe wie Monochlormonobrommethan. Tetrachlorkohlenstoff (CCl$_4$) ist wegen seiner Giftigkeit seit 1. 3. 1964 nicht mehr zugelassen. Bei Inbetriebnahme der Löscher werden schwere feuererstickende Gase mit Hilfe von Luft oder komprimiertem Kohlendioxid auf die Brandstellen gebracht.

5. S c h a u m l ö s c h g e r ä t e. Sie sind bei der Brandbekämpfung in den Raffinerien und Tanklagern der Mineralölindustrie und im Luftverkehr unentbehrlich. Bei einem erwarteten Landeversuch auf dem Flugzeugrumpf wird vorsichtshalber ein Schaumteppich von 100 × 30 × 0,05 m gelegt. Man unterscheidet zwischen chemischer und mechanischer Verschäumung. Die chemische Verschäumung wird hauptsächlich bei kleinen Handfeuerlöschgeräten angewendet. Diese Löschgeräte enthalten zumeist in einer Kammer A eine wässerige Natronlösung (NaHCO$_3$) mit einem Zusatz von 3–6% Schaumbildner (z. B. Fettalkoholsulfonate, alkylnaphthalinsulfosaure Salze, Eiweißabbauprodukte usw.) und in einer Kammer B einen sauer reagierenden Bestandteil (zumeist wässerige Aluminiumsulfatlösung). Beim Feuerlöschen wird der Inhalt der Kammer A und B vereinigt, wobei sich folgende Reaktionen abspielen: Das Aluminiumsulfat ist bei der Auflösung in Wasser z. T. in Aluminiumhydroxid (macht die Schaumbläschen beständig) und Schwefelsäure zerlegt worden nach der Gleichung $Al_2(SO_4)_3 + 6 H_2O \rightarrow 2 Al(OH)_3 + 3 H_2SO_4$. Die Schwefelsäure reagiert mit dem Natron unter Bildung von viel Kohlendioxid, das im Apparat durch Druckwirkung eine gewöhnlich mit Folie verschlossene Ausflußdüse öffnet und den Schaum zerspritzt. Mit diesen Geräten kann man auch Benzinbrände löschen; der Schaum schwimmt auf dem Benzin und erstickt die Flamme. Das aus dem Schaum abgegebene Wasser kühlt gleichzeitig das Brandobjekt. Die Wasserschäden sind bei den Schaumlöschgeräten sehr gering. Beim sogenannten Einkammergenerator wird das pulverförmige Gemisch aus dem Kohlensäureträger, dem sauren Salz und dem schaumbildenden Zusatz („Einheitspulver") in das Druckwasser eingeschleust. Bei großen Schaumlöschgeräten (Schaumgeneratoren) wird aus Sparsamkeitsgründen statt Kohlensäureschaum Luftschaum aus Wasser und einer schaumbildenden Lösung erzeugt (mechanische Verschäumung). Dieses Verfahren hat heute unter allen Schaumlöschverfahren die größte Bedeutung erlangt. Merkwürdigerweise haben die mit Luft gefüllten Schaumbläschen dieselbe Löschwirkung wie die mit Kohlendioxid gefüllten Gasbläschen. In modernen Schaumlöschgeräten wird zur Schaumerzeugung häufig das synthetische Tutogen, ferner stabilisierte Eiweißhydrolysate, Saponine, Seifen, Natriumdibutylnaphthalinsulfonat,

Ammoniumpropylnaphthalinsulfonat u. dgl., verwendet. Die Schaumbildung muß in den Schaumlöschern sehr rasch (womöglich in Sekundenbruchteilen) erfolgen; der Schaum soll voluminös, feinblasig, fließfähig und beständig sein. Bei Grubenbränden haben sich auch die Kunstharzschäume der Schaum-Chemie, Essen, bewährt.

Beim Löschen von Bränden aller Art ist stets zu beachten, daß der Wasser- oder Schaumstrahl nicht gegen die Flamme, sondern auf den verbrennenden Gegenstand gerichtet werden muß. Begründung: Flammen sind brennende Gase, die aus dem erhitzten Brennstoff strömen. Wird der Brennstoff abgekühlt, so hört die Flamme von selbst auf. Daß die brennenden, festen und flüssigen Stoffe tatsächlich kleine „Gasfabriken" sind, läßt sich beweisen, wenn man in einem Probierglas einige Kubikzentimeter Benzin oder einige Holzspäne erhitzt (Vorsicht!) und die aufsteigenden Dämpfe an der Probierglasmündung entzündet.

Versuch: Prinzip des Schaumlöschers. Wir lösen 170 ccm Leitungswasser, 5 g Natron und 0,5 g Saponin in einem Standzylinder *(Bild 16)*. In den mit Gummischlauch, Quetschhahn und Verlängerungsrohr versehenen Trichter füllen wir 20 ccm Aluminiumsulfatlösung (10%ig) und tauchen das Verlängerungsrohr in die Natronlösung gerade hinein. Nach Öffnen des Hahns bemerken wir eine starke Schaumbildung.

Feuergefährdete Hölzer werden oft mit Flammschutzmitteln imprägniert. Diese enthalten Phosphate und N-abgebende Substanzen („Flammschutz Albert 61", Chemische Werke Albert, Wiesbaden-Biebrich) oder Harnstoff-Derivate und Phosphate („Flammschutz Albert DS"). Mit Wasserglas bestrichenes Holz ist auch bis zu einem gewissen Grad gegen Feuer geschützt. Dies zeigt folgender

Versuch: Wir tauchen Holzwolle für kurze Zeit in ein Glasgefäß mit einem Wasserglas-Wasser-Gemisch (1 : 3). Nach dem Trocknen können wir die Holzwolle nicht mehr mit einem Streichholz anzünden.

Carbid. Unter den zahlreichen Carbiden spielt im praktischen Leben das Calciumcarbid, auch kurz Carbid genannt, bei weitem die wichtigste Rolle. Calciumcarbid erhält man in Schweißergeschäften um wenige Pfennige. Es sind graue oder braune Brocken von der chemischen Formel CaC_2, die in elektrischen Öfen durch Vereinigung von Kohle und Kalk hergestellt werden. Carbid muß trocken und verschlossen aufbewahrt werden.

Bild 16. Modellversuch zum Schaumlöschen

Versuch: Wir bohren in den Deckel einer kleinen Blechbüchse eine Öffnung, geben in die Büchse einige erbsengroße Carbidbrocken, gießen ein wenig Wasser dazu, setzen möglichst rasch den Deckel gut auf und entzünden nach einigen Sekunden das aus der Öffnung strömende, übelriechende Gas. Die Entzündung erfolgt meist unter leichtem Knall. Die Flamme brennt mit einem sehr hellen, stark rußenden Licht; ein darübergehaltener Porzellanscherben wird fast augenblicklich schwarz. Nach dem Erlöschen finden wir in der Büchse eine weiße Brühe, die rotes Lackmuspapier blau färbt, also eine Base oder Lauge darstellt.

Erklärung: Calciumcarbid zersetzt sich mit Wasser unter Bildung von Acetylen und Kalkmilch nach der Gleichung: $CaC_2 + 2 H_2O \rightarrow Ca(OH)_2 + C_2H_2$. Ein Kilo Carbid liefert 250 bis 300 Liter Acetylengas. Das chemisch reine Acetylen ist geruchfrei; bei der Zersetzung des unreinen Handelscarbids entstehen aber neben diesem noch andere giftige und übelriechende Gase, wie Phosphorwasserstoff und Schwefelwasserstoff. Das Handelscarbid enthält nämlich kleine Mengen von Calciumphosphid (Ca_3P_2, beim Erhitzen aus Calciumphosphat entstanden), die mit Wasser übelriechenden, giftigen Phosphorwasserstoff (PH_3) entwickeln, Gleichung: $Ca_3P_2 + 6 H_2O \rightarrow 3 Ca(OH)_2 + 2 PH_3$. Da Acetylen ein verhältnismäßig sehr kohlenstoffreiches Gas ist, verbrennt es mit heller Flamme. Der Ruß besteht aus zahlreichen Kohlenstoffteilchen, die infolge Sauerstoffmangels nicht zu Kohlendioxid verbrennen konnten und bei ihrem Weg durch die Flamme in helles Glühen gerieten. Acetylen verbrennt an der Luft zu Kohlendioxid und Wasser nach der Gleichung: $C_2H_2 + 2^{1/2} O_2 \rightarrow 2 CO_2 + H_2O$ [1]. Der Rückstand im Inneren der Blechbüchse war Kalkmilch. Wir vermischen sie mit viel Leitungswasser und filtrieren. Das Filtrat (Kalkwasser) bewahren wir für andere Versuche auf.

Carbid ist ein Erzeugnis der chemischen Großindustrie (Jahreserzeugung in der Bundesrepublik ca. 1 Mill. t). Etwa 50–60% des Carbids werden in Deutschland auf Kalkstickstoff (Düngemittel) weiterverarbeitet, 15–20% dienen als Ausgangsmaterial für organische Synthesen (über Acetylen erhält man z. B. Alkohol, viele Kunststoffe usw.) und etwa 20% gehen in Schweißanlagen.

Chemiefasern. Neben den Naturfasern Wolle, Baumwolle und Seide haben die Chemiefasern immer mehr den Textilmarkt und den Alltag erobert. Schon 1963 stellte die Chemiefaser-Industrie 1,8 Mill. t Zellwolle her, 300 000 t mehr, als alle Schafe der Welt Wolle liefern. Der Anteil der Chemiefasern im Welttextilverbrauch betrug 1966 22%; er wird nach einer Hochrechnung [2] 1980 53% betragen. Mit der zunehmenden Weltbevölkerung werden die Chemiefasern noch größere Bedeutung erlangen. Chemiefaser ist der Sammelbegriff für alle Textilendlosgarne und Textilspinnfasern, die mit chemischen Hilfsmitteln erzeugt werden. Ausgangsstoffe der Chemiefaser-Herstellung sind Naturprodukte wie Cellulose und Protein oder synthetische Stoffe wie

---

[1] Mischungen von Acetylen und Sauerstoff werden beim autogenen Schweißen und Schneiden verwendet; sie erreichen eine Temperatur von rund 3300° C.
[2] Sattler, Bayer-Berichte 24 (1970).

Polyamide, Polyacrylnitrile, Polyester u. a. Siehe unter Synthesefasern, S. 260.

Tabelle 2: Übersicht über die Chemiefasern

Chemiefasern							
aus natürlichen Rohstoffen				aus synthetischen Rohstoffen			
Cellulose			Protein	Polyamide	Polyester	Polyacryle	Polyvinyle
Reyon Zellwolle	Chemie-Kupferseide Cu-Spinnfaser	Acetat Acetatfaser	Lanitalfaser	Nylon Perlon Dederon	Diolen Trevira Terylene	Dralon Orlon Dolan Redon	PeCe Rhovyl

V e r s u c h e : E r k e n n u n g   v o n   C h e m i e f a s e r n. Wir bringen die Fasern in Probiergläser und prüfen die Löslichkeit mit den verschiedenen Lösungsmitteln bei entsprechenden Temperaturen.

Lösungsmittel	gelöst werden
Eisessig, Temp. 20° C	Acetat, Triacetat
Eau de Javelle, KOCl, Temp. 20° C	Wolle und Seide
Kupferoxidammoniak, Temp. 20° C	natürliche u. künstliche Cellulose
Ameisensäure 80%ig, Temp. 20° C	Polyamide (Nylon, Perlon)
Chlorzinklösung, 2 Tl. Salz, 1 Tl. Wasser, Temp. 45° C	Polyacryle (Dralon, Orlon)
Sesolvan NK bei Kochtemp. (Produkt der BASF)	Polyester (Diolen, Trevira)
1 Tl. Schwefelkohlenstoff, 1 Tl. Aceton, Temp. 20° C	Polyvinylchloride (Rhovyl)

Chlorkalk. Chlorkalk kann in Drogerien in kleineren, luftdicht verschlossenen Paketen schon um wenige Groschen erworben werden. Er ist ein weißes Pulver, das 30–40% Chlor enthält. Dieses wird langsam an die Luft abgegeben; es verursacht den starken Chlorgeruch des Chlorkalks. Damit das Chlor nicht zu rasch verlorengeht, ist Chlorkalk beim Lagern möglichst luftdicht abzuschließen.

Chlorkalk hat im wesentlichen die Formel $CaOCl_2$; er entsteht, wenn man Chlorgas in gelöschten Kalk leitet.

Gleichung: $Ca(OH)_2 + Cl_2 \rightarrow Ca(ClO)Cl + H_2O$.

Chlorkalk

Chlorkalk ist ein wichtiges Desinfektionsmittel; eine einprozentige, wäßrige Chlorkalklösung tötet schon nach 5 Minuten Typhus-, Cholera- und Milzbrandbazillen. Mit einer Aufschwemmung von 1 Teil Chlorkalk in 20 Teilen Wasser werden die Wände und Decken von verseuchten Viehställen bestrichen. In Kleinställen kann man durch Anstriche mit derselben Flüssigkeit Ungeziefer aller Art beseitigen. Trink- und Kochwasser, das nicht allzu stark mit organischen Stoffen verunreinigt ist, kann man desinfizieren, wenn man auf das Kubikmeter Wasser 1–3 Gramm Chlorkalk 4–6 Stunden lang einwirken läßt.

V e r s u c h e : Schwemme einige Körner Chlorkalk in Wasser auf und prüfe die Reaktion auf Lackmus! Chlorkalk reagiert laugenhaft (alkalisch), da er Beimengungen von $Ca(OH)_2$ enthält. Ist Chlorkalk in Wasser leicht oder schwer löslich? Halte etwas Chlorkalk am Magnesiastäbchen in die Flamme! Eine vorübergehende, ziegelrote Flammenfärbung läßt auf Calcium schließen. Bringe etwas Chlorkalk in einen Zylinder und füge einige Kubikzentimeter Salzsäure dazu! Es entsteht unter Aufschäumen übelriechendes, giftiges Chlorgas nach der Gleichung: $CaOCl_2 + 2 HCl \rightarrow CaCl_2 + H_2O + Cl_2$. Eine darübergehaltene blaue Blume oder Tintenstift wird rasch entfärbt. Chlor zerstört Farbstoffe. Erhitzt man stark verdünnte, schwarze Tinte mit einer Messerspitze Chlorkalk im Probierglas, so tritt ebenfalls Entfärbung ein. Diese erfolgt wesentlich rascher, wenn vorher noch etwas Salzsäure beigegeben wird. Gibt man im Probierglas zu einer Messerspitze Chlorkalk einige Kubikzentimeter rote Tinte und füllt etwa bis zur Mitte mit gewöhnlichem Speiseessig auf, so entfärbt sich die Flüssigkeit beim Erwärmen. In beiden Fällen zerstört das freiwerdende Chlor die Tintenfarbstoffe. Eine praktische Anwendung erfährt diese Tatsache in den sogenannten Radierwässern („Tintentod"). Verreibt man über Tintenschrift mit einem stumpfen Holzstückchen (Streichholz) etwas Chlorkalk in wenigen Tropfen gewöhnlichem Speiseessig, so verschwindet die Schrift allmählich vollkommen, weil die Tinte von dem freiwerdenden Chlor zersetzt wird. Das Verfahren gelingt – wenn auch merklich schwerer – selbst bei jahrealten schwarzen und roten Tintenschriften. Neben den Tintenfarbstoffen zerstört Chlorkalk auch noch viele andere organische Farben; man kann sich davon überzeugen, wenn man auf farbige Papiere aller Art (Drucksachen, Fließblätter, gefärbte Tuchlappen usw.) zu etwas Chlorkalk einige Tropfen Essig bringt und nach 10–20 Minuten wieder abspült.

Tintenentferner in Stiftform (Tintenkiller). Fast alle Tintentod-Stifte enthalten Chlorkalk. Herstellung nach dem franz. Patent 1 123 390: Es werden 50 Teile Sandarak (Harz aus Algier), 15 Tl. Alaun, 8 Tl. Traganth und 35 Tl. Paraffin gründlich gemischt. Dazu kommen 50–70 Tl. $CaOCl_2$ (oder ein Gemisch aus gleichen Tl. Zitronensäure und Oxalsäure), 7 Tl. Sandarak und 20 Tl. Gummi arabicum.

Eine dem Chlorkalk verwandte Verbindung [Calciumhypochlorit, $Ca(OCl)_2$] wurde unter der Bezeichnung Losantin zur Entgiftung des Gelbkreuzkampfstoffs empfohlen. Losantin ist eine weiße, chlorartig riechende Masse, die nach Salzsäurezusatz lebhaft Chlor entwickelt. Gleichung: $Ca(OCl)_2 + 4 HCl \rightarrow CaCl_2 + 2 H_2O + 2 Cl_2$. Losantin zerstört den Gelbkreuzkampfstoff durch Oxidation; ähnlich wirken Chlorkalk, Kaliumpermanganat, Salpetersäure usw.

Desinfektion. Bei der Desinfektion werden krankheitserregende Bakterien auf physikalischem und chemischem Wege abgetötet oder in ihrem Wachstum gehemmt. Sie erstreckt sich auf die Hautoberfläche, auf Kleider und Geräte, ferner auf Zimmer, die von Kranken bewohnt werden, welche an Tuberkulose, Aussatz, Cholera, Pest, Pocken, Diphtherie, Scharlach, Genickstarre, epidemischer Kinderlähmung, Masern, Influenza, Typhus, Ruhr und anderen durch Kleinlebewesen verursachten, ansteckenden Krankheiten leiden. Man unterscheidet zwischen laufender Desinfektion und Schlußdesinfektion. Bei der ersteren, ungleich wichtigeren, werden die Bakterien während der Krankheit bekämpft, um die Pflegepersonen, Hausgenossen, Besucher usw. vor Ansteckung zu schützen. Bei der Schlußdesinfektion macht man die infolge Umzugs, Genesung oder Tod geräumten Krankenzimmer bakterienfrei, so daß sie nachher wieder von Gesunden bewohnt werden können.

Die Notwendigkeit einer gründlichen Desinfektion wird am ehesten klar, wenn man bedenkt, daß in einem Krankenzimmer unter Umständen Millionen kleinster Bakterien am Kranken, am Krankenbett, an den Wänden, Böden, Eßgeräten, Büchern, Spielzeugen, Kleidern usw. sitzen, daß unzählige weitere Bazillen in der Luft herumfliegen, die alle sozusagen nur darauf lauern, in dem warmen, nährstoffreichen menschlichen Körper ein willkommenes Futter zu finden. Glücklicherweise sind diese kleinen, tückischen Feinde des Menschengeschlechts nicht unsterblich; zahlreiche Versuche haben vielmehr einwandfrei gezeigt, daß man sie durch Hitze, Kälte, Sonnenlicht, Trockenheit, Chemikalien usw. vernichten oder mindestens unschädlich machen kann. Die Anwendung von Kälte führt nur zu einer Wachstumshemmung, nicht zu einer Abtötung der Bakterien. Es gibt Bakterien, die stundenlangen Aufenthalt in flüssiger Luft ($-180°$ C) überstehen. Läßt man Bakterienkulturen an der Luft eintrocknen, so gehen sie – mit Ausnahme von Tuberkelbazillen und Bakteriensporen – meist in wenigen Tagen zugrunde.

Desinfektion durch UV-Licht. Genügend starke Belichtung, besonders mit blauem und violettem Licht, hemmt das Bakterienwachstum. Bei Bestrahlung mit ultraviolettem Licht (besonders bei Wellenlängen von 270 nm (Nanometer) gehen z. B. die Bakterien in Trinkwasser zugrunde; auch werden die Bakterien auf der Haut von Schwindsüchtigen durch UV-Strahlung von 200–295 nm vernichtet. Eine Luftdesinfektion ist auch mit sog. Ozonlampen möglich. Dies sind Niederdruck-Quecksilberdampflampen, die UV-Licht von etwa 185 nm ausstrahlen; letzteres lagert den Sauerstoff der Luft zum Teil in desinfizierendes Ozon um.

Desinfektion durch Hitze. Dies ist das sicherste und meistverwendete physikalische Desinfektionsverfahren. Waschbare Klei-

Desinfektion

dungsstücke, Wäsche, Eß- und Trinkgeräte, Instrumente usw. werden keimfrei, wenn man sie ¼ Stunde in kochendes Wasser legt, dem 2% Soda beigemischt wurden. Geräte aus Glas, Porzellan und Steingut legt man ins kalte Wasser und erwärmt dann langsam zum Sieden; bei plötzlichem Temperaturwechsel könnten sie zerspringen. Falls diese Geräte trocken bleiben sollen, setzt man sie in Sterilisatoren 3–4 Stunden lang einer trockenen Hitze von 160–180° C aus. Bücher, Pelze, Möbel, wertvolle Kleider, Lederwaren nehmen in feuchter Hitze Schaden; es wird empfohlen, sie zur Desinfektion 48 Stunden lang in 75–85° C heiße Luft zu bringen. Wertlose, leicht brennbare Gegenstände, wie Papiertaschentücher, billiges Spielzeug, Kehricht, Bettstroh, Speisereste, Verbandsmaterial, werden am besten verbrannt.

Desinfektion durch Chemikalien. Die verbreitetsten Desinfektionsmittel für Räume, Möbel, Geräte u. dgl. sind Sublimatlösung, Carbolsäurelösung, Formaldehyd sowie Chlor- und Kresolpräparate. Die Sublimatlösung wird durch Auflösung einer käuflichen, rötlich gefärbten und mit Kochsalz vermischten Sublimatpastille in einem Liter Wasser hergestellt. Bei den widerstandsfähigen Schwindsuchtsbazillen muß man fünf Pastillen im Liter Wasser auflösen. Formaldehyd (CH_2O) ist ein aus dem Methanol gewonnenes „süßlich" riechendes Gas, das in Wasser gelöst als 35prozentige Formaldehydlösung (= Formalin oder Formol) verkauft wird. Die zum Desinfizieren häufig verwendete 1prozentige Formaldehydlösung entsteht, wenn man 30 Kubikzentimeter Formalin mit Wasser zu einem Liter auffüllt und umschüttelt. Formalin ist lichtempfindlich; es setzt am Boden allmählich flockige, weiße Ausscheidungen von sogenanntem Paraformaldehyd ab und ist dann zur Desinfektion nicht mehr verwendbar. Zur Raumdesinfektion wird Formaldehyd auch noch in Gasform verwendet.

Bei der chemischen Desinfektion einzelner Gegenstände ist folgendes zu beachten: Durch zweistündiges Einlegen in Sublimatlösung können waschbare Kleidungsstücke, Taschentücher, Handtücher, Haar- und Kleiderbürsten, Messer, Gabeln usw. desinfiziert werden. Krankenwagen, Tragbahren, Stühle usw. reibt man z. B. mit einem wiederholt in Sublimatlösung getauchten Lederlappen gründlich ab. Bei der Lungenschwindsucht verwendet man an Stelle des Sublimats eine 5%ige Alkalysollösung (seifenartiges Kresolpräparat) oder eine 6%ige Chloraminlösung (enthält etwa 25% wirksames Chlor), die letztere wird auch bei Typhus und Ruhr benützt. Mit der Formaldehydlösung kann man Messer, Gabeln, Pelzwerk, Samt, Plüsch usw. desinfizieren. Bücher aus Krankenhäusern werden desinfiziert, wenn man sie aufgeblättert neben eine mit Formalin gefüllte Schale in einen luftdicht schließenden Kasten stellt. Nach 2 Tagen nimmt man die Bücher heraus.

Die Schlußdesinfektion wird am besten mit Formaldehydgas ausgeführt. Damit das Gas nicht entweicht, müssen die Fenster- und Türritzen durch sublimatgetränkte Wattebäusche sorgfältig abgedichtet werden. Kleider hängt man an Kleiderbügeln auf und wendet die Taschen um. Überhaupt muß die ganze Innenausstattung so aufgestellt werden, daß das Formaldehydgas überall eindringen kann; man öffnet deshalb die Schränke, rückt die Bettstellen von den Wänden ab, hängt die Kissen mit Bindfaden an der Decke auf usw. Nachdem der ungefähre Inhalt des Raumes berechnet ist, bringt man in die Mitte des Zimmers auf eine feuersichere Unterlage einen großen Spiritusbrenner und erhitzt mit demselben ein Blechgefäß, in dem sich bei einem Raum von 100 Kubikmeter Inhalt 1500 Kubikzentimeter 40%ige Formaldehydlösung, vermischt mit 2250 Kubikzentimeter Wasser, befinden. Bei kleineren Räumen genügen entsprechend geringere Mengen. Der Wasserzusatz ist nötig, da trockener Formaldehyd weniger desinfizierend wirkt als feuchter. Zur Verdampfung von 1500 Kubikzentimeter Formaldehyd nebst der 1½fachen Menge Wasser braucht man einen Liter Spiritus. Etwa 4 Stunden nach dem Anzünden des Spiritus ist die Desinfektion beendet; man erhitzt dann vor dem Zimmer in einem Gefäß 1200 Gramm 25%igen Salmiakgeist (bei 100 Kubikmeter Zimmerraum) und leitet das entweichende Ammoniakgas durchs Schlüsselloch ins Zimmer. Das Ammoniak zersetzt das auch dem Menschen nachteilige Formaldehydgas in kurzer Zeit. Eine Stunde nach beendigter Ammoniakentwicklung kann das Zimmer gelüftet und mit heißem Seifenwasser gereinigt werden.

Zur Desinfektion von kleinen Räumen wird auch der bequem anzuwendende Neo-Sagrotan-Spray benützt. Er vernichtet Bakterien. Nicht zur Körperpflege!

Weitere Desinfektionsmittel. Formamint, ein weitverbreitetes Desinfektionsmittel für Mund und Rachen, besteht aus Milchzucker mit etwa 1% desinfizierendem Formaldehyd.

Trypaflavin (= 3,6-Diamino-10-methylacridiniumchlorid) ist ein verwickelt gebauter, gelber, organischer Farbstoff, der, mit Milchzucker zubereitet, unter der Bezeichnung Panflavin (Farbwerke Hoechst) zur Bekämpfung und Verhütung von ansteckenden Halserkrankungen und Grippe verwendet wird; die Panflavinpastille enthält 3 Milligramm Trypaflavin. Bestreicht man Wunden mit einer Lösung von 1 Gramm reinem Trypaflavin im Liter Wasser, so werden sie vor Bakterien geschützt.

Aethrol (Heinr. Feilbach, Wiesbaden-Kastel): Feindesinfiziens, enthält Chloroxymethylisopropylbenzol, Chlorhydroxymethylbenzol und p-Chlor-m-Kresol in Seifenlösung.

Alkalysol (Schülke und Mayr, Hamburg): o-Kresol, gelöst in Fettseife ist ein Spezial-Tuberkulose-Desinfektionsmittel.

Atomiseur Compositum 62 (Lingner-Werke Düsseldorf) ist ein Mund- und Rachendesinfiziens zur desinfizierenden, adstringierenden Behandlung entzündlicher Prozesse in der Mundhöhle. Bestandteile: p-Hydroxybenzoesäuremethylester, Azulen, Arnica, Roßkastanie u. a.

Baktol (Bacillofabrik Dr. Bode und Co., Hamburg-Stellingen) ist ein Feindesinfiziens, Lösung einer Kombination von Methyl- und Arylphenolen, teilweise chloriert, in Seife. Das **Baktolan** der gleichen Firma ist p-Chlor-m-Kresol, in Alkali gelöst; geruchloses Tb-Desinfiziens. Das **Bacillol** derselben Firma ist eine Kresolseifenlösung.

Baktonium: Lösung von Dialkyl-dimethyl-ammoniumsalz und Alkyldimethylarylammoniumchlorid.

Boluphen (Vial und Uhlmann, Frankfurt): Wundstreupuder, enthält 45 Prozent Bolus alba und 55 Prozent eines Phenol-Formaldehyd-Kondensationsprodukts.

Bradosol (Ciba, Basel): Hände- und Instrumentendesinfektionsmittel aus β-Phenoxyäthyl-dimethyldodecylammoniumbromid.

Chloramin (Chlorina, Mianin, Aktivin) ist p-Toluolsulfonchloramidnatrium, $C_6H_4(CH_3) \cdot (SO_2N \cdot Na \cdot Cl)$, ein weißes, bleichendes und desinfizierendes, wasserlösliches Pulver mit 25% aktivem Chlor; es wird u. a. zur Wunddesinfektion (0,25–0,5%ige wässerige Lösung), zur Desinfektion von Krankenzimmern, Geräten, Kleidern usw. (1–2%ige Lösung) verwendet. Chloramin ist in Pulverform und konz. Lösung gut haltbar, ungiftig; es verursacht in den üblichen Verdünnungen keine Wundreizungen; wirkt bleichend und zerstört Gerüche. In seinem Verhalten hat es viel Ähnlichkeit mit Chlorkalk, doch wirkt es viel milder. Hersteller: Farbwerke Hoechst; Merck, Darmstadt.

Chlorina (Heyden, München) ist Chloramin in Pulver- und Tablettenform.

Jodtinktur (= Jod in Alkohol gelöst) oder noch besser Jod-Jodkali (= Lösung von Jod und Kaliumjodid in Wasser) mit etwa 3% freiem Jod sind zur Desinfektion von Wunden geeignet. Sie werden in Apotheken und Drogerien als braune, in Röhren gefüllte Flüssigkeiten (z. B. „Jodo-Muc") verkauft. Der „Jodo-Muc" (Merz u. Co., Frankfurt) enthält Jodtinktur in einem stiftförmigen Glasfläschchen, das von einer Galalithhülse umgeben ist. Beim Gebrauch schraubt man den Nickelverschluß ab und streicht leicht über die Wunde hin, wobei etwas bräunliche, desinfizierende Jodtinktur ausfließt.

Die Firma Merz & Co., Frankfurt, stellt auch einen „Jodo-Muc, jodfrei" her; dies ist eine Kombination aus Dioxyphenylhexan und Chlorcarvacrol mit hoher Desinfektionskraft. Weitere desinfizierend wirkende Jodersatzpräparate sind: Kodantinktur, Cutasept, Bradosol, Merfen u. dgl.

Chinosol (Chinosol-Fabrik GmbH, 3016 Seelze) ist 8-Hydroxychinolin-Kaliumsulfat von der Formel $[C_9H_6(OH)N]_2 \cdot H_2SO_4 + K_2SO_4$, eine kristalline, wasserlösliche Verbindung, die schon in einer Verdünnung von 1:2000 fast alle Bakterien in ihrer Entwicklung hemmt. Die in Drogerien und Apotheken erhältlichen kleinen gelben Tabletten (0,5 und 1,0 Gramm) und Chinosol-Gurgeltabletten (0,04 Gramm) geben mit Wasser eine zur Desinfektion des Körpers und zum Anfeuchten der Wundverbände geeignete Lösung. Chinosollösungen werden auch zum Gurgeln (gegen Erkältungskrankheiten), für Mund- und Zahnpflege, zur Konservierung und Bodendesinfektion, gegen Hautschäden usw. verwendet.

Cignolin (Bayer, Leverkusen): Lösung mit 0,1–1%igen Aufschwemmungen oder Salbe, Dioxyanthranol gegen Schuppenflechte u. a. Hautkrankheiten.

Delegol (Bayer, Leverkusen): Benzylphenole, teilweise chloriert, mit synthetischer, waschaktiver Substanz.

Dibromol (Trommsdorff, Chem. Fabr., Aachen): 5prozentige Alkohol-Lösung eines Salzes der Dibromoxybenzolsulfonsäure (ähnlich auch Dijozol der gleichen Firma), dient statt Jodtinktur zur Wunddesinfektion.

Gevisol, Havisol und Ivisol (Schülke und Mayr, Hamburg) sind Phenolderivate (teilweise chloriert), in Verbindung mit Puffersystemen und Seife oder waschaktiver Substanz, gegen Viren und Bakterien wirksam.

Jothion (Bayer, Leverkusen): Dijodhydroxypropan, gelöst in Glycerin-Alkohol.

Killavon (Hersteller des Lysoform): Feindesinfektionsmittel aus Alkyldimethylbenzylammoniumchlorid.

Laudamonium (Henkel, Düsseldorf): Benzalkoniumchlorid zur Hände- und Wunddesinfektion. Alkyl-dimethylbenzyl-ammoniumchlorid.

Lysoform (Dr. Rosemann, Berlin-Schöneberg) ist eine hellgelbe, aromatisch riechende, beim Umschütteln schäumende, in Wasser klar lösliche, unbeschränkt haltbare desinfizierende Flüssigkeit (Lösung von Formaldehyd und ätherischen Ölen in Seifenlösung). Bei der Anwendung verdünnt man Lysoform mit der 50- bis 100fachen Wassermenge; diese Lösung vernichtet Bakterien innerhalb 10 Minuten; man verwendet sie zu Waschungen, Spülungen, Umschlägen (bei Geschwüren, Ausschlägen, Furunkeln), bei übermäßiger Schweißabsonderung (Formaldehydwirkung), bei Halskatarrhen (1%ige Lösung zum Gurgeln), zur Desinfektion von Geräten, ärztlichen Instrumenten usw. Nach Winter wird Lysoform aus 44 g Formol, 26 g 15%iger Kalilauge, 20 g Ölsäure und 10 g Alkohol hergestellt. Eine desinfizierende Formaldehyd-Seifenlösung ist auch das

K o r s o f o r m (Dr. Bode, Hamburg).

L y s o l (Schülke & Mayr, Hamburg) ist die Handelsbezeichnung für eine braune, ölige, wasserlösliche Kresolseifenlösung, die in verdünnter wässeriger Lösung zum Desinfizieren der Hände und Instrumente (1–2%ig), Krankenzimmer (2%ig), Wunden bei Haustieren (1%ig), Geflügel- und Kaninchenställe (3%ig), zu Hunde- und Schafbädern (1–2%ig) usw. seit über 50 Jahren verwendet wird.

L y s o l i n (Schülke & Mayr, Hamburg) ist ein ungiftiges, geruchfreies, schäumendes, gut reinigendes Haushaltsdesinfektionsmittel, das in 1%iger Lösung (2 Teelöffel auf 1 Liter Wasser) zur Raum-, Inventar- und Wäschedesinfektion verwendet wird; chemisch ist es ein Gemisch alkylierter und aryllierter, teilweise chlorierter Phenolderivate, gelöst in synthetischer, waschaktiver Substanz.

M a n u s e p t (Bacillol-Fabrik Dr. Bode, Hamburg-Stellingen): Hände-Schnelldesinfiziens, Kombination chlorierter Phenolderivate in Gelform (Tuben) und als Emulsion.

M e r c u r o c h r o m (Krewel - Werke, Eitorf bei Köln): Wundantisepticum, es enthält Hydroxymercuridibromfluoresceinnatrium ($C_{20}H_8O_6Na_2Br_2Hg$). In England und USA hat M. die Jodtinktur fast völlig verdrängt.

M e r f e n (Zyma-Blaes AG, München): Lösung, Tinktur usw. mit Phenylquecksilberborat.

N e o s e p t (Hersteller siehe Lysoform): Chlorierte und alkylierte Phenole, gelöst in waschaktiven Substanzen.

Q u a r t a m o n (Schülke und Mayr, Hamburg): Chirurgisches Feindesinfektionsmittel; es enthält Alkoxyäthyl-oxyäthyl-methyl-benzylammoniumchlorid.

R a p i d o s e p t (Bayer, Leverkusen): Händedesinfektionsmittel; es enthält Dichlorbenzylalkohol, Isopropanol usw., schont den Säuremantel der Haut.

R i s e p t i n (Bayer, Leverkusen): Chirurgisches Händedesinfektionsmittel auf der Basis Dodecyl-dimethyl-3,4-dichlor-benzylammoniumchlorid.

S a g r o t a n (Schülke & Mayr, Hamburg) ist eine hellbraune, ölige, in Wasser und Alkohol lösliche Flüssigkeit, die als Wirksubstanz ein Gemisch halogenierter Alkyl- und Aralkylphenole enthält. Sagrotan wirkt desinfizierend und infolge seines Seifengehalts gleichzeitig reinigend. Die angenehm riechende Flüssigkeit ist beständig, sie wirkt verdünnt auf die Haut nicht nachteilig ein. Man verwendet Sagrotan zur Desinfektion des Körpers (0,5%ig), der Hände (1%ig), von Instrumenten (2%ig), der Wäsche (0,5–1,5%ig), des Inventars (0,5–1,5%ig) usw.

S e p s o - T i n k t u r (Lingner-Werke, Düsseldorf) entspricht in ihrer Wirkung einer 10%igen Jodtinktur; sie enthält komplexe Brom- und Rhodanverbindungen 1- und 3wertiger Metalle, Salicylsäure u. a.

S u r f e n (Farbwerke Hoechst): Bis-(2-methyl-4-amino-chinolyl-6)-carbamid-Hydrochlorid.
T e g o 103 G. S (Goldschmidt, Essen): Höhermolekulare Alkyl-di-(Aminoäthyl)-glycin-HCl.
V a l v a n o l (Asid-Inst. GmbH., München): 6% p-Chlor-m-Kresol, 1% Phenylphenol, Netzmittel usw.
V i o f o r m (Ciba): Wundpuder mit Jodchloroxychinolin.
Z e p h i r o l (Bayer, Leverkusen) ist eine wässerige, angenehm parfümierte, nahezu farblose, alkalisch reagierende Flüssigkeit, die als Desinfektionsmittel hochmolekulare Alkyldimethylbenzylammoniumchloride enthält. Man verwendet Zephirol zur Desinfektion chirurgischer Instrumente; zur Händedesinfektion wird eine 1prozentige Lösung benützt.

Weitere Desinfektionswirkungen wurden bei Chlorkalk, Kaliumpermanganat, Wasserstoffperoxid usw. festgestellt; man vergleiche darüber die betreffenden Einzelabschnitte.

Desodorierung (von lat. odor = Geruch). Zerstörung oder Überdeckung von Gerüchen. Bestimmte Gerüche werden durch Oxidationsmittel wie Chlorkalk, Natriumperoxid, Natriumperborat, Natriumhypochlorit u. a. beseitigt. Aktivkohle, Silicagel und Aluminiumhydroxid können durch Adsorption Gerüche an sich binden. Zur Desodorierung von Räumen ist auch schon Ozon empfohlen worden, doch ist hier wegen der Giftigkeit Vorsicht angebracht. Zur Desodorierung des Körpers dienen Lösungen, Cremes, Stifte, Seifen, die Hexachlorophen, Bidiphen, Nipagene, Hexamethylentetramin, Chlorophylline, Al-Salze und andere bakterienhemmende, für den Menschen unschädliche Stoffe enthalten.

Ein Desodorierungs-Stift kann z. B. aus 8% Natriumstearat, 5% Sorbitol, 0,25% Hexachlorophen, 75% Alkohol, 10% Wasser und 1,75% Parfüm hergestellt werden (nach Klarmann). „BAC"-Stifte (Olivin, Wiesbaden) bestehen aus Natriumstearat, Alkohol, dem Wirkstoff BAC 43 (chloriertes Bis-Phenol, das schweißzersetzende Bakterien hemmt), Parfüm und einer Aluminiumverbindung (Aluminiumdiisopropylchlorid), die die Transpiration reguliert. Der „8×4"-Stift (Beiersdorf, Hamburg) enthält Irgasan DP (2,4,4'-Trichlor-2'-hydroxydiphenyläther), das den Bakterienbefall durch Entwicklungshemmung bekämpft und dadurch desodorierend wirkt. „8×4" ist auch als Spray im Handel. Der „8×4"-Roller wirkt desodorierend und gleichzeitig schweißhemmend durch eine komplexe Aluminiumverbindung in einer Fett-Wasser-Emulsion. „Dane" (H. Schwarzkopf) und „Dulgon" (J. Benckiser) kommen als Spray, Duftschaumbad und Seife in den Handel.

Düngemittel. Im Urwald, in den Steppen und allen sonstigen vom Menschen nicht planmäßig bebauten Gebieten wächst schon seit Jahrtausenden an den gleichen Stellen eine mehr oder weniger üppige Pflanzenwelt – auch wenn der Boden vom Menschen niemals gedüngt wird. Dagegen müßte in unseren Kulturlandschaften die Pflanzendecke nach wenigen Jahrhunderten vollständig verkümmern, wenn der Mensch die Böden nicht immer wieder mit natürlichem Dünger (Mist, Jauche) oder Handelsdünger versorgen würde. Dieser Unterschied erklärt sich folgendermaßen: Jede Pflanze entzieht dem Boden mit Hilfe der Wurzeln eine bestimmte Menge von sogenannten M i n e r a l - s t o f f e n (z. B. Verbindungen bzw. Ionen von Stickstoff, Kalium, Phosphor, Calcium, Schwefel, Eisen, Magnesium usw.), die zum Aufbau der Pflanzen und zum normalen Wachstum unentbehrlich sind. In der Wildnis verwesen die Pflanzen an Ort und Stelle; dabei werden die früher aufgenommenen Mineralstoffe dem Boden zurückgegeben, so daß die nächsten Pflanzengenerationen keinen Mangel leiden. Auf unseren Äckern und Wiesen wird die Ernte dagegen Jahr für Jahr weggeführt und oft genug in ferne Städte verkauft, so daß im Laufe der Zeit der Boden an den für Pflanzen unentbehrlichen, lebenswichtigen Mineralsubstanzen verarmen muß.

Die von den Pflanzen aufgenommenen Mineralstoffe sind am besten zu studieren, wenn wir die Asche von vollständig verbrannten Pflanzenteilen untersuchen. In ihr sind fast alle aus dem Boden stammenden Mineralbestandteile enthalten; deshalb ist z. B. Ofenasche als Düngemittel verwendbar. An Stelle von Holzasche können wir auch Steinkohlen- oder Braunkohlenasche untersuchen; die letzteren stammen von Pflanzen der geologischen Vergangenheit.

V e r s u c h e : Wir geben eine Messerspitze Holz- oder Kohlenasche in ein Probierglas, füllen etwa bis zur Hälfte mit reiner Salzsäure auf und erhitzen einige Zeit. Die Asche braust unter Kohlendioxidentwicklung auf (Kalk, Pottasche!), gleichzeitig verwandelt sich das unlösliche Eisenoxid der Asche in lösliches Eisenchlorid. Wir filtrieren und geben zum Filtrat eine Lösung von gelbem Blutlaugensalz. Sofort entsteht ein schöner Niederschlag von Berlinerblau, womit Eisen in der Asche nachgewiesen ist. Näheres s. S. 19! Derselbe Nachweis kann mit beliebiger Ackererde angestellt werden. Überall, wo Pflanzen wachsen, enthält der Boden Eisen.

Zu einer Messerspitze Asche fügen wir im Probierglas etwa 2 Kubikzentimeter Salpetersäure und ebensoviel Ammoniummolybdatlösung. Nach dem Erwärmen entsteht ein gelber Niederschlag; dieser beweist, daß in der Asche Phosphate enthalten sind. Näheres s. S. 29!

Schütteln wir etwas Asche im Probierglas längere Zeit mit destilliertem Wasser, so entsteht nach dem Filtrieren bei Zusatz von Bariumchloridlösung und heißer Salzsäure eine weiße Trübung, welche die Anwesenheit von Sulfaten, also Schwefelverbindungen, in der Asche beweist. Näheres S. 26.

Wird etwas Asche am Magnesiastäbchen in die nichtleuchtende Gasflamme gehalten, so entsteht eine gelbe Flammenfärbung, die auf Natrium hinweist. Betrachtet man die Flamme durch ein Kobaltglas, so sieht man karminrote Farbtöne, die Asche enthält also auch Kaliumverbindungen. Näheres S. 18.

Hält man Blätter, Stengel oder Früchte von Kartoffeln, Tomaten, Tabakpflanzen, Hopfen, Wermut, Rüben usw. in die nichtleuchtende Flamme, so erscheint diese durch das Kobaltglas ebenfalls karminrot. Das gleiche ist bei Zigarrenasche, Weizenhalmen, Bohnen, Heu, Kohl usw. der Fall, woraus folgt, daß auch hier überall Kalium enthalten ist. Im Boden weisen wir einige Pflanzennährstoffe folgendermaßen nach: Man verreibt in einer größeren Porzellanschale 100 Gramm trockenen Boden gründlich mit 100 Kubikzentimeter destilliertem Wasser und gibt unter Umrühren 25 Kubikzentimeter reine Salpetersäure dazu, die einige Nährstoffe des Bodens löslich macht. Nach 5 Minuten wird filtriert; vom Filtrat verteilen wir Proben auf 5 Probiergläser. Zu Probierglas I geben wir je 1 Kubikzentimeter Salmiakgeist (zur Neutralisation der überschüssigen Salpetersäure) und 1 Kubikzentimeter Ammoniumoxalatlösung; es entsteht eine weiße Trübung von Calciumoxalat, $(COO)_2Ca$, die im Boden Calciumionen anzeigt; Gleichung: $(COONH_4)_2 + Ca(NO_3)_2 = (COO)_2Ca + 2 NH_4NO_3$. Zum Probierglas II gießen wir etwas Kaliumhexacyanoferrat(II) (bzw. Kaliumthiocyanatlösung); ein blauer Niederschlag (bzw. blutrote Färbung) zeigt Eisen an, s. S. 20. Im Probierglas III weisen wir nach S. 23 mit einer salpetersauren Silbernitratlösung Chloridionen nach. Im Probierglas IV wird nach S. 26 f. mit salzsaurer Bariumchloridlösung Sulfat festgestellt. Im Probierglas V weisen wir mit Ammoniummolybdatlösung Phosphate nach, vergleiche S. 29.

Die bisherigen Versuche zeigten, daß die Pflanze aus dem Boden Verbindungen von Eisen, Phosphor, Schwefel, Natrium und Kalium herausgeholt hat. Zahlreiche weitere Versuche haben nun ergeben, daß jede höhere Pflanze außer den obigen Stoffen noch Verbindungen von Calcium, Magnesium und Stickstoff dem Boden entnimmt. Im allgemeinen ist z. B. Eisen in genügendem Umfang in unseren Böden enthalten; dagegen fehlt es in der Regel an Stickstoff, Kali und Phosphorverbindungen (oft auch an Kalk und an Magnesium, Bor und dgl.), so daß diese Stoffe in erster Linie dem Boden zugeführt werden müssen. Dies geschieht durch natürliche und künstliche Düngung. Fast alle künstlichen Düngemittel (auch Handelsdünger genannt) enthalten Stickstoff-, Phosphor- oder Kaliverbindungen (oft auch noch Mg und Spurenelemente) entweder getrennt oder in Mischungen; die letzteren bezeichnet man als V o l l d ü n g e r oder M e h r n ä h r s t o f f d ü n g e r ; die ersteren (z. B. Natronsalpeter oder Superphosphat oder Kalidüngesalz) als E i n z e l d ü n g e r. Die wasserlöslichen Düngemittel werden häufig auf den bereits mit Nutzpflanzen bewachsenen Boden gestreut; man spricht in diesen Fällen von K o p f d ü n g u n g und K o p f d ü n g e r n. Die langsam wirkenden, meist schwerlöslichen Düngemittel werden dagegen häufig mehr oder weniger zeitig v o r der Aussaat in den Boden geeggt; diese Art der Düngung wird als G r u n d d ü n g u n g bezeichnet; die hierbei verwendeten Düngemittel heißen G r u n d d ü n g e r. Wir wenden uns nun den einzelnen Handelsdüngern zu.

Stickstoffhaltige Handelsdünger

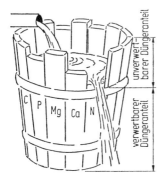

Bild 16 a. Das Gesetz des Minimums, demonstriert am Faßvergleich. Das Wasser im Faß kann nur so hoch steigen, wie es die kürzeste Daube gestattet. Ebenso hängt das Pflanzenwachstum und damit der Ertrag von dem im Minimum vorhandenen Nährstoff, z. B. N, ab. Erhöhte Zufuhr eines anderen Nährstoffes steigert den Ertrag nicht.

Der Stickstoff ist der Motor des Pflanzenwachstums. Er ist unentbehrlich für die Synthese der Eiweißstoffe, des Chlorophylls und anderer Verbindungen. Der Bedarf der Kulturpflanzen an Stickstoff ist entsprechend hoch. Die Stickstoffdünger werden hauptsächlich in riesigen Werken in Oppau, Knapsack, Trostberg im Ruhrgebiet und in Leuna (bei Merseburg) hergestellt. Die BASF Ludwigshafen hat von 1956 bis 1966 insgesamt 5,4 Millionen t Reinstickstoff aus der Luft chemisch gebunden. Die Stickstoffdünger werden zumeist nach dem Haber-Bosch-Verfahren aus Luftstickstoff und Wasserstoff synthetisiert. Das hierbei entstehende Ammoniak kann man mit Säuren und Salzen in Ammoniumverbindungen überführen oder zu Salpetersäure bzw. Nitraten oxidieren.

1. **Natronsalpeter** ($NaNO_3$) ist ein feines, weißes, leicht wasserlösliches Salz, das 16% Nitratstickstoff enthält. Er färbt die nichtleuchtende Flamme gelb (Natrium) und gibt mit Schwefelsäure und Eisensulfatlösung einen rotbraunen Ring (NO_3-Gruppe, Näheres S. 27 ff.). Wirft man Kohlestückchen in heißen, schmelzenden Natronsalpeter, so verbrennen diese infolge des hohen Sauerstoffgehaltes sehr lebhaft.

Anwendung: Natronsalpeter enthält etwa 16% Reinstickstoff, er ist ein vorzüglicher Kopfdünger und für alle Böden geeignet; man streut im Frühjahr etwa 3 Doppelzentner je Hektar aus. Er wird infolge seiner Wasserlöslichkeit von den Pflanzen rasch aufgenommen, kann aber aus demselben Grund in regenreichen Zeiten auf leichten, wenig bepflanzten Böden fortgespült werden. Natronsalpeter wirkt rasch; besonders günstige Erfolge werden bei Zuckerrüben und Runkelrüben beobachtet. Zucker- und Futterrüben erhalten 5–6,5 Doppelzentner Natronsalpeter je Hektar, davon $1/3$ zur Saat, $1/3$ mit der ersten Hacke und $1/3$ mit der zweiten Hacke. Man soll ihn nicht auf feuchte Blätter streuen, da diese sonst beschädigt werden können; auch darf er nicht mit Mist zusammenkommen, da auf demselben oft Bakterien gedeihen, welche den Stickstoff des Salpeters in gasförmigen Luftstickstoff verwandeln, der von den Pflanzen (mit Ausnahme der Schmetterlingsblütler) nicht ausgenützt werden kann.

2. **Kalksalpeter** [$Ca(NO_3)_2 \cdot 2 H_2O$], weißes, wasserlösliches Salz, färbt die Flamme ziegelrot bis rotgelb (Calcium!), gibt mit Ammoniumoxalat einen weißen, in Essigsäure unlöslichen Niederschlag, s. S. 75. Erhitzen wir eine Messerspitze davon im trockenen Probierglas, so entweicht zuerst Wasser, dann steigen rotbraune Dämpfe auf (NO_2); die Masse schmilzt dabei längere Zeit, schließlich bleibt eine weiße Kruste zurück (CaO), die mit Wasser umgeschüttelt alkalisch reagiert, $Ca(OH)_2$, während gewöhnlicher Kalksalpeter Lackmus nicht verändert. Dem käuflichen Kalksalpeter ist noch 1% Ammoniumnitrat (NH_4NO_3) beigemischt. Der gewöhnliche Kalksalpeter des Handels (Hersteller: BASF-Ludwigshafen, Farbwerke Hoechst, Ruhrstickstoff-AG) enthält 15,5 Prozent Nitratstickstoff. Im Laboratorium und in der Großindustrie wird er aus Salpetersäure und gewöhnlichem Kalk ($CaCO_3$) hergestellt.

Anwendung: Guter, rasch wirkender Kopfdünger, nicht auf nasse Blätter zu streuen. Vor Feuchtigkeit schützen; für alle Böden geeignet, enthält ca. 15,5% Stickstoff und 28% Kalk (als CaO berechnet); man streut zeitig im Frühjahr etwa 3 Doppelzentner je Hektar aus. Es ist im allgemeinen nachteilig, leichtlösliche Stickstoffverbindungen schon im Herbst auf die Felder zu streuen, da in trockenen Wintern 5 Kilo, in nassen ca. 40 kg Stickstoff je Hektar durch Auswaschung des Bodens verlorengehen können.

3. **Schwefelsaures Ammoniak** (=Ammoniumsulfat) $(NH_4)_2SO_4$ (21% N), feines, weißes, trockenes, gut wasserlösliches Salz; die Lösung gibt mit Bariumchloridlösung, der man etwas reine Salzsäure zugefügt hat, einen dicken, weißen Niederschlag von Bariumsulfat; Gleichung: $(NH_4)_2SO_4 + BaCl_2 \rightarrow BaSO_4 + NH_4Cl$. Diese Reaktion beweist, daß im schwefelsauren Ammoniak die Sulfat-(= SO_4-)Gruppe enthalten ist. Bringen wir eine Messerspitze dieses Salz in ein Schälchen, so riecht es nach Zugabe von etwas Natronlauge stark nach Ammoniak; ein darübergehaltenes rotes Lackmuspapier wird blau. Die Natronlauge hat aus dem Salz Ammoniak ausgetrieben. Gleichung: $(NH_4)_2SO_4 + 2 NaOH \rightarrow Na_2SO_4 + 2 NH_3 + 2 H_2O$. Erhitzt man etwas schwefelsaures Ammoniak im Probierglas, so tritt Ammoniakgeruch auf.

Anwendung: Schwefelsaures Ammoniak wird fast nur von Kartoffeln und Hafer als solches verwertet. Bei den anderen Pflanzen ist eine vorherige Überführung des Ammoniakstickstoffs in salpeterartige Verbindungen nötig, was hauptsächlich durch Bakterien bewirkt wird. Weil bei diesen Umwandlungen Stickstoff verlorengehen kann, ist schwefelsaures Ammoniak um 10–20% weniger wirksam als Salpeter. Infolge der chemischen Verwandlungen ist die Wirkung des Salzes meist nicht sofort zu beobachten; es muß deshalb einige Wochen vor dem Zeitpunkt ausgestreut werden, in dem es wirken soll. Schlecht durchlüftete, nasse und kalkarme Böden sollte man nicht mit schwefelsaurem Ammoniak düngen, da hier die nötigen Bakterien fehlen.

4. K a l k a m m o n s a l p e t e r enthält rund 20% Reinstickstoff in Form von Ammoniumnitrat NH_4NO_3, der Kalkanteil ($CaCO_3$) erreicht 35%. Kalkammonsalpeter BASF Rieselkorn enthält 22% N, 32% Kalk ($CaCO_3$) und 5% Magnesiumcarbonat ($MgCO_3$); Ruhr-Korn Grün hat etwa die gleiche Zusammensetzung. Kalkammonsalpeter gehört zu den beliebtesten Stickstoffdüngern; seine Anwendung sichert bei den meisten Pflanzen hohe Erträge. Man benötigt bei Getreidearten 1–4, bei Raps 4–6 Doppelzentner je Hektar. Weise in Kalkammonsalpeter Carbonat (S. 28), die Ammonium-Gruppe und die Nitrat-Gruppe nach!

5. A m m o n s u l f a t s a l p e t e r (Leunasalpeter, Montansalpeter) ist ein gelbbraunes mittel- bis grobkörniges, wasserlösliches Salz, das aus Ammoniumnitrat (NH_4NO_3) und schwefelsaurem Ammoniak besteht. Weise wie in den vorigen Beispielen NH_3, SO_4 und NO_3 nach!

A n w e n d u n g : Montansalpeter ist ein hochwertiger Stickstoffdünger, der oft und viel mit besten Erfolgen verwendet wird. Bei Kopfdüngung sollte er durch Hacken oder Eggen mit dem Boden vermischt werden, damit bei der Umwandlung des Ammoniakstickstoffs durch Bakterien keine größeren Stickstoffverluste auftreten. Ammonsulfatsalpeter ist für alle Böden geeignet; er enthält 26% Stickstoff, man streut im Frühjahr etwa 2 Doppelzentner je Hektar aus.

6. S t i c k s t o f f m a g n e s i a , BASF, grauweißer, grobkristallinischer Stickstoffdünger mit 20% N und 8% leichtlöslichem MgO, dazu 0,4% Cu. Dieser Dünger wird vor allem für die Weiden in Nordwestdeutschland empfohlen, um den Magnesium- und Kupfergehalt im Futter anzuheben.

7. A m m o n i a k g a s , NH_3, enthält 82% N, also weit mehr als alle anderen N-Dünger. Es wird in den USA seit Jahren, neuerdings auch bei uns (Hersteller: Ruhr-Stickstoff-AG) in konzentrierter wässeriger Lösung als Düngemittel verwendet.

8. H a r n s t o f f , $CO(NH_2)_2$, weiße, salzartige Masse, enthält 46% N; wird neuerdings auch in Form von schwerlöslichen Typen hergestellt, um die Auswaschungsverluste zu senken.

9. K a l k s t i c k s t o f f ist dunkelgraues Calciumcyanamid von der chemischen Formel $CaCN_2$. Er kommt in 4 Formen in den Handel: 1. als staubfreies Pulver (hauptsächlich zur Unkrautbekämpfung, Hederichmittel), 2. geölt (blauschwarz, feinmehlig, nicht stäubend), 3. als Perlkalkstickstoff (blauschwarz, perlartig wie Schrotkörner), 4. Kornkalkstickstoff (blauschwarz, mittelkörnig). Der Perlkalkstickstoff enthält neben 1,5% Salpeterstickstoff ebenso wie der andere Kalkstickstoff 18–21% Amidstickstoff und 60–65% Kalk (als CaO berechnet). Im

Boden wird der Stickstoff dieser Verbindung unter Mitwirkung von Bakterien langsam in Ammoniak und Salpeter verwandelt. Bei diesen Umwandlungen gehen einige Prozent des Stickstoffs ungenützt in die Luft; dafür ist der Kalkstickstoff aber auch wesentlich billiger. Zur Düngung benützt man vorwiegend den gemahlenen, geölten Kalkstickstoff und den besonders gut streubaren Perlkalkstickstoff.

Anwendung: Da frischer Kalkstickstoff giftig ist und sich nur langsam zersetzt, soll er schon 2–3 Wochen vor der Aussaat auf die Felder gebracht werden. Auf Wiesen und Weiden wird er mit gutem Erfolg im Frühjahr und Herbst ausgestreut. Dagegen ist er bei blattreichen Pflanzen als Kopfdünger weniger geeignet. Kalkstickstoff ist auch ein wirksames Mittel zur Hederichbekämpfung. Streut man auf ein Hektar Ackerland zur Regenzeit 150 Kilogramm Kalkstickstoff, so gehen die jungen, 2–6blättrigen Hederichpflanzen infolge der Ätzwirkung zugrunde, während sich das Getreide wieder erholt. Bei trockener Aussaat werden manche andere Unkräuter (Windhalm, Wicke, Klappertopf), ferner krankheitserregende Kleinpilze, Ackerschnecken, Erdflöhe, Drahtwürmer durch Kalkstickstoff vernichtet. Kalkstickstoff versorgt die Pflanzen mit Stickstoff und Kalk, er wirkt gegen Unkräuter und einige tierische Schädlinge, und er vermehrt den Humus.

Kalkstickstoff ist giftig. Man soll deshalb darauf achten, daß er nicht in Wunden gelangen kann – Vorsicht beim Aussäen! Vor der Aussaat Gesicht, Hals und Hände mit Fett einreiben, Schutzbrille! Alkoholgenuß kann die Giftwirkung des Kalkstickstoffs verdreißigfachen. Wiesen, die man mit Kalkstickstoff gedüngt hat, dürfen nicht unmittelbar darauf vom Vieh abgegrast werden, da dieses unter Umständen Schaden leiden kann.

10. Floranid, BASF, mit 28% N ist ein neuartiger, nachhaltig wirkender Dünger für Zierrasen und Treibgemüse. Der Stickstoff liegt darin zu $1/10$ als schnell wirkender Nitratstickstoff und zu $9/10$ als Crotonylidendiurea (= Crotodur) vor; aus dieser organischen Verbindung wird der Stickstoff nur sehr langsam für die Pflanzen verfügbar.

Kalihaltige Handelsdünger

1. Der Kainit. Der im Handel befindliche Kainit ist ein hauptsächlich in Mitteldeutschland gewonnenes Kalirohsalz, das 12–15% Kali in Form von Kaliumchlorid, ferner Kochsalz (29–77%), Magnesiumchlorid und Magnesiumsulfat enthält. Kainit färbt die nichtleuchtende Flamme gelb (Natrium), durchs Kobaltglas gesehen schön karminrot (Kalium!). Er gibt mit Silbernitrat und Bariumchlorid weiße Niederschläge, womit die Anwesenheit von gebundenem Chlor und Sulfat bewiesen ist. Näheres S. 23 ff. Kainit soll trocken aufbewahrt werden, da er wasseranziehendes Magnesiumchlorid ($MgCl_2$) enthält, das bei Feuchtigkeit Klumpenbildung hervorruft.

Anwendung: Günstig bei kaliarmen Sand- und Moorböden für Zuckerrüben, Runkelrüben, Gräser, Schmetterlingsblütler und Getreide, dagegen werden Kartoffeln und Tabak durch Chlorgehalt des Kainits ungünstig beeinflußt. Man streut Kainit am besten einige Wochen vor der Saat aus, die für die Pflanzen weniger günstigen Ballaststoffe (Kochsalz, Magnesiumchlorid) werden dann vom Regen fortgeschwemmt, während das Kalium (im Austausch gegen andere Ionen) in die Zeolithe des Bodens eintritt. Gewöhnlich benötigt man für das Hektar Fläche 6–8 Doppelzentner Kainit. In feingemahlenem Zustand wird Kainit („Hederichkainit") mit gutem Erfolg gegen Hederich, Ackersenf und Ackerschnecken verwendet, vergleiche auch S. 231.

2. D a s 40%ige (bzw. 50%ige oder 60%ige) K a l i d ü n g e s a l z ist der meistbenutzte Kalidünger; hier liegt das Kali hauptsächlich in Form von Kaliumchlorid vor. Man gewinnt dieses Salz durch fabrikmäßiges Umkristallisieren, Mischen und Konzentrieren der Kalirohsalze. Man benötigt zur gleichen Düngewirkung etwa dreimal weniger 40%iges Kalidüngesalz als Kainit (Frachtersparnis), dafür ist der Preis auch höher. Man verwendet das Kalidüngesalz z. B. zur Düngung der kalibedürftigen Kartoffeln, Gerste usw. Weise in 40%igem Kaliumdüngesalz Kalium, Natrium und Chlor nach!

3. K a l i m a g n e s i a (Patentkali) wird häufig zur Düngung von Tabak, Wein, Beerenobst, verschiedenen Gemüsearten usw. verwendet, die gegen hohe Chlorionenkonzentrationen empfindlich sind. Kalimagnesia ist ein konzentriertes Salzgemisch aus Kaliumsulfat und Magnesiumsulfat mit 26–30% Kali und 9% MgO. Öfters werden auch Düngungen mit annähernd reinem Kaliumsalz vorgenommen, das 48 bis 52% Kali enthält.

P h o s p h a t h a l t i g e H a n d e l s d ü n g e r

1. S u p e r p h o s p h a t ist ein Gemisch von sogenanntem einbasischem Calciumphosphat und Gips, das aus den unlöslichen Rohphosphaten (Apatit, Phosphorit usw.) durch Schwefelsäurewirkung gewonnen wird, Gleichung: $Ca_3(PO_4)_2 + 2 H_2SO_4 = Ca(H_2PO_4)_2 + 2 CaSO_4$. Wir geben eine Messerspitze davon in ein Probierglas, fügen 1–2 Kubikzentimeter Salpetersäure dazu und erwärmen. Gießt man nun einige Kubikzentimeter Ammoniummolybdatlösung darüber, so entsteht (in der Wärme) ein schöner gelber Niederschlag, der Phosphate anzeigt, Näheres S. 29! In gleicher Weise läßt sich Phosphat auch in Knochenasche, Ofenasche, Rhenaniaphosphat, Hyperphos, Thomasmehl usw. nachweisen. Superphosphat ist in Wasser löslich; die Lösung rötet manchmal blaues Lackmuspapier; diese saure Reaktion ist aber für die Pflanzen kaum nachteilig.

A n w e n d u n g : Auf schweren, kalkreichen, guten Bodenarten als schnell wirkender Kopf- und Grunddünger bei Getreide, Raps, Kohl, Schmetterlingsblütlern und Zuckerrüben geeignet. Es wird in der Regel vor der Saat flach untergepflügt oder durch Eggen mit dem Boden vermischt. Superphosphat enthält 16 bis 18% Phosphorsäure (als P_2O_5 berechnet), man verwendet davon etwa 3 Doppelzentner je Hektar. Superphosphat ist in der gesamten Weltwirtschaft das weitaus wichtigste Phosphatdüngemittel.

2. **Rhenaniaphosphat.** Hellgraues, mehlartiges, geruchloses Pulver, das 40% Kalk (als CaO berechnet). 0,5% MgO und 28% citratlösliche Phosphorsäure enthält. Der bei phosphathaltigen Düngemitteln oft gebrauchte Ausdruck „citratlöslich" ist folgendermaßen zu erklären: Die meisten Phosphate sind in Wasser schwer löslich. Sie werden aber von den Pflanzenwurzeln doch zu einem großen Teil aufgenommen, da diese organische Säuren ausscheiden, welche die Phosphate wenigstens teilweise in lösliche, aufsaugbare Verbindungen verwandeln. Viele Versuche haben nun gezeigt, daß diese Wurzelsäuren etwa der Auflösungsfähigkeit einer zweiprozentigen Zitronensäure entsprechen. Wenn also von einem Phosphatdünger behauptet wird, er enthalte 30% citratlösliche Phosphorsäure, so besagt dies, daß die Pflanze aus 100 Kilogramm Dünger etwa 30 Kilogramm Phosphate durch ihre Wurzeln aufnehmen kann.

3. **Thomasmehl.** Graues, schweres, stark stäubendes Pulver; es enthält etwa 40–50% Kalk, 2–10% Branntkalk und 14–16% zitronensäurelösliche Phosphate. Weise in etwas Thomasmehl nach Erhitzung mit Salpetersäure durch Ammoniummolybdatzusatz Phosphat nach. Bringt man etwas Thomasmehl auf ein Papier und bewegt einen Magneten darunter, so macht das Pulver die Bewegungen zum Teil mit; Thomasmehl enthält also Eisen. G r u n d : Es wird als Nebenprodukt bei der Verarbeitung phosphorhaltiger Eisensorten gewonnen. In Wasser ist es fast ganz unlöslich; die Aufschwemmung reagiert alkalisch, da sie etwas gelöschten Kalk, $Ca(OH)_2$, enthält. Neben diesem findet sich auch noch ein wenig Calciumsulfid. Gibt man Salzsäure zu Thomasmehl, so entsteht Schwefelwasserstoff nach folgender Gleichung: $CaS + 2 HCl = CaCl_2 + H_2S$. Das übelriechende Gas ist am Geruch und an der Bräunung von feuchtem Bleipapier zu erkennen. (Näheres Seite 33!)

A n w e n d u n g : Für alle Nutzpflanzen auf leichteren Böden geeignet. Da es sich nur langsam im Boden verteilt und durch den Regen infolge seiner Unlöslichkeit nicht fortgewaschen wird, kann man es sehr frühzeitig, am besten schon im Herbst, auf die Felder bringen. Für Schmetterlingsblütler besonders günstig. Wiesen und Weiden düngt man heute mit einem Gemisch aus Thomasmehl und Kalisalzen. Man verwendet gewöhnlich 3–4 Doppelzentner Thomasmehl auf 1 Hektar, auch für Vorratsdüngung zu empfehlen. Thomasmehl wird meist flach bis mitteltief eingepflügt oder eingeeggt.

4. **Hyperphos** ist weicherdiges, feinstvermahlenes, billiges, graues Rohphosphat mit 28–30% P_2O_5 (Gesamtphosphat) und 12–15% $CaCO_3$, besonders geeignet für Grünland und humusarme Böden.

Anhangsweise sollen noch die Knochenabfälle erwähnt werden, die nach ihrer Vermahlung ein langsam wirkendes, aber wertvolles Phosphatdüngemittel mit 20–25% ausnützbarer Phosphorsäure (auf P_2O_5 berechnet) und ca. 3,5% Stickstoff bilden. In Notzeiten ist Knochenmehl vielfach der einzige zur Verfügung stehende Phosphatdünger.

Volldünger

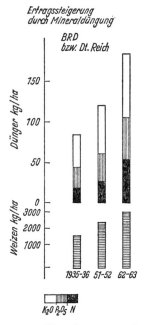

Bild 17. Weizenerträge steigen bei guter Düngung mit Stickstoff, Phosphor und Kalium

Mehrnährstoffdünger („Volldünger") *(Bild 17)*

Wenn es einem Acker an Kalisalzen fehlt, so wird die Ernte durch Phosphatdünger nicht wesentlich verbessert, da sich der Ertrag stets nach dem am wenigsten vorhandenen Nährstoff richtet. In unserem Beispiel müßte also mit Kali gedüngt werden. Da es aber oft ziemlich schwierig ist festzustellen, welcher Nährstoff dem Boden fehlt, benützt man in steigendem Maße die sogenannten Volldünger, die alle wichtigeren, unseren Böden oft mangelnden Mineralsalze (meist Stickstoff-, Kali- und Phosphatverbindungen) in günstiger Mischung enthalten. Bei der Mischung von Düngern (die der Landwirt auch zu Hause vornehmen kann) ist zu beachten, daß sich Superphosphat und Kalksalpeter, Harnstoff und Kalkstickstoff gegenseitig zersetzen; ähnliches ist beim Mischen von Thomasmehl mit Kalkammonsalpeter, Ammonsulfatsalpeter und schwefelsaurem Ammoniak zu befürchten. Daher sollen solche Mischungen unterbleiben. Zur Abkürzung werden bei den N-, K- und P-haltigen Mehrnährstoffdüngern die Nährstoffprozentgehalte (auf N, P_2O_5 und K_2O berechnet) in der Reihenfolge N P K angegeben; es bedeutet also z. B. Nitrophoska 13 × 13 × 21 einen Mehrnährstoffdünger mit 13% N, 13% P_2O_5 (natürlich nicht als eigentliches freies Phosphorpentoxid im Dünger anwesend, sondern auf diese Formel berechnet) und 21% Kali (als K_2O berechnet). Bekannte Markenvolldünger für die Landwirtschaft sind z. B.:
„Nitrophoska". NPK-Volldünger der BASF, Ludwigshafen. Handelssorten: Nitrophoska, rot: 13 × 13 × 21, rot gefärbt und grob- bis mittelkörnig, enthält Ammoniak- und Salpeter-Stickstoff; die Phosphorsäure ist citratlöslich, davon 35% wasserlöslich Nitrophoska, grau: 10 × 8 × 18 (grau, grob bis mittelkörnig). Nitrophoska, gelb: 15% N, 15% P_2O_5, 15% K_2O; das Kali liegt bei allen 3 Typen als Kaliumchlorid vor; der Phosphatanteil ist citratlöslich (35% sogar wasserlöslich). Magnesium-Nitrophoska, grau: 10 × 8 × 16 mit 3% MgO. Bor-Nitrophoska, rot: 13 × 13 × 21 mit 2% Borax. Nitrophoska, blau, extra: 12 × 12 × 17 mit 2% MgO; enthält in je 100 kg 100 Gramm Bor.

100 Gramm Mangan, 40 Gramm Kupfer, 20 Gramm Zink und 0,5 Gramm Kobalt. Weise in einer Probe diese Stoffe chemisch nach! Nitrophoska ist chloridfrei und eignet sich besonders zur rationellen Volldüngung chloridempfindlicher Kulturen wie Tabak, Reben, Obst, Baumschulen. — Nitrophoska wird von der Landwirtschaft im großen verbraucht. Der Dünger ist gut streubar und auch als Kopfdünger geeignet. Der Name weist auf Nitrogenium (= Stickstoff), Phosphor und Kali hin. Floranid-Nitrophoska ist der neueste Volldünger der BASF: 20×5×10 mit 1% MgO.

C o m p l e s a l   H o e c h s t   „R o t k o r n ": grob bis mittelkörnig, rot gefärbter NPK-Dünger 13×13×21.

S p e z i a l v o l l d ü n g e r   H o e c h s t,   B l a u k o r n : 12 × 12 × 17 mit 2% MgO und Spurenelemente (B, Mn, Cu, Zn, Co).

E n p e k a (Guano-Werke AG, Hamburg): 6 × 12 × 18 oder 10 × 15 × 20 oder 15 × 15 × 15. Bor-Enpeka: 10 × 15 × 20 mit 2% Borax.

K a m p k a (Chem. Fabrik Kalk GmbH, Köln-Kalk): grün: 6 × 12 × 18; weiß: 10 × 10 × 15; rot: 13 × 13 × 21; gelb: 15 × 15 × 15. Bor-Kampka: 13 × 13 × 21 mit 2% Borax.

R u s t i c a (Gewerkschaft Victor, Ruhrstickstoff-AG, Chem. Werke Castrop-Rauxel): 10 × 18 × 8 oder 10 × 10 × 15 oder 12 × 12 × 21 oder 13 × 13 × 21 oder 15 × 15 × 15. Rustica, blau: 12 × 12 × 20, enthält Kali aus Kaliumsulfat. Bor-Rustica, 13 × 13 × 21, hat Zusatz von 2% Borax.

„A m - S u p - K a" (Name aus Ammoniak, Superphosphat und Kali zusammengezogen) kommt gegenwärtig in verschiedenen Typen in den Handel; es gibt folgende Typen: 9×9×15; 3×10×15; 9×9×9; 8×8×14 (hier Kali als Kaliumsulfat). Hersteller: Superphosphatindustrie Hamburg.

Käufliche Garten- und Blumendünger:

„H a k a p h o s" (Badische Anilin- und Sodafabrik, Ludwigshafen), ein weißes, schwach riechendes, weitgehend wasserlösliches Salz, das in landwirtschaftlichen Geschäften usw. in Blechdosen von verschiedener Größe erhältlich ist. Es enthält ca. 15% Stickstoff, etwa 11% Phosphorsäure (an Kalk gebunden) und 15% Kali; der Stickstoff liegt in Form von synthetischem Harnstoff $CO(NH_2)_2$ und Salpeter vor. Das Phosphat ist ammoncitratlöslich. „Hakaphos" wird hauptsächlich zur Düngung von Garten- und Topfpflanzen verwendet. Im Garten streut man es über die ganze zu düngende Fläche und hackt leicht unter. In „Hakaphos" können Kalium (S. 18), Phosphate (S. 29) und Nitrate (S. 27 f.) nachgewiesen werden. Der Name „Hakaphos" ist aus den Anfangsbuchstaben von Harnstoff, Kali und Phosphor zusammengezogen.

„F e r t i s a l" und „C r e s c a l" (Aglukon GmbH, Düsseldorf) enthalten NPK und Mikronährstoffe (=Spurenelemente). Man unterscheidet Marke Crescal: 14 × 10 × 14 + 1% MgO, 0,7% Mn, 0,05% B, 0,04% Cu. Fertisal: 8 × 14 × 18 (Mikronährstoffe wie bei Crescal). Poly-Crescal: 14 × 10 × 14 + 0,7% Mg, 0,1% Mn, 0,04% Cu, 0,09% B, 0,02% Zn. Poly-Fertisal: 8 × 14 × 18 + Mikronährstoffe wie bei Poly-Crescal. Die Phosphate liegen hier als wasserlösliche Polyphosphate vor, die mit den Härtebildnern des Wassers und den Mikronährstoffen keine (nachteiligen) Niederschläge geben.

„Mairol" Blumen- und Gartendünger (Gebrüder Maier, Mairol-Fabrik, Heidenheim-Brenz) ist ein grauweißes, wasserlösliches Pulver, das 14% Stickstoff, 12% Phosphorsäure (als P_2O_5 berechnet) und 14% Kali (als K_2O berechnet) enthält. Mairol-Pflanzennährsalz 14 × 12 × 14 enthält zusätzlich noch 0,1% Mn, 0,06% B, 0,02% Cu, 0,01% Zn und 0,001% Co. Man löst 1 Gramm „Mairol" im Liter Wasser und begießt damit die Erde der Topfpflanzen und Gartengewächse wöchentlich einmal. Weise in „Mairol" Ammoniumverbindungen, Phosphat und Nitrat nach. Das „Hortal" der gleichen Firma hat die gleichen Mikronährstoffe sowie 6 × 20 × 30. Durch den hohen Gehalt an Phosphor und Kalium regt „Hortal" vor allem die Blüten- und Fruchtbildung an. Neu: „Mairol flüssig".

Pfizers Pflanzen- und Blumendünger (Wilh. Pfizer, Stuttgart): 6 × 6 × 8.

„**Phoskamon**" (Franken-Chemie Dr. K. Bauer KG, Forchheim, Ofr.): 8 × 9 × 12 mit 0,1% Mn, 0,06% B und 0,07% Cu.

„**Redoxit**" (Redoxit GmbH, Cuxhaven): 11 × 9 × 13 mit 0,15% Mn, 0,03% Cu und 0,08% Zn.

„**Rendsburger Gartendünger Am-Sup-Ka**" (Chemische Düngerfabrik Rendsburg): 10 × 12 × 18 mit 0,5% Borax.

„**Silbermanns Gartendünger**" (F. B. Silbermann, Chem. Fabr., Augsburg): 7 × 8 × 10 mit 2% MgO und 1% Borax.

„**Trissol**" (J. A. Benckiser, Ludwigshafen): 10 × 10 × 20 mit 0,1% Mn, 0,07% B, 0,01% Cu, 0,01% Zn.

Daneben gibt es noch eine lange Reihe von Garten- und Blumendüngern mit hohem Gehalt an organischen Substanzen (Torf, Mist, Humus, Horn, tier. Abfällen usw.) und kleineren Mengen von NPK (evtl. Spurenelementzusatz), so z. B. Engelharts Gartendünger, Fellmann-Dünger, Fimus, Garten-Spezialdünger Asperg, Huminal, Nettolin, Organat, Hornoska, Kama-Orka, Manna-Spezial, Mannamin, Vitahum, Humatdünger „Wichtel", Manutal, Haygira, „Delta"-Wormser organischer Stickstoffdünger, Federndünger „Leguma", Troma-Dünger, Bona-beta-Humusdünger usw.

Bor-Dünger. Ein besonders wichtiges Spurenelement ist das Bor, das z. B. die Herz- und Trockenfäule der Rüben verhindert, im Obstbau usw. die Erträge steigert und manche andere günstigen Wirkungen hat. Bor wird den Düngemitteln meist in Form von 2% Borax

beigemischt. Schon 1957 waren in der Deutschen Bundesrepublik über
30 verschiedene borhaltige Handelsdünger auf dem Markt, so z. B.
Bor-Nitrophoska, Bor-Superphosphat, Bor-Rhenaniaphosphat, Bor-
Kampka, Bor-Am-Sup-Ka, Bor-Ruhr-Montan, Bor-Röchling-Phosphat,
Bor-Rhe-Ka-Phos, Bor-Phosphatkali usw.

Spezial-Düngungsverfahren

Düngung von Topfblumen. Man löst 7 Gramm „Hakaphos"
in 1 Liter Wasser, gründlich umschütteln! Mit der trüben Flüssigkeit
wird der Boden der Topfpflanzen wöchentlich einmal begossen; die etwa
benetzten Blüten oder Blätter überbraust man nachher mit klarem
Wasser. Man darf die Flüssigkeit nicht konzentrierter nehmen, da
sonst die zarten Pflanzenwurzeln allmählich Schaden leiden könnten.
Es ist bei dieser Düngung zu bedenken, daß eine grüne Pflanze durchschnittlich nur zu 1–2% ihres Gewichtes aus Mineralsalzen besteht und
daß die ungedüngten Böden auch schon viele aufnehmbare Mineralbestandteile enthalten. Einen Blumendünger kann man sich auch durch
Mischen von 25% Ammoniumsulfat, 30% Superphosphat und 45%
Kalisalz selbst herstellen. Weitere Blumendünger sind S. 83 f. angeführt.

Düngung von Baumlöchern. Wer einen Baum setzen will,
gibt in das Baumloch mit Vorteil 1 Kilogramm Thomasmehl, ½ Kilogramm 40%iges Kalidüngesalz und (bei kalkarmen Böden) 2–3 Kilogramm Kalk. Alle diese Stoffe werden mit dem Boden gründlich vermischt in die Grube gebracht, so daß die Wurzeln des jungen Baumes
zunächst noch nicht unmittelbar mit der Düngermischung in Berührung kommen. Zur Baumdüngung eignet sich besonders das weiße,
pulverartige „Trissol" von Benckiser (10 × 10 × 20 mit Mikronährstoffen).

Düngung von Schmetterlingsblütlern. Hier genügt
Düngung mit Phosphaten und Kalisalzen, Handelsdünger mit P und
K sind z. B. Phosphatkali (10 × 20, 12 × 18 oder 10 × 14), Rhe-Ka-Phos
11 × 22 oder 15 × 18, Thomaskali 10 × 20, Hyperphoskali 19 × 19 und
dgl. Zufuhr von Stickstoffsalzen ist weniger dringlich, da diese Pflanzen
mit Hilfe gewisser Wurzelbakterien den Stickstoffgehalt des Bodens
sogar erhöhen.

Teichdüngung. Die in einem Teich lebenden Fische entziehen
dem Teichwasser oder Teichboden direkt oder indirekt erhebliche
Phosphatmengen, die zum Aufbau der Knochen dienen. Wenn die
Fische längere Zeit dem Teich entnommen werden, muß in diesem
allmählich das Phosphat verknappen. Um dies zu verhindern, kann
man den Teichboden im Frühjahr mit Kalk und Superphosphat düngen; 1,5–2 dz Superphosphat je Hektar Teichfläche dürften ausreichen;
Vitahum ist ebenfalls geeignet. In den USA konnte man durch Teichdüngung den Fangertrag vervielfachen; Spurenelementdüngung mit
Molybdän hat sich ebenfalls bewährt.

Düngung von Wäldern. Die Wälder braucht man im allgemeinen nicht besonders zu düngen, weil das Holz, die „Ernte des Waldes", viel weniger Mineralsubstanzen enthält als die Getreidearten, Kartoffeln, Rüben usw. und weil von den tiefgreifenden Baumwurzeln ein viel größerer Bodenraum ausgenützt werden kann als von den kleinen Getreidewurzeln. Neuere Düngungsversuche haben indessen gezeigt, daß man durch Forstdüngung eine Zuwachssteigerung von 20—40%, eine erhöhte Widerstandskraft der Bäume (gegen Krankheiten u. Schädlingsbefall) u. eine bessere Holzqualität erzielt. Bei Neuanpflanzungen und Schonungen wird eine jährliche Düngung (während der ersten 3—4 Jahre) mit ca. 4 dz eines 15%igen Phosphatdüngers, 4 dz Kalimagnesia und 2,5 dz eines 20%igen Stickstoffdüngers je Hektar empfohlen.

Antidüngemittel „MH 30" (BASF, Ludwigshafen). Alle oben angeführten Düngemittel bewirken ein besseres Wachstum der Pflanzen. Die Behandlung mit „MH 30" (Maleinsäurehydrazid, $C_4H_4N_2O_4$) aber hat zur Folge, daß die Zellstreckung der Pflanzen eine Zeitlang aufhört; das generative Wachstum wird gehemmt. Das Mittel dient zum Kurzhalten des Grases auf Banketten, Flugplätzen und Mittelstreifen von Autobahnen. Bei richtiger Dosierung des Präparats sterben die behandelten Pflanzen nicht ab.

Eier. Ein Hühnerei wiegt durchschnittlich 50 Gramm, davon entfallen auf die Kalkschale 12%, auf das „Weiße" 58% und auf den Dotter 30%. Der Dotter enthält etwa 3 Gramm Eiweiß und 5 Gramm Fett, in dem Rest sind nur ungefähr 4 Gramm Eiweiß enthalten. Der Nährwert der Eier ist nicht so hoch, wie oft angenommen wird; wenn der Mensch nur von Eiern leben wollte, müßte er täglich 30 bis 40 Stück essen. Die Legetätigkeit der Hühner kann durch zusätzliche Fütterung mit Kalk, Gips oder Calciumphosphat erheblich gesteigert werden. Die käuflichen Eierlegepulver (Hühnerkalk, Hühnerlegepulver, Hühnerlegefutter) sollen mindestens 20% Dicalciumphosphat enthalten. Hauptbestandteil ist Calciumcarbonat ($CaCO_3$), aus dem auch die Eierschale zu 90% besteht. Daneben kommen in manchen Eierlegepulvern noch Eisensulfat, Ferrolactat, Ferroascorbinat (Eisen wirkt blutbildend), Pflanzenteile (z. B. steigert die Küchenschelle – Pulsatilla vulgaris – die Legetätigkeit), Viehsalz (3—5%), Vitamin E (Fruchtbarkeitsvitamin, mindestens 0,5%), Geschlechtshormone (Stilben-Verbindungen, Follikel-Hormon), Eiweißstoffe (Tiermehl, Fischmehl, Futterhefe), Gewürze (Pfeffer, Ingwer, Enzian, Senfmehl, Kalmus usw.), Wurmmittel (Gentianaviolett, Rainfarn, Phenothiazinpräp.) u. dgl. mehr.

Konservierung. Frische Eier sind im Innern in 95% aller Fälle frei von Bakterien und Schimmelpilzsporen. Läßt man Eier längere Zeit an trockener Luft liegen, so verdunstet Wasser durch die poröse

Schale, und an dessen Stelle tritt Luft von außen ein; diese bringt Bakterien mit und verursacht damit eine allmähliche Fäulnis. Wird der Außenluft der Zutritt verwehrt, so bleiben die Eier lange Zeit frisch. In Großbetrieben erreicht man dies durch Kühlräume mit einer Luftfeuchtigkeit von 80% und einer Temperatur von 0 Grad. Noch besser ist die Wirkung, wenn man die Eier vorher kurze Zeit in ein geruch- und geschmackfreies, porenverstopfendes Öl taucht und den Kohlendioxidgehalt der Kühlhausluft auf 20—40% erhöht. Oder man bringt die Eier etwa 2 Minuten lang in 64–67° C heißes Paraffinöl, wobei die Eischale desinfiziert wird und die schalennächsten Eiweißanteile gerinnen. In den Haushalten wird durch Einkalken bzw. Wasserglasbehandlung die Außenluft abgehalten. Beim Einkalken der Eier löscht man gebrannten Kalk mit 4 Teilen Wasser, verdünnt sodann mit viel Wasser zu einer dünnen Kalkmilch, die über die Eier in einen Topf gegossen wird, so daß die Flüssigkeit handbreit über den obersten Eiern steht. Statt des „Einkalkens" kann man die Eier auch zu je 100 Stück in Tonkrüge legen und so viel verdünntes Wasserglas (1 Kilogramm käufliches Wasserglas mit 9 Kilogramm Wasser verrühren) darübergießen, daß die Flüssigkeit noch 5 Zentimeter hoch über den obersten Eiern steht. Zum Schluß müssen die Töpfe mit Pergamentpapier zugebunden und mit Brettstücken bedeckt werden. Von 75 000 in dieser Weise behandelten Wasserglaseiern waren nach neun Monaten nur 3% verdorben. Auch wenn man die Bakterien- und Schimmelpilzwirkung vollständig ausschaltet, treten nach längerer Aufbewahrung bei den Eiern nachteilige Geschmacksveränderungen auf, da die Eifermente aus Eiweiß allmählich Ammoniak und aus Lecithinen fischartig riechende Methylamine entwickeln. Das ungefähre Alter der „frischen", nicht konservierten Eier läßt sich annäherungsweise bestimmen, wenn man sie in eine Lösung von 100 Gramm Kochsalz in 1 Liter Wasser legt. Sind die Eier älter als fünf Tage, so steigen sie empor, da sich im Innern im Lauf der Zeit Gase ansammeln. Die Kochsalzlösung wird nach Gebrauch in einer gut schließenden Flasche aufbewahrt; man kann sie jahrelang immer wieder zur Altersbestimmung von Eiern verwenden.

Versuche: Das meist in Drogerien erhältliche Eikonservierungsmittel „Garantol" der Garantol-GmbH., 75 Karlsruhe 41, ist ein feines, weißgraues Pulver, das in Faltschachtel-Packung mit Innenbeutel in den Handel kommt. Prüfe die Reaktion des Pulvers mit Lackmus (alkalisch!). Schüttle eine etwa bohnengroße Menge „Garantol" im Probierglas mit destilliertem Wasser um! Es entsteht eine milchige Brühe mit Bodensatz. Filtriere die Brühe in ein Probierglas und blase mit einer Glasröhre so lange Atemluft durch das klare Filtrat, bis eine weiße Trübung erscheint, die sich in einem Tropfen Salzsäure leicht auflöst (diese Reaktionen weisen auf Kalkwasser!). Übergieße eine etwa erbsengroße Menge „Garantol" mit Salzsäure! Das „Garantol" löst sich unter Gelbfärbung fast vollkommen auf; die Lösung gibt eine ziegelrote Flammenfärbung, wenn man einen Tropfen davon am Magnesiastäbchen in die Flamme hält. Gieße Proben dieser gelblichen, salzsauren Lösung in Reagenzgläser mit gelbem Blutlaugensalz (tiefblauer Niederschlag) oder Kaliumrhodanidlösung (blutrote Färbung – Eisennachweis S. 20).

Garantol ist eine nach einem besonderen Verfahren hergestellte Mischung von Calciumhydroxid, anderen Ca-Verbindungen und Eisen-, Aluminium- und Magnesiumsalzen. Die besondere Konservierungskraft des Garantols beruht auf einem abgestimmten Zusammenwirken der Beimengungen zum Ätzkalk, zum Unterschied gegenüber dem gewöhnlichen „Kalkverfahren", das nur mit Kalk arbeitet. Da der Ätzkalk in der Luft allmählich unter Kohlendioxidaufnahme in das unwirksame Calciumcarbonat übergeht [$Ca(OH)_2 + CO_2 \rightarrow CaCO_3 + H_2O$], muß „Garantol" unter Luftabschluß aufbewahrt werden; aus dem gleichen Grund legt man auf die mit „Garantol" konservierten Eier das luftundurchlässige Anticarbonatpapier und bindet den Topf mit der luftundurchlässigen Zellhaut für Konservierungszwecke gut zu. Eine Normalpackung „Garantol" reicht für 100–200 Eier. Beim Sieden platzen die mit Kalk, Wasserglas oder „Garantol" konservierten Eier leicht, da die Poren von den Konservierungsmitteln verschlossen werden und die im Ei enthaltene Luft durch die Hitze ausgedehnt wird. Um das Platzen zu verhindern, sticht man in die Breitseite des Eies (wo die Luftblase sitzt) mit einer Nadel ein kleines Loch. Die Lagerverluste sind bei Verwendung von „Garantol" nur halb so groß wie beim gewöhnlichen Einkalken. In neuerer Zeit stellt man aus den Eiern auch trockene Eipulver her (1000 Eier geben 3 Kilo trockenes Eiweiß und 8 Kilo trockenes Eigelb), die mehrere Jahre aufbewahrt werden können.

Enthaarungsmittel („Depilatorien"). Die in illustrierten Zeitungen usw. mit großer Reklame angepriesenen Enthaarungsmittel enthalten als wirksamen Bestandteil gelegentlich Calciumsulfhydrat $Ca(SH)_2$ oder häufiger Strontiumsulfid oder Thioglykolsäure. Diese Chemikalien haben die Eigenschaft, die Hornstoffe der Haut etwas aufzuweichen; zugleich werden die Haare an ihren Anwachsstellen so weit zersetzt, daß man sie nachher mühelos abschaben oder abwaschen kann. Die Haarwurzeln werden von den obengenannten Sulfhydraten nicht abgetötet, daher wachsen die Haare im Lauf einiger Wochen wieder nach. In neuerer Zeit wurden auch Enthaarungscremes auf der Basis von Thioglykolsäure ($HS \cdot CH_2-COOH$) patentiert; eine solche Creme kann z. B. 8–12% Lanette N, 4–8% Cetiol, 5–6% Thioglykolsäure (80%ig), 8–15% Glycerin, 7–10% Calciumhydroxid, 5–20% Calciumcarbonat (Rest bis 100%: Wasser) und Parfümöl enthalten.

Die Präparate Veet (Parfüm. Royale, Berlin), Pilca (Olivin, Wiesbaden), Vichy und Depilan enthalten Thioglycolsäure und können empfohlen werden. Allerdings reagieren überempfindliche Personen oft allergisch auf die o. erwähnte Säure. Wer zu Allergien neigt, sollte Entferner auf Sulfid-Basis verwenden. Die Depilatorien dürfen nicht zu häufig angewandt werden. Feine Flaumhaare kann man auch mit Bimsstein oder käuflichen schmirgelpapierähnlichen Erzeugnissen beseitigen. Bei der elektrischen Depilation werden die Haarwurzeln einzelner Haare nacheinander abgetötet, doch ist dieses Verfahren ziemlich zeitraubend und erfordert eine gute Technik. In der Gerberei werden die eingeweichten Rindshäute mit Calciumsulfhydrat behandelt, damit sich nachher die Haare leichter entfernen lassen. Man kann die Haare auch durch Wasserstoffperoxid (H_2O_2) folgendermaßen beseitigen: Man vermischt 85 ccm destilliertes Wasser mit 15 ccm 30%igem H_2O_2, gibt 5 Tropfen Ammoniak (25%ig) dazu und mischt so viel Magnesiumcarbonat dazu, bis ein weicher, streichfähiger Brei entsteht. Diesen trägt man ziemlich dick auf die betreffenden Hautstellen auf und wäscht ihn 15—20 Min. später mit Wasser ab, dem Essig beigemischt wurde. Das Verfahren ist wöchentlich zu wiederholen.

Versuche: Koche einige Haare im Probierglas mit konzentrierter Natronlauge! (Vorsicht! Probierglasmündung abwenden!) Die Haare lösen sich langsam auf. Bringe in einen Erlenmeyerkolben einige Gramm Eisensulfid (FeS) und etwa 100 Kubikzentimeter Salzsäure. Leite das entstehende Schwefelwasserstoffgas (Gleichung: $FeS + 2\,HCl \rightarrow FeCl_2 + H_2S$) in ein Probierglas, in dem sich ein dicker Brei von frisch gelöschtem Kalk $Ca(OH)_2$ befindet! Da Schwefelwasserstoff ein sehr übelriechendes, giftiges Gas ist, wird der Versuch im Freien oder im Abzug ausgeführt. Nach etwa einer halben Stunde färbt sich der Kalkbrei grünlich. Er ist dann in Calciumsulfhydrat verwandelt worden. Gleichung: $Ca(OH)_2 + 2\,H_2S \rightarrow Ca(SH)_2 + 2\,H_2O$. Man stellt die Schwefelwasserstoffzufuhr ab, streicht das Calciumsulfhydrat millimeterdick auf eine behaarte Hautstelle und schabt es nach 5 Minuten wieder weg. Die Haare lösen sich an der behandelten Stelle leicht ab. Man könnte mit diesem Verfahren auch das Barthaar entfernen, doch belästigt der Schwefelwasserstoffgeruch zu sehr; auch sind Reizungen der Haut nicht ausgeschlossen. In den käuflichen Enthaarungsmitteln auf Sulfidbasis wurde der Schwefelwasserstoffgeruch vielfach durch Parfüme überdeckt; daß aber auch in diesen Hydrosulfide oder Sulfide wirksam sind, erkennt man, wenn zu einer Probe dieser Stoffe etwas verdünnte Säure gegeben wird. Es entsteht dann viel Schwefelwasserstoff, der am Geruch und mit Bleipapier erkannt wird. Näheres S. 33. In diesen Präparaten wirken sowohl die OH-Ionen als auch der freiwerdende Schwefelwasserstoff haarzerstörend.

Essig. Dies ist ein farbloses oder weißweinartig gefärbtes, saures Gewürz- und Genußmittel, das im wesentlichen aus einer verdünnten Lösung von Essigsäure in Wasser besteht. Essig ist sowohl das auf dem Weg der Essiggärung aus alkoholischen Flüssigkeiten als auch das durch Verdünnung von Essigessenz mit Wasser hergestellte Erzeugnis, das als solches unter der Bezeichnung Essig, Speiseessig, Tafelessig, Einmachessig nur mit einem Mindestgehalt von 5 Gramm Essigsäure in 100 ccm in den Verkehr gebracht werden darf. Essigsäurehaltige Flüssigkeiten mit mehr als 15,5 Gramm Essigsäure in 100 ccm sind als Essigsäure zu bezeichnen. Weinessig ist zumeist ein Verschnitt aus 1 Teil echtem Weinessig und 4 Teilen Spritessig. Die Essigessenz enthält 60—80% Essigsäure, sie riecht sehr stechend und ist erst nach Verdünnung mit der etwa 20fachen Wassermenge genießbar.

Essig

Um Vergiftungen zu vermeiden, darf Essigessenz nur in Flaschen mit Sicherheitsausguß (z. B. verengtem Flaschenhals, der nur die Entnahme kleiner Mengen gestattet) in den Handel gebracht werden. Die Handelsessige sind sauer riechende und schmeckende, klare, meist leicht gefärbte Flüssigkeiten, die bei der Bereitung von Salaten, Gurken, Gemüsen, Konserven, Tunken usw. mannigfache Verwendung finden. Man kann mit Essig auch den Fischgeruch mildern (Fisch mit Essig begießen), Kesselstein, Kalk und Rostflecken entfernen, verblaßte Farben wieder beleben (bei bunten Kleidern dem Spülwasser etwas Essig zusetzen) usw. Weitere Verwendung siehe Essigsäure! Zur Verbesserung des Aromas fügt man Essig hier und da auch Auszüge von Pflanzenteilen (Wacholder, Dill, Estragon, Borretsch, Basilikum und dergleichen) bei; auf diese Weise erhält man die sogenannten Gewürzessige. Im Haushalt kann man Essig nach folgender Vorschrift selbst herstellen:

Man sammelt Fallobst, angestochene oder faulige Früchte, entfernt die fauligen oder verunreinigten Stellen, übergießt das Ganze in einem irdenen Topf mit warmem Wasser, gibt zwei Eßlöffel Zucker dazu, deckt ein Sieb darüber und stellt das Gefäß in die offene Sonne oder neben den Herd, bis sich der Inhalt in Essig verwandelt hat. Dann wird die Flüssigkeit abgegossen und in Flaschen gefüllt.

Die hier stattfindende Essigbildung ist folgendermaßen zu erklären: Der Traubenzucker des Obstes wird unter Mitwirkung von Hefezellen zunächst in Alkohol und Kohlendioxid verwandelt. Bleibt das volle Gefäß nach der alkoholischen Gärung gut verschlossen, so hat man einen trinkbaren Apfelmost. Da es aber im obigen Fall (zur Abhaltung von Insekten) lediglich mit einem Sieb bedeckt wurde, konnte Luft zu dem Most treten, und es vollzog sich an ihm die gleiche Veränderung, die wir an Wein beobachten, der einige Tage in einem offenen Glas stehen bleibt: er wurde sauer. Wenn irgendwo alkoholische Getränke an der Luft stehen bleiben, vermehren sich in ihnen die sogenannten Essigsäurebakterien, welche die Eigentümlichkeit haben, sich vorwiegend von Alkohol zu ernähren und denselben mit Hilfe des Luftsauerstoffs zu oxidieren (Gleichung: $C_2H_5OH + O_2 \rightarrow CH_3-COOH + H_2O$). Diese Verwandlung von Alkohol in Essigsäure geht nur bei Luftzutritt vonstatten; deshalb wurde das Gefäß offengelassen. Sie verläuft am raschesten bei einer Temperatur von 24 bis 25° C; deshalb stellen wir das Gefäß in die Sonne oder neben den warmen Herd. Reiner Spiritus kann nicht zu Essigsäure vergären, da die Essigsäurebakterien trotz ihrer seltenen „Trinkfestigkeit" solche Alkoholkonzentrationen nicht ertragen; am besten geht die Essiggärung bei Flüssigkeiten vonstatten, die 6 bis 14% Alkohol enthalten. Der Rohstoff der Gärungsessigindustrie ist zu rund 95% der von der Branntweinmonopolverwaltung zum Zweck der Speiseessigbereitung gelieferte Sprit (hauptsächlich Holzzuckersprit und Melassesprit). Die Herstellung von Gärungsessig erfolgt heute im In- und Ausland fast ausschließlich in sog. Rundpumpbildnern, bei denen die alkoholhaltige Maische so lange über mit Essigsäurebakterien besiedelte Buchenholzspäne gepumpt wird, bis fast der gesamte Alkohol durch den der herabrieselnden Maische entgegenströmenden Luftsauerstoff zu Essigsäure oxidiert ist; Gleichung: $CH_3-CH_2OH + O_2 \rightarrow CH_3-COOH + H_2O$. Wertvollere Essige erhält man durch Essigsäuregärung von Wein, vergorener Malzwürze, Bier und dergleichen. Vielfach werden auch Spritessig und Weinessig miteinander gemischt. Im Gegensatz zu diesen Gärungsessigen wird die Essigessenz und die konzentrierte Essigsäure aus Holzessig oder aus Acetylen (über Carbid) gewonnen. Zur Herstellung und Aufbewahrung des Essigs verwendet man Holz-, Ton- oder Glasgefäße. Metallbehälter sind verboten, da sie von der Essigsäure unter Bildung schädlicher oder giftiger Salze angefressen werden, wie aus folgenden Versuchen hervorgeht:

Versuche: Gießt man etwas Essig über Eisenfeilspäne, so ist in der Flüssigkeit schon nach einigen Stunden mit Hilfe der Berlinerblau-Reaktion gelöstes Eisen nachweisbar. Näheres S. 20! In kochendem Essig lösen sich Eisenfeilspäne unter lebhafter Gasentwicklung auf.

Auch Zink wird von Essig langsam angegriffen. Erhitzt man etwas Zinkblech (kann aus den walzenförmigen Körpern in alten Taschenbatterien gewonnen werden) mit Essig, so löst sich das Zink allmählich unter Wasserstoffentwicklung auf nach der Gleichung: $Zn + 2\,CH_3-COOH \rightarrow Zn(CH_3-COO)_2 + H_2$. Bei reinem Zink verläuft die Reaktion sehr langsam; sie läßt sich durch Zusatz von einigen Tropfen Kupfersulfatlösung erheblich beschleunigen — Katalysator. Das gelöste Zink kann Vergiftungserscheinungen auslösen; so erkrankten vor einigen Jahren mehrere Personen an einem Salat, der in Zinkgefäßen mit Essig zubereitet worden war.

Ein alter Pfennig wird so in Essig gelegt, daß die eine Hälfte aus der Flüssigkeit herausschaut. Nach einigen Stunden ist die eingetauchte Hälfte vollständig blank geworden, da die Essigsäure das Kupferoxid auflöste. Gleichung: $CuO + 2\,CH_3-COOH \rightarrow (CH_3-COO)_2Cu + H_2O$. In der Flüssigkeit kann nach einem Tag gelöstes Kupfer nachgewiesen werden. Näheres S. 21! Die trockene Hälfte des Pfennigs überzieht sich besonders in der Nähe des Essigs mit einer grünlichen, giftigen Schicht, dem sog. Grünspan. Auch die Flüssigkeit färbt sich von gelöstem Kupfer grün. Ähnliche Erscheinungen beobachtet man, wenn wir Silbergeschirre, die ja mehr oder weniger Kupfer enthalten, längere Zeit in Essig eintauchen. Da Essig Kupferrost (= Kupferoxid, CuO) auflöst, wird er auch zum Reinigen von Kupfergeräten verwendet. Nach der Reinigung muß der Essig abgewaschen werden, sonst entsteht Grünspan.

Einige Stückchen Blei werden von siedendem Essig gleichfalls ziemlich rasch angegriffen; in der Kälte verläuft die Auflösung langsam. Gelöstes Blei kann ebenfalls schwere Vergiftungen hervorrufen; so vermutet man z. B., daß viele Vergiftungen der römischen Kaiserzeit auf den Genuß säurehaltiger Weine zurückzuführen sind, die in Bleigefäßen längere Zeit aufbewahrt wurden.

Essigsäure. Chemisch reine Essigsäure (= Eisessig) ist eine wasserklare Flüssigkeit von sehr stechendem Geruch und der Formel CH_3-COOH. Bei 17° C erstarrt sie in Blättchen, ihr Siedepunkt liegt bei 118° C. Kocht man Essigsäure oder Essigessenz in einer Schale, so lassen sich die Dämpfe entzünden.

Verwendung. In verdünntem Zustand wird Essig seit Jahrtausenden zur Säuerung von Speisen in großem Umfang verwendet (s. Essig). Erhebliche Essigmengen benötigt man auch zur Konservierung einzelner Lebensmittel (z. B. Essiggurken). In Essigkonserven mit 2–3% Essigsäure sind krankheitserregende Bakterien nicht mehr lebensfähig. Die Essigsäure ist – in entsprechender Verdünnung genossen – unschädlich; sie ist sogar als körpereigener Stoff anzusprechen, da sie als Zwischenprodukt beim Kohlenhydrat-, Fett- und Eiweißstoffwechsel entsteht. Essigsäure wird in Form von Speiseessig auch gegen Laugenvergiftungen eingenommen. Hat jemand viel Ammoniakgas eingeatmet, so kann er als Gegenmittel Essigsäuredämpfe (von verdünnter Essigessenz) durch die Nase einziehen. In der Industrie spielt Essigsäure bei der Herstellung von Kunstseide (Acetatseide), Kunststoffen, Riechstoffen, Farbstoffen usw. eine wichtige Rolle.

Essigsaure Tonerde. Diese ist in Drogerien und Apotheken als klare, farblose, schwach nach Essigsäure riechende, sauer reagierende Flüssigkeit erhältlich. Sie ist ein sogenanntes basisches Aluminiumacetat, $Al(OOCCH_3)_2OH$. Die käufliche Lösung enthält etwa 8% von dieser Substanz, der Rest ist Wasser. Essigsaure Tonerde ist ein vorzügliches Mittel, um Wunden bakterienfrei zu machen und die Wundheilung zu beschleunigen; sie wird deshalb bei Menschen und Tieren sehr häufig angewendet. Umschläge mit essigsaurer Tonerde stellt man folgendermaßen her: Ein Viertelliter Wasser wird abgekocht und nach dem Erkalten mit einem Eßlöffel essigsaurer Tonerde vermischt. Mit dieser Lösung tränkt man ein Stück reines Tuch, legt es feucht auf die Wunde und wickelt Verbandstoff darüber. Die günstigen Wirkungen dieses Umschlags sind in erster Linie auf das Aluminium zurückzuführen. Trockene essigsaure Tonerde beeinflußt Wunden ebenfalls günstig, sie ist z. B. unter dem Namen Lenicet in Puder- und Salbenform im Handel. Andere Aluminiumpräparate von ähnlicher Wirkung sind Alsol, Essitol usw. Die gewöhnliche, überall käufliche essigsaure Tonerde wollen wir in dem folgenden Versuch etwas genauer studieren:

Versuche: Prüfe die Reaktion der Lösung mit Lackmuspapier! Bringe einige Tropfen der Lösung auf die Zunge und stelle den Geschmack fest! Dampfe einige Kubikzentimeter essigsaure Tonerde in einer Porzellanschale ein und untersuche die zurückbleibende weiße Kruste mit Kobaltchloridlösung auf Aluminium. Näheres S. 20! Gibt man zu der gelösten essigsauren Tonerde im Probierglas etwas braune Eisenchloridlösung, so entsteht eine blutrote Färbung, ein Vorgang, der auf Essigsäure hinweist.

Farben und Lacke. In Farbengeschäften sehen wir eine Reihe von größeren Schubladen, Blechbüchsen oder Steingefäßen, die mit farbigen Pulvern gefüllt sind und Aufschriften wie „Lithopone", „Chromgelb", „Zinkgrün", „Ultramarin", „Ocker", „gebrannte Siena", „Preußischblau", „Bleiweiß" usw. tragen. Solche Farben finden sich zum Teil in der freien Natur (z. B. Ocker, Kreide, Schwerspat); sie werden von der Industrie oft lediglich auf mechanischem Wege durch Zerkleinern, Waschen, Mahlen usw. in den gewünschten Zustand übergeführt. Farben dieser Art bezeichnet man als natürliche Mineralfarben. Der größere Teil der in Farbgeschäften erhältlichen Farben besteht aus sogenannten künstlichen Mineralfarben; es handelt sich hier um anorganische, mineralische Stoffe, die durch allerlei chemische Vorgänge in brauchbare Farben verwandelt werden. Zu diesen gehören beispielsweise Bleiweiß, Mennige, Chromgelb, Cadmium- und Kobaltfarben, Lithopone, Preußischblau, Ultramarin, Zinkweiß und die meisten anderen Malerfarben. Die natürlichen und künstlichen Mineralfarben sind in Wasser unlöslich; jedes, auch das kleinste Körnchen einer solchen Farbe ist durch und durch farbig; man bezeichnet sie daher auch als Körperfarben oder Pigmente. Im Gegensatz zu den Körperfarben stehen die Farbstoffe; sie sind meist künstlich aufgebaute organische Substanzen, die sich direkt oder auf Umwegen in Wasser auflösen und mit denen man z. B. Tuche, Liköre, Limonaden, Osterhasen, Ostereier, Tinten usw. färbt. Hierher gehören z. B. die bekannten Teerfarbstoffe, Indanthrenfarbstoffe, Indigo, Alizarin usw. Zur Herstellung mancher Körperfarben werden auch Teerfarbstoffe verwendet; die sog. Pigmentfarbstoffe (Farblacke) sind durch Fällung organischer Farbstoffe mit Fällungsmitteln erzeugte unlösliche Pigmente. Wir behandeln zunächst die Körperfarben.

Körperfarben (= Pigmente)
Diese spielen für den Praktiker eine wichtige Rolle, weil man mit ihnen allerlei Anstriche, Lackierungen, Dekorationen, Malereien usw. selbst ausführen kann. Mit den Körperfarben lassen sich eine Reihe von interessanten Versuchen anstellen; es empfiehlt sich, von jeder der Farben etwa 100 Gramm in Pulverform zu kaufen.

1. Weiße Farben
a) Bariumsulfat (= Blanc fixe = Barytweiß, $BaSO_4$) wird entweder durch Vermahlen von Schwerspat oder aus Bariumchloridlösung ($BaCl_2$) und verdünnter Schwefelsäure (H_2SO_4) erhalten. Stelle Bariumsulfat aus den obigen Stoffen im Probierglas her! Filtriere! Bariumsulfat ist unempfindlich gegen Laugen und Säuren (beobachte im Probierglas, ob Säuren- oder Laugenzusätze den Bariumsulfatniederschlag verändern!); es ist lichtbeständig und wird – im Gegensatz zum Bleiweiß – durch schwefelwasserstoffhaltige Luft nicht verändert, wie fol-

gender Versuch zeigt: Zeichne auf einem kleinen Karton nebeneinander gleiche Figuren aus Bariumsulfat und Bleiweiß, entwickle in einem Glas Schwefelwasserstoffgas durch Zusammenbringen von Schwefeleisen und Salzsäure und lege den Karton mit den Zeichnungen nach unten auf das Glas! Nach einiger Zeit hat sich das Bleiweiß unter dem Einfluß des Schwefelwasserstoffs geschwärzt (Bildung von dunklem Bleisulfid); das Bariumsulfat ist dagegen unverändert geblieben.

Bariumsulfat kommt gewöhnlich in Teigform in den Handel; es enthält dann 15–30% Wasser. Große Mengen werden in der Papierfabrikation (Glanzpapiere, Visitenkarten) verwendet.

b) Zinkweiß. ZnO, feines, weißes, wasserunlösliches Pulver, durch Oxidation von verdampftem Zink erhalten; dunkelt nicht nach, da das durch Umsetzen mit Schwefelwasserstoff entstehende Zinksulfid ebenfalls weiß ist. Die meisten Zinkweißsorten des Handels haben einen garantierten Reinheitsgrad von mindestens 99% ZnO. Man verwendet Zinkweiß zur Farben-, Lack- und Kautschukwarenherstellung, im Phosphatrostschutz, in der Chemiefaser- und Kunststoffindustrie, in der Glas-, Email- und keramischen Industrie usw. Zinkweiß Rotsiegel enthält mindestens 99%, Grünsiegel ca. 99,3%, Weißsiegel etwa 99,6% ZnO.

c) Kalkspatpulver und Kreide sind weiße Pulver aus mehr oder weniger feinem Calciumcarbonat, $CaCO_3$, die als Füllstoffe (Substrate) bei der Herstellung von Titanweiß, Eisenoxidfarben, Leimfarbenanstrichen, Glaserkitten, Spachteln usw. Verwendung finden.

d) Kieselsäure-Füllstoffe. Als solche gelangen heute feinstgemahlenes Quarzmehl, Asbest, Talk, Kaolin, Neuburger Kieselkreide (feinstgeschlämmtes Kaolin von Neuburg/Donau) zur Verwendung.

e) Lithopone. Diese weiße Farbe wird durch eine chemische Umsetzung zwischen Zinksulfat und Bariumsulfid nach folgender Gleichung erhalten: $ZnSO_4 + BaS = ZnS + BaSO_4$. Lithopone ist also im wesentlichen ein Gemisch von Zinksulfid und Bariumsulfat, daneben sind noch 1–2% Zinkoxid enthalten. Weise in Lithopone Zink und Schwefel nach Seite 19 f. bzw. 23 nach! Lithopone ist völlig ungiftig, leichter und billiger als Bleiweiß; sie wird durch Schwefelwasserstoff nicht verändert und zeichnet sich durch gute Streichfähigkeit und Deckkraft aus.

f) Bleiweiß (= Kremserweiß) ist ein basisches Bleicarbonat (weißes, lockeres Pulver, Dichte ca. 6–7 g/cm³), dem im wesentlichen die Formel $2 PbCO_3 \cdot Pb(OH)_2$ zukommt. Leinöl-Bleiweißanstriche trocknen gut, da sich Verbindungen aus Blei und Leinölsäuren bilden, welche die Erstarrung des Leinöls katalytisch beschleunigen. Es ist eine der besten weißen Anstrichfarben von guter Deckkraft und Trockenfähigkeit. Im Freien hält sie sich fast unverändert, dagegen vergilbt sie in Innenräumen unter dem Einfluß des spurenweise vorkommenden Schwefelwasserstoffs allmählich. Auch alte, mit Bleiweiß gemalte Bilder dunkeln im Lauf der Zeit nach, da sich der Schwefel des Schwefelwasserstoffs der Luft mit dem Blei zu schwarzem Bleisulfid vereinigt.

Bleiweiß wird nur als Ölfarbe verwendet und auf Grund seiner Giftigkeit häufig mit wenig Leinöl angerieben in den Handel gebracht. Das in der Kunstmalerei oft verwendete „Kremserweiß" ist Bleiweiß in Mohnöl angerührt. Pulverförmiges Bleiweiß schäumt nach Salpetersäurezusatz stark auf (weise Kohlendioxid nach, siehe Seite 28 f.!); es verwandelt sich dabei in lösliches Bleinitrat; dieses gibt nach der Neutralisation mit Kaliumdichromat einen schönen gelben Niederschlag von Chromgelb, vergleiche S. 21! Will man auf die gleiche Weise das mit Öl angerührte Bleiweiß untersuchen, so muß das Öl vorher durch mehrfaches, kräftiges Umschütteln mit Benzin herausgelöst werden. Vorsicht! Feuergefahr! Das Bleiweiß setzt sich dabei infolge seines hohen Gewichts bald am Boden ab und kann dann wie oben untersucht werden.

g) T i t a n w e i ß. Diese erst seit 1916 bekannte Farbe wird aus dem in Nordamerika, Norwegen, Indien usw. verbreiteten Ilmenit (wichtigstes Titanerz, Eisentitanat) gewonnen. Eine für Malerzwecke geeignete Sorte ist das Kronos-Titanweiß, das aus etwa 25% Zinkweiß (ZnO), Bariumsulfat und 25% Titandioxid (TiO_2) besteht. Titan ist dem Silicium verwandt; Titandioxid ist ein wasserunlösliches, weißes Pulver von hoher Deckkraft. Seine Vorzüge sind: Ungiftigkeit, Billigkeit, Lichtechtheit und Beständigkeit gegen Säure- und Schwefelwasserstoffdämpfe, hohe Deckkraft, niederes spezifisches Gewicht, vielseitige Verwendungsmöglichkeit für Innen- und Außenanstriche. Nachteilig ist, daß reines Titandioxid, mit Öl angerührt, langsam trocknet; aus diesem und anderen Gründen werden noch Trockenstoffe (Siccative) bzw. Zinkweiß und Permanentweiß zugesetzt. Kronos-Titanweiß R (für Innen- und Außenanstriche) besteht z. B. aus 25% Titandioxid (TiO_2), 5% Zinkoxid, 30% Bariumsulfat und 40% Kalkspatpulver; Kronos-Titanweiß E 1 (für Innenanstriche) enthält 25% Titandioxid und 75% Kalkspatpulver. Titanweiß wird seit dem Jahr 1928 in großem Umfang vom Werk Leverkusen hergestellt. Man benötigt Titanweiß in der Lack- und Farbenindustrie, ferner bei der Herstellung von Kunstseide, Zellwolle, Wachstuch, Linoleum, Spezialpapieren, Kunstleder, Gummiwaren, Email usw.

Anhangsweise mögen hier noch die beim Anstrich von Eisenwaren viel verwendeten Aluminiumfarben erwähnt werden. Die in Drogerien und Farbengeschäften erhältliche Standard-Lackbronze besteht aus einem sehr feinen Aluminiumpulver (entwickelt im Probierglas mit Natronlauge Wasserstoff; Knallgasreaktion!). Man verrührt mit dem

Pinsel das Aluminium und den Lack zu einem feinen, knotenfreien Brei und verstreicht diesen auf gereinigte Eisenwaren.

2. **Rote Farben**

a) **Mennige**. Diese schöne rote Farbe ist ein Bleioxid von der Formel Pb_3O_4. Hauptverwendung: Eisenschutzfarbe, verhindert Rosten. Eigenschaften: Sehr schweres Pulver (Blei), laugenbeständig, aber empfindlich gegen Säuren und Schwefelwasserstoff, hat hohe Deckkraft, wird meist in Öl angerührt und trocknet dann leicht, da es sich ähnlich wie Bleiweiß und andere Bleifarben mit dem Öl zum Teil unter Bildung fester Bleioleate verbindet. Weise in Mennige Blei nach, Seite 20!

b) **Cadmiumrot**. Dies ist ein sehr schönes, rotes Gemisch aus Cadmiumsulfid (CdS) und Cadmiumselenid (CdSe), das mit Leim, Öl oder Öllack angerührt als Künstler- und Fassadenfarbe verwendet wird. Cadmiumrot hat hohe Deckkraft, ist säurelöslich, luftbeständig, lichtecht und kann mit allen Farben außer Bleiverbindungen gemischt werden.

c) **Zinnober**. Dieser wird z. B. als Künstlerfarbe verwendet und dann mit Wasser (Aquarell), Eiweiß (Tempera) oder Öl angerührt. Zinnober ist Quecksilbersulfid von der Formel HgS. Im Licht und bei höherer Temperatur geht er allmählich in eine dunklere Abart über. Zinnober ist infolge seiner Wasserunlöslichkeit ungiftig; deshalb kann er auch im Schülermalkasten Verwendung finden. Als Wasserfarbe wird er in Tuben leicht hart, als Ölfarbe trocknet er langsam. Zinnober wird hauptsächlich in der Kunstmalerei verwendet.

d) **Eisenverbindungen**. Die zahlreichen Eisenoxidfarben kann man nach H. Wagner folgendermaßen einteilen: A) Natürlich vorkommende Eisenoxidfarben: 1. Reine Eisenerze: Hämatit, Eisenglimmer, span. Roteisenstein (Spanischrot). 2. Tonhaltige Eisenerze bzw. eisenoxidhaltige Tone: Rotocker, roter Bolus, Rötel. B) Künstliche Eisenoxidfarben: 1. Durch trockenes Erhitzen gewonnene Farben. a) Aus natürlichen Eisenerzen und Kiesabbränden (Eisenmennige, Oxidrot). b) Aus sulfathaltigem Material (Alaun, Vitriolschlamm) bzw. Abfallprodukten (Bauxit), z. B. Englischrot, Venezianischrot, Indischrot, Pompejanischrot, Caput mortuum. c) Aus natürlichen, gelben Ockerfarben (gebrannter Ocker, gebrannte Siena). 2. Auf nassem Wege oder elektrolytisch gewonnene Farben. a) Rot: Marsrot, Eisenoxidrot, künstl. b) Schwarz: Eisenoxidschwarz mit 2-wertigem Eisen. Eisenmennige enthält zwischen 50 bis 88% Eisen (als Fe_2O_3), daneben Ton, Quarz und dergleichen, Farbton bläulichrot bis braunrot, gute Deckkraft, Wetterbeständigkeit und Rostschutzwirkung, dunkelt etwas nach. Englischrot wird in hellen und dunklen Sorten gehandelt, die hellen Typen sind vielfach mit Gips gestreckt, die dunklen Typen werden oft aus Sulfaten gewonnen (Oxidrote). Caput mortuum (Totenkopf, Morellensalz) enthält ca. 88% Fe_2O_3, es hat die Dichte von 4,36 g/cm³; ein Leinölanstrich mit Caput mortuum trocknet in etwa 29 Stunden. Marsrot G besteht aus nahezu 80% Fe_2O_3, es hat die Dichte von 3,33 g/cm³ (alkalische Reaktion), der Ölanstrich trocknet nach 45 Stunden. Eisenoxidrot MR enthält 99,2% Fe_2O_3; es hat die Dichte von 4,24 g/cm³ (neutrale Reaktion), sein Leinölanstrich trocknet nach 70 Stunden. Durch starkes Erhitzen der natürlichen gelben Terra di Siena (in Toskana, aber auch in Deutschland vorkommend) erhält man die rote gebrannte Siena. Schon kurz nach dem Ersten Weltkrieg wurden in Deutschland eisenhaltige Rückstände zu hochwertigen, künstlichen, roten, gelben und schwarzen Eisenoxidfarben verarbeitet, die z. B. auch in der Linoleum- und Zementwarenindustrie Verwendung finden. Weise in den roten Eisenfarben nach S. 19 f. Eisen nach.

e) M o l y b d a t r o t. Durch Einbau von Bleimolybdat in Bleisulfat-Bleichromat-Kristalle erhält man orangefarbenes bis dunkelrotes Molybdatrot, das Cadmiumrot in Farben, Druckerfarben, Kunststoffen u. dgl. ersetzen kann.

3. B r a u n e F a r b e n

Auch hier werden fast ausschließlich Eisenoxide von wechselnder Zusammensetzung verwendet.

a) K a s s e l e r B r a u n (Kölnische Erde), eine feinerdige amorphe Braunkohle, die hauptsächlich aus Huminsäuren besteht, wenig licht- und luftbeständig, von Kalk und Säuren angegriffen. Eine ganz fein geschlämmte Sorte ist das in der Malerei verwendete Van-Dyck-Braun. Kasselerbraun braucht zum Anrühren viel Öl und läßt deshalb den Untergrund leicht durchscheinen, wie es bei allen Lasurfarben der Fall ist. Es kommt als Körnerbeize, Nußbeize oder Saftbraun in den Handel und wird als Holzbeize verwendet.

b) U m b r a. Die verschiedenen Arten von Umbra bestehen aus eisen- und manganhaltigen Erden, die in Italien, Cypern, Kleinasien usw. verbreitet sind. Umbra gebrannt ist eine braunrote, farbsatte, lasierende Farbe, die durch Brennen von natürlicher Umbra erhalten wird.

4. G e l b e F a r b e n

a) O c k e r. Durch Eisenoxidhydrate gelb gefärbte Erden, die mit allen Farben und Bindemitteln gemischt werden können; sie enthalten neben den färbenden Eisenhydroxiden noch Ton, Kalk, Quarz, Gips, Feldspat, Dolomit und dergleichen. Ocker sind sehr lichtbeständig, sie werden von Säuren zersetzt, dagegen halten sie sich in Alkalien unverändert. Chromocker sind Gemische aus Ocker und Chromgelb, die amorphen, leicht orangegelben Farben Marsgelb und Eisenoxidgelb entstehen durch Fällungen und eventuellen Gipszusatz.

b) T e r r a d i S i e n a. Dies ist ein feuriggelber Ocker, der in Toskana, im Harz, in Bayern, in Nordamerika usw. gefunden wird. Toskanische Siena enthält 60–70% Fe_2O_3, die Dichte beträgt 3,2–3,3 g/cm³, der Ölbedarf 30–70%; in einer deutschen Siena fand man 50–60% Fe_2O_3 und 2–10% Kalk, die Dichte war 3,1–3,3 g/cm³, der Ölbedarf betrug 30–90%. Weise in Ocker und Terra di Siena, die sich beide in vielen Malerkästen finden, nach S. 19 f. Eisen nach.

c) C h r o m g e l b. Herstellung: Bringe im Probierglas Lösungen von Kaliumbichromat und Bleiacetat zusammen! Der schöne gelbe Niederschlag ist Chromgelb, $PbCrO_4$, der in der Technik nach ähnlichen Verfahren gewonnen wird. Durch Zugabe verdünnter Säuren erhält man hellere, bei Anwesenheit von Basen dunklere Farbtöne (Chromorange). Chromrot ist ein grobkristallines basisches Bleichromat von der Formel $PbO \cdot PbCrO_4$. Chromrot hat die gleiche Zusammensetzung wie Chromorange, jedoch liegt eine grobkristalline Form (tetragonale Tafeln) vor. Beim Zerdrücken geht Chromrot in Chromorange über. Frisch bereitetes Chromgelb hellt sich auf, wenn man etwas verdünnte Schwefelsäure zugibt (ausprobieren!), weil dabei ein wenig weißes Bleisulfat ($PbSO_4$) entsteht. Stelle durch Probierglasversuche fest, wie sich Spuren von käuflichem Chromgelbpulver in heißer Natronlauge und Salpetersäure verhalten! Mit Leim, Öl, Öllack oder Spritlacken angerührt, ist Chromgelb eine gut deckende, vielgebrauchte Malerfarbe trotz ihrer Empfindlichkeit gegen Licht, Schwefelwasserstoff, Laugen und Säuren. Auch in der Aquarellmalerei, für Wachstuche und Linoleum, für Buchdruck, Steindruck usw. findet Chromgelb eine mannigfache Verwendung. Mit schwefelhaltigen Farben soll Chromgelb nicht gemischt werden, da sich dunkles Bleisulfid bilden könnte. Chromgelb wird öfters mit Schwerspat, Kreide, Kaolin und dergleichen gestreckt. Untersuche käufliches Chromgelb und Chromrot nach S. 20 f. auf Blei (in Salpetersäure auflösen!).

d) C a d m i u m g e l b (CdS) ist im Licht nicht veränderlich; es wird mit Leim oder Öl angerührt fast nur als Malerfarbe verwendet (Malkasten!). Bei billigeren Sorten ist das Cadmiumgelb auf Bariumsulfat gefällt. Erhitze im Probierglas etwas Cadmiumgelb mit Salzsäure und weise den entstehenden Schwefelwasserstoff nach! (Vergleiche S. 33!) Warum wird Cadmiumgelb durch den Schwefelwasserstoff der Luft nicht angegriffen?

e) B a r y t g e l b ($BaCrO_4$) kann man im Probierglas durch Vermischen von Bariumchlorid und Kaliumdichromatlösung herstellen. Wie verhält sich diese hellgelbe Farbe gegen Salzsäure, Salpetersäure und Natronlauge? Barytgelb wird mit Leim und Öl angerührt; es läßt sich mit allen quecksilberfreien Farben mischen. Das meiste Barytgelb wird zu Streichholzzündmassen und als Tubenfarbe in der Malerei verwendet.

f) Z i n k g e l b (Zinkchromat) ist ein hellgelbes, lichtechtes, wetterbeständiges Kalium-Zink-Chromsäure-Komplexsalz, das man durch unvollständige Auflösung von Zinkweiß in Schwefelsäure und anschließende Kaliumdichromatfällung erhält.

g) Das zitronengelbe B l e i c y a n a m i d ist ein alkalisches, mikrokristallines, voluminöses Pulver, das 84 Prozent Blei enthält; Teilchengröße 2–20 Mikron, Dichte 6,8 g/cm³. Bleicyanamid schützt Eisen vor Rostung; es wird rein oder in Mischung mit Eisenoxidrot bzw. Schwerspatpulver als Rostschutz- und Deckfarbe verwendet.

5. B l a u e F a r b e n

a) P r e u ß i s c h b l a u (= Berlinerblau = Pariserblau) erhält man beim Zusammengießen von Kaliumhexacyanoferrat(II) und gelösten dreiwertigen Eisensalzen (z. B. Eisenchlorid, $FeCl_3$). Stelle fest, ob ein im Probierglas erhaltener Berlinerblauniederschlag von Säuren oder Laugen angegriffen wird! Käufliches Berlinerblau ist in verdünnten Säuren unlöslich, wird aber von starken Säuren unter Grünfärbung zersetzt. In Oxalsäure bildet es eine kolloidale Lösung, die als blaue Tinte Verwendung findet – ausprobieren! Von Alkalien wird Berlinerblau leicht zersetzt, daher ist es zu Kalkanstrichen ungeeignet. Berlinerblau bildet außerordentlich kleine, in Flüssigkeiten schwebenbleibende Körnchen, daher eignet es sich vorzüglich als Tubenfarbe und wird aus dem gleichen Grund vom Maler häufig schon mit Öl angerieben in Blechbüchsen, Tuben und dergleichen gekauft. Preußischblau ist eine sehr häufig verwendete Anstrichfarbe für Maschinen, Wagen, Geräte usw. Sie kann mit Wasser (Aquarellmalerei), Leim, Öl und Öllack angerührt werden; Mischungen mit Schwerspat, Gips und Ton sind möglich. Miloriblau ist eine hellere Sorte von Berlinerblau, die bei heißer Fällung und langem Kochen von Eisensulfat und Kaliumhexacyanoferrat(II) bei Kaliumchloratzusatz entsteht.

b) K o b a l t b l a u (Al_2CoO_4) kann im Laboratorium nach S. 20 (Nachweis von Aluminium) erhalten werden. Es ist eine leuchtendblaue, licht- und luftechte, basen- und säurebeständige teure Farbe, mit der die Kunstmaler häufig das Blau des Himmels wiedergeben. Infolge seiner hohen Temperaturbeständigkeit ist es auch als Porzellanfarbe verwendbar. Kobaltviolett ist ein Kobaltphosphat, Chromblaugrün besteht im wesentlichen aus $CoO \cdot Cr_2O_3 \cdot Al_2O_3$.

c) U l t r a m a r i n : Mikrokristallines, schwefelhaltiges Na-Al-Silicat von wechselnder Zusammensetzung. Ultramarin enthält 37–48%/o SiO_2, 23–29% Al_2O_3, 19–23% Na_2O, 8–14% S; dies entspricht annäherungsweise der Formel $Na_8Al_6Si_6O_{24}S_2$. Darstellung: Man mischt 39 Teile calc. Kaolin mit Kieselsäurezusatz, 30 Teile Soda, entwässert, 28 Teile Schwefel und 3 Teile Harz oder Pech (alles feinstgemahlen) innig miteinander, erhitzt es in etwa 30–40 cm hohen Schamottetiegeln im Kammerofen 20–50 Std. lang auf helle Rotglut (700–800°) und läßt dann

10–14 Tage unter Luftabschluß abkühlen. Aus diesem Rohbrand, der 15–20% Na_2SO_4 enthält, wird durch anschließende Wasch-, Mahl-, Trenn- und Reinigungsprozesse die verkaufsfertige Farbe gewonnen. Wird der Natriumgehalt vermindert, so entstehen violette und rote Ultramarinsorten, die ebenfalls praktische Bedeutung besitzen. Bringe eine Messerspitze käufliches Ultramarinblau ins Probierglas und erwärme mit einigen Kubikzentimetern Salzsäure! Beobachte Farbänderung und Schwefelwasserstoffentwicklung! Nachweis des Schwefelwasserstoffs nach S. 33! Ultramarinblau ist lichtecht, luft- und hitzebeständig; dagegen wird es von Säuren leicht zersetzt. Auch freie Ölsäuren greifen diese Mineralfarbe an; daher wird das Blau mancher Gemälde im Laufe der Zeit blind (Ultramarinkrankheit). In neuerer Zeit ist es der Industrie gelungen, auch säurebeständige Ultramarinsorten herzustellen.

Ultramarinblau hat eine äußerst vielseitige und umfangreiche Verwendung gefunden. Es kommt in der Regel als Pulver in den Handel und wird mit Wasser, Öl, Kalk, Leim, Kunstharzemulsionen oder Wasserglas angerührt und zum Färben von Wänden (Tüncherei), Zement, Kunststein, Linoleum, Zeug, Siegellack usw. verwendet. Des weiteren dient es zum Färben von Kunststoffmassen, Papier, Wachstuch, als Künstlerfarbe, Druckfarbe usw. Gelbliche Tönungen von Geweben, Papier, Seife, Stärke u. dgl. werden durch Spuren von Ultramarin (Waschblau) beseitigt; unter diesen Verhältnissen ergänzt sich Gelb und Blau zu Weiß („Komplementärfarben").

d) B r e m e r b l a u (Bremergrün), $Cu(OH)_2$, kann im Probierglas durch Zusammengießen von Kupfersulfatlösung und Natronlauge erhalten werden; Gleichung: $CuSO_4 + 2\,NaOH \rightarrow Cu(OH)_2 + Na_2SO_4$. Es wird mit Leim, Wasser, Kalk oder Wasserglas angerührt, findet aber infolge seiner Giftigkeit, Lichtempfindlichkeit und des hohen Preises wegen selten Verwendung. In Schwefelwasserstoff dunkelt diese Farbe unter Bildung von schwarzem Kupfersulfid nach; in Ammoniakwasser ist das reine Bremerblau unter Bildung eines tiefblauen Komplexsalzes vollkommen löslich.

6. G r ü n e F a r b e n

a) Z i n k g r ü n ist eine Mischfarbe aus Zinkgelb (Zinkchromat, $ZnCrO_4$) und Berlinerblau, die mit Leim, Öl und Öllack angerührt als Mal- und Anstrichfarbe verwendet wird. Alkalische Bindemittel sind nicht geeignet, da sich darin das Berlinerblau zersetzen würde. Die Lichtechtheit des Zinkgrüns ist gut, die Deckkraft ist etwas geringer als bei Chromgrün. Als Streckungsmittel kann Schwerspat verwendet werden. Merkwürdig ist, daß man durch Vermischen zweier Farben (Gelb und Blau) eine völlig neue Farbe erhält. Verrühre in einer Schale etwas trockenes Chromgelb und Berlinerblau so lange, bis das Gemisch eine grüne Farbe annimmt! Mische gelbe und blaue

Wasserfarben auf nassem Wege! Gieße eine gelbe und eine blaue Lösung (z. B. Pikrinsäure und Kupfersulfat) im Probierglas zusammen! Sofern sich nicht chemisch neuartige Stoffe bilden (wie es z. B. bei gelbem Blutlaugensalz und Kupfersulfat der Fall wäre), entsteht eine grüne Mischfarbe. Fülle eine gelbe und eine blaue Flüssigkeit in zwei Gläser und halte beide hintereinander gegen das Licht, sie erscheinen dann grün. Fülle ein Becherglas mit Wasser und breite darauf eine Messerspitze Zinkgrün aus! Nach einigen Stunden sieht man oben blaue Stellen (Berlinerblau), während das Zinkchromat allmählich nach unten sinkt.

b) C h r o m g r ü n (Moosgrün, Milorigrün, Olivgrün, Samtgrün, Zinnobergrün, Seidengrün usw.) ist ebenfalls eine Mischfarbe, bestehend aus Chromgelb und Preußischblau. Sie wird von Alkalien zerstört (Preußischblau) und kann, mit Leim, Öl und Öllack angerührt, allen anderen Farben beigemischt werden. Zur Streckung eignet sich Schwerspat, Gips, Kaolin usw.

c) C h r o m o x i d g r ü n besteht aus Chromoxid (Cr_2O_3); wir erhalten es durch längeres, scharfes Erhitzen von einer Messerspitze feingepulvertem Kaliumdichromat, dem etwa die doppelte Menge Schwefel beigemischt wurde (Tiegel!). Es entsteht eine olivgrüne Masse (Chromoxidgrün), die gegen Säuren, Laugen, Licht, Luft, Hitze, Schwefelwasserstoff und Schwefeldioxid vollkommen unempfindlich ist und deshalb zum Druck von Banknoten, zum Anstreichen von Heizungen, Lokomotiven, Öfen, Dampfkesseln, ferner als Porzellan-, Glas- und Emaillefarbe, im Zeugdruck sowie in der Kunst- und Fassadenmalerei verwendet wird. Das sogenannte Chromoxidhydratgrün (Guignetgrün) ist smaragdgrün (wird daher auch als Smaragdgrün bezeichnet), Formel $2 Cr_2O_3 \cdot 3 H_2O$; es zeichnet sich durch hohe Lichtechtheit und Wetterbeständigkeit aus; seine Deckkraft ist etwas geringer. Gemische aus Chromoxidhydratgrün und Schwerspat heißen Permanentgrün. Man erhält das Chromoxidhydratgrün durch Glühen von Kaliumdichromat mit Borsäure.

d) G r ü n e r d e ist ein grobkörniges, eisenreiches Verwitterungsprodukt von Silicaten (besonders Augit und Hornblende) von folgender Zusammensetzung: 20–30% FeO, 40–55% SiO_2, 10–18% CaO, 1–10% MgO, 6–8% Al_2O_3, 6–8% $K_2O + Na_2O$, 6–8% Wasser. Sie bräunt sich beim Brennen und dient als Streckungsmittel bzw. Anstrichfarbe. Die gewöhnlichen Grünerden sind Calcium-Magnesium-Eisen(II)-Silicate mit wenig Alkalien, Aluminium und Wasser; die Grünfärbung wird durch zweiwertige Eisenverbindungen verursacht. Die eisenreichen, kieselsäureärmeren Sorten (Veronesergrün) werden für Wasser-, Kalk- und Künstlerölfarben verwendet. Die Grünerden sind licht- und alkalibeständig, aber teilweise säurelöslich.

e) S c h w e i n f u r t e r g r ü n ist eine komplexe Doppelverbindung von Kupferacetat $(CH_3COO)_2Cu$ und Kupferarsenit, $Cu(AsO_2)_2$. Beide Bestandteile sind giftig, daher wird diese Farbe nur noch gelegentlich als Künstlerölfarbe verwendet.

f) V i k t o r i a g r ü n ist eine Mischfarbe aus Chromoxidhydratgrün, Schwerspat und Zinkgelb, die mit Öl angerührt häufig zum Anstrich von Fensterläden, als Kunstmalerfarbe und dergleichen verwendet wird; alkaliempfindlich infolge des Zinkgehalts.

7. S c h w a r z e F a r b e n

Diese bestehen aus Knochenkohle, Graphit, schwarzem Eisenoxid, Braunkohlen- und Kokserzeugnissen, Kienruß, Lampenruß, Ölruß, Gasruß usw. Unter den Rußsorten ist Kienruß der billigste; am häufigsten wird der bessere und teurere Ölruß verwendet.

Als graue Farbe dient u. a. Schiefermehl (gemahlener Tonschiefer) und der korrosionsschützende Zinkstaub (feinpulveriges Zink).

Anhang: Bei der Herstellung von Körperfarben für Buntpapiere, Tapeten, Linoleum, Lacke, Zeugdruck, Anstreicherei und Kunstmalerei verwendet man nicht selten auch wasserunlösliche Teerfarbstoffe (Pigmentfarbstoffe, zumeist lichtechte Azo-, Alizarin-, Phthalocyanin- und Indanthrenfarbstoffe, meist wasserecht, kalkecht, oft auch spritecht), die mit großen Mengen von Tonerdehydrat, Bariumsulfat, Kalkspat, Lithopone, Mennige u. dgl. trocken oder in Teigform zermahlen oder vermischt werden. Saure Azofarbstoffe, saure Alizarine und andere saure Teerfarbstoffe fällt man mit Bariumchlorid und dergleichen und steigert die Wasserunlöslichkeit noch durch Zusatz von Tonerdehydrat, gleichzeitiger Ausfällung von Bariumsulfat usw. Die leicht wasserlöslichen Salze vieler Farbbasen können durch saure Stoffe (z. B. Tannin, Tamol, Katanol, Albumin, Casein, Phosphorwolframsäure und dergleichen) gefällt und durch Zusatz stark adsorbierender Stoffe (Tonerdehydrat, Silicate) haltbar gemacht werden.

D i e B i n d e m i t t e l

Damit die pulverförmigen Mineralfarben beim Anstreichen auf der Unterlage gut haften, müssen sie mit einem flüssigen, nach dem Anstrich erstarrenden Bindemittel angerührt werden. Im folgenden sollen nur die wichtigsten Bindemittel Erwähnung finden. Viele Lacke werden auch ohne Zusatz von Pigmenten verwendet.

1. „W a s s e r l ö s l i c h e" B i n d e m i t t e l

F l ü s s i g e P f l a n z e n l e i m e können z. B. aus Methylcellulose („Glutolin") oder Stärkeprodukten bestehen. Sie finden bei der Anstreicherei in steigendem Maße Verwendung.

D e x t r i n erhält man durch Säurebehandlung und Rösten der Stärke. Bei Tubenwasserfarben, Aquarellstück- und Näpfchenfarben wird die Farbe in Dextrin verrieben, dem man Glycerin, Zuckersirup, Honig, Monopolöl oder auch hygroskopische Salze beimengt, um ein Rissigwerden zu verhindern.

Wasserglas bildet eine gallertartige Flüssigkeit, die sich an der Luft langsam trübt und allmählich glasartig erstarrt. Die Trübung ist auf Kieselsäure zurückzuführen, welche durch die Einwirkung der Luftkohlensäure entstand. Die pulverisierten Farben werden mit destilliertem Wasser dick angerührt; dann gibt man so viel unverdünntes Wasserglas dazu, bis das Gemisch gut gestrichen werden kann. Da Wasserglas bald erstarrt, empfiehlt es sich, nur so viel Farbe anzumachen, als man an einem Tag verarbeiten kann. Mit Wasserglas können folgende Farben angerührt werden: Kreide, Lithopone, Barytweiß, Zinkweiß, Ruß, Knochenkohle, Ultramarin, Bremerblau, Grünerde, Ocker u. a. Leider bekommt der Anstrich auf Holz im Laufe der Zeit Risse und blättert schließlich ab. Die beim Wasserglasanstrich benutzten Pinsel sind sofort nach Gebrauch an der Wasserleitung auszuwaschen, da sonst das Wasserglas erhärtet und dann nicht mehr zu entfernen ist. Auch auf Fensterscheiben kann Wasserglas festhaftende, nur schwer zu beseitigende Flecke hervorrufen. Wenn man Glasscheiben undurchsichtig machen will, bestreicht man sie am besten mit Wasserglas oder einer Wasserglasfarbe.

Gelöschter Kalk, der aus ungefähr 5 Teilen Calciumhydroxid, $Ca(OH)_2$ und 6 Teilen Wasser besteht, wird mit etwa einem Gewichtsteil pulverisierter Farbe (Ocker, Marsgelb und Marsrot, Ultramarin, Chromoxidgrün oder Elfenbeinschwarz) vermischt und vielfach zum Bestreichen der Wände benützt. Man bezeichnet solche Gemenge als Kalkfarben. Im Laufe der Zeit verwandelt sich der weiche, gelöschte Kalk unter Aufnahme von Luftkohlensäure in hartes Calciumcarbonat $Ca(OH)_2 + H_2CO_3 \rightarrow CaCO_3 + 2 H_2O$. Dabei werden die Farbstoffkörnchen mit der Unterlage fest verbunden. Einige Farben, wie Bleiweiß, Chromgelb, Berlinerblau und Zinkgelb, darf man nicht mit Kalk mischen, da hier Zersetzungsreaktionen stattfinden.

Casein, ein wichtiges Farbenbindemittel, ist die weiße Masse in der entrahmten, sauren Milch, die getrocknet, gemahlen und mit alkalischen Stoffen (Calciumhydroxid, Kalilauge, Ammoniak, Trinatriumphosphat und dergleichen) kaltwasserlöslich gemacht wird. Casein-Kaltleim muß trocken, feinpulverig oder grießförmig sein; er darf nicht käseartig riechen und soll mindestens 50% handelsübliches Casein mit höchstens 12% Wasser enthalten. Um Fäulnis zu verhindern, setzt man ihm Borax, Nipagin T, Parachlormetakresol, Preventol, Natriumfluorid oder 0,5% Carbolsäure zu. Ultramarinblau, Ruß, Ocker, Zinkweiß und andere Farbpulver rührt man zuerst mit wenig Wasser teigartig an, gibt dann eine starke Caseinlösung hinzu, bis das Gemisch streichfertig ist, und bestreicht damit Wände aus frischem, luftunlöslichem, haltbarem Käsekalk; s. auch Temperafarben.
trockenem Kalkmörtel. Der Kalk verbindet sich mit dem Casein zu

Farb-Bindemittel

2. Ölige Bindemittel

Leinöl ist das wichtigste aller Bindemittel. Es wird hauptsächlich in Indien, Argentinien und Rußland in großem Umfang aus Flachssamen gewonnen. Das rohe Leinöl hat eine gelbliche Farbe; durch längeres Lagern, durch Belichtung oder durch Zusatz von Chemikalien wird es aufgehellt. Dieses „gebleichte" Leinöl dient zur Herstellung feiner, weißer Anstriche und weißer Lackfarben. Wird Leinöl durch Kochen eingedickt und gebleicht, so erhält man die sogenannten Stand- oder Dicköle, die schönen Glanz zeigen, hart austrocknen und auch bei der Lackherstellung Verwendung finden. Wird Leinöl oder Standöl mit einem Farbpulver verrührt und auf Wände, Bretter usw. gestrichen, so trocknet das Öl unter Aufnahme von Luftsauerstoff (Gewichtszunahme!) langsam zu einer festen Masse ein. Bleibt Leinöl oder Ölfarbe längere Zeit an der offenen Luft stehen, so bildet sich aus dem gleichen Grund an der Oberfläche eine zähe Haut. Setzt man dem Leinöl während des mehrstündigen Kochens kleine Mengen von organischen Pb-, Co-, Mn-Verbindungen u. dgl. zu, so entstehen die schnell trocknenden Leinölfirnisse. Mischt man das Leinöl mit Metallverbindungen der Leinölsäuren in der Kälte, so bilden sich die helleren, ebenfalls schnell und hart trocknenden, häufig verwendeten Kalt- oder Linoleatfirnisse. Wird Leinöl auf eine Glasplatte gestrichen, so vergehen bis zum Trocknen einige Tage, während Leinölfirnis schon innerhalb 12 Stunden trocknet.

Holzöl, das aus dem Samen des chinesischen Tungbaumes (daher auch Tungöl genannt) gewonnen wird, trocknet nur in Verbindung mit Leinölfirnis und Trockenstoffen. Es spielt bei der Lackfabrikation eine wichtige Rolle.

Mohnöl und Mohnölfirnis werden wegen ihrer Helligkeit vom Kunstmaler zum Anreiben heller Farben verwendet.

3. Harzbindemittel

Harze sind feste oder dickflüssige Ausscheidungen von vorweltlichen (Bernstein) oder heute lebenden Nadelhölzern. Zu den festen Harzen gehören die Bernsteine der Ostseeküste und die Kopale, welche in den tropischen Gebieten Afrikas, Australiens und Südamerikas als weiche Harzmasse in die Erde geflossen sind und heute als nuß- bis faustgroße, spröde, braune, rötliche oder gelbe Stücke gesammelt werden. Man unterscheidet nach den Fundorten Angola-, Benguela-, Kongo-, Sansibar-, Brasil- und Kamerunkopal.

Zu den weichen Harzen gehören Fichtenharz, Dammarharz (aus einer ostindischen Pinie) und die sogenannten Balsame; dies sind Mischungen aus Harzen und ätherischen Ölen. Harzähnliche Stoffe sind: Asphalt, Kautschuk, Schellack und die Kunstharze.

Die Harze werden in großem Umfang zur Herstellung von Lacken verwendet. Bei diesen unterscheidet man zwischen Öl-(Kopal-)lacken und flüchtigen (ätherischen) Lacken. Lacke sind nach DIN/DVM 3201 streichfertige Anstrichstoffe, die Lackstoffe enthalten. Lackstoffe sind natürlich vorkommende oder künstlich hergestellte Stoffe, die im Binde- oder Lösungsmittel oder in beiden gelöst werden können und den Zweck haben, dem Anstrich ganz bestimmte Eigenschaften zu verleihen (Erhöhung der Widerstandsfähigkeit gegen äußere Einflüsse, Erhöhung des Glanzes oder Herbeiführung einer glatten Oberfläche).

Bei den Öllacken unterscheidet man nach Verwendungsweise und Zusammensetzung u. a. Dekorationslacke, Fußbodenlacke, Heizkörperlacke, Kutschenlacke, Maschinenlacke, Lokomotivlacke, Möbellacke, Schleiflacke (harte, schnelltrocknende, fettarme, mit Farben mischbare Kopallacke), Emaillacke (glasurähnlich verlaufend, hochglänzend, hart, waschecht, aus gebleichtem Leinöl, Standöl und Kopalen), Weißlacke (aus eingedickten, sauerstoffreichen Ölen und Zinkweiß oder Lithopone, harzfrei) und Japanlacke (echter Japanlack aus dem Saft des japanischen Lackbaumes mit Zutaten). Bei Öllackanstrichen verdunstet zunächst das Terpentinöl; dann erhärtet das Leinöl unter Sauerstoffaufnahme.

4. Ölfreie und ölarme Lacke

Bei den flüchtigen oder ätherischen Lacken verflüchtigt sich das Lösungsmittel der Harze während des Trocknens; hierher gehören die Spritlacke, Terpentinlacke, Zaponlacke und Celluloselacke. Bei den Sprit- oder Weingeistlacken werden die Harze (Alkydharze, Harnstoffharze, Schellack, Kolophonium, Kopale) in Spiritus gelöst[1]. Oft gibt man zu diesen Lösungen noch organische Teerfarben oder anorganische Körperfarben, ferner Benzoeharz, Dickterpentin, Weichmacher, Ricinusöl, Glycerin und dergleichen. Hauptlösungsmittel ist Spiritus; diesem können noch wechselnde Mengen von Methanol, Butanol, Toluol, Butylacetat und dergleichen beigemischt werden. Da Spiritus leicht verdunstet, trocknen die Spirituslacke sehr schnell; man verwendet sie deshalb mit Vorliebe bei eiligen Arbeiten, zum Voranstreichen, zu Ausbesserungen usw. Zum Anstrich von Eisenteilen, Herden, Ofenrohren und dergleichen werden vielfach Terpentinlacke benützt. Bei diesen sind die Harze in dem flüchtigen Terpentinöl gelöst und mit etwas Standöl gemischt.

---

[1] Mit den Spritlacken sind manche Politurflüssigkeiten verwandt; nur werden diese nicht mit dem Pinsel aufgetragen, sondern mit einem Tuchballen („Mop") verrieben. Eine gute Möbelpolitur entsteht, wenn man in einem bedeckten Glasgefäß 1 Gewichtsteil Schellack (ein braunes, ostindisches Baumharz, durch Stiche der Schellackschildlaus hervorgerufen) und 4 Gewichtsteile Spiritus einige Tage stehen läßt, bis sich die Lösung geklärt hat und hernach durch ein weitmaschiges Nesseltuch filtriert. Eine moderne Möbelpolitur kann z. B. auch aus 7 kg Spezialwachs Z 150, 40 kg Wasser, 37 kg Testbenzin, 10 kg Spezialbenzin, 4 kg Balsam-Terpentinöl, 1 kg Trichloräthylen, 0,5 kg Siliconöl 350 c ST und 0,3 kg Parfümöl „Waldduft" (nebst Konservierungsmittel) hergestellt werden. Ein Fixativ für Kreide-, Kohlen- und Bleistiftzeichnungen erhält man durch Auflösen von 1 Teil gebleichtem Schellack in 5 Teilen Spiritus. Schellack oder Kunststoffe (z. B. Polyvinylchlorid, Plexiglas u. dgl.) bilden auch wichtige Bestandteile der Schallplatten; daneben enthalten diese noch Ruß, Pech, Schiefermehl, Asbestmehl, Talk oder andere Füllstoffe.

Lacke

Die Zaponlacke werden als Isolierlack und als Rostschutzmittel für bessere Metallwaren verwendet. Sie enthalten etwa 5% niedrig nitrierte Cellulosenitrate (meist mit geringem Weichmacherzusatz), die in Butylacetat, Aceton, Äther und anderen leichtflüchtigen, feuergefährlichen Flüssigkeiten aufgelöst sind. Beim Verdunsten des Lösungsmittels bleibt eine sehr dünne, festhaftende und haltbare Cellulosenitratschicht zurück. Eine interessante Anwendung von Collodiumlösung in Äther liegt im „Heftalin" (Flüssige Haut, Hersteller Chem. Pharm. Lab. R. Schneider, Wiesbaden) vor. Man streicht bei kleinen Wunden, Frostbeulen, Insektenstichen und dergleichen ein wenig von dem flüssigen, leicht brennbaren, ätherisch riechenden Tubeninhalt auf die abgetupfte Stelle, bei größeren Wunden wird Watte mit etwas „Heftalin" befeuchtet, dann streicht man die Wattenränder gut fest. Nach Verdunstung des Lösungsmittels bleibt ein dünnes, auch beim Waschen zäh haftendes, nässeunempfindliches, elastisches Collodiumhäutchen zurück, das die Wunde verschließt und Bakterien abhält.

Die Nitrocelluloselacke bestehen aus Nitrocellulose (Kollodium), Harz, Lösungsmitteln und sogenannten Weichmachern. Mit diesen Lacken werden heute viele Autokarosserien und Möbel lackiert. Sie trocknen außerordentlich rasch (Trockenzeit ca. 5–30 Min.) durch Verdunstung des Lösungsmittel und eignen sich deshalb in erster Linie für das Spritzverfahren; Vorsicht! Feuergefahr! Die Nitro-Emaillen werden durch Vermischen von Nitrocelluloselack mit Farbkörpern und anschließender Vermahlung hergestellt. An Stelle der billigeren Nitrocellulosen kann man auch die feuersicheren Acetylcellulosen (Cellit, Cellon) in Aceton und dergleichen auflösen; es entstehen dann die bei Flugzeugen, Geweben, Tapeten und Papierstoffen verwendeten Acetylcelluloselacke.

In neuerer Zeit machen die „synthetischen Lacke" oder „Kunstharzlacke" den Öllacken und Nitrolacken vielfach Konkurrenz. Sie enthalten oft Alkydharze; das sind Verbindungen von Phthalsäure und Glycerin mit Fettsäurezusatz. Diese Lackanstriche sind sehr hart, elastisch, wetterbeständig, stoß- und schlagfest; sie eignen sich für Türen, Gartenmöbel, Eisenkonstruktionen usw. Andere Kunstharzlacke enthalten Phenol-Formaldehyd-Kondensationsprodukte oder Maleinatharze, Polystyrole, Polyvinylverbindungen, Polyester und dergleichen; oft kommen auch Kunststoffdispersionen zur Anwendung.

Die Chlorkautschuklacke bestehen aus Naturkautschuk oder Buna, welche mit Chlorgas behandelt und in flüchtigen Lösungsmitteln unter Zusatz von Harzen, Farbkörpern und Weichmachern gelöst werden. Diese Lacke widerstehen Säuren, Laugen, Salzlösungen und Wasser; sie werden daher in Laboratorien, Fabriken, Berg-

werken, als Unterwasseranstrich bei Schwimmbecken, als Rostschutzmittel bei Wasserflugzeugen usw. verwendet. Da Chlorkautschuk schon bei etwa 65 Grad erweicht, ist er z. B. bei Heizkörpern nicht verwendbar. Ein weiterer Lackrohstoff ist der sog. C y c l o k a u t s c h u k, ein Isomeres des Polyisoprens mit teilweise ringförmiger Struktur.
S i l i c o n l a c k e (s. auch S. 48) sind wärmebeständig, wasserabstoßend und witterungsfest; man verwendet sie in der Möbel-, Auto- und Bauindustrie. Heute werden mehrere Millionen Quadratmeter Außenwände mit Silicon-Bautenimprägniermitteln behandelt.
E p o x i d h a r z - L a c k e. Der Rohstoff zu dieser modernen Lacksorte wird meist durch Kondensation von Epichlorhydrin und Diphenylolpropan erhalten und je nach Molekulargewicht in festem, halbflüssigem oder flüssigem Zustand geliefert. Sie geben mit Aminen und Polyamidharzen kalthärtende Anstrichmittel (Grund- und Decklacke für Industrieanstriche, Außenlacke, Rostschutzanstriche, Innenanstriche für Tanks und Behälter, Schiffsanstriche usw.), mit Phenol-, Harnstoff-, Melamin- und Alkydharzen Einbrennlacke (z. B. für Drahtlacke, Konservendosen-Innenlackierung), mit Fettsäuren lufttrocknende Lacke (z. B. für Gartenmöbel, Fenster, Türen usw.).
Die B i t u m e n l a c k e sind Auflösungen von Asphalt, Teerpechen, Säureharzen u. dgl. in Lackbenzin u. a.; auch kombinierbar mit fetten, trocknenden Ölen, Chlorkautschuk, Natur- und Kunstharzen. Hauptverwendung: Metallanstrich, Isolierung im Bautenschutz.
5. V e r d ü n n u n g s - u n d L ö s u n g s m i t t e l
Zur Verdünnung von Ölfarben oder Lacken eignen sich die folgenden flüchtigen, das heißt vollständig verdunstenden Flüssigkeiten: Terpentinöl, Terpentinölersatzprodukte (aus der Destillation von Erdöl oder Steinkohle gewonnen), Erdöl, Benzin, Benzol, Schwefelkohlenstoff, Tetrachlorkohlenstoff, Amylalkohol, Spiritus, Äther, Methyläthylketon, Diäthylamin, Furfurol, Cyclohexanol, Cyclopentan, Glykoläther, Butylacetat, Amylacetat, Toluol, Isopropanol, Propanol, Wasser, Aldehyde und Aceton. Mit diesen Stoffen kann man auch alte Öl- oder Lackanstriche entfernen und Malergeräte (z. B. Pinsel) reinigen.
S p e z i a l f a r b e n
1. W a r m - u n d K a l t w a s s e r f a r b e n. Gewöhnlich werden die eingangs erwähnten Farbpulver in einem wasserlöslichen, öligen oder harzigen Bindemittel verrieben und mit dem Pinsel aufgestrichen. Neben diesen gibt es aber noch eine Anzahl anderer Verwendungsformen, welche im folgenden besprochen werden sollen. Bei den Warm- und Kaltwasserfarben ist das meist weiße Farbpulver (Kreide, Permanentweiß usw.) mit pulverisiertem Casein, Leim- oder Stärkeprodukten vermischt; zur leichteren Auflösung und Fäulnisverhütung wird noch Borax, Soda oder Alaun zugegeben. Im Bedarfsfall

rührt man dieses Gemisch mit warmem oder kaltem Wasser an und erhält so eine streichfertige Farbe für Zimmerwände, Decken usw.

2. A q u a r e l l f a r b e n. Dies sind meist ungiftige, anorganische Farben wie Zinkweiß, Cadmiumgelb, Chromgelb, Ocker, Zinnober, Berlinerblau, Ultramarin usw., welche mit einem Bindemittel (Gummiarabikum, Leim, Gelatine, Dextrin, Tragant, synthetische Produkte usw.) gemischt und in Tafeln oder „Knöpfe" gepreßt werden. Die einfachen Malkästen der Schüler enthalten in der Regel Aquarellfarben der obigen Art. Verreibe etwas Farbe in einigen Kubikzentimetern Wasser und filtriere! Der Farbstoff läuft trüb durchs Filter, er muß also äußerst fein gekörnt sein. Die durchschnittliche Größe von Aquarellfarbstoffkörnern liegt bei 0,00025 Millimeter, die meisten Bazillen sind wesentlich größer.

3. T e m p e r a f a r b e n (von ital. temperare = mischen) sind Malfarben, die man durch Verrühren eines Farbpulvers (Ruß, Ocker, Umbra, Bleiweiß, Eisenrot, Cadmiumgelb, Grünerde u. dgl.) mit Tempera erhält. Unter Tempera versteht man in der Malerei Bindemittel, die durch Vermischen von wässerigen Emulgatorlösungen (z. B. von Eiweiß, Dextrin, Gummi-arabicum, Leim, Casein und dergleichen) mit einem Öl (z. B. Leinöl, Leinölfirnis, Nußöl, Mohnöl, Öllack) entstehen. Eine Ei-Tempera erhält man z. B., wenn man den Inhalt eines ganzen rohen Eies (einschließlich Dotter) gründlich durchschüttelt, dann eine gleich große Raummenge Leinölfirnis dazugibt, wiederholt bis zur Bildung einer Emulsion umschüttelt und schließlich das Farbpulver dazumischt.

4. P a s t e l l f a r b e n. Dies sind trockene, walzenförmige, 5–10 Millimeter dicke Farbstifte ohne Holzhülle, die in der Kunstmalerei Verwendung finden. Die Farbe wird mit Schlämmkreide (braust bei Salzsäurezusatz auf!), Gips oder Tonerde und Wasser nach Zusatz von wenig Tragantschleim zu einem steifen Brei angerührt. Durch Pressen erhält man Stifte, die langsam getrocknet werden.

5. Ö l k r e i d e n werden wie Pastellfarben hergestellt, doch fügt man hier noch eine besondere organische Mischung hinzu, die z. B. Talg, Stearin, Vaseline oder Wachs enthält.

6. F a r b s t i f t e haben ähnlich wie Bleistifte eine Holzhülle. Die Farbmine besteht hier aus Kaolin, einer Mineralfarbe oder einem Teerfarbstoff und einem Bindemittel aus Tragantschleim oder Methylcellulose. Beispiel: Blaustifte können 80 Teile Kaolin, 20 Teile Miloriblau (Berlinerblausorte) und 32 Teile Tragantschleim 1 : 15 enthalten.

7. F a r b i g e W a n d t a f e l k r e i d e n[1] bestehen in der Regel aus

---

[1] Die gewöhnlichen weißen Schulkreiden werden aus feinstgeschlämmten Materialien (Gips, Kreide, Kaolin, weißer Ton, Magnesiumcarbonat oder Magnesia) und etwas Bindemittel (z. B. verdünnte Leimlösung) hergestellt.

Gips (kein Aufbrausen bei Salzsäurezusatz!), dem Mineralfarben (Eisenrot, Chromgelb usw.) beigemischt sind. Untersuche eine rote Kreide nach S. 19 f. auf Eisen!

Farbstoffe. Körperfarben sind farbige Körnchen, Farbstoffe dagegen zumeist färbende Lösungen. Unter den Hunderttausenden von organischen Verbindungen ist nur ein kleiner Teil farbig; von diesen finden etwa 2000 als Farbstoffe Verwendung, die in den 500 bis 1000 vom menschlichen Auge unterscheidbaren Farbtönungen geliefert werden. Der Ausgangspunkt für die allermeisten organischen Farbstoffe ist der Teer; man bezeichnet sie deshalb auch kurz als Teerfarben. Diese werden in der Textilindustrie in riesigen Mengen zur Färbung baumwollener, leinener, seidener und kunstseidener Stoffe verwendet. Des weiteren bedient man sich ihrer beim Eierfärben (Eierfarben enthalten z. B. einen Teerfarbstoff, Dextrin und Glaubersalz; sie werden in Täschchen oder Briefchen zu 1 bis 1,2 Gramm verkauft), bei der Herstellung farbiger Schuhcreme, Kernseifen, Lackfarbstoffen und Weihnachtskerzen, in der Nahrungsmittelindustrie zum Färben von Zuckerwaren (Osterhasen), Limonaden und bei der Neu- bzw. Umfärbung von Kleidungsstücken im Haushalt. Die Industrie hat kleine, billige, in Farbgeschäften und Drogerien erhältliche Farbstoffpackungen von etwa 15 bis 40 Gramm Gewicht in zahlreichen Farbtönen (z. B. Brauns „Citocolfarben", Heitmanns „Simplicolfarben") hergestellt, welche auf Grund der beiliegenden Gebrauchsanweisungen jedermann instand setzen, Kleidungsstücke aller Art ohne viel Schwierigkeiten zu färben. In farbigen Tinten und Tintenstiften sind Teerfarbstoffe enthalten, ebenso in manchen „Schönheitsmitteln" zur Färbung der Haare und Lippen. Lippenstifte werden beispielsweise aus wenig Eosinstearat (= Farbstoff) und viel Bienenwachs, Lanolin, Ceresin, hydrierten Ölen und Fetten (= fester Träger der Farbe) hergestellt. Das Eosinstearat erhält man durch Zusammenschmelzen von 1 Teil Eosin (= roter Tintenfarbstoff) und 9 Teilen Stearin. Die künstlichen Teerfarbstoffe, die heute in den Textilfärbereien der ganzen Welt vorherrschen, wurden vor rund 100 Jahren erstmals hergestellt. Vorher färbte man mit Pflanzenfarbstoffen wie z. B. natürlichem Indigo, Krapp, Gelbholz, Blauholz, Rotholz und einigen weniger wichtigen tierischen Farbstoffen wie z. B. Cochenille, Kermes und Purpur. Etwa von 1860–1914 wurden viele Teerfarbstoffe in den chemischen Laboratorien der Universitäten und Technischen Hochschulen synthetisiert; später übernahmen die Forschungslaboratorien der Farbstoffabriken diese Aufgabe. Die 5 wichtigsten Teerfarbstoffwerke der Bundesrepublik heißen: Badische Anilin- und Soda-Fabrik AG, Ludwigshafen; Farbenfabriken Bayer, Leverkusen und Uerdingen; Farbwerke Hoechst vorm. Meister Lucius und Brüning,

Farbstoffe

Frankfurt/Main-Hoechst; Cassella Farbwerke Mainkur, Frankfurt am Main, Fechenheim, und Naphtholchemie Offenbach, Offenbach am Main; die DDR wird von der Farbenfabrik Wolfen mit Farbstoffen versorgt.

Man unterscheidet im Bereich der Teerfarbstoffe in färbetechnischer Hinsicht zwischen folgenden Farbstoffen:

1. K ü p e n f a r b s t o f f e. Färberisch wertvollste, formenreichste Farbstoffgruppe; diese Farbstoffe werden durch einen Reduktionsvorgang (mit Natriumdithionit und dergleichen) in eine alkalilösliche Verbindung (Küpe) überführt, die sich auf der Faser durch Luftoxidation in den ursprünglichen, unlöslichen, lichtechten Farbstoff zurückverwandelt. Hierher gehören über 100 Indanthrenfarbstoffe (die aus mehreren tausend in früheren IG-Laboratorien synthetisierten Küpenfarbstoffen ausgewählt wurden), ferner die Helindonfarbstoffe, Algolfarbstoffe, der künstliche Indigo usw. Die Indanthrenfarbstoffe (zumeist Anthrachinonabkömmlinge) sind in Gelb, Orange, Rot, Blau, Schwarz usw. erhältlich; sie erreichen ein Höchstmaß an Wasch-, Licht-, Wetter- und Chlorechtheit; man verwendet sie zum Färben von Pflanzenfasern einschließlich Kunstseide und Zellwolle.

V e r s u c h : Wir füllen ein Probierglas zu ³/₄ mit Wasser, geben eine erbsengroße Menge pulv. Indigo, eine bohnengroße Menge Natriumdithionit ($Na_2S_2O_4$) und 1 cm³ Natronlauge dazu. Dann erwärmen wir etwa 5 Minuten lang, bis sich der Indigo aufgelöst hat. In die nun schwach gelbliche Lösung („Küpe") werden Woll- und Baumwollfäden hineingetaucht. Beim Aufhängen an der Luft färben sich die Fäden blau durch Oxidation.

2. S c h w e f e l f a r b s t o f f e. Von dieser wichtigen Farbstoffgruppe gibt es schwarze, blaue, grüne, gelbe und orangefarbene Vertreter; besonders bekannt sind das Schwefelschwarz, das Hydronblau (wird häufig zum Färben von blauen Arbeitskleidern verwendet), die Immedialfarbstoffe usw.

3. S ä u r e f a r b s t o f f e. Hier handelt es sich meistens um wasserlösliche Natriumsalze von sulfonierten Azo-, Triphenylmethan- und Anthrachinonfarbstoffen, die zumeist in saurer Lösung zum Färben von Wolle, Seide, Caseinfasern, Nylon, Perlon u. dgl. verwendet werden.

4. B a s i s c h e F a r b s t o f f e. Dies ist die älteste künstliche Farbstoffgruppe; hierher gehört auch der erste synthetische Teerfarbstoff, nämlich das 1856 von Perkin entdeckte Mauvein. Man verwendet diese Farbstoffe auch heute noch in erheblichem Umfang zum Färben und Bedrucken von tierischen und pflanzlichen Fasern, Papier, Lacken usw. Beim Färben von Baumwolle ist die sogenannte Tannin-Beize oder Katanol-Beize erforderlich. Die basischen Farbstoffe enthalten alle freie oder substituierte Aminogruppen und liegen als deren Salze (meist salzsaure Salze) vor. Hierher gehören chemisch sehr ver-

schiedene Gruppen, wie z. B. Di- und Triarylmethanfarbstoffe, Xanthen-, Thiazin-, Azin- und Polymethin-Farbstoffe.

5. **Substantivfarbstoffe** (Direktfarbstoffe), meist höhermolekulare, oft kolloidale Teerfarbstoffe, die zumeist zur Gruppe der Azofarbstoffe (—N=N— Gruppen im Molekül) gehören und nach Salzzusatz direkt zur Färbung von Pflanzenfasern verwendbar sind.

6. **Entwicklungsfarbstoffe**. Bei dieser sehr verschiedenartigen Farbstoffgruppe wird der Farbstoff durch chemische Reaktionen auf der Faser erzeugt und befestigt. Hierher gehören verschiedene Substantivfarbstoffe, das Anilinschwarz und Naphtholfarbstoffe.

Versuch: Wir lösen 1 g pulv. gelbrote Kristalle von Kaliumdichromat im Becherglas in 100 cm^3 Wasser auf, dem vorher 1 cm^3 konz. Schwefelsäure zugesetzt wurde. In diese Flüssigkeit tauchen wir ein Stück Baumwollgewebe, rühren dann 1 cm^3 einer Mischung aus gleichen Teilen Anilin und konz. Salzsäure hinein und erhitzen 5 Minuten lang zum Sieden. Die gelbrote Lösung wird allmählich schwarz. Das Gewebe nimmt diese Farbe auch nach 5 Minuten an. Wir spülen das Baumwollgewebe in Leitungswasser ab. — Anilinschwarz ist ein Entwicklungsfarbstoff, der aus einfachen Bestandteilen während des Färbens erzeugt wird. Er wird in großen Mengen zum Färben der Baumwolle gebraucht.

7. **Chromier- und Beizenfarbstoffe**. Diese enthalten „beizenziehende Gruppen", welche mit Metallsalzen (z. B. Al-, Cr-, Fe- u. a. Salzen) mehr oder weniger schwerlösliche Verbindungen (Farblacke genannt) eingehen; hierher gehören viele Azo-, Triarylmethan- und Anthrachinonfarbstoffe (Alizarin).

8. **Dispersionsfarbstoffe**. Gruppe von chemisch sehr verschiedenartigen, wasserunlöslichen Teerfarbstoffen, die sehr fein zermahlen unter Mitwirkung von Dispersionsmitteln zum Färben von Synthesefasern (Acetatseide, Perlon, Nylon, Dralon, Trevira u. dgl.) verwendet werden. Die Dispersionsfarbstoffe (z. B. Polyestren-, Celliton-, Palanil-, Cibacet-, Setacyl-Farbstoffe) bilden mit den Fasern sozusagen feste, wasserunlösliche Lösungen und geben dadurch dauerhafte Färbungen.

9. **Reaktivfarbstoffe** (Reaktionsfarbstoffe). Gruppe von neueren Farbstoffen, die beim Färben mit den OH-Gruppen der Cellulose (z. B. von Baumwolle), in Spezialfällen (z. B. Cibacron- und Cibacrolan-Farbstoffe) auch mit den Aminogruppen von Wolle chemisch reagiert. Hierher gehören z. B. die Cibacron-, Drimaren-, Levafix-, Procion-, Reacton- und Remazol-Farbstoffe.

Versuch: In einem Osterhasen läßt sich der Teerfarbstoff folgendermaßen nachweisen: Man löst ein farbiges Bruchstück in Wasser, gibt zu der Lösung einige Weinsäurekristalle und einen weißen Wollfaden. Die Flüssigkeit wird etwa eine Viertelstunde gekocht. Der Faden hat sich nach dieser Zeit gefärbt; die Farbe ist auch durch gründliches Abwaschen nicht zu entfernen. Der Versuch gelingt auch mit roter Limonade.

Fingerabdrücke. Die Unterseite unseres Daumens und der übrigen Fingerspitzen zeigt bei näherer Betrachtung Dutzende von feinen 0,1 bis 0,4 Millimeter hohen Linien. Die Muster dieser Handlinien sind bei allen Fingern derselben Hand, ja sogar bei allen Fingern einer ganzen Stadt, eines Landes, und selbst der ganzen Menschheit so verschieden, daß sie den einzelnen Menschen besser kennzeichnen als der beste Steckbrief. Das Linienmuster bleibt von der Wiege bis zum Grabe unverändert; selbst unter angeätzter oder verbrannter Haut wachsen die „angeborenen" Fingerlinien wieder nach. Kein Wunder, daß man die Fingerabdrücke schon seit alter Zeit als Ausweismittel und Erkennungszeichen benützt. So fand man z. B. in China einen Kaufvertrag aus dem Jahre 782 n. Chr., der ausdrücklich durch Fingerabdruck und Unterschrift bestätigt wurde. Auch heute noch werden im Fernen Osten in Büchern an Stelle der Namen die Fingerabdrücke der Besitzer angebracht. In die nach Kriegsende in Deutschland eingeführten Kennkarten kam der Fingerabdruck des Inhabers. Im polizeilichen Erkennungsdienst werden von den Verbrechern bei der Einlieferung Fingerabdrücke hergestellt und in Zentralstellen gesammelt.

Deutliche Fingerabdrücke erhält man nach folgenden Verfahren:

1. Wir bewegen eine brennende Kerze dicht unter einer Glasplatte hin und her, so daß sich eine dünne Rußschicht bildet. Drückt man nach dem Erkalten einen Finger auf den Ruß, so entsteht ein schöner Abdruck. Das gleiche ist der Fall, wenn der Finger nachher auf glattes, weißes Papier gepreßt wird. In ähnlicher Weise nimmt die Polizei Fingerabdrücke auf; statt der rußigen Glasscheibe wird dort eine mit Druckerschwärze überzogene Metallplatte verwendet.

2. Wir tauchen die Fingerspitze in 20%ige Schwefelsäure und pressen sie mehrmals nebeneinander auf glattes Papier. Wird dieses über einer kleinen Flamme erwärmt, so treten allmählich schwarze Fingerlinien hervor. Der erste Abdruck wird oft zu einem Klecks, die späteren, mit weniger Säure hergestellten Abdrücke sind meist schöner. Erklärung: Die auf den Fingerlinien befindliche Schwefelsäure wird auf das Papier gedrückt und ruft dort beim Erwärmen eine Verkohlung hervor.

3. Man löst ein Gramm gelbes Blutlaugensalz in 100 Kubikzentimeter Wasser auf, tränkt einen Wattebausch mit der Lösung und bestreicht ein Stück Papier. Während des Trocknens wird ein Gramm braunes Eisenchlorid in einem Liter Wasser aufgelöst. Sobald das Papier trocken ist, tauchen wir den Finger in die Eisenchloridlösung und drücken ihn mehrmals nebeneinander auf das Papier. Es entstehen auf diese Weise schöne Fingerabdrücke von Berlinerblau, einer bekannten Malerfarbe.

Natürlich findet der Detektiv am Tatort höchst selten deutliche Fingerabdrücke. In vielen Fällen wird er die Fingerabdrücke überhaupt nicht sehen, sondern höchstens vermuten können. Die Sichtbarmachung unsichtbarer Fingerabdrücke kann nach folgenden Verfahren durchgeführt werden:

1. Drücke die mit Seife gereinigte Fingerspitze kräftig auf ein glattes, weißes Papier! Von einem Abdruck ist fast nichts zu sehen. Wir umranden die Abdruckstelle mit dem Bleistift und streuen feinstes Aluminiumpulver (z. B. die in Drogerien erhältliche Aluminium-Standard-Lackbronze) darüber, breiten es durch leichtes Klopfen vorsichtig aus und blasen es hernach wieder weg. Die auf dem Blatt haftenden Aluminiumspuren lassen dann den Fingerabdruck deutlich erkennen. Erklärung: Die Fingerlinien haben auf dem Papier geringe Mengen von Wasser und Fett zurückgelassen; diese halten ein wenig von dem leichten Aluminiumpulver fest. Da Wasser leicht verdunstet, führt das Verfahren nur zum Ziel, wenn der Abdruck noch keine 24 Stunden alt ist. Im Ernstfall streut der Detektiv das Aluminiumpulver überallhin, wo Abdrücke zu vermuten sind. Nach dem Wegblasen des Pulvers werden dann oft schöne Fingerspuren sichtbar.

2. Wir drücken den gereinigten Finger kräftig auf ein glattes Papier und umrahmen die unsichtbare Druckstelle mit dem Bleistift. Dann streicht man mit einem Papierstreifen gewöhnliche Tinte über die Druckstelle. Spült man nach einigen Sekunden die Tinte mit Leitungswasser ab, so erscheint der Abdruck in schön blaßblauer Farbe. Stelle fest, ob ein unsichtbarer Abdruck auch noch einige Tage später nach diesem Verfahren „entwickelt" werden kann!

3. Wir schreiben unseren Namen mit dem Fingernagel auf eine gewöhnliche, nicht mit Wasserdampf beschlagene Fensterscheibe. Die Schrift bleibt unsichtbar. Hauchen wir aber darüber, so erscheint sie deutlich, da sich der Wasserdampf an den beschriebenen Stellen in anderer Weise niederschlägt. Schreibt man mit einem Holzstückchen auf gewöhnliches, glattes Papier, so ist die Schrift unsichtbar. Sie kann sichtbar gemacht werden, wenn man zu dem Papier ein Körnchen Jod legt und eine Schale darüberstülpt. Das Jod verdampft und läßt je nach der Wärme des Zimmers die Schrift schon nach einer Viertelstunde oder erst nach einigen Stunden deutlich braun erscheinen. Auch hier schlagen sich die Joddämpfe (wie der Wasserdampf) auf den beschriebenen Stellen infolge „veränderter Kondensationsbedingungen" anders nieder als auf den unbeschriebenen. Mit der „Jodmethode" kann man auch andere unsichtbare Schriften leserlich machen, die mit irgendeiner unbekannten Geheimtinte hergestellt wurden. Bei den Fingerabdrücken verfährt man ähnlich. Selbst völlig unsichtbare Abdrücke auf glattem Papier erscheinen oft in allen Einzelheiten, wenn man ein Körnchen Jod zum Papier gibt, eine Schale darüberdeckt und einige Stunden wartet. Nach diesem Verfahren konnte man Fingerabdrücke sichtbar machen, die über zehn Jahre alt waren.

Fleckenreinigung. Allgemeine Richtlinien. Wir wollen im folgenden die Chemie der Fleckenreinigung kennenlernen. Zu diesem Zweck werden wir in einigen Übungsstunden auf Papierstücken, Kleiderabfällen, Glas- oder Porzellanscherben, ausgebrauchten Metallgeräten und anderen wertlosen Dingen Flecke von Fett, Farben, Tinten, Milch, Gras, Rost und verschiedenen Chemikalien anbringen und sie nach den später angegebenen Verfahren wieder entfernen. Mit diesen praktischen Erfahrungen ausgestattet, dürfte man dann auch im „Ernstfall" Erfolg haben. Bei der Fleckenreinigung sind stets folgende Tatsachen zu beachten:

1. Es gibt kein Universalfleckenreinigungsmittel, das imstande wäre,

Flecke jeglicher Art zu entfernen. Rostflecke verlangen eine andere Behandlungsweise als Fettflecke, und diese müssen wieder anders behandelt werden als Säuren oder Laugen. Um das richtige Mittel anzuwenden, ist es sehr wichtig, die chemische Beschaffenheit des Flecks zu kennen.

2. Der gleiche Fleck kann unter Umständen auf verschiedenen Unterlagen verschiedene Reinigungsverfahren erfordern; so werden z. B. Fettflecke auf Leinwand anders behandelt als auf farbigen Wollstoffen oder auf Glasscheiben.

3. Je jünger der Fleck, desto leichter seine Beseitigung! Bei sofortigem Einschreiten genügt in vielen Fällen reines, heißes Wasser.

4. Im „Ernstfall" bringe man an einer nicht weiter sichtbaren Stelle einen Fleck der gleichen Art an und probiere daran das Fleckenentfernungsmittel vorher aus. Bei manchen farbigen Stoffen kann nämlich das Reinigungsmittel Spuren hinterlassen.

5. Wenn auf Stoffen Flecke mit flüssigen Reinigungsmitteln entfernt werden, ist es notwendig, einige übereinandergelegte, weiße Fließpapiere oder Filter unter die fleckige Tuchstelle zu legen, damit das „schmutzbeladene" Reinigungsmittel nachher vom Papier aufgenommen wird und sich nicht etwa in den gereinigten Stellen einsaugt, wo es von neuem Flecke hervorrufen könnte.

Von den verschiedenen Flecksorten wollen wir an dieser Stelle zuerst die sehr wichtigen Fett- und Ölflecke behandeln.

a) F e t t - u n d Ö l f l e c k e. Fett ist im Wasser unlöslich, es kann also nicht gut mit Wasser herausgewaschen werden. Dagegen lösen sich Fette und Öle leicht in Benzin, Schwefelkohlenstoff, Trichloräthylen, Tetrachlorkohlenstoff u. a., wie folgender Versuch zeigt: Wir geben eine Messerspitze Fett in ein Probierglas und füllen bis zur Hälfte mit einer dieser Flüssigkeiten auf. Nach einigem Umschütteln ist das Fett „verschwunden"; es hat sich aufgelöst. Gießen wir die Flüssigkeit auf eine Glasplatte (Vorsicht! Flamme beiseite stellen, Benzin und Schwefelkohlenstoff sind sehr feuergefährlich! Auch soll man die Dämpfe dieser Stoffe nicht längere Zeit einatmen, sie sind ungesund!), so verdunstet das Lösungsmittel, und das Fett scheidet sich wieder aus. Daraus folgt, daß man die fetthaltige Lösung immer wieder (mit ungefärbtem Fließpapier) aus dem Fleck herausziehen muß, da sich sonst nach dem Verdunsten des Lösungsmittels das Fett wieder festsetzt. F e t t e und Ö l e sind chemisch ähnlich, sie werden deshalb nach dem gleichen Verfahren beseitigt.

Entfernen von Fett- oder Ölflecken auf Papier oder Steinplatten:

1. Man streicht mit einem benzingetränkten Tuch oder Wattestück unter öfterem Umwenden so lange über den Fleck, bis alles Fett weggelöst ist. Tintenschrift und Druckbuchstaben werden bei dieser Behandlung nicht verwischt. Vorsicht! Feuergefahr!

2. Wir rühren Magnesiumoxid (= Magnesia usta = gebrannte Magnesia) in einem Schälchen so lange mit etwas Benzin an, bis eine krümelige Masse entsteht. Da Benzin sehr schnell verdunstet, ist es nötig, rasch zu arbeiten und die Schale in den Pausen sofort mit einem größeren Gefäß zu überdecken. Die krümelige Masse verreibt man rasch auf dem Fleck, legt ein Papier darüber, bedeckt mit einer Glasplatte und legt auf diese einige schwere Bücher oder einen Gewichtsstein. Nach etwa 5–10 Minuten werden die Magnesiakrümel wieder abgeklopft. Das Fett ist dann großenteils vom Papier verschwunden. E r k l ä r u n g : Das Benzin löste das Fett aus dem Papier heraus, hernach wurde es von der Magnesia aufgesogen. Auf dem gleichen Prinzip ist die vielverwendete „Flecken-Paula" (Lingner und Fischer, Bühl/Baden) aufgebaut; diese in Tuben erhältliche weiße Paste enthält organische Lösungsmittel (Erdölgeruch), Reinigungssubstanzen und Pigmentstoffe. Die Lösungsmittel lösen Öle, Fette, Teer, Harze u. dgl. auf Geweben aller Art (Ausnahme Kunstseide und imprägnierte Stoffe); die Pigmente adsorbieren die gelösten Verunreinigungen und werden nach dem Trocknen abgebürstet. Schüttle einen etwa 2 cm langen Strang der Paste mit einem halben Probierglas voll Wasser und stelle es dann beiseite. Nach einiger Zeit hat sich am Boden das Pigment und auf der Wasseroberfläche das Lösungsmittel angesammelt.

Fett- und Ölflecke auf Glasscheiben, Spiegeln und dergleichen werden durch Abwaschen mit Natronlauge oder Seifenwasser entfernt. E r k l ä r u n g : Diese Stoffe emulgieren das Fett, das heißt, sie zerteilen es in viele kleine Tröpfchen, die leicht abgespült werden können.

Fett- und Ölflecke auf farbigen Wollstoffen oder Baumwollstoffen: Auswaschen mit lauem Seifenwasser oder mit Tetrachlorkohlenstoff.

Fett- und Ölflecke auf Seide: Tränke den Fleck mehrmals mit Benzin und sauge dieses mit Fließpapier, Magnesia oder gepulverter Kreide auf!

Für die sehr zahlreichen Fett- und Ölflecke hat die Industrie verschiedene Fleckenreinigungsmittel hergestellt, die zumeist aus Fettlösungsmitteln bestehen. Das hochwirksame benzin- und benzolfreie, unbrennbare Fleckenwasser „UHU-Flux" (Lingner und Fischer, Bühl/Baden) besteht aus Chlorkohlenwasserstoffen. Das bekannte „Fleck-Fips"-Fleckenreinigungsmittel (Ariko-GmbH., München) besteht im wesentlichen aus Trichloräthylen („Tri", C_2HCl_3); dies ist ein unbrennbares Lösungsmittel für alle Fette, Öle, Harze, Peche usw. Das Fleckenwasser „Spektrol" (Pfeilring-Werke AG, Freiburg i. Br.) ist ein Gemisch aus Tetrachloräthylen, Leichtbenzin und Amylacetat.

Die vielverwendete Fleckenpaste „K2r" (Ka-zwei-r Chemie GmbH., Köngen) enthält ein Adsorptionsmittel (40% pulverisierte Cellulose) und ein Lösungsmittelgemisch aus ca. 15 Vol-% Alkohol, ca. 25 Vol-% 1,2-Dichloräthan und ca. 60 Vol-% Leichtbenzin (Siedegrenze 60 bis 100° C). „K2r" gibt es auch als Spray, mit dem größere Flecken entfernt werden können.

Versuche: Gieße in ein Probierglas ca. 2-3 Kubikzentimeter „Fleck-Fips" und die dreifache Wassermenge. „Fleck-Fips" bleibt unten, es mischt sich nicht mit Wasser. Beim Umschütteln entsteht vorübergehend eine grobe Emulsion, die sich rasch wieder entmischt. „Fleck-Fips" sinkt nach unten – reines Trichloräthylen hat die Dichte von 1,466 g/cm³. Bringe 1 bis 2 Kubikzentimeter „Fleck-Fips" in ein Porzellanschälchen und erhitze von unten und oben; es entstehen nur ganz kurze, rasch wieder verlöschende Flammen; „Fleck-Fips" ist nicht feuergefährlich. Glühe einen Kupferdraht aus, bis er keine Färbung mehr gibt, tauche ihn nach der Abkühlung in „Fleck-Fips" und halte ihn dann wieder in die Flamme. Man beobachtet nach einiger Zeit eine grüne Flammenfärbung (verursacht durch flüchtiges Kupferchlorid); diese Reaktion beweist, daß „Fleck-Fips" chemisch gebundenes Chlor enthält, siehe Beilsteinsche Probe. Lege ein Stückchen Stoff mit einem Ölflecken in eine mit Fleck-Fips gefüllte Schale und schwenke etwas um. Der Ölfleck verschwindet bald, da sich alle Öle, Fette, Harze usw. in Fleck-Fips rasch auflösen. Prüfe in ähnlicher Weise „Spektrol", „UHU-Flux", „Antol" (Feodor Voigt, Göttingen) usw. Bringe einen ca. 1 cm langen Strang des in Tuben verkauften, pastenartigen „K2r" in eine Porzellanschale und nähere ein Streichholz! Es entsteht eine rußende Stichflamme, die rasch erlischt. Gibt man ein ca. 1 cm langes Stück dieser Paste in ein Probierglas, das zur Hälfte mit Wasser gefüllt ist, so entsteht nach längerem Umschütteln, Erwärmen und Abkühlenlassen bei Zugabe von etwas Jodtinktur eine für Stärke charakteristische Blaufärbung, die bei erneutem Kochen verschwindet und bei der Abkühlung wieder auftritt. Bringt man ein wenig von der blauen Masse unter das Mikroskop, so sieht man blaue Stärkekörner. Anwendung: Man bringt ein wenig von der Paste auf Flecke von Fett, Firnis, Harz, Öl, Ruß, Schweiß, Teer u. dgl. auf Wolle, Baumwolle, Seide, Nylon, Perlon, Polsterstoffe, Teppiche oder Papier, bestreicht den Fleck bis über den Rand hinaus mit der Paste, verschließt die Tube sofort wieder und wartet einige Minuten. In dieser Zeit löst das Lösungsmittel der Paste die fettigen Verunreinigungen auf; das Fett, Öl u. dgl. wandert ins Stärkepulver hinein, das man nach einigen Minuten (wenn das Lösungsmittel verdunstet ist) bequem abbürsten kann. Auf dem gleichen Prinzip beruht auch das auf S. 114 beschriebene Reinigungsverfahren für Fett- und Ölflecke.

b) Harzflecke: Bei weißen, baumwollenen oder leinenen Stoffen wird der Fleck zunächst mit etwas Glycerin aufgeweicht, dann mit Oxalsäure behandelt und zum Schluß mit wenig Salmiakgeist betupft. Harzflecke auf farbigen Stoffen weicht man zunächst in etwas warmem Glycerin auf und wäscht sie dann mit denaturiertem Alkohol (Brennspiritus) aus. Erklärung: Alkohol ist ein Lösungsmittel für Harz.

c) Ölfarbenflecke auf weißen und farbigen Stoffen: Man behandelt den Fleck zuerst mit Terpentinöl, dann mit Spiritus, schließlich mit Benzin und zuletzt mit Seife. Erklärung: Die Ölfarben sind zumeist mit Leinöl oder anderen Ölen angerührt, die sich in

Terpentinöl auflösen. Terpentinöl ist wiederum in Alkohol leicht löslich (Versuch!). Auch die Farbkörnchen selbst heben sich ab und werden von Terpentinöl bzw. Alkohol aufgenommen. Terpentinöl wird infolge dieser Eigenschaft auch zum Reinigen von Ölfarbenpinseln sowie zur Entfernung von Ölfarbenflecken auf der Haut, auf Holz, Glas, Papier usw. verwendet.

d) **Rußflecke an den Händen**: Abwaschen mit Seife. Auch bei vielen berußten Stoffen führt Seifenwasser zum Ziel. Rußflecken auf Papier und Glas werden leicht durch Abreiben mit weichem Brot beseitigt, da dieses die Rußteilchen an sich zieht.

e) **Flecke von Pflanzenfarben, Obst, Beeren, Kirschen, Rotwein**: In Weißzeug werden diese Flecke mit schwefliger Säure oder heißem Chlorwasser behandelt. Erklärung: Die schweflige Säure wirkt als Reduktionsmittel, das Chlorwasser als Oxidationsmittel. Beidemal entstehen durch diese chemischen Vorgänge farblose Verbindungen. Die bleichende Wirkung läßt sich auch zeigen, wenn man zerdrückte Heidelbeeren oder Kirschen in Chlorwasser kocht oder eine blaue Blume unter eine Glasglocke stellt und darunter etwas Schwefel verbrennt. Finden sich die obengenannten Flecke auf farbigen Stoffen, so verzichtet man lieber auf das Chlorwasser, da dieses auch die Farben des Tuchs angreifen könnte. In diesen Fällen führt oft längeres Auswaschen mit lauem Seifenwasser zum Ziel. Die Natriumdithionitpräparate (z. B. Blankit, Burmol, Ferrum-Ex) sind in diesen Fällen ebenfalls geeignet.

f) **Kalk, Laugenflecke**: Auf Weißzeug wird der Fleck längere Zeit mit Wasser ausgewaschen; bei bunten Stoffen verteilt man stark verdünnte Zitronensäure Tropfen für Tropfen mit der Fingerspitze auf den Fleck. Man kann auch sofort mit Wasser betupfen, dann mit 1%iger Salzsäure behandeln und zuletzt mit klarem Wasser gründlich auswaschen. Laugenflecke auf Marmor dürfen nicht mit Säure behandelt werden. Erklärung: Laugen werden am besten durch eine schwache Säure neutralisiert und dann herausgewaschen. Die benützte Säure muß stark verdünnt sein, da sie sonst den Stoff selbst angreifen und brüchig machen würde. Gewöhnlicher Kalk ist in Salzsäure löslich (Gleichung: $CaCO_3 + 2 HCl \rightarrow CaCl_2 + H_2O + CO_2$); **er verwandelt sich in Calciumchlorid und kann als solches leicht mit Wasser herausgewaschen werden.** Ist eine Marmorplatte mit Lauge oder Kalk verunreinigt, so darf keine Säure dagegen verwendet werden, da Marmor aus reinem Kalk besteht und somit von der Säure ebenfalls angegriffen würde.

g) **Flecke von Säuren, Essig, saurem Most, saurem Wein, Obst**: Vielfach genügt einfaches Auswaschen; bei farbigen Flüssigkeiten kann dazu verdünntes Chlorwasser verwendet werden. Frische Flecke von stärkeren Säuren (z. B. Schwefelsäure,

Salzsäure und dergleichen) müssen so schnell als möglich mit Salmiakgeist gewaschen werden. Man kann auf den nassen Fleck auch so lange Soda- oder Natronpulver streuen, bis keine Gasbläschen mehr auftreten, und dann mit Wasser auswaschen. E r k l ä r u n g : Die Farbstoffe werden durch das Chlorwasser zu farblosen Verbindungen oxidiert. Starke Säuren müssen sofort neutralisiert werden, da sonst das Gewebe nach einiger Zeit brüchig wird. Diese Neutralisation geschieht am besten mit 10%igem Salmiakgeist (Gleichung: $HCl + NH_3 \rightarrow NH_4Cl$), da hier ein oft nicht vermeidbarer Überschuß bald verdunstet und nicht (wie bei Anwendung von Kalilauge oder Natronlauge) selbst wieder Schädigungen hervorrufen kann. Bestreut man einen frischen Säurefleck mit Soda, so wird die Säure ebenfalls unschädlich gemacht. Zwischen Schwefelsäure und Soda spielt sich dabei folgende Reaktion ab: $H_2SO_4 + Na_2CO_3 \rightarrow Na_2SO_4 + H_2O + CO_2$. Das Aufschäumen rührt von Kohlendioxid her; sobald die Säure neutralisiert ist, hört die Gasentwicklung auf. Natürlich ist diese Neutralisierung nur bei Anwesenheit von Wasser möglich. Man wird deshalb in vielen Fällen am besten sofort eine Sodalösung verwenden. Nach der Neutralisierung der Säuren müssen die entstandenen Salze mit Wasser herausgewaschen werden.

h) B l u t f l e c k e, frisch: Auswaschen mit Chinosol-Lösung, bei älteren Flecken Seifenwasser, in dem etwas Soda gelöst wurde. Oder: Lösungen von Burnus, Enzymolin u. dgl. (ca. 40° warm).

i) F a r b s t o f f - F l e c k e n von Farbbändern, Stempelkissen, Kopierstiften, Kugeltintern u. dgl.: mit spiritusgetränktem Wattebausch auswaschen oder Blankit, Burmol, Brauns Entfärber, Heitmanns Entfärber, Radiergummi (bei Rußfarben) verwenden.

k) R o s t f l e c k e u n d E i s e n g a l l u s t i n t e n : Man taucht weiße oder bunte Stoffe sofort in kaltes Seifen- oder Essigwasser und betupft mit 10%iger Zitronensäure, 3%iger Salzsäure, heißer, 10%iger Oxalsäure oder einer Kleesalzlösung – Vorsicht, giftig! Nach längerem Betupfen müssen die betreffenden Stellen mit viel Wasser oder einer verdünnten Sodalösung abgespült werden. E r k l ä r u n g : Siehe folgende Versuche!

V e r s u c h e : Wir geben etwas braunen Eisenrost in ein Probierglas und kochen ihn längere Zeit mit verdünnter Salzsäure. Der Eisenrost wird angegriffen, und die Flüssigkeit färbt sich allmählich von gelöstem Eisenchlorid gelb. Der Vorgang kann durch folgende Gleichung annäherungsweise ausgedrückt werden: $Fe_2O_3 + 6 HCl \rightarrow 2 FeCl_3 + 3 H_2O$. Daß sich hierbei festes Eisen in der Salzsäure tatsächlich aufgelöst hat, läßt sich durch Eingießen einer Lösung von Kaliumhexacyanoferrat (II) (gelbes Blutlaugensalz) beweisen. Es entsteht nämlich in diesem Fall sofort ein dicker, blauer Niederschlag von Berlinerblau, eine Reaktion, die nur bei Anwesenheit von gelöstem Eisen stattfindet. Nimmt man statt der Salzsäure Essigsäure, Zitronensäure oder Oxalsäure, so entstehen bei längerem Erwärmen komplizierte Eisensalzlösungen. Bei Zusatz von Blutlaugensalzlösung ist zunächst nur eine schwache Blau- und Grünfärbung zu beobachten. Gibt man aber etwas Salzsäure dazu, so wird das „Komplexsalz" zerstört, und es tritt sofort ein deutlicher Niederschlag von Berlinerblau auf, der beweist, daß auch Essig-, Zitronen- und Oxalsäure den Eisenrost auflösen. Die Säuren müssen nachher aus den Geweben gründlich ausgewaschen werden, da sie z. B. Cellulosegewebe brüchig machen.

„Ferrum-Ex" (Heitmanns Rost- und Fleckenentferner, Gebr. Heitmann, Warburg/Westf.) ist ein feines, weißes, in Wasser klar lösliches Pulver, das laut Angabe weder Chlor noch Kleesalz enthält und zur Entfernung von Rost-, Gemüse-, Waldbeer-, Kaffee-, Obst-, Jod-, Rotwein- und Tintenflecken verwendet werden kann. Löse eine etwa bohnengroße Menge „Ferrum-Ex" in einem halben Probierglas voll Wasser auf. Gieße etwa 1 Kubikzentimeter davon zu verdünnter brauner Jodlösung (augenblickliche Entfärbung). Verdünne etwas Füllfederhaltertinte im Probierglas mit der zwanzigfachen Wassermenge und lasse auf kleine Proben davon ein wenig von der „Ferrum-Ex"-Lösung einwirken (Entfärbung). Tauche Lackmuspapier in die „Ferrum-Ex"-Lösung (rasche Bleichung des Papiers); lasse „Ferrum-Ex" auf Rotwein, Heidelbeersaft oder auf gefärbten Himbeersirup einwirken (Entfärbung). Füge zu „Ferrum-Ex"-Lösung etwas Salzsäure! Nach kurzer Zeit entsteht unter Schwefeldioxidentwicklung (stechender Geruch wie bei verbrennendem Schwefel) eine milchige, weiße bis gelbliche Trübung von feinzerteiltem Schwefel, die durchs Filter fließt. Bringe eine bohnengroße Menge „Ferrum-Ex" ins Probierglas, gieße ca. 5 Kubikzentimeter Natronlauge dazu, verschließe mit dem Daumen und schüttle etwa 20mal kräftig um! Nachher bleibt das Probierglas am Daumen hängen, und wenn man das Glas unter Wasser öffnet, steigt die Flüssigkeit einige Zentimeter ins Probierglas hinein. Erklärung: In „Ferrum-Ex" und in vielen ähnlichen Präparaten ist Natriumdithionit ($Na_2S_2O_4$) enthalten, und eine alkalische Natriumdithionitlösung absorbiert Luftsauerstoff, so daß im Probierglas ein luftverdünnter Raum entstand. Gieße im Probierglas Lösungen von „Ferrum-Ex" und Silbernitrat (bzw. Kupfersulfat) zusammen! Es entstehen dunkle Niederschläge von Silber (bzw. Kupfer); Natriumdithionit ist ein starkes Reduktionsmittel, das Silbernitrat zu Silber, Kupfersulfat zu Kupfer und Quecksilberchlorid zu Quecksilber reduziert. Untersuche in gleicher Weise die Rost- und Tintenreinigungsmittel „Tintavia" (Tintentod, Feodor Voigt, Göttingen), „Voigts Antiferr" (Feodor Voigt, Göttingen), „Hascherpur" (Tubencreme mit Schaumstoffen u. dgl., hergestellt von H. Keim, Chem. Fabrik, Warmbronn) usw.

Natriumdithionit ist nur bei völlig trockener und kühler Aufbewahrung lagerbeständig. Die Lösung geht leicht in Natriumthiosulfat über. Ältere, unzweckmäßig aufbewahrte Präparate sind oft zersetzt und geben die obigen Reaktionen nicht mehr.

In der Färberei werden Natriumdithionitpräparate in großem Umfang als Reduktionsmittel bei der Herstellung von Küpenfarbstoffen, zum Abziehen von Färbungen, zu Reinigungszwecken usw. verwendet; weitverbreitete Präparate dieser Art sind z. B. „Blankit", „Burmol" (Badische Anilin- und Sodafabrik), „Brauns Rostentferner", „Brauns Entfärber" (Brauns Anilinfabrik, München) und dgl.

Zur Entfernung von Tintenflecken kann man auch eine selbsthergestellte Lösung von 10 Gramm Natriumdithionit ($Na_2S_2O_4$) in 90 Gramm Wasser verwenden. Man betupft den Fleck mit dieser Lösung (Zerstörung organischer Farbstoffe), benetzt mit 10%iger Zitronensäure (löst Eisengallustinte) und fließt mehrmals ab.

Fleckenreinigung

Bei chemischen Versuchen aller Art entstehen oft Flecke, die sich mit den üblichen Fleckenreinigungsmitteln nicht entfernen lassen und deshalb eine Sonderbehandlung erfordern. Wir wollen im folgenden nur einige wichtigere Fälle aufführen.

B r a u n s t e i n f l e c k e auf der Hand oder auf Tuch sind zunächst mit Seife zu behandeln. Versagt dieses Mittel, so streue man etwas Natriumhydrogensulfit ($NaHSO_3$, in Drogerien und Apotheken erhältlich) auf den Fleck und benetze ihn gleichzeitig mit einer kleinen Menge verdünnter Salzsäure – umreiben! Sobald man Wasser darüberspült, ist der Fleck nahezu beseitigt. Gegebenenfalls ist das Verfahren zu wiederholen. Am Schluß sind die Säurespuren gründlich auszuwaschen. E r k l ä r u n g : Natriumhydrogensulfit bildet mit Salzsäure aufschäumendes Schwefeldioxid. Gleichung: $NaHSO_3 + HCl \rightarrow NaCl + H_2O + SO_2$. Dieses verbindet sich mit dem dunklen, unlöslichen Braunstein und verwandelt ihn in das wasserlösliche, nahezu farblose Manganditionat nach der Gleichung: $MnO_2 + 2 SO_2 \rightarrow MnS_2O_6$.

K a l i u m p e r m a n g a n a t f l e c k e. Wenn die dunkelviolette Kaliumpermanganatlösung mit der menschlichen Haut oder mit Holz, Papier, Kleiderstoffen usw. in Berührung kommt, so wird sie durch die organischen Stoffe zum Teil unter Ausscheidung von braunen bis gelben Braunsteinflecken zersetzt (reduziert). Die Braunsteinflecke können durch eine Natriumbisulfitlösung, der man etwas Salzsäure beimischt, spielend entfernt werden. E r k l ä r u n g : Siehe voriges Beispiel (Braunstein)! Sollte kein Natriumbisulfit zur Verfügung stehen, so kann man auch das in Photogeschäften erhältliche, gewöhnliche Fixiersalz (Natriumthiosulfat) benützen. Um dessen Wirkung zu erproben, reiben wir etwas Kaliumpermanganatlösung auf die Innenfläche der Hand ein. Die dunkelviolette Lösung wird dabei zunächst rot, schließlich nimmt die Haut eine gelbbraune Farbe an. Nun geben wir eine Messerspitze Fixiersalz in ein Probierglas, füllen zur Hälfte mit Wasser auf, schütteln um und fügen etwa einen Kubikzentimeter Salzsäure dazu. Überstreicht man die braune Hautfläche mit dieser Lösung, so wird sie sofort wieder weiß. Auch Papier, Holz oder Tuch, das einige Zeit in Kaliumpermanganatlösung lag und nach dem Abspülen mit Leitungswasser braungelb aussieht, wird nach dem Eintauchen in die oben angegebene Fixiersalzlösung sofort wieder entfärbt. Störend wirkt beim Fixiersalz die nach einiger Zeit eintretende Schwefelabscheidung, die von neuem Fleckenbildung verursachen kann. Natriumthiosulfat zerfällt bei Salzsäurezusatz u. a. in Schwefeldioxid und Schwefel nach der Gleichung: $Na_2S_2O_3 + 2 HCl \rightarrow 2 NaCl + S + SO_2 + H_2O$. Das Schwefeldioxid verwandelt den Braunstein nach der oben angegebenen Gleichung in farbloses, lösliches Manganditionat. Die Entfärbung der Kaliumpermanganatlösung mit Natriumhydrogensulfit läßt sich auch in Probierglasversuchen zeigen.

Jodflecke auf Haut und Geweben. Hier hilft Auswaschen mit einer Lösung von Natriumthiosulfat (= Fixiersalz) und nachheriges Abspülen mit viel Wasser. Auch im Probierglas werden braune Jodlösungen nach Zugabe von Fixiersalz sofort farblos. Erklärung: Das Natriumthiosulfat verwandelt das wasserunlösliche, braune Jod in das lösliche, farblose Natriumjodid nach der Gleichung: $2 Na_2S_2O_3 + J_2 \rightarrow 2 NaJ + Na_2S_4O_6$. Jodflecke auf der Haut oder auf Gewebe können auch durch Auswaschen mit Salmiakgeist rasch entfernt werden.

Silberflecke. Angefeuchteter Höllenstein (Silbernitrat, $AgNO_3$) gibt allmählich dunkle Flecke von ausgeschiedenem Silber, die sich mit Seifen nur schwer entfernen lassen[1]. Am besten verreibt man über dem Fleck eine konzentrierte Lösung von Jodkalium (= Kaliumjodid, KJ) so lange, bis er gelb geworden ist. Der gelbe Fleck wird dann mit einer konzentrierten Lösung von Natriumthiosulfat (Fixiersalz) herausgelöst, zuletzt ist mit viel Wasser auszuwaschen. Erklärung: Das Silber geht bei der Behandlung mit Jodkali in gelbes Silberjodid (AgJ) über; dieses löst sich in Fixiersalz leicht auf (Gleichung: $AgCl + 2 Na_2S_2O_3 \rightarrow [Ag(S_2O_3)_2]Na_3 + NaCl$). Ein ganz ähnlicher Vorgang spielt sich übrigens auch beim Fixieren von Photoplatten und Filmen ab, nur wird dort in der Regel nicht Silberjodid, sondern Silberbromid aufgelöst; vergleiche S. 197.

Flecke von photographischen Entwicklern. Metol-Hydrochinon gibt dunkle Flecke, die mit einer 2%igen Lösung von Kaliumpermanganat (2 Gramm Kristalle in 100 Gramm Wasser auflösen) gründlich zersetzt werden. Nach etwa 10 Minuten betupft man den Fleck mit Natriumhydrogensulfitlösung, der man etwas Salzsäure beigemischt hat. Selbst mehrere Tage alte Flecke verschwinden dabei nahezu vollständig. Erklärung: Das Kaliumpermanganat ist ein starkes Oxidationsmittel; es gibt gerne Sauerstoff ab, der im Augenblick seines Freiwerdens den Fleck energisch angreift und ihn in meist farblose Bestandteile zersetzt. Da sich bei diesem Vorgang gleichzeitig aus dem Kaliumpermanganat Braunstein abscheidet, ist eine Nachbehandlung mit Natriumhydrogensulfit notwendig. Erklärung: Siehe oben unter Braunsteinflecke!

Fleischextrakte. Fleischextrakt ist der eingedickte, albumin-, leim- und fettfreie Wasserauszug von frischem, zerkleinertem Rindfleisch. Der deutsche Chemiker Justus Liebig schlug 1850 vor, frische, zer-

---

[1] Aus diesem Grund werden zur Bezeichnung von Wäschestücken silbernitrathaltige Tinten verwendet. Einige Haarfärbemittel bestehen im wesentlichen aus einer ammoniakalischen Silbersalzlösung, welche die Haare mit einem feinen Silberüberzug dunkel färbt, s. Haarfärben. Beim Arbeiten mit Silbernitrat beobachtet man oft nach einigen Stunden oder Tagen dunkle, sehr fest haftende Flecke von ausgeschiedenem, fein verteiltem Silber, die sich nach obigem Verfahren entfernen lassen.

kleinerte Wirbeltiermuskeln mit Wasser aufzukochen und so einen appetitanregenden Fleischextrakt zu gewinnen. Der Fleischextrakt enthält u. a. Fleischbasen (Kreatin, Kreatinin, Carnitin usw.), Purinbasen (Xanthin, Guanin und dergleichen), stickstofffreie Extraktstoffe (Glykogen, Inosit, Traubenzucker) und organische Säuren (Fleischmilchsäure, Ameisensäure, Essigsäure usw.). Aus 30 Kilogramm magerem, zerkleinertem Rindfleisch erhält man durch Extraktion mit Wasser unter 90° etwa 1 Kilogramm Fleischextrakt; dieser wird im Vakuum konzentriert und in festem oder flüssigem Zustand in den Handel gebracht. Je 100 Gramm fester Fleischextrakt Liebig enthalten etwa 60 Gramm organische Substanz, 20 Gramm Mineralstoffe (besonders Kaliumcarbonat und Phosphate und weniger als 4%/o Kochsalz) und 20 Gramm Wasser. Dieses Präparat erhält keinen besonderen Zusatz an Kochsalz oder Würzstoffen; es ist ähnlich wie die anderen Erzeugnisse aus Fleischextrakt in erster Linie ein appetitanregendes, verdauungsförderndes Genußmittel. Fleischextrakt flüssig enthält etwa 17,7%/o organische Substanz, 0,5%/o Fett, 66%/o Wasser, ca. 16%/o Mineralstoffe, darunter 10,5%/o Kochsalz.

Die sog. Würzen (z. B. Maggi's Würze) bestehen aus etwa 50–60%/o Wasser, 30%/o organischen Substanzen und 13–20%/o Salz; z. T. werden Suppenkräuterextrakte zur Würzung zugesetzt; der Geschmack ist fleischbrüheartig. Die bekannten Fleischbrühwürfel von Maggi, Knorr usw. wiegen normalerweise 4 Gramm; sie müssen nach einer Verordnung vom 27. 10. 1940 einen Mindestgehalt von 0,45%/o an Gesamtkreatinin und von 3%/o löslichem Stickstoff als Bestandteil der den Genußwert bedingenden Stoffe haben. Der Kochsalzgehalt darf 65%/o nicht übersteigen; ein hoher Kochsalzgehalt verhindert Fäulnis und Zersetzung. Diese Würfel geben beim Auflösen in Wasser ein fleischbrüheähnliches Getränk (der Würfel wird in 250 ccm gelöst).

Ein besonders interessanter Würzstoff ist das Natriumglutamat, Formel: $HOOC-CH(NH_2)-CH_2-CH_2-COONa$ (Natriumsalz der Glutaminsäure). Diese Verbindung ist in reinem Zustand ein weißes, wasserlösliches Kristallpulver, das keinen eigenen Geschmack besitzt, aber infolge einer Sensibilisierung der Mundpapillen den Geschmack von Fleischwaren und Gemüsen verbessert und verdeutlicht. Die Glutaminsäure, von der sich das Natriumglutamat herleitet, ist eine Aminosäure, die in den meisten Eiweißstoffen vorkommt; sie spielt offenbar im Stoffwechsel des Gehirns eine wichtige Rolle, denn man beobachtet bei Ratten und Menschen nach Glutaminsäureverabreichung eine deutliche Erhöhung der geistigen Leistungsfähigkeit. Die Chinesen benützten ungereinigtes, in Seegras enthaltenes Natriumglutamat schon seit Jahrhunderten als Speisewürze. Die Japaner stellten vor dem Zweiten Weltkrieg Millionen von Kilo Natriumglutamat aus Sojabohneneiweiß und dergleichen her. Auch in Deutschland hat

Natriumglutamat neuerdings Eingang gefunden; so verkauft z. B. Knorr/Heilbronn seit 1951 in Papiertaschen Rindfleischsuppe mit Eiernudeln mit dem Sondervermerk: „Besonders fein und delikat durch Fleischextrakt und Glutamat." Auch in verschiedenen Maggi-Erzeugnissen wird Glutamat verwendet. Im Jahre 1960 wurden in der Bundesrepublik 3000–4000 Tonnen Natriumglutamat verbraucht.

Formaldehyd = Methanal. In reinem Zustand ist Formaldehyd (CH_2O) ein stechend riechendes Gas; zur bequemeren Handhabung wird er als 40%ige wässerige Lösung in Drogerien und Apotheken verkauft. Diese wasserklare, unangenehm riechende Flüssigkeit geht nach einigen Monaten in weiße, flockige Massen über und wird dann allmählich unwirksam. Formaldehyd ist für Kleinlebewesen aller Art ein starkes Gift; er spielt deshalb bei der Desinfektion (s. Abschnitt Desinfektion), Schädlingsbekämpfung, Konservierung zoologischer Präparate usw. eine Rolle. In der Handhabung ist Vorsicht nötig, denn es kamen auch beim Menschen schon tödliche Vergiftungen vor. Bringt man etwas Formaldehyd mit dem Weißen eines ungekochten Hühnereis zusammen, so gerinnt es zu einer festen Masse. Formaldehyd härtet Eiweißstoffe, deshalb verwendet man ihn in der Gerberei zum Härten des Sohlleders und in der Zoologie zum Härten weicher (und deshalb schwer zerlegbarer) Kleintiere, wie Schnecken, Muscheln usw. Ein Naturforscher bestrich die Ohrspitze eines Kaninchens mehrfach mit Formaldehydlösung; diese erhärtete daraufhin so stark, daß sie wegbrach. Vasenol-Fußpuder enthält u. a. 0,2% Formaldehyd. In den bekannten Formamint-Tabletten ist 1% Formaldehyd (desinfiziert) an Milchzucker gebunden. Lysoform ist eine desinfizierende Formaldehyd-Seifen-Lösung. Da Formaldehyd bei der Herstellung vieler Kunstharze benötigt wird, ist seine Produktion in den letzten Jahrzehnten auf das über Hundertfache gestiegen (S. 160).

Unter Mitwirkung von Formaldehyd wird die von dem deutschen Apotheker Todtenhaupt (1904–1909) und dem Italiener Ferretti (1935) erfundene Lanital-Wolle hergestellt. Hierbei löst man den Käsestoff der Magermilch in Laugen, gibt Schwefelkohlenstoff, Öl- oder Fettemulsionen dazu und preßt die zähe Masse durch feine Düsen in ein schwefelsäurehaltiges Spinnbad. Zur Härtung wird diese Faser hernach 16 Stunden bis einige Tage in einer Formaldehydlösung gewaschen. Die Merinova-, Enkasa-, Fibrolane- und Wipolan-Faser entsteht in ähnlicher Weise.

Frostschutzmittel. Im Winter und in kalten Ländern kann das Kühlwasser von Automotoren während der Ruhepausen leicht gefrieren und infolge der Volumausdehnung den Kühler beschädigen. Zur Vermeidung solcher Nachteile setzt man dem Autokühlwasser gefrierpunkterniedrigende Stoffe bei, die als Frostschutzmittel bezeichnet werden. Von einem guten Frostschutzmittel verlangt ein Fachausschuß von Auto-Ingenieuren folgende Eigenschaften: möglichst starke Gefrierpunktserniedrigung, keine Herabsetzung der Kühlwirkung des Wassers, chemische Beständigkeit, Rostschutz, keine Schädigung von Metall und Gummi, niederer Siedepunkt, Geruchlosigkeit, geringer Ausdehnungskoeffizient.

Am wirksamsten und verbreitetsten sind heute wohl Äthylenglykol, CH_2OH-CH_2OH, oft kurz Glykol genannt, und Methylalkohol, CH_3OH. Eine 10-, 20-, 30-, 40- bzw. 50%ige Glykol-Wasser-Mischung gefriert bei $-4°$, $-9°$, $-15°$, $-24°$ bzw. $-36°$ C; die häufig verwendeten Frostschutzmittel „Glysantin" (Badische Anilin- und Sodafabrik) und „Genantin" (Anorgana-Gendorf) sind Glykolpräparate. Glykol siedet erst bei 197°; wenn die Kühlerflüssigkeit des laufenden Motors auf 90° erhitzt wird, verdunstet vorwiegend Wasser, und das wertvollere Glykol bleibt zurück. Kühlwasser enthält Luft, und durch die Eingußöffnung oder undichte Stellen kann ebenfalls Luft eintreten, die u. U. Korrosion am Kühlermetall hervorruft. Um die Rostbildung zu verhüten, setzt man den Frostschutzmitteln z. B. Alkaliborate, Wolframate, Phosphate, Mineralöle, organische Amine und andere Verbindungen zu. Da diese Rostverhüter langsam aufgezehrt werden, ist das Kühlwasser nach jedem Winter vollständig zu erneuern.

Versuch: Gefrierpunktserniedrigung des Wassers durch Glykol. Bringe in ein 500 ml Becherglas eine Kältemischung aus 100 Tl. zerkleinertem Eis und 33 Tl. Kochsalz. Stelle 4 Reagenzgläser mit folgendem Inhalt in das Becherglas: Glas 1 Wasser, Glas 2 Glykol/Wasser im Verhältnis 1 : 1, Glas 3 Glykol, Glas 4 Glycerin. Untersuche mit dem Thermometer die Gefrierpunkte der Flüssigkeiten.

Gefrierschutzmittel werden auch in Feuerlöschgeräten und Acetylenentwicklern benötigt. Im Baugewerbe versteht man unter Frostschutzmitteln Substanzen (wie z. B. Calciumchlorid), die dem Beton-Anmachwasser zugesetzt werden, um den Betongefrierpunkt herabzusetzen, so daß man auch bei Frost bauen kann.

Futterkalke und Kalkpräparate

Versuch: Erhitze einen tierischen Knochen (z. B. Rippenstück) in einer heißen Gasflamme so lange, bis nur noch grauweiße Asche übrigbleibt! Nach dem Erkalten betupfen wir eine Probe mit Salzsäure; starkes Aufschäumen (Kohlendioxid) deutet auf Kalk hin. In einem Probierglas wird in einer Messerspitze Knochenasche mit Ammoniummolybdat und reichlich Salpetersäure nach S. 29 Phosphat nachgewiesen.

Die tierischen und menschlichen Knochen enthalten in ihrer Asche rund 90% Calciumphosphat, $Ca_3(PO_4)_2$, der Rest ist hauptsächlich Calciumcarbonat, $CaCO_3$. Diese beiden Kalke werden dem Futter entnommen. In manchen Fällen vermag dieses aber den hohen Kalkbedarf nicht zu decken; die Tiere suchen dann instinktiv kalkreichere Nahrung. So fressen die eierlegenden Hennen (nicht aber die Hähne) hie und da Kalkmörtel, und die jungen, im Wachstum befindlichen Rinder beißen an herumliegenden, alten Knochen herum. Besonders hoch ist der Mineralsalzbedarf von Milchkühen; diese sollten täglich 100 Gramm (einer selbstherstellbaren) Mineralsalzmischung aus 30% Calciumcarbonat, 30% Calciumphosphat und 40% Viehsalz erhalten. Um die Kalkversorgung der Haustiere bequem sicherzustellen, bringen verschiedene Fabriken schon seit langer Zeit Mineralsalzmischungen (Futterkalke) auf den Markt, welche den Haustieren eßlöffelweise ins Futter gegeben werden. Altbekannt ist „Brockmanns Futterkalk", der schon seit 1880 hergestellt wird. Die in landwirtschaftlichen Geschäften erhältliche „Brockmanns Futterkalk Zwergmarke, Gewürzte Nährsalzmischung" (M. Brockmann, Chem. Fabr. Holzminden/Weser) besteht nach Angaben von 1958 aus rund 58% gewöhnlichem Kalk, $CaCO_3$, 18% Tricalciumphosphat, 15% Dicalciumphosphat, etwas Magnesiumcarbonat, Vitamintrockenkonzentrat und 2% Würzstoffen, dazu kommen noch 6,4% von M. Brockmanns physiologischer Mineralsalzmischung, die ihrerseits rund 89% vergälltes Kochsalz, 8,7% Eisensulfat, 0,95% Mangansulfat, 0,93% Kupfersulfat, 0,3% Zinksulfat und 0,12% Kobaltsulfat enthält. Diese und andere Mischungen werden für sämtliche Haustiere empfohlen; sie steigern die Eier- und Milcherzeugung, beschleunigen das Wachstum, ermöglichen eine raschere Heilung von Knochenbrüchen usw. Auf jedem Paket ist angegeben, welche Futterkalkmengen den verschiedenen Haustieren gereicht werden sollen. Weise in „Brockmanns Zwergmarke" Carbonate (vgl. S. 28), Phosphate (S. 29), Chlorid (S. 23 f.) und Eisen (vgl. S. 19 f.) nach. Prüfe in gleicher Weise den „Vitakalk Marienfelde" (Chem. Fabr. Marienfelde G.m.b.H., Hamburg 36); dieser enthält 10% Calciumacetochlorid (DBP 806 433), 30% Calciumcarbonat, 46% Knochenfuttermehl mit mindestens 30% P_2O_5, 5% Dinatriumphosphat, 5% Natriumchlorid, 2% bestrahlte Hefe mit 100 000 I. E. D-Vitamin je kg, 2% Spurenelementmischung (Eisen, Kupfer, Mangan, Kobalt, Jod).

Die standardisierten DLG (= Deutsche Landwirtschafts-Gesellschaft)-Kraftfuttergemische enthalten 2-5% von folgenden Futterkalkgemischen: a) für Geflügel: 69,0% Knochenmehl, 30% jodiertes Viehsalz, 1% Spurenelemente (Fe : Cu : Mn = 3 : 1 :4); b) für Schweine: 59,5% Futterkalk ($CaCO_3$), 30% Calciumphosphat, 10% Viehsalz, 0,5% Spurenelemente (Fe : Cu : Mn = 5 : 1 : 2); c) für Kälber und Milchvieh: 40% Futterkalk ($CaCO_3$), 30% Calciumphosphat, 24,5% Viehsalz, 5% Magnesiumsulfat und 0,5% Spurenelemente (Fe : Cu : Co = 5 : 1,5 : 1).

Nach einer Anordnung vom 21. 6. 1949 dürfen die in den Handel gebrachten Futterkalkmischungen höchstens 5 Gemengteile enthalten. Als Mindestgehalt werden 8% Gesamtphosphorsäure vorgeschrieben, diese liegen natürlich als Salze, d. h. in Form von Phosphaten, vor. Futterkalke sollen mindestens 50% Calciumcarbonat und 20% Calciumphosphat oder 30% Knochenfuttermehl enthalten. Ferner können bis zu 30% Viehsalz (oder Mineralsalzmischung), bis zu 10% Magnesia und bis zu 2% Würzstoffe in den Futterkalken vorliegen. Zur Förderung des Knochenwachstums können den Futterkalken auch kleine Mengen von D-Vitamin zugesetzt werden; ihr Gehalt soll in Gramm angegeben sein, das Datum der Herstellung muß in jedem Fall auf der Packung mitgeteilt werden, da die Vitamine im Lauf längerer Zeit an Wirksamkeit abnehmen.

Auch für den Menschen hat die Industrie viele Kalkpräparate hergestellt. Bei Kalkarmut der aufgenommenen Nahrung oder gestörtem Kalkstoffwechsel wird „Kalzan" (J. A. Wülfing, Düsseldorf) empfohlen, dies sind weiße Tabletten (oder Pulver) aus 150 Milligramm $CaHPO_4$ und 300 Milligramm Calciumcitrat. „Calcipot" ist ein Präparat mit 36 Prozent Kalksalzen (28 Prozent Calciumcitrat und 8 Prozent Calciumphosphat). Die Kalk-Vigantol-Tabletten enthalten 0,5 Gramm $CaHPO_4$ und 12,5 Gramm Vitamin D_3. „Calcium Benckiser-Tabletten" bestehen aus 41 Prozent Calciumcitrat, 6 Prozent Calciumphosphat und Aromastoffen. „Calciduran" (Asta, Brackwede) enthält Calciumphosphat, Calciumcitrat, Natriumphosphat, C- und D-Vitamin, evtl. auch 0,1 Milligramm Fluor je Tablette. „Decalcit" (Gewo, Baden-Baden): 0,6 Gramm Calciumphosphat und 500 I. E. D-Vitamin.

Geleeherstellung. Von gereinigten Äpfeln (auch unreife verwendbar) werden die Stiele und fauligen Teile beseitigt, dann schneidet man sie – ohne Haut und Kerngehäuse zu entfernen – in kleine Schnitze, bedeckt diese mit Wasser, kocht, seiht nachher durch ein Tuch, kocht den ablaufenden Saft sofort 1–2 Stunden lang, wobei unter fortgesetztem Umrühren auf jedes Kilogramm Saft portionenweise 1–1,5 Kilogramm Zucker gegeben werden. Der hohe Zuckerzusatz soll Gärungen und andere Zersetzungen verhindern; Näheres S. 181! Während des Kochens wird der Saft allmählich dicker. Die Geleebildung ist beendet, wenn die Flüssigkeit dick vom Löffel fließt und ein Tropfen davon auf dem Porzellanteller nicht mehr verläuft. Das noch heiße Gelee wird in Einmachgläser von etwa einem Liter gefüllt.

Chemische Vorgänge: Der Hauptbestandteil des Gelees sind die sog. Pektine, die im wesentlichen aus großmolekularen, polymerisierten Galakturonsäureestern bestehen. Die Pektine finden sich hauptsächlich in den unverholzten, jugendlichen Pflanzenteilen. Orangen enthalten 3,5–5,5, Zitronen 2,5–4, reife Äpfel 1,5–2,5% Pektin. Bei unreifen Äpfeln ist der Pektingehalt höher, deshalb sind diese zur Geleeherstellung besonders geeignet. Nach längerem Kochen verfestigen sich die Pektine zu einem Gelee. Diese Verfestigung (Gelierung) wird durch Säuren beschleunigt; es ist deshalb zweckmäßig, während des Kochens eine Zitronenscheibe (enthält Zitronensäure) dazuzugeben. Will man aus pektin- und säurearmen Kirschen, Pflaumen, Birnen usw. Gelees herstellen, so gibt man nach 10- bis 12minutigem Kochen so viel „Opekta" zu dem Saft, als in den aufgedruckten Rezepten vorgeschrieben ist. Hat man vorher die Flüssigkeit mit einer Zitronenscheibe angesäuert, so erhält man fast augenblicklich ein vorzügliches Gelee. „Opekta" (Opekta-G.m.b.H., Köln-Riehl) ist in Lebensmittelgeschäften erhältlich; es ist ein weitverbreiteter, aus Obstabfällen hergestellter Pektinextrakt mit 3 bis 6% Pektin. „Gelfix" (Dr. Oetker) enthält Pektin, Weinsäure und Traubenzucker. Weise in Gelfix mit der Fehlingschen Lösung den Traubenzucker nach!

V e r s u c h : Herstellung von Gelee aus Apfelsaft. Zu 0,7 Liter Apfelsaft oder Saft von Himbeeren rühren wir in einem Topf 1 Päckchen Gelfix gleichmäßig ein. Nach dem Kochen wird 0,8 kg Zucker zugegeben und nach erneutem Kochen (1/2 Minute) wird der Topf von der Kochstelle genommen.

Gerbsäure. Die in Apotheken und Drogerien erhältliche Gerbsäure (= Tannin) ist ein lockeres, weißgraues, leichtes Pulver, das aus Galläpfeln gewonnen wird. Manche Eichgallen können zu über 75% ihres Gewichts aus Gerbsäure bestehen, bei der Eichenrinde beträgt der Gerbstoffgehalt dagegen nur 13—14, bei der Fichtenrinde 7,5—14, bei der Erlenrinde 16—20%. Gerbsäure ist ein Benzolabkömmling von verwickeltem chemischem Aufbau. Beim Erhitzen auf 210—215° zersetzt sie sich unter Bildung von Pyrogallol, Kohlendioxid u. a.

V e r s u c h e : Prüfe den Geschmack (Gerbsäure ist ungiftig!), die Wasserlöslichkeit und die Reaktion auf Lackmus! Erhitze Gerbsäure auf dem Porzellanscherben über der Flamme! Vermische etwas Gerbsäurelösung mit einigen Tropfen Eisenchloridlösung! Es entsteht eine blauschwarze bis blaugrüne Färbung – Tinte! Siehe auch S. 260. Zerdrücke in einem Schälchen einige Eichgalläpfel (im September bis November zu sammeln!), gieße Wasser darüber und lege einen Eisennagel hinein! Nach einigen Tagen ist die Lösung schwarz geworden, da sich ein Teil des Eisens vom Nagel mit der Gerbsäure der Galläpfel zu „Eisengallustinte" verbunden hat. Da Weißweine 0,1–0,4, Rotweine sogar 1–2,5 Gramm Gerbstoff im Liter enthalten, soll der Wein in den Fässern nicht mit Nägeln oder anderen Eisengegenständen in Berührung kommen, sonst könnte die Farbe infolge „Tinten"bildung verdunkelt werden. Stahlklingen, mit denen man unreifes, gerbstoffreiches Obst geschnitten hat, werden dunkel, wenn man sie ungereinigt herumliegen läßt. In alten Bretterwänden ist das Holz in der Umgebung der Nägel dunkler, auch hier hat sich eine Art Tinte gebildet. Wird ein Fichten- oder Tannenbrett frisch abgehobelt, mit Glaspapier abgerieben und mit einer 2%igen Lösung von gelbem Blutlaugensalz bestrichen (Wattebausch benützen!), so entsteht nach 4–6 Stunden Sonnenbestrahlung auf dem vorher getrockneten, mit einer photographischen Negativplatte belegten Brett ein deutliches, graues Positiv. Hierbei wurde das Eisen des gelben Blutlaugensalzes durch das Sonnenlicht so gelockert, daß es an den lichtdurchlässigen Stellen des Negativs mit dem Gerbstoff des Holzes dunkle, tintenartige Verbindungen geben konnte. Aus ähnlichen Gründen werden Bretterwände oder Lederstücke, die viel der Sonne ausgesetzt sind, allmählich dunkler. Wenn der Arzt gegen Durchfälle bei Menschen und Haustieren Gerbsäure verordnet, dürfen nicht zugleich eisenhaltige Stoffe eingenommen werden, da sich sonst im Magen Tinte bilden würde.

Von einer in Metzgergeschäften erhältlichen „Sulze" bringen wir ein wenig Gallerte in ein Probierglas, erwärmen nach Wasserzusatz und geben etwas Gerbsäurelösung dazu. Es entsteht ein weißer Niederschlag; Gerbsäure wirkt eiweißfällend. Ähnliche unlösliche Niederschläge entstehen, wenn man Gerbsäure oder Galläpfelextrakt zu Hühnereiweiß, Blut oder Gelatinelösung gibt; letztere erhält man durch Umschütteln der käuflichen Speisegelatine in heißem Wasser. Beim Gerben werden die weichen Eiweißstoffe der tierischen Haut durch die Gerbsäure in festes, unverwesliches Leder verwandelt. Geben wir auf Ledergegenstände an einer unauffälligen Stelle einen Tropfen Eisenchloridlösung, so entsteht oft schwarze, unverlöschliche Tinte, da auch fertiges Leder vom Gerben her ziemlich viel Gerbsäure enthält. In einigen Gegenden des alten Rußland stellten die Bauern dadurch Tinte her, daß sie in einem Topf Lederabfälle, alte Schuhnägel und Wasser einige Tage stehen ließen.

In der Heilkunde wurde Gerbsäure als Gegengift bei Alkaloid-, Metallsalz- und Brechweinsteinvergiftungen für Menschen, Pferde, Rinder, Schafe, Hunde und Katzen verordnet. Da Kaffee und Tee ebenfalls Gerbsäure enthalten, kann der Vergiftete diese Getränke einnehmen, bis die Gerbsäure aus der Apotheke eingetroffen ist. Die heutige Medizin hat in solchen Fällen wirksamere Stoffe zur Verfügung. Zur Ledergerbung benötigt man in Deutschland jährlich über 50 000 Tonnen gerbstoffhaltige Eichenrinde. Auch zur Tintenbereitung, zur Klärung von Bier und Wein und zum Beizen von Teer-Farbstoffen wird Gerbsäure verwendet.

Glasätzen. Nur ganz wenige Stoffe sind gegen Chemikalien aller Art so widerstandsfähig wie das Glas; deshalb verwendet man in der chemischen Forschung Glasapparate und Glasflaschen in größtem Umfang. Der einzige Stoff, der Glas stark angreift, ist der Fluorwasserstoff (HF), ein farbloses, stechend riechendes, giftiges Gas, das beim Zusammenbringen von gepulvertem Flußspat (CaF_2) und konzentrierter Schwefelsäure (H_2SO_4) entsteht (Gleichung: $CaF_2 + H_2SO_4 = CaSO_4 + 2 HF$). Wird der Fluorwasserstoff in Wasser gelöst, so entsteht die sogenannte Flußsäure, welche Glas ebenfalls anätzt; man muß sie deshalb in Blei-, Polyäthylen- oder Guttaperchaflaschen aufbewahren. Die Silicate des Glases werden unter dem Einfluß der Flußsäure in Fluoride verwandelt. Wie eine Glasätzung praktisch durchgeführt wird, soll der folgende Versuch zeigen:

Wir schmelzen in einem Becherglas etwa 10 Gramm Bienenwachs, gießen das geschmolzene Wachs in eine Petrischale, bedecken mit einer Glasplatte, die vorher sorgfältig mit einem terpentinölgetränkten Lappen gereinigt wurde, drehen die bedeckte Schale so lange nach allen Seiten, bis ihre ganze Innenseite samt der Glasplatte mit einer dünnen Wachsschicht bedeckt ist und lassen das Wachs erstarren. Hierauf heben wir die Glasplatte ab und zeichnen auf ihre Wachsschicht mit einem Nagel ein Bild, eine Schrift u. dgl. Es ist darauf zu achten, daß der Nagel die Wachsschicht bis zur Glasplatte durchdringt, so daß nachher an der gezeichneten Stelle das Glas von der Flußsäure bzw. vom Fluorwasserstoff angegriffen werden kann. Nun geben wir in die Schale ungefähr gleiche Gewichtsmengen gepulverten Flußspat (durch Drogerien zu beziehen) und konzentrierte Schwefelsäure (Vorsicht!); einige Gramm von jedem Stoff genügen. Sofort bedecken wir die Schale mit der Glasplatte; die Wachsschicht mit der Zeichnung muß dabei nach innen sehen. Es entsteht nun in der Schale Fluorwasserstoff (Vorsicht! Gift! Nicht einatmen, nicht berühren!), der die Glasplatte an den freigelegten Stellen anätzt. Nach einer halben Stunde wird die Glasplatte mit einer Pinzette angefaßt, mit warmem Wasser abgespült und vom Wachs befreit. Man sieht dann die eingeätzte Zeichnung; fährt man mit dem Fingernagel darüber, so spürt man deutliche Eintiefungen. Soll eine ganze Glasfläche matt geätzt werden, so legt man sie nach gründlicher Reinigung ohne Wachsschicht auf die Schale, in der Fluorwasserstoff entwickelt wird. Nach etwa einer Stunde ist die Glasplatte matt geätzt. Steht Flußsäure in flüssigem Zustand zur Verfügung, so ritzt man die Zeichnung in die Wachsschicht am Boden der Glasschale, überpinselt sie alle 5 Minuten mit einem Borstenpinsel, um die Zersetzungsprodukte des Glases zu entfernen, gießt nach einer halben Stunde die Flußsäure weg, spült mit Leitungswasser ab und entfernt die Wachsschicht. In diesem Falle entstehen tiefe, blanke Rinnen in dem Glas, während bei der Einwirkung von Fluorwasserstoffgas oft nur eine Mattierung zu sehen ist, weil hier die Zersetzungsprodukte des Glases nicht entfernt werden.

Die Glaskolben der elektrischen Glühlampen werden mit Hilfe von Ammoniumhydrogenfluorid, $NH_5F \cdot HF$, matt geätzt, um das Licht gleichmäßiger zu zerstreuen. Auf vielen Chemikerglasgeräten sieht man eingeätzte, matte, weißliche Firmenstempel, die ebenfalls mit Hilfe von Bifluoriden hergestellt wurden; man benützt z. B. Ammoniumhydrogenfluorid oder Kaliumhydrogenfluorid, $KF \cdot HF$.

Flußsäure ruft auf Wunden und unter den Fingernägeln schmerzhafte, langwierige Geschwüre hervor, sie darf deshalb nicht berührt werden. Es empfiehlt sich, vor dem Arbeiten mit Flußsäure die Hände einzufetten.

Glycerin. Das Glycerin ist eine mehr oder weniger wasserhaltige, klare, neutral reagierende, schwer bewegliche Flüssigkeit. Glycerin vermischt sich mit Wasser, Alkohol und Äther, nicht aber mit Benzol und anderen Fettlösungsmitteln. Es wird in großem Umfang bei der Fettspaltung, Seifen- und Stearinherstellung als Nebenprodukt erhalten und neuerdings auch in großtechnischem Maßstab synthetisiert. Bei der alkoholischen Gärung entstehen im Liter 4–12 Gramm Glycerin. Das Glycerin ist ein dreiwertiger Alkohol von der Formel $C_3H_5(OH)_3$. Infolge des süßlichen Geschmacks wird Glycerin auch als Ölsüß bezeichnet. Nach längerem, starkem Erhitzen verbrennt Glycerin schließlich mit bläulicher Flamme zu Wasser und Kohlendioxid.

Die mannigfache, praktische Verwendung des Glycerins geht aus den folgenden Versuchen hervor:

Wir geben in ein leichtes Gefäß einige Kubikzentimeter Glycerin, legen es auf die Waagschale und bringen die Waage genau ins Gleichgewicht. Schon innerhalb einer Stunde hat das Gewicht des Glycerins erheblich zugenommen (durch Gewichtsauflegung Zunahme bestimmen), da dieses aus der Luft Wasserdampf lebhaft an sich zieht. Man sagt: Glycerin ist hygroskopisch, d. h. feuchtigkeitsanziehend. Wenn also irgendwo Glycerin an offener Luft liegt, so verdunstet es

Haarfärben

nicht, sondern es wird im Gegenteil schwerer. Aus diesem Grunde enthalten viele Hautcremes, Rasiercremes und Rasierseifen ca. 5 bis 15 Prozent Glycerin; dieses schützt die Haut vor dem Spröde- und Rissigwerden und verhindert bei den Rasierseifen ein rasches Austrocknen des Schaums. Brüchige Fingernägel bestreicht man mit einem Gemisch von 20 Teilen Glycerin, 60 Teilen Wasser und 6 Teilen Alaun. Von Wunden ist Glycerin fernzuhalten, da es aus diesen Feuchtigkeit herauszieht und dadurch brennende Schmerzen verursacht. Stoffe, die nicht austrocknen sollen, werden häufig mit Glycerin getränkt; dies ist z. B. der Fall bei Stempelkissen, Hektographenmassen (durch Kochen von 2 Gramm Gelatine, 2 Gramm Glycerin und 8 Kubikzentimeter Wasser erhältlich, nach der Abkühlung entsteht weiche, elastische Masse), feinen Schmiermitteln, Tinten, Kopierstiften, Farbtuben usw. Feuchtbleibende Modelliermassen erhält man aus Bolus und 10- bis 12prozentiger, wässeriger Glycerinlösung unter Zusatz von Erdfarben. Festsitzende Hähne aus Glas oder Metall beträufelt man mit Glycerin; sie lösen sich dann nach einigen Stunden, da die „Kittmasse" völlig durchfeuchtet wird. Da Glycerin nicht verdunstet und ein wenig klebt, kann man durch Vermischung von 10 Gramm Glycerin mit 100 Gramm Wasser eine ganz einfache „Brillantine" zur Befestigung der Frisur herstellen.

Vermischt man gleiche Teile Glycerin und Wasser, so gefriert die Mischung erst bei −26 °C. Setzt man dem Kühlwasser der Autos und Maschinengewehre 25% reines Glycerin zu, so wird das Einfrieren desselben verhindert. Wegen seines niederen Gefrierpunktes (−20 Grad) wird Glycerin auch als Schmiermittel für Kältemaschinen und zur Füllung von Gasmeßuhren verwendet. Des weiteren spielt Glycerin als Heizbad bei Feldküchen, als Rückfederungsflüssigkeit bei Geschützen, bei der Herstellung von synthetischen Fetten und Wachsen, Glycerin-Bleioxidkitten, Textilhilfsmitteln, Glyptalharz, Zellglas und Acetylcellulosen eine Rolle. Auf einigen Gebieten läßt sich Glycerin durch Lösungen von Natriumlactat, Glykol und dergleichen ersetzen. Versuche s. S. 124.

Der größte Teil des Glycerins wird in Kriegs- und Friedenszeiten zur Herstellung von Nitroglycerin und Dynamit verwendet.

Haarfärben. Das „Blondieren" der Kopfhaare ist im Abschnitt Wasserstoffperoxid beschrieben. Die Oxidations-Haarfärbemittel der Friseure bestehen aus einer organischen Oxidationsfarbe (z. B. p-Toluylendiaminsulfat, p-Amidodiphenylamin, p-Diaminodiphenylaminosulfat, p-Aminophenol, 2,4-Diaminophenol-HCl, Methyl-p-Amidophenolsulfat, Amidophenolsulfonsäuren, ortho- und meta-Phenylendiamin, Amidonaphtholsulfosäuren, Naphthylendiamine u. dgl.) und einem (getrennt gelieferten) Oxidationsmittel (Ammoniumpersulfat, Wasserstoffperoxid, Harnstoffperoxid u. dgl.). Für Hellblond- bis Dunkelblondfärbung eignet sich z. B. eine Lösung aus 1–10 g p-Toluylendiamin, 5 g Natriumsulfit (wirkt während der Aufbewahrung reduzierend und stabilisierend), 70 g dest. Wasser und 20 g 95%igem Weingeist. Zur Schwarzfärbung kann man z. B. 6 g eines Gemischs aus 2 Teilen Aminodiphenyl-aminosulfosäure und 1 Teil Natriumcarbonat verwenden. Bei der Färbung wird das Haar zunächst entfettet, dann mit dem gelösten Oxidationsmittel durchfeuchtet; hierauf bringt man die gelöste Oxidationshaarfarbe auf das Haar.

Haarsprays. Lösungen aus 1–2% Polyvinylpyrrolidon u. dgl., die aus Sprühdosen mit Treibmitteln auf das Haar versprüht werden. Dieses wird dadurch mit einem hauchdünnen Film überzogen. Haarsprays mit Sonnenfilter (Greiter-Bregenz) sind in 3 verschiedenen Zusammensetzungen, für normales, trockenes und fettes Haar, erhältlich. Zusätze von Siliconöl machen das Haar geschmeidig. UV-„Filter" schützen das Haar vor Ausbleichen oder Sprödewerden. Igora-Royal-Haarspray (Schwarzkopf) enthält reinen Alkohol.

Haarwaschmittel (Shampoo). Während noch vor wenigen Jahren die Haarwaschmittel hauptsächlich als weiße Pulver in buntbedruckten Papiertäschchen verkauft wurden, treten heute cremeartige Haarwaschmittel in Tuben (z. B. „Schauma" von Schwarzkopf, „Smyx"-Haarwaschcreme von Olivin-Wiesbaden) oder kleinen kissen- oder tetraederförmigen Kunststoffpackungen („Glem", „Medical Pier", „Elidor") in den Vordergrund; daneben gibt es auch viele flüssige Präparate, die in Flaschen verkauft werden. Die modernen Haarwaschmittel enthalten als Hauptbestandteil synthetische Waschrohstoffe wie z. B. Natriumlaurylsulfonat, Ammoniumsalz des Laurylalkoholschwefelsäureesters oder dessen Triäthanolaminsalz (Texapon-Dehydag), Na-Salze gesättigter und ungesättigter pflanzl. und tier. Fettalkoholschwefelsäureester (Sulfopon-Dehydag), Fettsäurekondensationsprodukte (Hostapon-Hoechst, Lamepone), Alkylarylsulfonate (Marlon FR und TF, Marlopon), Alkylsulfonate (Mersolat, Witolat), Alkylpolyglykoläther (Hostapal, Marlipal, Marlophen, Sapogenat, Witolan), Überfettungs- und Hautschutzmittel (Fettalkohole, Lanoline, fette Öle; diese wirken gegen die starke Haarentfettung durch Syndets), Pyro- und Polyphosphate (bei Pulver und Cremes), Verdickungsmittel (Na-Albuminat, Na-Caseinat, Alginate u. dgl.), Konservierungsmittel (z. B. Nipagine), Desinfektionsmittel, Eigelb, Äthylenoxidkondensationsprodukte u. dgl. Ein Ei-Ölshampoo kann z. B. enthalten: 20 g Eigelb, 50 g Texapon-Extrakt A, 5 g Alkohol, 2 g Parfüm, 0,3 g Nipagin und 22,7 g Wasser (dickflüssiges Präparat).

V e r s u c h e : Bringe eine kleine Probe von „Glem"-Schwarzkopf (gelbes dickflüssiges Produkt) am Magnesiastäbchen in die Flamme! Gelbe Flammenfärbung, Verkohlung und ein kleines Flämmchen zeigen organische Na-Verbindungen an. Prüfe die Reaktion mit Lackmus und mit Ammoniummolybdat-Lösung (Phosphatnachweis). Bringe eine weizenkorngroße Menge von „Glem" in ein zur Hälfte mit Kalkwasser gefülltes Probierglas und schüttle kräftig um! Es entsteht ein starker Schaum; „Glem" ist also unempfindlich gegen die Härte des Wassers. Gib ins gleiche Probierglas 2–3 ccm konzentrierte Salzsäure und schüttle kräftig! Der Schaum bleibt bestehen; „Glem" ist also auch unempfindlich gegen Säuren.

Falls eine nasse Haarwäsche nicht durchführbar ist, wird z. B. der weiße, feinpulverige parfümierte Schwarzkopf-Trocken-Shampoo (weise darin mit Jod Stärke nach!) auf das Haar gestäubt; der Puder zieht dann fettige Teilchen und sonstige Verunreinigungen an sich. Man verreibt die Haare mit einem weichen Frottiertuch; zum Schluß wird der Shampoo wieder ausgekämmt und ausgebürstet. Die gleiche Funktion und wohl auch eine ähnliche Zusammensetzung hat „Curelljo" – weise darin Stärke nach!

Haarwasser. Die mit großer Reklame angepriesenen Haarwässer sollen den Glanz des Haares erhöhen, dem Haarausfall entgegenwirken, den Haarboden zweckmäßig ernähren, das Haarwachstum anregen, Schuppenbildung, Kopfjucken und Erkrankungen des Haarbodens soweit als möglich verhindern und dergleichen mehr. Es ist sehr wohl möglich, auf chemischem Wege das Haar zu verschönern, durch Zufuhr geeigneter Hormone, Vitamine, Nährstoffe usw. das Haarwachstum bis zu einem gewissen Grad anzuregen und den Zeitpunkt des Haarausfalls hinauszuschieben. Freilich dürfen auf die Haarwässer keine allzu großen Hoffnungen gesetzt werden, denn im Bereich des Haarkleids spielt die Vererbung eine sehr wichtige, oft geradezu unabänderliche Rolle. Das ist auch im Tierreich so; deshalb kann man z. B. bei Meerschweinchen, Ratten, Mäusen und dergleichen an deren Haarfarbe, Haarform und Haarlänge die Gültigkeit der Mendelschen Vererbungsregeln darlegen. Auch beim Menschen wird die Farbe, Dichte, Gestalt und bis zu einem gewissen Grad auch das Alter der Haare weitgehend vererbt. Freilich läßt die Vererbung in jedem Fall einen gewissen Spielraum, innerhalb dessen eine vernünftige Haarpflege sehr wohl Erfolg haben kann. Strenggenommen sind die meisten Haarwässer keine Wässer, sondern alkoholische oder alkoholreiche Lösungen von haarwuchsfördernden und duftenden Stoffen. Hält man z. B. auf dem Porzellanscherben einige Kubikzentimeter „Trilysin", „Alpecin" oder „Diplona-Haarextrakt" und dergleichen in die Flamme, so brennt die Flüssigkeit unter Hinterlassung eines unbrennbaren flüssigen Restes. Gibt man in ein trockenes Probierglas einige Kubikzentimeter „Trilysin", „Diplona-Haarextrakt" und dergleichen, so entstehen nach Wasserzusatz stark milchige Trübungen, weil sich die in Alkohol löslichen, in Wasser unlöslichen Stoffe ausscheiden. Der Alkoholgehalt der Haarwässer bedingt zum Teil den erheblichen Preis dieser Präparate. Alkohol steigert die Durchblutungsvorgänge, er desinfiziert und reinigt, er dringt leichter in das Haar ein als Wasser (das an fettigem Haar abläuft); nachteilig ist vielfach seine stark entfettende Wirkung auf den Haarboden. Dieser Nachteil läßt sich durch Beimischung von 3–5% Oleylalkohol oder synthetischer Fettalkohole (Deutsche Hydrierwerk A.G.) ausgleichen; diese Stoffe hinterlassen auf der Haut keinen Fettrückstand. Zu den z. T. umstrittenen Bestandteilen der älteren Haarwässer (z. B. Schwefel, Teer, Chininsalze, Kräuterextrakte, Euresol usw.) gesellen sich in neuerer Zeit biologisch wirksame Mittel, wie z. B. Cholesterin, aufgeschlossenes Keratin, Aminosäuren, Epidermin, Placenta-Extrakte, Eieröle, Cantharidin, Lecithin, Weizenkeimöl, Prednisolon, Vitamin-F, Pantothensäure, Geschlechtshormone und dergleichen. Der Vitamin-F-Ester ist in 70prozentigem Alkohol löslich; er wirkt bei trockener Schuppenbildung (Folgeerscheinung mangelhafter Talgdrüsentätigkeit) günstig. Löst man im Liter 70prozentigem alkoholischem Haarwasser 1–2 Milligramm Oestradiol (weibliches Geschlechtshormon, $C_{18}H_{24}O_2$, Bestandteil des Follikelhormons), so erhält man ein biologisch wirksames Präparat, das in vielen Fällen den Haarwuchs steigert und dem Haarausfall entgegenwirkt. In neuerer Zeit werden gegen die kosmetische Anwendung von Geschlechtshormonen Bedenken erhoben. Die Pantothensäure ist ein Bestandteil des Vitamin-B-Komplexes; sie verhindert bei Ratten den Haarausfall und die Graufärbung der Haare. Beim Menschen wirkt Pantothensäure (bzw. der Alkohol dieser Verbindung) ebenfalls günstig. Gegen das Ergrauen der Haare werden u. a. folgende Maßnahmen vorgeschlagen: Kupfer- und hefereiche Ernährung, Ultraviolettbestrahlung, Anwendung von Panteen, Inosit, Nicotinsäureamid, p-Aminobenzoesäure u. dgl. Bekannte Haarwässer sind z. B.:

A u x o l (Schwarzkopf), gelbliches Haartonikum mit pflanzlichen und synthetischen haarwuchsfördernden Wirkstoffen.

T r i l y s i n enthält neben bestimmten Kräuterextrakten u. a. schwefelhaltige und keimtötende Verbindungen gegen Haarkrankheiten sowie Lipoidextrakte und Cholesterin in parfümierter Lösung. Es wird als Kopfwasser gegen Haarausfall verwendet.

S e b a l d s H a a r t i n k t u r besteht aus etwa 50% Alkohol, Cantharidentinktur, verschiedenen Pflanzenauszügen, Perubalsam und Orangenschalenauszug als Parfüm.

A l p e c i n (Alcina-Körperpflegemittel G.m.b.H., Bielefeld) ist ein desinfizierender, haarwuchsfördernder Haarspiritus, der die wirksamen Bestandteile des Steinkohlenteers, Schwefel und Salicylsäure neben anregendem Chinin, juckreizstillendem Menthol und antiseptischem Thymol in saurer Lösung enthält.

D i p l o n a - V i t a m i n h a a r w a s s e r : Haartonikum mit körpereigenen Wirkstoffen (die der Körper bei normalem Haarwuchs selbst erzeugt) und Wirkstoffen aus embryonalen Pflanzenzellen (Vitamine der B-Gruppe, Provitamin A).

B i r k i n - H a a r w a s s e r (D r a l l e s B i r k e n w a s s e r) ist ein alkoholisches Kopfwasser, das Birkensaft und 26 andere Wirkstoffe enthält.

S c h w a r z k o p f - S e b o r i n enthält haarnährende Substanzen wie das aus cystinreichen Spaltprodukten von Haar- bzw. Hornstoffen bestehende Thiohorn.

V i t a m i n h a a r w a s s e r P a n t e e n der Hoffmann-La Roche A.G. enthält Pantothensäure, ein B-Vitamin, das den Haarwuchs fördert und der Haarergrauung entgegenwirkt.

W e l l a f o r M e n (Wella-AG, Darmstadt), flüssiges alkoholisches Haartonikum, enthält Antischuppenmittel und Bakteriostatikum.

Hautcremes

Hautcremes. Die in Blechdosen oder Tuben verkauften Hautcremes bilden meist sogenannte Öl-in-Wasser-Emulsionen, seltener Wasser-in-Öl-Emulsionen oder -Suspensionen. Bei den Öl-in-Wasser-Emulsionen sind viele kleine Tröpfchen von Fett, Öl und dgl. in Wasser verteilt; Öl ist hierbei die verteilte, disperse Phase, Wasser dagegen die geschlossene, äußere Phase (Bild 17 a). Bei Wasser-in-Öl-Emulsionen sind dagegen unzählige kleine Wassertröpfchen in einer zusammenhängenden Grundmasse aus Fett oder Öl verteilt; Wasser ist hier die disperse, Fett dagegen die geschlossene Phase. Milch ist z. B. eine Öl-in-Wasser-Emulsion, Butter dagegen eine Wasser-in-Fett-Emulsion.

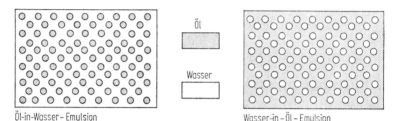

Bild 17 a. Emulsionen (Schema). Der Vorgang der Emulgierung spielt in der kosmetischen Chemie eine große Rolle (n. Bukatsch/Glöckner).

Versuche: Wir schütteln im Probierglas (mit Daumen verschließen) 1 cm³ Erdöl und 5 cm³ Wasser ca. 20mal kräftig um. Es entsteht eine milchigweiße Trübung; unter dem Mikroskop sieht man kleine Erdöltröpfchen in Wasser herumschwimmen – es liegt hier eine ganz grobe Emulsion vor. Diese einfache Emulsion ist sehr unbeständig; schon nach 5–10 Minuten hat sie sich entmischt, wobei sich an der Oberfläche gelbliches Erdöl und darunter mehr oder weniger reines Wasser ansammelt. Um die Emulsionen beständiger zu machen, setzt man kleine Mengen von sog. Emulgatoren hinzu. Die Wirkung eines einfachen Emulgators zeigt folgender Versuch: Wir schütteln im Probierglas 1 cm³ Erdöl mit etwa 5 cm³ einer 2%igen Seifenlösung (z. B. darstellbar durch Auflösen von 1 g fein zerschnittener Rasierseife in 50 cm³ destilliertem, erwärmtem Wasser) etwa zwanzigmal kräftig durch. Diesmal entsteht eine schneeweiße, dauerhafte Emulsion, die sich erst nach Tagen oder Wochen entmischt. Die Seife wirkt hier als Emulgator; sie bildet um die einzelnen Fett-Tröpfchen sozusagen dünne „Schutzhäute", die sich gegenseitig abstoßen und ein rasches Verschmelzen der Tröpfchen verzögern oder verhindern.

Die Hautcremes enthalten in der Regel folgende Bestandteile:
1. Eine Salbengrundlage mit einem Wassergehalt von ca. 40–70%. Die nichtwässerigen Anteile der Salbengrundlage können z. B. bestehen aus Wollfettprodukten (Lanolin), Cholesterinestern, Polyoxyäthylenprodukten („Cremolan"), Stearin, Cetylalkohol, Walrat, Knochenöl, Vaseline, Paraffinöl, Bienenwachs, Pflanzenölen, Fett-

alkoholen, Gelatine, Milcheiweißprodukten („Fissancreme"), Lanette, Alginaten, Siliconen („Silicoderm"), Na-Carboxymethylcellulose und dgl. Zumeist ist diesen Stoffen (oder Stoffgemischen) noch ein Emulgator beigemischt, wie z. B. Cholesterin, Lecithin, Seifen, Fettsäureamide, Fettalkoholsulfonate, Tragant, Pektine, Methylcellulose, Celluloseäther, Eigelb, Casein, Polyoxyäthylenderivate, Sorbitanester, Glykol- und Glycerinstearate (z. B. Diglykolstearat, Glykolmonostearat, Glycerinmonostearat), Triäthanolaminstearat, Bentonit, Traubenzuckersirup und dgl. Der Emulgator (bzw. das Emulgatorgemisch) dient zur Stabilisierung der Emulsionen, denn diese müssen oft eine mehrwöchige oder mehrmonatige Lagerzeit überdauern.

2. Spezielle Wirkstoffe. Die Salbengrundlage ist zumeist nur ein Hilfsmittel, um besondere Wirkstoffe (oder Wirkstoffgemische) in zweckmäßiger, bequemer Form auf die Hautoberfläche oder (durch die Hautporen) ins Hautinnere zu bringen. Viele Versuche haben gezeigt, daß man der Haut durch Einreiben von Hautcremes tatsächlich allerlei Nährstoffe, Vitamine, Hormone und dgl. zuführen kann – so werden z. B. rachitische Kaninchen gesund, wenn man ihnen in Olivenöl gelöstes D-Vitamin in die Haut einreibt. Hormone können mit Gesichtscremes in die tieferen Schichten der Haut eingerieben werden und dort erhöhte Zellteilungen auslösen. Örtliche „Fettreduktionen" (z. B. bei Doppelkinn) sind durch lokales Einmassieren von Spezialcremes (mit Entfettungsmittelzusatz) nach Prof. Dr. Schreus (Dtsche. Med. Wschr., 1957, S. 83) schwerlich zu erhoffen. Der Wirkstoffgehalt der Hautcremes liegt zwischen Bruchteilen eines Prozents und (bei Nährstoffen und dgl.) etwa 5–10% vom Gewicht der Creme. Als Wirkstoffe kommen z. B. in Betracht: Hautnährstoffe (Lecithin, Lipoide, Phosphatide, Milcheiweiß, Casein. Getreidekeimöle, tierische Fette und Öle – Mineralöle sind für die Haut „unverdaulich"), Vitamine (vor allem das gegen Hautschäden wirksame Vitamin F), Hormonpräparate wie z. B. Epidermin, hergestellt vom Chem. Lab. Dr. Kurt Richter GmbH, Berlin-Friedenau, Bennigsenstraße 25 (Extraktkombination aus der Epidermis und Placenta junger Warmblüter, kombiniert mit Geschlechtshormonen usw.), Peröstron (Stilbenderivat, evtl. kombiniert mit Vitamin A, F, E und T) und Placentaliquid, hergestellt auch vom Chem. Lab. Dr. Kurt Richter (als Frischextrakt unter schonenden Bedingungen hergestellter Gesamtkomplex tierischer Placenten), Azulen (wirkt entzündungswidrig), Insektenabweisende Stoffe (s. Insektenschutzcreme S. 139), hygroskopische Stoffe (z. B. Glycerin, Sorbit und dgl., hält die Creme und die Haut feucht), Ultraviolett-absorbierende Verbindungen (s. Sonnenbrandcremes S. 138); Bleichmittel (s. Sommersprossencreme), Pigmente (z. B. Titandioxid in Mattcremes), Farbstoffe (z. B. Eosin in rosafarbenen Cremes, Chlorophyll in grünlichen Cremes, braune

Teerfarbstoffe in „hautbräunenden" Cremes), Dihydroxyaceton (bewirkt Hautbräunung ohne Sonnenbestrahlung), kleine Zusätze an Säuren (z. B. Milch-, Wein-, Zitronen-, Bor-, Zimt-, Glycerophosphorsäure, diese bewirken schwach saure Cremereaktionen und Erhaltung des nützlichen, bakterienhemmenden Säuremantels der Haut) u. v. a.

3. K o n s e r v i e r u n g s m i t t e l : Viele Hautcremes bilden einen idealen Nährboden für Bakterien und Schimmelpilze aller Art. Um Zersetzungen durch diese Kleinlebewesen zu verhindern, setzt man den Cremes kleine Mengen (ca. 0,2%) von Konservierungsmitteln zu, so z. B. Nipagine (Hydroxybenzoesäureester), Raschit (p-Chlor-m-Kresol), Chlorbenzoesäure, Preventol, Hexachlorophen, Dichlordioxydiphenylmethan und dgl.

4. D u f t s t o f f e. Um den Cremes einen angenehmen Geruch zu verleihen (und um nachteilige Eigengerüche gewisser Cremebestandteile zu überdecken), setzt man ihnen in den Fabriken etwa 0,5% einer geeigneten Parfümölkomposition zu.

Im folgenden sollen einige Handelscremes und Spezial-Creme-Typen kurz gewürdigt werden.

„E u k u t o l " enthält u. a. Lipoide (wertvolle Fette), antirachitisches Vitamin, Cholesterin ($C_{27}H_{46}O$, komplizierter Alkohol). Bei Hautverletzungen wird die Heilung durch Einreiben von Eukutol-Creme beschleunigt. Bringt man antirachitisches D-Vitamin in Form einer Lebertransalbe auf Wunden, so tritt rasche Vernarbung und Heilung ein.

„Creme Tokalon" enthält neben besonders vorbehandelter Sahne noch Olivenöl, emulgiertes Eigelb und Pflanzenextrakte; die meisten dieser Stoffe wirken als wertvolle Hautnahrungsmittel.

Die sog. C l e a n s i n g - C r e a m s (Reinigungscremes) werden zur abendlichen Hautreinigung auf die Haut gebracht, wie sie in der Hautwärme schmelzen; sie binden die Staub-, Ruß-, Puderteilchen usw. an sich (Adhäsionswirkung), ohne in die Hautporen einzudringen; nachher wischt man die Creme samt den anhaftenden Schmutzteilchen mit Zellstoffwatte wieder ab. Eine solche Cleansing-Cream wird z. B. hergestellt durch Zusammenschmelzen von 250 Gramm Vaseline, 75 Gramm Ceresin, 20 Gramm Bienenwachs (erhöhtes Adhäsionsvermögen), 600 Gramm Paraffinöl und 5 Gramm Lanolin, wasserfrei. Zusätze von kleinen Mengen von Emulgatoren können die Reinigungswirkung verstärken. Zur Gesichtsreinigung werden in steigendem Umfang parfümierte Öl-in-Wasser-Emulsionen („Gesichtsmilch") verwendet.

A t r i x - C r e m e (B. Beiersdorf, Hamburg). Handpflegemittel, Öl-in-Wasser-Emulsion aus Siliconöl, Glycerin, Fettalkoholen und Wachsestern.

S o m m e r s p r o s s e n c r e m e kann Natriumperborat als wirksamen Bestandteil enthalten. In diesem Fall darf der Creme weder Wasser noch Fett beigemischt sein, da sich sonst das Perborat vorzeitig zersetzen würde. Eine Sommersprossencreme wird z. B. aus folgenden Stoffen hergestellt: 15% Natriumperborat, 15% Zitronensäure, 15% Vaselinöl, 7% Paraffin, 8% wasserfreies Lanolin, 40% Vaseline. Wird diese Creme auf der Haut verrieben, so zersetzt sich das Natriumperborat unter dem Einfluß der Hautfeuchtigkeit und zerstört die Unreinheiten durch Oxidation. Eine ähnliche, bei langfristiger Anwendung fast immer erfolgreiche bleichende Sommersprossencreme wird erhalten, wenn man 5 Gramm Borsäure mit 35 Gramm Natriumperborat vermischt, sodann in das Gemisch 5 Gramm reine Phosphorsäure einarbeitet und mit 58 Gramm Vaseline gut verreibt. Neuerdings wird gegen Sommersprossen auch eine Lichtschutzsalbe empfohlen, die ein Kondensationsprodukt aus para-Aminobenzoesäure und Harnstoff enthält. Verschiedene Sommersprossencremes sind mit Protegin hergestellte Wasser-in-Öl-Emulsionen, die bis zu 15% Peroxid (häufig Wasserstoffperoxid, zuweilen auch Zinkperoxid) mit Stabilisatoren enthalten, die eine vorzeitige Zersetzung der Peroxide verhindern. Ein Sommersprossenpuder entsteht z. B. durch Vermischen von 30 Gramm Magnesiumperoxid (bleicht), 20 Gramm Zinkoxid und 50 Gramm Talk.

Glysolid-Glycerin (Burnus-Gesellschaft, 7703 Singen-Worblingen) ist eine alkalifreie, säure- und fettfreie weißliche Tubencreme gegen rissige Hände, Sonnenbrand, Wundsein usw.; sie besteht aus 82% reinem Glycerin und 18% hautfreundlichen Stoffen. Verteilt man einen etwa 2 Zentimeter langen Tubenstrang auf einem Papierstück, so kann man schon mit einer empfindlichen Briefwaage feststellen, daß dieses nach 1–2 Stunden ein wenig schwerer geworden ist. Glycerin ist hygroskopisch; es zieht aus der Luft Wasserdampf an, daher die Gewichtszunahme.

Cito-Kamillen-Creme (Dr. Scheller, Eislingen) enthält in einer Salbengrundlage u. a. Glycerin, das die Hautoberfläche glättet, und Kamille, die infolge des Azulengehaltes entzündungshemmend wirkt. Die Creme bietet wirkungsvollen Schutz für strapazierte Hände.

Kaloderma-Gelee (Schwarzkopf, Hamburg-Altona/Pino) ist eine farblose, feuchtbleibende, mit Glycerin und Honig zubereitete Masse zur Pflege rauher, geröteter und aufgesprungener Hände. Man kann ein ähnliches Produkt nach folgendem Rezept herstellen: 40 Gramm Gelatine läßt man mit 100 Gramm kaltem Wasser (konserviert) über Nacht quellen und gibt dann ca. 200 Gramm Rosenwasser hinzu. Das ganze wird im Wasserbad erwärmt, bis sich die Gelatine zu einer homogenen Masse verflüssigt. Getrennt werden 50 Gramm Honig in 350 Gramm Wasser gelöst und mit 200 Gramm Glycerin und 50 Gramm Karion F (Sorbit von Merck, Darmstadt) erwärmt und in das Gelatinegel eingerührt. Zuletzt gibt man noch 25 Gramm Alkohol, 2 Gramm Nipagin (Oxybenzoesäureester, wirkt konservierend, verhindert Schimmel) und 3 Gramm Parfümöl hinzu und rührt stündlich durch. Weitere Kaloderma-Präparate sind: Kaloderma-Aktivcreme, Juno-Creme, Velvetcreme.

Die Satina-Creme (Dosencreme der Firma Mack, Illertissen) enthält in einer Salbengrundlage Vitamin F (s. Vitamine), das in der Hautpflege Bedeutung erlangt hat.

Sevilan-Creme (Merz u. Co., Frankfurt): Fetthaltige Hautcreme mit Silicon, Lanolin, Eiweiß, Vitaminen.

Tashan-Multivitamin-Creme (Carl Hahn, Düsseldorf): Hautcreme mit den Vitaminen A, B, D_2 und E.

Ellocar-Vitamin-Creme (Ellocar G.m.b.H., Düsseldorf) enthält Vitamin F in einer Salbengrundlage, die Ellocar-Hormon-Creme (Tubencreme der gleichen Firma) ist hormonhaltig. Die Ello-Nähr-Creme für die Nacht enthält Vitamin A, F und D_2.

Nivea-Creme (P. Beiersdorf, Hamburg) ist eine Wasser-in-Öl-Emulsion, sie ist eine Fettcreme aus hochraffinierten Kohlenwasserstoffen und dem bekann-

Sonnenbrandcremes und Hautbräunungsmittel

ten, hautverwandten Eucerit. Letzteres besteht aus cholesterinhaltigen Wollwachsalkoholen und wird aus Lanolin im Autoklaven durch Druckspaltung gewonnen. Eucerit ist durch ein besonders hohes Wasserbindungsvermögen ausgezeichnet.

Die C o l d   C r e m e s sind Mischungen von weißem Wachs, Walrat, Mandelöl, Rosenöl und Wasser. Das verdunstende Wasser wirkt kühlend, daher die englische Bezeichnung cold = kalt. Zu den Cold-Cremes gehört z. B. die Cold-Creme Mouson und die Marylan Cold Creme. Nach den Vorschriften des Deutschen Arzneibuchs wird eine Cold-Creme folgendermaßen erhalten: Man schmilzt 7 Teile weißes Wachs und 8 Teile Walrat im Wasserbad, rührt 60 Teile Mandelöl hinein und rührt weiter bis zum Erkalten. Schließlich werden unter lebhaftem Rühren 25 Teile Wasser und zuletzt 2 Tropfen Rosenöl zugefügt.

S o n n e n b r a n d c r e m e s   u n d   H a u t b r ä u n u n g s m i t t e l. Nach neueren Forschungen sind bei der Hautbräunung hauptsächlich die beiden folgenden unsichtbaren, ultravioletten Strahlen beteiligt: 1. UV-A mit 320 bis 400 nm (Nanometer) Wellenlänge (stärkste Wirkung bei etwa 340 nm) und 2. UV-B mit 285–320 nm (Nanometer) Wellenlänge (Hauptwirkung bei 297 nm). Im gewöhnlichen Sonnenlicht wirken beide Strahlungen zusammen. Versuche mit Lichtschutzstoffen, die UV-A oder UV-B abschirmen und ausschalten, haben gezeigt, daß UV-B vor allem schmerzhafte Hautrötungen (Sonnenbrand) hervorruft, wobei die Hautrötung später unter Mitwirkung der lebenden Gewebszellen zu einer Neubildung von Melanin (dunkler, brauner, bei Negern schwarzer Hautfarbstoff) führt, der allerdings nicht sehr dauerhaft ist, sondern zu einer fahlbraunen Farbe verblaßt. UV-A bewirkt dagegen eine direkte, dauerhafte Melaninbildung ohne vorangehenden Sonnenbrand. Reibt man nun die Haut mit Cremes oder Ölen ein, die für UV-A hochdurchlässig, für UV-B dagegen nur wenig durchlässig sind, so wird eine schmerzfreie Hautbräunung ermöglicht. Als Sonnenschutzmittel dieser Art haben sich besonders β-Umbelliferonessigsäure, Sulfonamide, Derivate der p-Aminobenzoesäure, Tannin, Anthranilsäure-, Zimtsäure- und Cumarinderivate, Oxychinolinsulfat, Isosafrol, Isobutyl-p-Aminobenzoat, organische Ammoniumverbindungen, Naphtholsäure und deren Derivate, Chininsulfat, Äthylhexandiole, Phenylbenzimidazolsulfosäure und Äsculinderivate bewährt. Solche Präparate sind z. B. in „Zeozon"-Sonnencreme (P. Beiersdorf, Hamburg), auch in „Zeozon"-Sonnenöl und „Zeozon"-Sonnenmilchspray enthalten. In der „Delial-Sonnencreme", in „Delial-Sonnenmilch" und „Delial-Superschutz" (Drugofa, Köln) wirkt ein Phenylbenzimidazol-Derivat lichtschützend, es absorbiert die unter 325 nm liegenden sonnenbranderzeugenden Strahlen. Gegen Hautentzündungen ist außerdem Kamillenextrakt beigemischt. Das in Kamillen enthaltene Azulen ist das stärkste örtliche Enzündungsmittel, das zur Zeit bekannt ist. Einfachere Lichtschutzmittel lassen sowohl das ganze Ultraviolett als auch das sichtbare Licht nur in begrenztem Umfang durchtreten. Diese Präparate enthalten z. B. in fettiger Cremegrundlage lichtundurchlässige Pulver wie Titandioxid, Zinkweiß, Zinkcarbonat und dgl. Bei ihrer Anwendung ist zwar ein gewisser Schutz gegen Sonnenbrand zu erwarten, doch wird die natürliche Hautbräunung verzögert. Eine schnelle, schmerzlose Bräunung könnte man einfach durch braungefärbte oder bräunend wirkende Stoffe (Teerfarbstoffe, Manganverbindungen, Tannin, Polyphenole und dergleichen) erzielen, die man Hautcremes, Pudern oder Hautölen beimischt. Die modernen Sonnenschutzöle enthalten vielfach Pflanzenöle bzw. Paraffinöl, Nußextrakte bzw. **braune** Teerfarbstoffe und UV-B absorbierende Stoffe wie z. B. Heliopan (Schimmel), Melanigen, Protektol, Solprotex, Substanz 6633 usw. Ein solches Sonnenschutzöl könnte z. B. aus 600 Gramm Erdnußöl, 350 Gramm Paraffinöl und 50 Gramm UV-B absorbierendem Strahlenschutzmittel bestehen. Die modernen Hautbräunungsmittel (ohne Sonnenlicht) wie z. B. Tamlo Jade Fix-Braun u. v. a. enthalten als Wirkstoff zumeist Dihydroxyaceton, $HOH_2C-CO-CH_2OH$ (in reinem Zustand farbloses, wasserlösliches Kristallpulver), das mit den freien Aminogruppen der Hauteiweißstoffe braune Verbindungen bildet, die übrigens nicht vor Sonnenbrand schützen. Eine Sonnenschutzcreme kann z. B. fabrikmäßig folgendermaßen hergestellt werden: Man schmilzt 14 Teile Glycerinmonostearat (selbst emulgierend), 5 Teile Lanolin, 10 Teile Diäthylsebacinat und 15 Teile Isopropylmyristinat bei 70 bis 75° zusammen und fügt unter Rühren 6 Teile β-Methylumbelliferon (absorbiert Ultraviolett) sowie 2 Teile Eisenoxid-Pigment (bräunt) hinzu. Zum Schluß rührt man eine Lösung von 6 Teilen Hexylenglykol in 42 Teile Wasser hinein. „Piz-Buin-Exclusiv-Creme" und „Piz-Buin-Exclusiv-Milch" enthalten Methoxyzimtsäureester, Novantisolsäuresalz und Phenylbenzophenoncarbonsäureester. Diese „Filter" werden sowohl in wäßriger als auch öliger Phase eingesetzt.

Die kühle Haut bräunt sich schneller als die erhitzte; daher erfolgt z. B. an kühlen, sonnigen Frühlingstagen oder im Winde und bei Abkühlung durch Wasser oder Schweiß eine raschere Pigmentierung.

Insektenschutzcreme kann z. B. aus 5 Teilen Weizenstärke, 10 Teilen Wasser, 45 Teilen Glycerin, 30 Teilen Lanolin und 5 bis 10 Teilen Nelkenöl bestehen. In neuerer Zeit wurden zahlreiche natürliche oder synthetische Verbindungen entdeckt, die für den Menschen geruchfrei oder wohlriechend, für die Insekten aber unerträglich sind. Hierzu gehören z. B. Dimethylphthalat, Zitronellöl, Campher, Nelkenöl, Birkenteeröl, Menthol, Thymol, Diäthylglykolmonobutylester, Indalone, 4-Phenyl-1,3-dioxolan, Phenylglycol und Äther bzw. Ester, Benzyläther, Chlorbenzoesäure-dialkylamide (in Kik, Geigy), Phenylcyclohexanol, Isopropylcinnamat, Diäthyltoluamid usw. Man mischt derartige Stoffe den Hautölen bzw. Hautcremes bei und hält so z. B. am sommerlichen Badestrand die lästigen Insekten fern. Eine Hautcreme, die zugleich gegen Sonnenbrand und Insekten schützt, kann z. B. aus 94,5 Teilen Fettcremegrundlage, 3 Teilen Sonnenschutzsubstanz, 0,5 Teilen Lorbeeröl, 0,5 Teilen Rosmarinöl und 1,5 Teilen Zitronellöl hergestellt werden. Als Abschreckungsmittel gegen Mücken hat sich Diäthyltoluamid (Bayer), Summenformel $C_{12}H_{17}NO$, besonders bewährt. Handelsprodukte sind Autan-Spray, Autan-Stift und Autan-Lotion mit 7stündiger Wirksamkeit (Drugofa, Köln).

Rasiercremes sind meist teilweise verseiftes Stearin; sie können z. B. hergestellt werden aus 10 Teilen Stearin, 6 Teilen Glycerin (hält die Creme feucht und verhindert ein zu rasches Eintrocknen des Schaums), 4 Teilen Ammoniakwasser vom spezifischen Gewicht 0,97 (wirkt verseifend) und 8 Teilen Wasser. Manche Tuben-Rasiercremes sind weiche Kaliseifen, die mit Wasser und Glycerin verdünnt wurden. Der Fettsäuregehalt guter Rasiercremes beträgt 30—45%. Prüfe die Reaktion verschiedener Tubencremes! Was geschieht, wenn man zu einer Rasiercreme im Probierglas Salzsäure gibt und umschüttelt? Glas beiseite stellen und nach 5 Minuten beobachten! Die „Eukutol"-Rasiercreme enthält neben gewöhnlichen Seifenbestandteilen bestimmte Lipoide, welche haarerweichend und blutstillend wirken. Bekannte, auf dem Markt befindliche Rasiercrememarken sind z. B. „Dr. Dralle", „Kaloderma", „Markant", „Mouson", „Nivea", „Palmolive", „Satina", „Sir", „Smyx", „Tabac", „CITO".

Mattcremes. Der Name 4711 Mattcreme ist für die Firma 4711, Köln, gesetzlich geschützt. Die Mattierung dieser Tagescreme wird nicht etwa durch deckende puderartige Zusätze erreicht, sondern vielmehr durch die Art der Emulsion und die Anteile an mattierenden Wachsen. Sie ist eine gute Puderunterlage.

Vanishing Cream ist der englische Name für nichtfettende Stearatcremes. Hierzu gehört z. B. Fruchts Rosencreme.

Die von Lingner u. Fischer, 758 Bühl, hergestellten „**Fissan-Kinderöle**" enthalten kolloidales, bei Bluttemperatur gewonnenes Milcheiweiß (Labilin), Kieselsäure-Hydrogel und die Vitamine A, D, E.

Placentubex (Merz u. Co., Frankfurt), eine Creme zur Straffung und Verjüngung der Haut, enthält Placenta-Extrakt (Gemisch aus Hormonen, Vitaminen, Fermenten, Eiweißkörpern usw.) in einer hautverträglichen, fettfreien, kolloidalen Salbengrundlage (aus Milchserum gewonnen). Placenta-Wirkstoffe enthalten auch „Hormocenta", „Placentan", „Placentormon" u. v. a.

Endocil, Night-care (Promonta, Hamburg) enthält 10 mg Äthisteron (Äthinyltestosteron) auf 38 g einer Öl-in-Wasser-Emulsion. Das Kosmetikum ist auf die Hautprobleme der Frau über 30 abgestimmt.

Heizöle. Die Heizöle sind brennbare Kohlenwasserstoffgemische, die bei der Aufbereitung von Roherdöl als Mischöl (Gemisch aus Rückstandöl und dünnflüssigem Öl) oder reines Destillat (sog. extraleichtes Heizöl) erhalten werden. Man benützt die Heizöle zur Heizung von Schiffen, Maschinen, Wohnräumen usw. Es handelt sich bei den Heizölen um sog. Schweröle mit einer Dichte von 0,86 g/cm^3 bis 0,985 g/cm^3, dem Flammpunkt 95–200° (Gefahrenklasse III) und einem Heizwert von 9900–10 700 Kilokalorien je Kilogramm. Für die Lagerung von Heizöl gelten die Bestimmungen der Polizeiverordnung von 1930, die u. a. folgendes vorsieht: „Auch die zur Lagerung von brennbaren Flüssigkeiten der Gruppe A, Gefahrenklasse III dienenden Räume müssen mit undurchlässigen Fußboden und Wänden versehen sein". Über Heizöl und Umweltschutz s. Hunziker, Chem. Rdsch. 1972, 301.

Da man mit gewöhnlichen Streichhölzern das Öl im Zimmerofen nur schwer in Brand setzen kann, werden Wachsanzünder („O-la-la", A. Gies, Fulda), Riesenstreichhölzer mit Wachsplättchen („Fidibus", Etol-Werk, Oppenau) und andere Ölofenanzünder („Fauch-Anzünder", Haus-Chemie, Ingelheim) verwendet.

Versuch: Man schüttet 2 cm^3 Heizöl in eine Porzellanschale und hält ein gewöhnliches Zündholz, dann einen „Fidibus"-Ölofenanzünder in das Öl.

Honig. Der gewöhnliche, von Bienen aus Nektar hergestellte Blütenhonig ist eine durchscheinende, dickflüssige Masse von hell- bis dunkelgelber, grünlicher oder bräunlicher Farbe; er besteht aus 70–80% Invertzucker (= Fruchtzucker und Traubenzucker), rund 20% Wasser und Spuren von Eiweiß, gummiartigen Stoffen, Fermenten (Diastase, Katalase, Invertase), Geruchstoffen, Farbstoffen, Wachs, organischen Säuren (Honig hat pH-Werte zwischen 3,3 und 4,9), Blütenstaubkörnern und dergleichen. Die Zusammensetzung schwankt nach dem Nektar der Blütenpflanzen, dem Honigtauanteil, der Witterung, der Bienenrasse usw. so stark, daß wahrscheinlich nicht zwei Bienenhonige miteinander übereinstimmen. Honige, die nicht aus Blüten stammen, sondern aus Honigtau (süße, häufig von verschiedenen Insektenarten herrührende Abscheidungen auf Pflanzenteilen) und Ausschwitzungen von Nadelhölzern bestehen, haben dunklere Farben, einen harzigen, würzigen Geschmack und Geruch; sie erstarren schwerer, ihr Gehalt an Invertzucker beträgt oft nur 60—70% und weniger, doch ist ihr Nährwert etwa der gleiche wie beim Blütenhonig, da meist ein höherer Dextringehalt (5—30%) vorliegt. Werden die Bienen mit Rohrzucker gefüttert, so kann der Honig über 10% Rohrzucker enthalten. Blütenhonig enthält oft Blütenstaubkörner; man findet sie am besten, wenn man 50 Gramm Honig in 200 Gramm Wasser löst, filtriert und den Rückstand mit dem Mikroskop untersucht. Aus der Gestalt der Blütenstaubkörner kann man oft die Herkunft des Honigs ermitteln.

K u n s t h o n i g wird aus Rohrzuckerlösungen hergestellt, die man mit Hilfe von stark verdünnten Säuren in Invertzucker spaltet. Man löst z. B. ein Kilo Rohrzucker (gestoßener Zucker oder Würfelzucker) in 2 Liter warmem Wasser, fügt unter Umrühren ein Gramm Milchsäure (in Apotheken erhältlich) dazu und dampft bis auf etwa 1,3 Liter ein. Nach der Abkühlung ist ein zäher, gelblicher Saft aus Kunsthonig entstanden, der mit Fehlingscher Lösung einen rotbraunen Niederschlag gibt. Vergleiche Seite 183.

Kaffee und Coffein. Das C o f f e i n ($C_8H_{10}N_4O_2$) ist der wirksame Bestandteil des Bohnenkaffees (1%), Tees (2%), Mate- oder Paraguaytees (1—1,5%) und der Kolanuß (1,5—3%). Die käuflichen Kola-Dallmanntabletten enthalten neben Kolanuß, Zucker und dgl. 30 Milligramm Reincoffein, das sich nach folgendem Versuch leicht abtrennen läßt:

V e r s u c h : Verreibe ein Stückchen einer Kola-Dallmanntablette zu Pulver, erwärme dieses in einem Probierglas etwa 2 Minuten lang mit einigen Kubikzentimetern Benzol (Vorsicht! Feuergefahr!), filtriere, lasse einen Tropfen des Filtrats auf einer Glasplatte verdunsten und beobachte die zurückbleibenden, weißen Nadeln (Coffein!) unter dem Mikroskop! Bringe eine etwa erbsengroße Menge von feinpulverisierten, gerösteten Kaffeebohnen auf ein Uhrgläschen I, decke ein Uhrgläschen II so darüber, daß das Ganze wie eine Linse aussieht, lege diese Linse in den Ring eines Stativs, setze einige Tropfen kaltes Wasser auf die Außenseite von II und erwärme von unten mit einer 5—10 Zentimeter entfernten Spiritusflamme 1 bis 2 Minuten lang. Das Coffein sublimiert bei 180°. Es schlägt sich auf der gekühlten Innenseite von II nieder und kann nachher unter dem Mikroskop oder mit der Lupe beobachtet werden (feine, lange, weiße Kristallnädelchen). Auf die gleiche Weise kann man es auch in einer etwa erbsengroßen Probe von zermahlenem schwarzen Tee oder von Mate (in Lebensmittelgeschäften z. B. als „Esüdro Südamerikanischer Mate" käuflich) nachweisen.

Kaffee und Coffein

Der mittlere Coffeingehalt der Kaffeebohnen beträgt etwa 1%. In einer Tasse Kaffee sind (bei Verwendung von 15 Kaffeebohnen) ungefähr 0,15 Gramm Coffein enthalten. 1 bis 2 Gramm Reincoffein wirken schon giftig, doch scheint die tödliche Dosis ziemlich hoch zu liegen. Pferde und Rinder werden durch 100 Gramm Coffein getötet; dies entspricht etwa dem Coffeingehalt von 650 Tassen starkem Kaffee. Im allgemeinen wirkt der Kaffee lange nicht so nachteilig wie Alkohol und Nicotin. Beim Normalmenschen werden durch den Kaffee die höheren geistigen Leistungen angeregt, die Auffassungsfähigkeit verbessert sich, die Gedankenverbindungen laufen rascher ab, die Müdigkeit wird verscheucht. Bei größeren Coffeinmengen (0,5 bis 1 Gramm) stellen sich Herzklopfen, Zittern, Augenflimmern und Delirien ein. Empfindliche Menschen werden schon durch 0,1–0,2 Gramm Coffein (die in ein bis zwei Tassen Kaffee oder Tee enthalten sind) am Einschlafen gehindert. Diese sollten deshalb abends auf solche Getränke verzichten. Bei Herz-, Gefäß-, Nieren- und Nervenkrankheiten ist von Coffein in jeder Form abzuraten.

Für den verhältnismäßig hohen Prozentsatz von Frauen und Männern, die gegen Coffein empfindlich sind, hat die Industrie coffeinfreie Kaffeesorten (Kaffee Hag [1]) hergestellt. Das Coffein wird hier mit organischen Lösungsmitteln fast vollkommen herausgelöst. Das Getränk ist dann auch für empfindliche Personen völlig unschädlich. „Coca Cola", „Pepsi-Cola", „Afri-Cola" und andere Limonaden enthalten u. a. Coffein und verscheuchen daher die Müdigkeit. Das seit Jahrzehnten in ungeheurem Umfang besonders in USA konsumierte Coca Cola wird nach geheimgehaltenen Rezepten hergestellt; es ist alkoholfrei und wurde daher zur Zeit des amerikanischen Alkoholverbots besonders geschätzt. Seine wichtigsten Bestandteile sind: Extrakt von getrockneten Colanüssen (oder Reincoffein), Zitronensäure, Phosphorsäure (verstärkt Coffeinwirkung), Zucker, ätherische Öle, Muskatnuß, Gambirextrakt, Farbstoff und dergleichen. Ein Fläschchen enthält ca. 15 Milligramm Reincoffein; die gleiche Menge ist in $^1/_4$ Tasse Bohnenkaffee enthalten. Das Coca-Cola-Rezept wurde erstmals 1886 von dem Apotheker Pemberton in Atlanta/USA ausgearbeitet; in Deutschland wird es seit 1929 hergestellt. Geringe Coffeinmengen (meist 20 bis 50 Milligramm) finden sich auch in unzähligen Schmerzlinderungstabletten neben anderen Bestandteilen, so z. B. in Amigren, Andolor, Becobon, Brasan, Cafaspin, Caffinal, Coffalon, Coffeminal, Coffetylin, Dolormin usw. Cola-Spordro (Dr. Carl Soldan GmbH, Nürnberg) sind Erfrischungsbonbons, mit Cola-Extrakt bereitet, Coffeingehalt 0,15%; Cola-Schokolade enthält 0,2% Coffein, das aus Kolanüssen, zum Teil auch aus Kaffee, stammt.

---

[1] Der Name ist aus den Anfangsbuchstaben der Erzeugerfirma („Kaffee-Handels-Aktien-Gesellschaft") zusammengesetzt.

Kaliumpermanganat (Übermangansaures Kali, KMnO$_4$) erhält man in Form dunkler, länglicher, metallisch glänzender Kristalle; diese lösen sich in Wasser mit tiefvioletter Farbe. Die Färbung ist so stark, daß eine 20 cm hohe Lösung von 1 : 500 000 noch rötlich erscheint. Kaliumpermanganatlösungen werden in braunen Flaschen aufbewahrt, da sie sich im Sonnenlicht allmählich zersetzen. In wässerigen Lösungen gibt Kaliumpermanganat (besonders bei Anwesenheit von Staub und Sonnenlicht) Sauerstoff ab. Dabei entstehen bräunliche Niederschläge, die im wesentlichen aus wasserhaltigem Braunstein (= Mangandioxid, MnO$_2$·xH$_2$O) bestehen. Gießt man eine Kaliumpermanganatlösung auf Papier, so färbt sich dieses allmählich braun. Im 1. Weltkrieg wurde den Schimmeln eine 1–2%ige Kaliumpermanganatlösung auf die Haut gebürstet; diese nahm dabei eine blaugrüne, haltbare Tarnungsfarbe an. Holz kann durch ein- bis zweimaliges Bestreichen mit Kaliumpermanganatlösung (10–100 Gramm auf 1 Liter Wasser) braun „gebeizt" werden.

Kaliumpermanganatlösung wirkt desinfizierend, das heißt bakterientötend. Aus diesem Grunde wird es als Gurgelmittel (Kristalle in Wasser so stark verdünnen, daß hellviolette Lösung entsteht) verwendet, obwohl es gegenüber dem Wasserstoffperoxid gewisse Nachteile hat; es sei hier nur auf die (geringe) Giftigkeit, das Fehlen eines reinigenden Schaumes und die Fleckenbildung verwiesen. In seuchenverdächtigen Gebieten empfiehlt es sich, zur Desinfektion abends einen Kaliumpermanganatkristall ins Trinkwasser zu legen. Bei Schlangenbissen soll eine Einspritzung von 1–5%iger Kaliumpermanganatlösung in die Bißstelle günstig wirken; offenbar wird das Gift durch Oxidation zerstört. Bei Bienenstichen entfernt man zunächst den Stachel und reibt dann die Wunde mit Kaliumpermanganatlösung ein; auch hier wird das Gift durch Oxidation in unschädliche Stoffe verwandelt.

Versuche: Erhitze Kaliumpermanganat im Prüfglas nach *Bild 5*. Unter prasselndem Geräusch entwickelt sich ein Gas, das einen glimmenden Holzspan entflammt: Sauerstoff! Koche Zwiebelsaft mit der violetten Lösung; er wird geruchfrei, da der vom KMnO$_4$ abgegebene Sauerstoff auch Geruchsstoffe zerstört (vgl. S. 31).

Kaltdauerwellen. Die Dauerwellverfahren haben den Zweck, dem Haar für mehrere Monate eine als schön empfundene Wellung zu verleihen. Man unterscheidet hierbei zwischen den in Schönheitssalons mit komplizierten Heizapparaturen ausgeführten Heißwellverfahren und dem auch im Hausgebrauch anwendbaren Kaltwellverfahren. Die Heißwellverfahren arbeiten mit Alkali in der Kochhitze oder mit Sulfiten (Natriumsulfit Na$_2$SO$_3$) bzw. mit Gemischen von Alkali und Sulfiten. Bei den Kaltwellverfahren erprobte man früher Alkalisulfide, Sulfhydrate, Ammoniumhydrogensulfit und dgl.; etwa ab 1945 wurden diese Präparate weitgehend durch die in USA erstmals zur Dauerwellung benützte Thioglykolsäure (HS·CH$_2$—COOH) verdrängt; diese findet sich in Form ihres Ammoniumsalzes heute in den meisten Kaltdauerwellenpräparaten des Handels. Die Eignung der Thioglykolsäure für Kaltdauerwellen wurde erstmals 1934 von Goddard und Michaelis festgestellt. Die Kaltdauerwelle (als Beispiel wählen wir die von der Straub-Chemie, Wertheim/Main, hergestellte Straub-Kaltwelle mit Ölschutz) wird folgendermaßen erhalten: Die gewaschenen und getrockneten Haare werden mit dem Kamm in dünne, schmale Strähnen von der Breite des Holzwickels abgeteilt, dann von der Mitte der Haarsträhne beginnend nach der Spitze zu mit der Kaltwellösung durchfeuchtet, und zwar benützt man dazu einen mit der Lösung durchtränkten Schwamm oder Wattebausch. Dann kämmt man die Haarsträhnen gut durch und wickelt sie auf die Kunststoff- oder Holzwickel auf, die jeweils an beiden Seiten mit Gummi festgehalten werden. Hierauf befeuchtet man die Wickel innerhalb 3-5 Minuten nochmals gründlich mit der Kaltwellflüssigkeit. Die Kopfhaut soll mit der Flüssigkeit möglichst wenig in Berührung kommen. Nun bedeckt man sämtliche Wickel mit einem großen Stück Papier, Cellophan oder der Bademütze und bindet den Kopf mit einem trockenen, vorgewärmten Handtuch oder Wolltuch ab. Nach durchschnittlich 30 Minuten nimmt man Tuch und Papier ab, spült das auf den Wickeln befindliche Haar etwa 8mal mit klarem, lauwarmem Wasser und tupft die Wickel mit einem Handtuch ab. Nebenher löst man das in besonderem Papiertäschchen beigegebene Straub-Fixier-Salz in ¼ Liter lauwarmem Wasser und durchtränkt mit dieser Lösung das Haar auf jedem einzelnen Wickel möglichst gründlich. Man läßt das Fixiermittel 5 Minuten einwirken, rollt dann das Haar vorsichtig ab und spült mit dem Rest der Fixierlösung die Haarspitzen nochmals durch. Die Fixierung ist für die Erzielung einer haltbaren Krause besonders wichtig. Nach weiteren 5 Minuten wird das Haar gründlich mit warmem Wasser, das auf 1 Liter ca. 3 Eßlöffel Essig enthält, nachgespült; dann legt man die Wellen in der gewünschten Weise an.

Diese Vorgänge sind chemisch-biologisch folgendermaßen zu erklären: Bekanntlich besteht das Haar im wesentlichen aus Keratin, einem komplizierten Eiweißstoff aus langgestreckten Polypeptid-Molekülketten, die unter sich durch zahlreiche Disulfidgruppen (—S—S—) des Cystins quer miteinander verbunden sind *(Bild 18)*. Durch Behandlung mit Thioglykolsäure werden diese Querverbindungen beseitigt, es erfolgt eine Reduktion der (—S—S—)-Gruppen zu isolierten Sulfhydryl-(SH-)Gruppen. Infolgedessen verliert das Haar seine Elastizität, beim Wickeln gleiten die Polypeptid-Molekülketten jetzt

Bild 18. Keratinfäden des Haares. A_1, A_2, A_3 usw. deuten die Aminosäuren an. Dazwischen zwei Disulfid-Brücken, die untere ist durch Eintritt von zwei H-Atomen aufgelöst

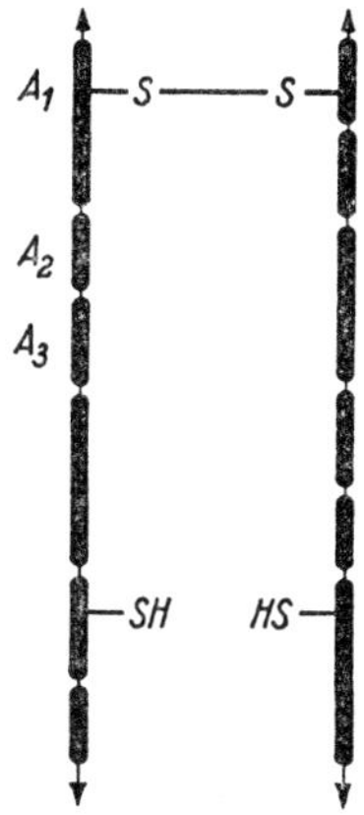

aneinander vorbei, um die neue Lage (nämlich die vorgenommene Wellung) einzunehmen. Durch das Fixieren mit einem Oxidationsmittel werden nun die isolierten SH-Gruppen wieder in richtige Querverbindungen (—S—S—)-Gruppen zurückverwandelt; das Haar erhält seine alte Elastizität wieder, wobei aber die gewünschte neue Wellenform bei vorschriftsmäßigem Verfahren 4—6 Monate bestehenbleibt. Beim Heißwellenverfahren spielen sich im Prinzip ähnliche biologisch-chemische Vorgänge ab.

Versuche: Der Straub-Kaltwelle-Entwickler ist eine wässerige, milchig getrübte, ammoniakalisch riechende Flüssigkeit, die in braunen Glasflaschen in den Handel kommt. Weise Ammoniak nach! (Geruch! Rotes, feuchtes Lackmuspapier wird im Gasraum über der Flüssigkeit gebläut! Glasstab mit Tropfen von konz. Salzsäure gibt im Gasraum weißen Rauch, s. S. 22 f.) Prüfe den pH-Wert mit dem Merckschen Universalindikatorpapier (Näheres s. Wasserstoffionenkonzentration); das pH ist etwa 10. Gewöhnlich enthalten die Kaltdauerwellflüssigkeiten 8%ige wässerige Lösungen von Ammoniumthioglykolat; zu diesem Hauptbestandteil kommen vielfach noch Nebenbestandteile wie Lecithine, Aminosäuren und dergleichen. Die oben erwähnte Kaltdauerwellflüssigkeit gibt folgende für Thioglykolsäure bzw. Ammoniumthioglykolat charakteristische Reaktionen: a) Sehr intensive Rot- bis Rotviolettfärbung mit kleinen Mengen von Eisensulfat- oder Eisenchloridlösung; die Farbe verschwindet bei Säurezusatz. b) Fügt man zu Bleisalzlösungen Natronlauge, bis sich der anfänglich entstandene Niederschlag wieder aufgelöst hat, so tritt nach Zusatz der Kaltwellenlösung evtl. nach längerem Kochen ein dunkler Niederschlag von Bleisulfid ein. c) Jodtinktur oder Jod-Jodkalilösung wird durch Kaltwellenlösung augenblicklich entfärbt; man könnte diese also auch zum Beseitigen von Jodflecken verwenden. d) Eine violette schwefelsaure Kaliumpermanganatlösung wird durch Kaltwellenlösung entfärbt. e) Bei Zusatz von Silbernitratlösung entsteht in der Kaltwellenlösung ein gelber Niederschlag.

Das in einem Papiertäschchen beigegebene Straub-Kaltwellen-Fixiersalz (weißes, wasserlösliches Pulver) entfärbt Kaliumpermanganatlösung unter reichlicher Sauerstoffentwicklung und enthält somit Wasserstoffperoxid (Oxidationsmittel) in fester Bindung. Es handelt sich zumeist um Harnstoffwasserstoffperoxidverbindungen mit 34% H_2O_2.

Kieselgur. Dieser auch als Diatomeenerde bezeichnete Stoff findet sich in großem Umfang in der Lüneburger Heide und in anderen Gegenden. Er ist ein sehr leichtes, mehlartiges, weißes bis graues

Pulver, das etwa fünfmal soviel Wasser aufsaugen kann, als es selbst wiegt. Kieselgur besteht aus Milliarden von Kieselpanzern ausgestorbener Kleinlebewesen (1 Kubikzentimeter Kieselgur enthält ca. 20 Milliarden Schalenreste), die mannigfache Verzierungen, Rillen, Nischen usw. aufweisen, welche gewöhnlich mit Luft gefüllt sind und damit das geringe spezifische Gewicht und Wärmeleitungsvermögen bedingen. Die Kieselpanzer bestehen aus hartem, chemisch fast unangreifbarem Quarz (SiO_2). V e r w e n d u n g : Als Poliermittel, Zusatz zu Putzflüssigkeiten und groben Seifen (Härte!), Füllmittel für Kassenschränke (schlechter Wärmeleiter!), Aufsaugungsmittel für Nitroglycerin bei der Herstellung der alten Gurdynamite (hohes Aufsaugungsvermögen), zur Trinkwasserfiltration usw. „Polierschiefer" ist Kieselgur mit 70–90% Quarzgehalt; er wird zum Schleifen von Metall und Glas verwendet. Unter „Tripel" versteht man eine Eisenverbindungen und Ton enthaltende Kieselgursorte, die als Polier- und Putzmittel benutzt wird.

Kitte. Kitte sind weiche, allmählich erhärtende Massen, die Fugen, Ritzen, Vertiefungen usw. ausfüllen und zerbrochene Gegenstände wieder zusammenhalten. Alle Kitte (bzw. Klebstoffe) werden in weichem Zustand aufgetragen; sie vereinigen die gekitteten Bruchstücke oft so fest, daß bei erneuter Beschädigung die Bruchflächen an ungekitteten Stellen entstehen. Die beim Kitten eintretenden chemischen Vorgänge sind vielfach unbekannt.

Ö l k i t t e. Leinöl gibt mit vielen Oxiden und Carbonaten, wie z. B. mit gebranntem Kalk, Schlämmkreide, Magnesia, Bleiglätte, Mennige, Eisenoxiden usw., wasserunlösliche, allmählich erhärtende „Seifen", die als Kitte verwendet werden können. Der bekannte Glaserkitt wird folgendermaßen hergestellt: Wir verkneten ein wenig Leinöl mit so viel trockener Schlämmkreide, daß eine etwa butterweiche Masse entsteht. Dieser Kitt ist möglichst bald zu verarbeiten. Will man ihn aufbewahren, so muß er in Ölpapier eingewickelt in den Keller gelegt werden. Älterer, eingetrockneter Glaserkitt ist nach Durchknetung mit etwas Leinöl wieder verwendbar. Soll erhärteter Glaserkitt von einer Kittstelle entfernt werden, so gibt man starke Natronlauge dazu; diese verwandelt den Kitt in wasserlösliche „Seifen" (Näheres S. 245 f.!). Will man Glastafeln in Aquarien und dergleichen einkitten, so verwendet man einen Kitt, der durch Verkneten von Leinöl und fein gepulvertem Blei(II)-oxid (=Bleiglätte, PbO) erhalten wurde. Zum Verdichten größerer Röhren usw. ist Mennigeölkitt geeignet; man mischt so viel Mennige (Pb_3O_4) zu Leinöl, bis eine butterweiche Masse entsteht. Wird statt Mennige Zinkoxid (ZnO) genommen, so entsteht ein Zinkkitt. Blei- und Zinkkitte sind in luftdicht schließenden Blechdosen jahrelang haltbar. Bevor man die Ölkitte anwendet, sind die völlig staubfreien Kittflächen mit etwas Leinöl zu bestreichen. Der Kitt wird dünn aufgetragen; hernach preßt man die Kittflächen zusammen und entfernt den seitlich heraustretenden Kitt sofort. Dann bewahrt man den gekitteten Gegenstand (1–2 Tage) bis zur Erhärtung vollständig erschütterungsfrei auf.

W a s s e r g l a s k i t t e. Herstellung: Verreibe in etwas käuflichem Wasserglas so viel Schlämmkreide, daß ein dicker Brei entsteht! Man kittet damit am besten Glas auf Glas; an der Luft erstarrt dieser Kitt zu einer steinharten Masse.

G l y c e r i n b l e i o x i d k i t t. Diesen sehr wirksamen, wasser-, säure- und laugenbeständigen, für Holz, Glas, Stein, Metall, Porzellan usw. geeigneten Kitt erhält man durch Verrühren von 5 Kilogramm fein gepulverter Bleiglätte in einem halben Liter konzentriertem, rohem Glycerin. Der so hergestellte Kitt erhärtet nach 15 bis 45 Minuten zu einer sehr festen Masse. Er haftet am besten, wenn die zu kittenden Flächen vorher mit reinem Glycerin bestrichen werden.

U n i v e r s a l k i t t p u l v e r ist ein käufliches, weißes Mehl, das aus vier Teilen gebranntem Gips und einem Teil Gummiarabikum besteht. Beim Gebrauch rührt man das Pulver mit etwas Wasser oder einer kalt gesättigten Boraxlösung an und kittet mit dem Brei Glas, Stein, Horn, Porzellan usw. Der gebrannte Gips geht dabei unter Wasseraufnahme in gewöhnlichen festen Gips über.

E i s e n k i t t e. Einen gegen Hitze und Wasser unempfindlichen Eisenkitt erhält man durch gründliche Vermischung von 20 Gramm Lehm, 10 Gramm Eisenpulver, 6 Gramm Wasser und 4 Gramm Essig.

Klebstoffe.

K u n s t h a r z k l e b s t o f f e. Bei der Herstellung dieser modernen Klebstoffgruppe werden Kunstharze (z. B. Phenol-Formaldehyd-Kondensationsprodukte, Harnstoff-Formaldehyd-Kondensationsprodukte, Melamin-Formaldehyd-Kondensationsprodukte, Polyvinylharze, Polyacrylatlösungen, Perbunan, Epoxidharze und dergleichen) in geeigneten Lösungsmitteln gelöst oder man polymerisiert die flüssigen Kunstharze zu Ende, wobei eine endgültige Erstarrung eintritt. Als typischen Vertreter eines hochwertigen Kunstharzklebstoffes behandeln wir zunächst den in jedem Papiergeschäft erhältlichen „UHU-Alleskleber" (Lingner und Fischer, Bühl/Baden). Dies ist eine wasserhelle, klare, zähflüssige, fadenziehende Lösung eines Polyvinylesters (nebst wirkungssteigernden Zusätzen) in schnellverdunstenden Lösungsmitteln (Essigsäuremethylester): „UHU-Alleskleber" klebt Papier, Pappe, Gewebe, Stoffe, Leder, Linoleum, Holz, Gips, Elfenbein, Preßstoffe, Glas, Porzellan, Steingut, Zement, Ton, Metalle (nicht aber Gummi); man kann mit ihm so verschiedene Werkstoffe wie Eisen und Marmor, Leder und Holz, Holz und Glas, Leder und Metall, Holz und

Klebstoffe

Textilwaren usw. dauerhaft und fleckenlos miteinander verbinden. Die Klebstelle ist lichtbeständig, wetter- und wasserfest, unempfindlich gegen verdünnte Säuren und Laugen, Öl und Benzin, sie hält Temperaturen bis 80° ohne weiteres aus, die Reaktion ist neutral. „UHU-Alleskleber" ist gut löslich im Löser für „UHU-Alleskleber", ferner in Aceton, Essigester und Brennspiritus; etwas schwieriger löst er sich in Methanol und Trichloräthylen („Fleck-Fips"); in Wasser, Benzin, Öl und verdünnten Säuren ist er ganz unlöslich. Bei kühler Lagerung hält sich „UHU-Alleskleber" in den verschlossenen Gefäßen unbegrenzt. Hält man eine Probe in die Flamme, so verbrennt zunächst das flüchtige Lösungsmittel (blaues Flämmchen), dann das Polyvinylharz (gelbe, rußende Flamme). Erwärmt man eine etwa haselnußgroße Menge des Allesklebers im Probierglas, so lassen sich an der Probierglasmündung die Lösungsmitteldämpfe entzünden. Einen guten Alleskleber erhält man z. B. durch Auflösen von 100 Teilen Perbunan, 100 Teilen Phenolharz und 100 Teilen Cumaronharz in 15-20% eines Lösungsmittelgemischs aus 60 Teilen Methyläthylketon, 36 Teilen Toluol und 4 Teilen Isopropanol. Zum UHU-Sortiment gehören noch „UHU-hart", „UHU-plast", „UHU-por", „UHU-coll", „UHU Extra", „UHU-kontakt", „UHU-stick" und „UHU-Flinke Flasche".

Epoxidharzkleber (Äthoxylinharze, Araldite). Dies sind Kondensationsprodukte aus Epichlorhydrin $H_2C\underset{O}{-}CH\cdot CH_2Cl$ und Diphenylolpropan, mit denen man z. B. im Flugzeugbau, Karosserie- und Brückenbau Metall auf Metall so fest verkleben kann, daß Nieten und Schrauben weitgehend entbehrlich werden. „Stabilit" (Glas-Zement) von Henkel, Düsseldorf, ist ein Epoxypolyesterklebstoff für Glas- und Metall. „UHU-plus" ist ein Zweikomponenten-Klebstoff.

Der bekannte „Kauritleim" der Badischen Anilin- und Soda-Fabrik, Ludwigshafen, ist ein synthetischer Leim aus zähflüssigen Harnstoff-Formaldehyd-Kondensationsprodukten der weichen A-Stufe, der durch Zusatz von Säuren oder Laugen gehärtet wird. Man verwendet ihn an Stelle tierischer Leime zu Verleimung von Holz (Sperrholz), Papier usw. Kunstharzleime auf Harnstoff-Formaldehyd-, Phenol- und Melaminharzbasis finden neuerdings umfangreiche Anwendung als Bindemittel bei der Herstellung von Hartfaserplatten (95% Holzfasern, 5% Bindemittel) und Spanplatten (94-88% Holzspäne, 6-12% Bindemittel). „Kauritleim" ist seit 1930 auf dem Markt.

Das „Pressal" (Henkel, Düsseldorf) ist ein in Pulverform gelieferter Sperrholzleim aus Melamin-Formaldehyd-Kunstharz; lezteres wird auch zum Knitterfestmachen von Textilien und zur Herstellung naßfester Papiere verwendet. Die schönen, farbigen Oberflächen der „Formica"- und „Ultrapas"-Platten sind Cellulosepapiere, die meist mit Melaminharzen durchtränkt und unter Druck und Hitze verpreßt werden.

L e i m. Der Ausdruck Leim ist in der Klebstoffpraxis nicht scharf abgegrenzt; man bezeichnet hier die aus Haut und Knochen gewonnenen glutinhaltigen Leime als Leim im engeren Sinn, daneben spricht man z. B. aber auch von Caseinleim, Pflanzeneiweißleimen (Weizenkleber), Dextrinleim, Stärkeleim, Celluloseesterleim, Kauritleim usw. Werden Knochen, Knorpel, Gräten, Bindegewebe, Hautstücke und dergleichen längere Zeit in heißem Wasser gekocht, so entsteht freies Glutin. Dies ist ein klebriger, in Wasser quellender Eiweißstoff, der im gewöhnlichen, tafelförmigen oder gekörnten Tischlerleim als wirksamer Bestandteil zu rund 50% enthalten ist. Vor dem Gebrauch muß man die glasharten Tischlerleimtafeln mit der ein- bis zweifachen Wassermenge 3 bis 24 Stunden quellen lassen; hernach stellt man das Leimgefäß in einen größeren Wasserbehälter ("Wasserbad") und erwärmt. Der Leim soll nicht über 60 Grad erhitzt werden, da seine Klebekraft sonst langsam abnimmt. Gibt man zu verdünnten Leimlösungen bestimmte Säuren oder Salze (Essigsäure, Ameisensäure, Salzsäure, Überchlorsäure, Milchsäure, Zinkchlorid, Magnesiumchlorid, Calciumchlorid und dergleichen), so bleiben sie dauernd flüssig. Ein solcher flüssiger Klebstoff (Kaltleim genannt, weil man ihn vor der Benützung nicht mehr zu erwärmen braucht) kann z. B. aus 100 Kubikzentimeter Wasser, 10 Gramm tierischem Leim, 1–3 Kubikzentimeter Formaldehydlösung (zur Fäulnisverhütung) und 5 Kubikzentimeter 90%iger Essigsäurelösung hergestellt werden. Solche verflüssigten Glutinleime kommen z. B. in der Textilindustrie, Kartonagenindustrie, im Buchbindergewerbe und in der Schuhindustrie zur Verwendung. Glutinleime aller Art werden bei Kalk- und Farbanstrichen, bei Klebarbeiten an Holz, Pappe, Papier, zur Verklebung von Klarglasfolien, zur Herstellung von Schmirgelpappen, Zündholzköpfen, Kartons, Hartpetroleum, Hartspiritus, Sprengstoffen, Raupenleim usw. verwendet.

G e l a t i n e. Diese unterscheidet sich vom Leim nur durch den höheren Reinheitsgrad des Glutins. Man benötigt Gelatine in großem Umfang bei der Herstellung der lichtempfindlichen Schichtseite von Photoplatten, Filmen und Photopapieren.

K a u t s c h u k k l e b s t o f f e. Dies sind Lösungen von Abfällen aus Kautschuksorten in Benzin, Benzol, Tetrachlorkohlenstoff usw. mit Härtern (Desmodur R), Alterungsschutzmitteln (z. B. Phenyl-β-Naphthylamin) u. dgl. Man verwendet sie in der Autoindustrie, Schuhindustrie, Papier- und Kartonagenindustrie, Textilindustrie (Gewebekleber für Planen und Wetterbekleidung), zur Beschichtung von Klebebändern, Heftpflastern usw., zum Kleben von beschädigten Fahrradschläuchen usw. Die Gummilösung Viktoria ist eine gelbliche, zähe, fadenziehende Flüssigkeit, die nach Benzin riecht, sehr leicht mit stark rußender Flamme verbrennt (Gummi) und nach Verdunsten des Lösungsmittels ein Kautschukhäutchen zurückläßt. „Greenit" (Lingner u. Fischer) ist ein Kunstkautschuk-Klebstoff, der schnellziehende Kontaktklebungen ermöglicht.

K o n t a k t k l e b s t o f f e. Diese müssen auf beide Oberflächen der zu verklebenden Teile aufgebracht werden. Nach dem Auftrag läßt man den Kontaktklebstoff so lange abdunsten, bis er genügend klebrig geworden ist und fügt die Flächen sodann zusammen. Man erhält hierbei feste Verklebungen zwischen Glas, Keramika, Kunstharzen, Leder (Ankleben von Schuhsohlen auf Oberleder) usw. Rezept: Man mischt 36,4 Tl. (immer Gewichtsteile) Toluol mit 36,4 Tl. Äthylacetat, löst darin 9 Teile Chlorkautschuk und zuletzt 18,2 Tl. Neoprene AC.

G u m m i a r a b i k u m. Dieser wasserlösliche, sehr klebrige Stoff wird von den angeritzten Rinden sudanesischer Akazien ausgeschieden. In reinem Zustand bildet er rundliche, undurchsichtige, spröde Brocken, die im wesentlichen aus kohlenhydratähnlichen Verbindungen bestehen.

D e x t r i n. Ungiftiges, weißes bis braungelbes Pulver, das mit kaltem oder warmem Wasser zu einem flüssig bleibenden Klebstoff angerührt wird. Dextrin entsteht, wenn man Kartoffel-, Mais- oder Weizenstärke 2 Stunden auf 150–200 Grad erhitzt oder mit verdünnten Säuren erwärmt. Beim Bügeln gestärkter Kragen und beim Brotbacken wird Stärke ebenfalls erhitzt; es entsteht auch in diesen Fällen ein Überzug von glänzendem Dextrin. Reines Dextrin soll keine Stärke mehr enthalten, Jodlösung wird von ihm nicht mehr blau, sondern rötlich gefärbt. Dextrin aus Maisstärke ist geruchfrei; dagegen riecht das aus Kartoffeln gewonnene Dextrin nach Gurken. Dextrin wird als Klebstoff für Etiketten, Briefmarken, ferner zur Herstellung von Kartonagen, Zigaretten, Papiersäcken und dergleichen verwendet; es läuft neben synthetischen Leimen auf unzähligen Verpackungsmaschinen.

K l e i s t e r. Ein haltbarer Kleister entsteht, wenn man 16 Gramm Weizenstärke mit 40 Kubikzentimetern Wasser verrührt, dieses Gemisch langsam in 160 Kubikzentimeter kochendes Wasser gießt und so lange erwärmt, bis das Ganze durchscheinend geworden ist. In diesem Kleister werden (zur Fäulnisverhütung) 2 Gramm 40%iger Formaldehydlösung gründlich verrührt. In Drogerien, Farbgeschäften usw. sieht man häufig Pakete von „Sichelkleister" ausgestellt; diese enthalten ein weißes, nach bestimmten Patenten hergestelltes Pulver, das sich mit Jodlösung blau färbt (Stärke, die gleiche Reaktion gibt Sichelleim) und in kaltem Wasser leicht löslich ist. Dieser Kleister wird besonders zum Tapezieren verwendet; eine genaue Gebrauchsanweisung ist jedem Paket aufgedruckt. Die Stärkekleister und Stärkeleime werden in der papierverarbeitenden Industrie, Textilindustrie, Kartonagenindustrie, bei Plakatierung und Etikettierung, in der Tüten- und Papiersackfabrikation in erheblichem Umfang verwendet. Die Wasserfestigkeit der Stärkeleime kann durch geringe Zusätze von synthetischen Kondensationsharzen gesteigert werden. „Pelikanol" (Günther Wagner, Hannover) ist eine weitverbreitete, in Dosen und Tuben verkaufte Klebepaste für Papier, Photos und Pappen aller Art; weise in einer Probe desselben mit Jod Dextrin nach (S. 150). Das „Peligom" der gleichen Firma ermöglicht wasserfeste Verklebungen von Glas, Stoff, Holz usw. Weise in „Widder-Kleister" (F. A. Widder, Stuttgart) Stärke nach.

Kaltwasserlösliche Cellulosederivate. Neuerdings stellen verschiedene Firmen (Henkel, Kalle, Sichel) häufig gebrauchte Leime und Kleister auf der Basis von Methylcellulose, Celluloseglykolat und anderen Cellulosederivaten her; in diesen Produkten ist oft das Wort „Zell" enthalten, das auf Cellulose hinweist, z. B. „Sichozell-Leim" (Sichelwerke), „Henkel-Zell-Leim", „Henkel-Zell-Kleister", „Glutolin-Leim" (methyliert) und „Glutolinkleister Kalle" (Methylcellulose) usw.

Man verwendet diese Produkte zum Tapezieren, als Textilhilfsmittel, Waschmittelzusatz usw. Um solche Cellulosederivate (z. B. Celluloseglykolat) nachzuweisen, bedeckt man in einer Porzellanschale eine Messerspitze von dem Leim mit einigen Tropfen 60%iger Schwefelsäure und gibt nach etwa 1 Minute einen Tropfen Jodtinktur dazu. Bei Anwesenheit von Celluloseglykolat tritt dann eine Blaufärbung auf, die besonders deutlich unter dem Mikroskop oder nach Verrühren mit etwas Wasser zu beobachten ist. Gibt man zu einer kleinen Probe des festen Zellkleisters einige Tropfen Jodlösung (ohne Schwefelsäurezusatz), so entsteht keine Blaufärbung; hingegen färben sich die Stärkekleister mit Jod auch ohne Schwefelsäurezusatz blau. Etwas Watte, ein Stückchen Filtrierpapier und andere Celluloseprodukte geben nach Zusatz von einigen Tropfen 60%iger Schwefelsäure und etwas Jodtinktur ebenfalls eine Blaufärbung. Der kaltwasserlösliche „Glutolinkleister" (Kalle & Co., Wiesbaden-Biebrich) besteht aus Methylcellulose (Cellulose mit vielen eingeführten $O \cdot CH_3$-Gruppen); er bildet eine feinfaserige weiße Masse, die mit Wasser einen zähen, gallertigen, zu Tapezierarbeiten geeigneten Kleister bildet. Das „Metylan" von Henkel, Düsseldorf (Kleister und Leim), ist eine kalk- und zementbeständige Methylcellulose zum Tapezieren, für Leimfarbenanstriche u. dgl.

Wasserglas-Klebestoffe. Diese bestehen aus Kali- bzw. Natronwasserglas mit geeigneten Zusätzen; sie werden bei der Wellpappenanfertigung, Papierverarbeitung und im Malergewerbe verwendet.

Klebebänder/Kochsalz/Kölnisch Wasser

Klebebänder (Klebstreifen). Dies sind lange, meist auf Rollen aufgerollte Streifen aus Papier (Natronzellstoff), Zellglas, Textilgewebe, Polyvinylchlorid, die mit Spezialklebstoffen imprägniert sind und als Verschlußstreifen beim Verpacken, zum Verschließen von Blechbehältern, zum Kleben von Furnieren, als medizinisches Verbandmaterial, als Isoliermaterial in der Elektroinstallation u. dgl. Verwendung finden. Als Klebstoffe kommen Kautschukleime, Kunstharzleime, Hautleim-Dextrin-Gemische u. dgl. in Frage. Zur Beschichtung von Klebebändern eignet sich z. B. folgendes Präparat: Man walzt 11,0 Teile Naturkautschuk und 4,0 Teile Oppanol B zusammen, wobei man 0,1 Teil Phenyl-β-Naphthylamin (Alterungsschutzmittel PBN) hinzugibt. Das Walzfell wird zerkleinert und zusammen mit 8,0 Teilen Staybelite-Ester 10 in 27 Teilen Toluol und 50 Teilen Spezialbenzin 60/95° gelöst. Als Basis für das vielverwendete Klebeband Tesafilm (Beiersdorf, Hamburg) dienen Natur- und Synthesekautschuke sowie Polyacrylsäureester, Polyvinylalkoholester usw., immer in Verbindung mit verschiedenen Harzen.

Kochsalz. Das im Verkehr befindliche Kochsalz ist 97- bis 99%iges Natriumchlorid (NaCl). Daneben enthält es noch Spuren von Wasser, ferner etwas Kaliumchlorid (KCl), Magnesiumchlorid ($MgCl_2$), Calciumchlorid ($CaCl_2$), Gips ($CaSO_4$), Magnesiumsulfat ($MgSO_4$), Natriumsulfat (Na_2SO_4) und Spuren von andern Stoffen. Alle diese Salze sind auch in den heutigen Meerwässern gelöst; sie werden bei der Siedesalzgewinnung nicht völlig entfernt. Ein 97,38%iges Tafelsalz enthielt z. B. 0,6% Gips, 0,16% Magnesiumsulfat, 0,07% Magnesiumchlorid und 1,7% Wasser. Heute erreicht man höhere Reinheitsgrade. Zum „Ausgleich" werden natürliche Meeressalze auf den Markt gebracht; diese enthalten z. B. als Meersalz Biomaris (Biomaris GmbH, Bremen) 35,5% Na˙, 1,35% K˙, 0,46% Ca¨, 2,3% Mg¨, 53,18% Cl′, 5,97% SO_4″ und Spurenelemente. Ähnliche Zusammensetzung hat Meersalz ROE-Diät 7. Viehsalz ist unbesteuert; um es für den Menschen unappetitlich zu machen, fügt man hier dem Steinsalz etwas roten, eisenoxidhaltigen Ton (Ziegelmehl) zu.

V e r s u c h e : Weise in Kochsalz Natrium (S. 17), Chlor (S. 23 f.), Sulfate (S. 24 f.) und in Viehsalz außerdem Eisen nach (vgl. S. 19 f.).

Kölnisch Wasser (Eau de Cologne). Dies ist eine Auflösung von leicht verdunstenden, wohlriechenden, ätherischen Ölen in Alkohol. Die teuren Sorten von Kölnisch Wasser enthalten etwa 85%, die billigeren 70% Alkohol. Kölnisch Wasser, das weniger als 70% Alkohol enthält, muß als Wasch-Kölnisch Wasser kenntlich gemacht sein. Da Spiritus bei 80° siedet, erzeugt er auf der Haut auch bei gewöhnlicher Temperatur erfrischende Verdunstungskälte. Der für die Herstellung von Kölnisch Wasser benutzte Alkohol unterliegt einer geringeren Versteuerung als der Trinkbranntwein. Dieser Alkohol wird durch die ätherischen Öle, die zur Herstellung von Kölnisch Wasser dienen, praktisch genußunbrauchbar gemacht. In Ausnahmefällen geschieht dies durch eine Vergällung mit geruchsfreiem, aber sehr übelschmeckendem Phthalsäurediäthylester. Die ätherischen Öle werden vom Fabrikanten meist fertig von großen Spezialfirmen bezogen. In dem hochwertigen Kölnisch Wasser finden sich neben anderen natürlichen und synthetischen Riechstoffen Neroliöl, Rosmarinöl, Bergamotteöle, Rosenöl und neuerdings auch Ketonmoschus und Scharlachsalbeiöl.

Das Kölnisch Wasser hieß zunächst „Eau admirable". Seit 1709 wird es von der Firma Farina gegenüber dem Jülich-Platz hergestellt. Heute wird Kölnisch Wasser in unzähligen Varianten auf den Markt gebracht. Es gibt sogar festes, geleeartiges Kölnisch Wasser, z. B. „Kölnisch Eis No. 4711" und „Kühlstift von Farina Gegenüber". Kölnischwasserstifte erhält man nach folgendem Rezept: Man löst 1 Tl. Ätznatron in 30 Tl. Sprit, verrührt in der warmen Lösung eine Lösung aus 6,5 Tl. Stearin in 30 Tl. warmem Sprit, gibt 2–5% Kölnischwasseröl dazu und läßt erstarren; evtl. kann etwas Hexachlorophen zugesetzt werden. Kölnisch Wasser ist neben der Seife das meistgebrauchte Kosmetikum.

Versuch: Zur Herstellung von einfachem Kölnisch Wasser lösen wir 1 g Lavendelöl, 10 g Bergamotteöl, 0,8 g Rosmarinöl, 1,5 g Neroliöl, 10 g Citronenöl und 2 g Pomeranzenschalenöl in 1 l Spiritus und fügen nach Auflösung der ätherischen Öle noch 0,2 l Wasser hinzu.

Kosmetische Präparate. Chemische Produkte, die der Pflege der Haut (s. Hautcreme, Lippenstifte), der Zähne und der Mundhöhle (s. Zahnpflegemittel), der Haare und des Haarbodens (s. Haarwaschmittel, Haarfarben, Haarwasser, Haarsprays, Haarentferner) und der Nägel dienen. Das Wort Kosmetik leitet sich ab von griechisch *kosmeo* = schmücken. Die kosmetischen Präparate werden nur äußerlich angewendet. Im Gegensatz zu Dermatika (Arzneimitteln gegen bestimmte Hauterkrankungen) haben kosmetische Präparate folgende Aufgaben: a) Pflege und Reinigung des menschlichen Körpers sowie Schutz vor äußeren Einflüssen (allgemeine Kosmetik); b) Verschönerung des Äußeren (dekorative Kosmetik); c) Wiederherstellung des normalen Hautzustands durch Zufuhr geeigneter Wirkstoffe (Wirkstoffkosmetik). Beispiel eines kosmetischen Präparates: Gesichtswasser zur Entfernung wasserlöslicher Verunreinigungen und zur Erfrischung. Rezept nach Keithler: Wasser 58,9%, Äthanol 28,4%, Propylenglykol 6,7%, Borsäure 2%, Zinkphenolsulfonat 1,1%, Benzoesäure 2,1%, Menthol 0,1%, Parfüm 0,7%. Rezept nach Janistyn: Wasser 61%, Äthanol 34%, Glycerin 2%, Orangenblütenwasser 3%.

Tabelle 3. Wirkstoffe in kosmetischen Präparaten

Wirkstoffe	Extrakte aus Pflanzen, Drogen	Chemische Erzeugnisse	Vitamine Hormone
zur besseren Hautdurchblutung	Lavendel-, Pfefferminz-, Rosen-, Kamillen-, Koniferenöle, Kantharidenauszüge	Salicylsäure und ihre Ester, Campfer, schwefelhaltige Öle	Vitamin Vitamin Östrogen Placentaextrakte
zur Desinfektion, gegen Entzündung, gegen Juckreiz	Zitronensaft, Eukalyptusöl, Auszüge von Arnika, Kamille, Eichenrinde, Brunnenkresse	Schwefel und Schwefelverb. Hexachlorophen, Salicylsäure, Borax, Resorcin, Azulene	Vitamin Placentaextrakte
zur Desodorierung	Auszüge von Tollkirsche, Salbei	Hexachlorophen, Aluminium-, Zirkoniumsalze, Formaldehyd	
mit pigmentierender Wirkung	Walnußschalenauszüge	Dihydroxyaceton, Alloxan; Lichtschutz: Titanoxid, Zinkoxid	
mit depigmentierender Wirkung	Zitronensaft, Gurkensaft	Salicylsäure, Resorcin, 4-Chlorresorcin	
mit adstringierender Wirkung	Hamameliswasser	Kaliumaluminiumsulfat, Aluminiumchlorid, Äthanol, Tannin	

Kugelschreiber-Farbmassen. Die bekannten, seit 1946 auf dem Markt befindlichen Kugelschreiber enthalten als Füllung keine Tinten, sondern basische Fettfarbstoffe, die an Olein im Überschuß gebunden sind, sie weisen mit den Metallstempelfarben und Öldruckfarben einige Verwandtschaft auf. Für Schwarz eignet sich Nigrosinbase 51 017, für Blau Viktoriablaubase B, für Violett Kristallviolettbase, für Rot Rhodaminbase B, für Grün Viktoriagrün oder ein Gemisch aus blauem Kupfer-Phthalocyanin und einem gelben Farbstoff. Die Farbstoffanteile betragen 10 bis 20%. Als Lösungsmittel verwendet man Ricinusöl oder ähnlich wirkende synthetische Öle in Mengen von 40 bis 70%; von der Ölsäure nimmt man die gleiche oder doppelte Menge des Farbstoffs, also 20 bis 40%. Eine blaue Kugelschreiber-Farbmasse kann z. B. 58 Teile Ölsäure und 42 Teile Viktoriablau BA enthalten. Zur Verdickung der Farbmasse eignen sich kleine Zusätze (etwa 5%) von öllöslichen Harzen (z. B. Cumaronharz in Mineralöl) oder von Mineralölen, die mit Aluminiumstearat verdickt wurden. Gegen die

Einwirkung von Wasser ist die Kugelschreiberschrift vielfach beständiger als Tintenschrift. Organische Lösungsmittel (Aceton, Methylalkohol, Äthylalkohol, Trichloräthylen, Chloroform und dergleichen) können die Farbstoffe der Kugelschreiberschrift herauslösen. Ob sich die Kugelschreiberschriften auch über Jahrhunderte unverändert halten, wie dies bei den seit 2000 Jahren bekannten Eisengallustinten der Fall ist, läßt sich aus begreiflichen Gründen nicht sagen; daher werden z. B. langfristige Staatsverträge mit Eisengallustinte geschrieben.

Die Faserschreiber-Farbmassen („Markana 34", Günther-Wagner) bestehen aus wäßrigen Lösungen von basischen oder sauren Farbstoffen, denen noch Feuchthaltemittel, z. B. Glycerin, Netzmittel und Bindemittel beigegeben werden.

Kunststoffe (Kunstharze). Das Gebiet der Kunststoffe ist besonders in den letzten zwei Jahrzehnten gewaltig angewachsen und auch heute in starker wissenschaftlicher und technischer Aufwärtsentwicklung begriffen. Schon im Jahre 1960 hatte die Erzeugung von Kunststoffen die aller Nichteisenmetalle überholt. Von morgens bis abends bedienen wir uns zahlloser Gebrauchsgüter und Einrichtungen, die aus Kunststoff bestehen. Diese Stoffe als schlechte Ersatzprodukte abzutun wäre ebenso leichtfertig, wie sie als universale Wunderstoffe zu preisen. Wir verstehen heute unter Kunststoffen ganz oder teilweise durch Synthese entstandene **makromolekulare organische Materialien**. In irgendeiner Phase ihrer Verarbeitung durchlaufen sie einen plastischen Zustand; daher werden sie auch als plastische Massen (Plaste, Plastics) bezeichnet. Daneben ist der Begriff Kunstharze noch gebräuchlich. Vom Rohstoff her mit dem Kunststoffgebiet eng verwandt sind die Gebiete des synthetischen Kautschuks und der Chemiefasern, wie z. B. Nylon und Perlon. Sowohl der Faserzustand als auch der gummielastische Zustand sind besondere Zustandsvarianten gleichartig gebauter natürlicher oder synthetischer Stoffe.

Wegen ihres unterschiedlichen Verhaltens in der Wärme teilt man die Kunststoffe in Thermoplaste und Duroplaste ein. **Thermoplaste** sind solche, die innerhalb bestimmter Temperaturbereiche immer wieder formbar und bei Abkühlung fest werden. Sie werden bei dieser Formgebung nicht chemisch verändert und lassen sich besonders gut im Spritzgußverfahren verarbeiten. **Duroplaste** sind dagegen härtbare Kunststoffe, die bei normaler Temperatur vor ihrer Verarbeitung flüssig oder weich sind und während der Herstellung bei höherer Temperatur oder nach Zusatz bestimmter Katalysatoren hart werden. Bei ihrer nur einmal möglichen Formung werden sie chemisch so verwandelt, daß sie sich nicht mehr erweichen und umformen lassen, wenn sie einmal ausgehärtet sind.

Die Kunststoffchemie beschränkte sich zunächst auf eine chemische Umwandlung der Naturstoffe. So entstanden aus dem Holz der reine Zellstoff, aus diesem Acetylcellulose, Vulkanfiber, Cellophan und Celluloid; ferner aus Casein Galalith usw. Später ging man dazu über, rein synthetische Werkstoffe aus Kohle und Erdöl herzustellen. Dabei werden die kleinen Moleküle durch bestimmte Grundreaktionen zu Riesenmolekülen zusammengefügt. Diese Grundreaktionen sind: P o l y m e r i s a t i o n, P o l y k o n d e n s a t i o n u n d P o l y a d d i t i o n.

Bei der P o l y m e r i s a t i o n schließen sich einfache, chemisch gleichartige Moleküle zu Riesenmolekülen zusammen. Das entstehende Produkt hat die gleiche prozentuale Zusammensetzung wie die Ausgangsstoffe. Beispiele: Polyäthylen, Polyvinylchlorid.

Unter P o l y k o n d e n s a t i o n versteht man einen chemischen Vorgang, bei dem zwei oder mehrere niedermolekulare Stoffe sich zu Riesenmolekülen unter Austritt von Wasser vereinigen. Der Umsatz kann durch Erwärmen beschleunigt und durch einen Katalysator gesteuert werden. Beispiel: Bakelit aus Resorcin und Formaldehyd.

Bei der P o l y a d d i t i o n entstehen aus chemisch verschiedenartigen, einfachen Molekülen große Moleküle ohne Abspaltung von Wasser oder anderen Verbindungen. Beispiel: Polyurethan-Schaumstoff.

Die vier Kunststoff-Gruppen

Wer sich auf dem Sektor Kunststoffe orientieren will, wird sich in dem Labyrinth der etwa 5000 Handelsnamen zunächst kaum zurechtfinden. Diese Namen dienen in erster Linie der Werbung, nur selten der Information des Verbrauchers über die chemischen Zusammenhänge und Eigenschaften des verarbeiteten Materials. Aber hinter der unübersehbaren Zahl wohlklingender Verkaufsnamen verbirgt sich ein leicht überschaubares Feld von vier *Kunststoff-Gruppen* mit nur 13 chemischen Vokabeln. Zwar gibt es daneben noch zahlreiche Sonderentwicklungen, die aber in erster Linie den Techniker interessieren.

Tabelle 4. Kunststoffe

I. Kunststoffe aus Naturstoffen	II. Duroplaste	III. Thermoplaste	IV. Neueste Kunststoffe nach Maß
aus pflanzlicher oder animalischer Herkunft	synthetische Kunststoffe	synthetische Kunststoffe	
seit 1870	seit 1909	seit 1930	seit 1940

Kunststoffe

Kunststoff-Name	Ausgangsstoffe	Eigenschaften	Verwendung
I. Kunststoffe aus Naturstoffen			
Celluloid	Nitrocellulose und Kampfer	leicht verformbar, brennt leicht	Brillen, Puppen, Bürobedarf, Filme,
Celluloseester Cellidor	Cellulose	gute mechanische **Festigkeit**	Spritzgußformteile
Cellophan (Zellglas)	Zellstofflösung (Viscose)	glasklar, reißfest	Verpackungs- und Zigarettenfolien
Galalith	Casein der Milch, Formaldehyd	geruchlos, schwer brennbar, elastisch, zäh, hart	Kugelschreiber, Würfel, Knöpfe, Griffe,
II. Synthetische, härtbare Kunststoffe — Duroplaste			
Phenoplaste (Bakelit, Trolon, Pertinax)	Phenol und Formaldehyd	durch Pressen äußerst hart, wasserbeständig, temperaturunempfindlich über 100 Grad	Formteile für Elektrotechnik, Edelkunstharz, Maschinenteile, Leimharze
Aminoplaste (Resopal, Pollopas, Ultrapas)	Harnstoff bzw. Melamin u. Formaldehyd	hellfarbig, lichtbeständig, geschmack- und geruchlos, unter hohem Druck gießbar, guter Isolator	Haushaltsgeräte, Dekorationsplatten, Leimharze (Kaurit), Küchenplatten, Isoliermittel (Iporka)
III. Synthetische, thermoplastische Kunststoffe — Thermoplaste			
Polyäthylen (Lupolen, Hostalen, Vestolen, Trolen) Polypropylen	Äthylen: $\begin{array}{cc} H & H \\ \| & \| \\ C = C \\ \| & \| \\ H & H \end{array}$ Propylen	fest, biegsam, korrosionsfest, leichtester Kunststoff, kältebeständig, Sorten verschiedener Biegsamkeit bzw. Härte und Wärmebeständigkeit	Isoliermaterial für Hochfrequenztechnik, Wasserleitungen, Verpackungen für Lebensmittel. Spritzgußmasse: Becher, Haushaltsgegenstände
Polyvinylchlorid (PVC) (Ekalit, Vestolit, Mipolam, Pegulan, Hostalit, Skai)	Acetylen und HCl, Äthylen und Chlor Vinylchlorid: $\begin{array}{cc} H & H \\ \| & \| \\ C = C \\ \| & \| \\ H & Cl \end{array}$	vielseitigster Kunststoff, starr, hornartig, aber mit Weichmacher beliebig leder- oder gummiartig einstellbar	Hart-PVC: Rohrleitungen, Weich-PVC: Dichtungen, Fußbodenbeläge, Bekleidungsfolien. PVC-Paste: Schutzhandschuhe

Kunststoffe

Kunststoff-Name	Ausgangsstoffe	Eigenschaften	Verwendung
Polystyrol (Trolitul, Vestyron, Luran-Mischpolymerisat)	Äthylen und Benzol Styrol: $\begin{array}{cc} H & H \\ | & | \\ C & = C \\ | & | \\ H & \end{array}$ (mit Phenylring)	hart, glasklar, zum Spritzguß sehr geeignet, korrosionsfest, spröde, knickempfindlich	Spritzgußmasse, Haushaltsgegenstände, Rohre, Becher, Schaumstoff (Styropor), Kühlraumisolierung, Rettungsringe
Polymethacrylsäureester (Acrylglas, Plexiglas, Plexigum)	Acetylen und Blausäure, Acrylsäure: $\begin{array}{cc} H & H \\ | & | \\ C & = C \\ | & | \\ H & COOH \end{array}$	glasklar, durchsichtig, hart, alterungsbeständig	gewölbte Verglasungen, mediz. Geräte (Prothesen), Lichtbänder, Leuchten, Haushaltsgegenstände

IV. Neueste Kunststoffe „nach Maß"

Kunststoff-Name	Ausgangsstoffe	Eigenschaften	Verwendung
Polyamide (Ultramid, Grilon, Durethan BK)	Phenol; Ammoniak	hornartig, zäh, elastisch, zum Spinnen feiner Fäden geeignet	Maschinenteile (geräuschlose Zahnräder ohne Schmierung), Drähte, Fasern (Perlon, Nylon)
Polyurethane (Durethan U, Moltopren, Vulkollan, Isovoss-Schaum)	Polyalkohole und Diisocyanate durch Polyaddition verknüpft	wasser- u. benzinfest, mechanisch vielseitig einstellbar P.-Schaum isoliert sehr gut	Klebemittel für Glas, Metall und Keramik, Schaumstoff: Polsterungen, Isoliermaterial (Moltopren), elastisch. Material (Vulkollan)
ungesättigte Polyester (Vestopal, Palatal, Leguval, Gießharz S)	Polyester z. B. aus Alkohol u. Maleinsäure und Styrol	härten glasig aus, als Gießharz drucklos zu verarbeiten, große Festigkeit mit Glasfasereinlage	mit Glasfasern-Wellplatten für Vordächer, Balkonbrüstungen, Sportboote, Segelflugzeuge
Silicone (Siliconöl Bayer, Siliconharze)	Sand und Kohle, dann Silicium und Methylchlorid	hitze- und kältefest ohne Zersetzung, zwischen -60 Grad und $+300$ Grad, wasserabstoßend, korrosionsbeständig	Siliconöl: Schmiermittel, Siliconkautschuk: nicht alternde Dichtungen

Kunststoffe

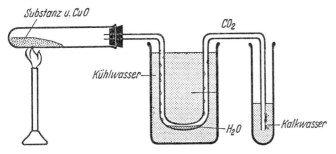

Bild 19. Nachweis von Kohlenstoff und Wasserstoff in organischen Verbindungen

Versuch: Nachweis von C und H in Kunststoffen. Man bringt zerkleinerte Teile eines Kunststoffgegenstandes und 5 Messerspitzen Kupfer(II)-oxid in ein Reagenzglas *(Bild 19)* und erhitzt. Die Bildung von Wasser und Kohlendioxid läßt darauf schließen, daß der Kunststoff Kohlenstoff und Wasserstoff enthält.

Versuche: Materialprüfung und Erkennen einiger Kunststoffe.

Wir benötigen: eine Cellophanhülle einer Zigarettenschachtel, einen Celluloid-Filmstreifen, ein Bakelitstück (Trinkbecher oder Stecker an Elektrokabel), einen Streifen Resopal, eine weiche, unzerbrechliche Flasche, in der das Spülmittel enthalten war, einen Plastikbeutel oder Verpackungsfolie, ein Stück von einer Bodenplatte (Mipolam-Abfälle von einer Baufirma), ein altes Spielzeugauto aus Kunststoff, Schaumstoff vom Gipser, einen Reststreifen Plexiglas, Perlonschnur.

a) Festigkeitstest: Reibe die Stücke einzeln mit Sandpapier und probiere mit einem Messer. Bakelit ist sehr hart, Plexiglas läßt sich sehr leicht verkratzen. Das Material ist spröde und gibt einen hellen, metallenen Klang, wenn man es auf die Tischplatte wirft.

b) Elastizitätstest: Schneide von der Cellophanfolie und der wenig durchscheinenden Plastikfolie 1 cm breite Streifen! Versuche, daran zu ziehen! Mit dem zweiten Stoffe gelingt dies, aber nicht mit dem ersten. Polyäthylenfolien können oft bis zur zehnfachen Länge gestreckt werden. Untersuche, welche Proben leicht und welche schwer biegsam sind!

c) Brenntest: Schabe eine kleine Menge des Kunststoffs ab oder schneide davon ab und halte dies mit der Pinzette in die Streichholz-, Kerzen- und Bunsenflamme! Wenn die Probe selbst nicht brennt, hält man sie nicht länger als zehn Sekunden in die Flamme. Achte auf die Flammenfärbung und den Geruch des angebrannten Kunststoffs!

d) Hitzetest: Erwärme im Probierglas und prüfe mit Lackmuspapier an der Öffnung! Einige Stoffe werden plastisch, andere zersetzen sich sofort. Teile des Spielzeugautos schmelzen schon bei 80—90 Grad. Plexiglas zersetzt sich unter Knistern und verdampft. An kälteren Stellen setzt sich eine farblose Flüssigkeit ab: Methacrylsäuremethylester (giftig!). Dies ist der Baustein des Plexiglases, der Vorgang ist eine De-Polymerisation.

Kunststoffe

Ergebnisse der Versuche:

I. Gruppe

Probe 1: Cellophanhülle	Geruch nach verbranntem Papier,
Probe 2: Celluloidfilm	Geruch nach Kampfer, brennt sehr heftig

II. Gruppe

Probe 3: Bakelit
Probe 4: Resopal

Proben brennen kaum, schmoren, Geruch nach Formaldehyd und Phenol, Lackmus wird blau gefärbt
Phenoplaste, Aminoplaste

III. Gruppe

Probe 5: Flasche für Spülmittel
Probe 6: Plastikfolie

brennen zunächst zögernd, mit kleiner, blauer Flamme. Das schmelzende Material tropft ab, brennt mit gelber Flamme weiter. Deutlicher Kerzengeruch (Paraffin)
Polyäthylen

Probe 7: Bodenplatte

brennt außerhalb der Flamme nicht, weiße stechende Dämpfe, Lackmus rot gefärbt (HCl)
Polyvinylchlorid

Probe 8: Spielzeugauto
Probe 9: Schaumstoff

brennt mit gelber, rußender Flamme, der Rauch riecht süßlich, blumig nach Hyazinthen
Polystyrol

Probe 10: Plexiglas

brennt unter Knistern mit kaum rußender, gelber Flamme mit blauem Kern. Dämpfe riechen süßlich fruchtig (nach Estern). Beim Herabfallen auf den Tisch Klang wie bei Holz oder Horn (im Gegensatz zur Probe 8 u. 9)
Acrylglas

IV. Gruppe

Probe 11: Perlon

blaue Flamme, Geruch nach verbranntem Eiweiß oder Horn, Zersetzungsgase reagieren alkalisch
Polyamid

Phenoplaste, Aminoplaste. Mit der Erfindung L. H. Baekelands, die aus Phenol und Harnstoff entstandenen Harze bei Wärme und Druck zu pressen, begann die Entwicklung der klassischen Kondensationsharze. Phenoplaste zeichnen sich durch ihre große Härte und Festigkeit aus. Sie sind sehr gute elektrische Isolatoren und können mit Füllstoffen verarbeitet werden. Im Haushalt finden wir sie als Steckdosen, dunkle Telephone, dekorative Schichtplatten usw. Die Aminoplaste sind den Phenoplasten sehr ähnlich; anstelle des Phenols wird Harnstoff verwendet. Aus Harnstoffharzen werden auch sehr leichte, gut gegen Kälte, Wärme und Schall isolierende Schaumstoffe (Isoschaum) hergestellt. Handelsmarken: Bakelit, Pollapas, Resopal, Ultrapas, Trolonit.

Versuch: Bakelit durch Polykondensation. Man löst 1,5 g Resorcin in 2,5 ccm Wasser und gibt dann 40%igen Formaldehyd dazu. Probierglas am Stativ befestigen! Es wird mit kleiner Flamme vorsichtig erwärmt. Nach einer Minute gibt man 3 Tropfen einer 15%igen Natronlauge als Katalysator hinzu. Der Inhalt des Prüfglases wird zu einer dunkelroten oft bernsteinartigen Masse, die rasch fest wird, so daß man das Glas umdrehen kann. Erklärung: Formaldehyd und Resorcin vereinigen sich unter Abscheidung von Wasser zu einer Kunstharzvorstufe und dann zu vernetzten Makromolekülen. Anstelle von Resorcin kann auch Phenol verwendet werden; die Reaktion dauert dann allerdings etwas länger.

Resorcin + Formaldehyd + Resorcin → Kunststoffvorstufe + Wasser

[Strukturformeln: Resorcin (OH-Phenylring-OH) + H–C(=O)–H + Resorcin → Resorcin–CH$_2$–Resorcin + H$_2$O]

Versuch: Synthese eines Aminoplasts. Man bringt 25 ccm Formaldehyd und 25 ccm Wasser in ein 250 ccm Becherglas und löst darin 12 g Harnstoff. Dann wird vorsichtig $^1/_2$ ccm konz. Schwefelsäure dazugegeben. Nach etwa einer Minute wird die wasserklare Lösung trübe und erstarrt zu einer weißen Masse. Erhitzt man die feste Masse später, so erweicht sie nicht wieder, sondern zersetzt sich (Duroplast). Die Kondensation verläuft etwa so:

Harnstoff + Formaldehyd → Aldehyd–Harnstoff–Kettenglied + Wasser
$NH_2-CO-NH_2 + H-CHO$ → $\vdots-NH-CO-NH-CH_2-\vdots$ + H_2O

Polyäthylen. In den Schaufenstern von Haushaltsgeschäften sind seit einigen Jahren immer häufiger zahlreiche Schüsseln, Eimer, Becher aus einem leichten, durchscheinenden, weißen oder farbigen Material zu sehen. Es handelt sich hier um den Kunststoff Polyäthylen, der erstmals 1935 in britischen Laboratorien aus dem gasförmigen Äthylen ($CH_2=CH_2$) unter Anwendung von Hochdruck (1500 at) und Hitze (ca. 200° C) dargestellt wurde. Der deutsche Chemiker Karl Ziegler

Polyäthylen 162

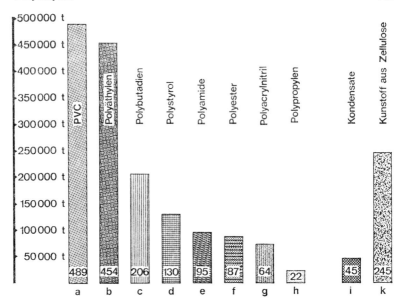

Bild 20. Jahresproduktion der wichtigsten Kunststoffe 1967 in der Bundesrepublik. c) Polybutadien einschließlich Butadien-Styrol-Kautschuk, g) Polyacrylsäurenitril, i) Phenolkondensate (Bakelite) 33 000 t und Harnstoff-Melamin-Kondensate 12 000 t (nach Friedrich Klages).

erhielt um 1952 aus Äthylen ein besonders hochwertiges Polyäthylen schon bei niederen Drücken und niederen Temperaturen (60–70° C) durch Anwendung von Spezialkatalysatoren. Heute wird dieses Ziegler- oder Niederdruckpolyäthylen in der ganzen Welt in steigendem Umfang hergestellt. Die Formel heißt $\cdots CH_2-CH_2-CH_2-CH_2-\cdots$; die molare Masse kann z. B. 24 000 betragen. Polyäthylen erweicht bei etwa 115° C; die Dichte ist 0,92 g/cm³; es ist geruch- und geschmackfrei, nicht schimmelnd, ungiftig. Polyäthylen dient zur Herstellung von Röhren, Folien (schützt Lebensmittel vor Austrocknung), Säcken, Chemikaliengeräten, Haushaltswaren, Campingartikeln, zur Kabelisolierung, zur Abdichtung von Dämmen, Zisternen usw. Feine emulgierbare Polyäthylen-Dispersionen werden Putzmitteln, Auto-, Möbel- und Schuhpflegemitteln zur Glanzverbesserung, leichteren Polierbarkeit, Erhöhung der Wasserflecken- und Abriebbeständigkeit beigemischt. Beim Erwärmen im Probierglas (Luftabschluß) schmilzt Polyäthylen zu einer farblosen Flüssigkeit; oberhalb 350° C entstehen gasförmige, brennbare Zersetzungsprodukte.

Polystyrol

Polystyrol (PS). 1930 wurde Polystyrol zum erstenmal von der BASF durch Polymerisation von Styrol dargestellt. Heute werden aus Polystyrol viele Massenartikel des täglichen Gebrauches wie Kämme, Kugelschreiber, Rasierapparate, Löffel, Becher, Tassen, Teile für die Elektroindustrie, Spielwaren usw. angefertigt. Das Polystyrol hat einen schönen Oberflächenglanz, trockenen Griff. Unverkennbar ist der blecherne Klang, wenn man Polystyrol-Gegenstände auf den Tisch wirft. Polystyrol kann glasklar, aber auch in allen Farben hergestellt werden. Als glasklarer Stoff wird es oft mit Acrylglas verwechselt.

Eigenschaften: Polystyrol ist sehr spröde, bricht also leicht. Es gibt jedoch auch schlagfeste Sorten (siehe Misch-Polymerisate). Es ist ein sehr guter Isolator. Bei ca. 70 °C erweicht es, daher sind Küchengeräte aus Polystyrol nicht kochfest. Polystyrol ist nicht gesundheitsschädlich, es eignet sich daher zum Aufbewahren von Lebensmitteln. Gegen Wasser und schwache Säuren und Laugen ist es beständig, jedoch nicht gegen Benzol, Aceton und Äther. Polystyrol wird in erster Linie im Spritzguß verarbeitet. Erweichtes und plastisch gewordenes Material wird dabei mit starkem Druck in eine Metallform gespritzt, in der es erstarrt.

Die BASF fand auch ein Verfahren, mit Hilfe von Treibmitteln aus Polystyrol einen Schaumstoff herzustellen. Durch Wärmeeinwirkung erhält man einen sehr stabilen, leichten und wärmeisolierenden Stoff mit einer Dichte von 0,02—0,1 g/cm^3: das bekannte Styropor (BASF). Styropor ist ein Polystyrol, das in Form von Perlen geliefert wird, die beim Erwärmen auf 100 °C auf das 20—50fache des ursprünglichen Volumens schäumen. Styropor dient als ausgezeichnetes Isoliermaterial, das in Kühlschränken, in Lagerhäusern, im Bauwesen zur Wärme- und Kälteisolierung Verwendung findet. Hochwertige und empfindliche Gegenstände, wie z. B. Kameras, werden in zunehmendem Umfang in Styropor verpackt.

Das Mischpolymerisat aus Styrol-Acrylnitril (PSAN) kommt als Luran, Trolitul, AN und Vestoran in den Handel; es ist besonders unempfindlich gegen mechanische Belastungen. Das Mischpolymerisat aus Styrol-Butadien (PSB) ist unter den Bezeichnungen Polystyrol 421 und Trolitul ST bekannt. Das Mischpolymerisat aus Styrol-Acrylnitril-Butadien (ABS) ist unter den Namen Novodur, Terluran und Tronal im Handel. Der Kunststoff läßt sich spanabhebend bearbeiten, warm verformen und schweißen wie Hart-PVC, nur bei 190—200 °C.

Versuche: Bringe Polystyrolstücke eines Joghurtbechers in ein Prüfglas mit Benzol. Der Kunststoff löst sich in kurzer Zeit auf. – Fülle in ein Prüfglas 4 ml flüssiges Styrol und gib dazu 2 Spatelspitzen wasserfreies Eisen(III)-chlorid. Stelle das Prüfglas in eine mit Sand gefüllte Porzellanschale. Erwärme mit einer elektrischen Platte bis zu einer Temperatur von 180 °C. Das zähflüssige Reaktionsprodukt wird ausgegossen.

Acrylglas

$$2n \underset{\text{Styrol}}{\text{CH}=\text{CH}_2\text{-C}_6\text{H}_5} \xrightarrow{\text{Katalysator}} \underset{\text{Polystyrol}}{\left[.. -\text{CH}(\text{C}_6\text{H}_5)-\text{CH}_2-\text{CH}(\text{C}_6\text{H}_5)-\text{CH}_2- .. \right]_n}$$

Die Styrolmoleküle lagern sich unter Aufhebung der Doppelbindung zu Makromolekülen zusammen (Polymerisation).

A c r y l g l a s = P o l y m e t h a c r y l a t (PMMA). Ausgangsstoffe sind Aceton und Blausäure. Acrylglas ist das Polymerisationsprodukt der Methacrylsäureester, $CH_2=C(CH_3)COOR$, wobei R eine CH_3-Gruppe oder eine C_2H_5-Gruppe sein kann. Acrylglas wird vorwiegend in der Bauindustrie für Wellglasdächer und Deckenleuchten, ferner für Flugzeugkanzeln, Hinweisschilder, durchsichtige Modelle, Zeichengeräte usw. verwendet. Eigenschaften: glasklar, sehr lichtdurchlässig, kann aber in jeder Farbe hergestellt werden. Es ist bei weitem nicht so zerbrechlich wie Fensterglas; Dichte 1,2 g/cm³. Acrylglas ist bis zu 70 °C beständig; es läßt sich warm bei 130 bis 160 °C verformen und ohne sichtbare Naht verkleben. Gegen Wasser und schwache Säuren und Laugen ist es unempfindlich. Acrylglas ist ein elektrischer Isolator, lädt sich selbst jedoch elektrostatisch auf. So zieht Acrylglas leicht Staubteilchen an und wird dadurch unansehnlich. Mit einem aufgetragenen Schutzmittel (Plexiklar) kann man dies verhindern. Handelsnamen: Plexiglas, Perspex, Plexidur (Mischpolymerisat), Plexigum, Acronal, Lucite, Diakon.

U n g e s ä t t i g t e P o l y e s t e r h a r z e (UP) / G i e ß h a r z e. Beim Aufbau von Polyesterharzen wird zunächst eine ungesättigte Dicarbonsäure, z. B. Maleinsäure, Fumarsäure oder deren Anhydride, mit einem Dialkohol (Glykol) zu einem linearen Kondensat vom Typ eines ungesättigten Alkydharzes umgesetzt. Bezeichnet man den Rest eines Alkohols mit A, den Rest der Dicarbonsäure mit B, so ergibt sich für die bei diesem Vorgang entstehenden langen Moleküle die allgemeine Formel A—B—A—B—A—B... Die zähflüssigen Massen haben meist eine Molekülmasse von 3000. Versetzt man diese Harze mit Styrol oder anderen ungesättigten Lösungsmitteln, so bilden deren Moleküle, die wir mit C bezeichnen wollen, Querverbindungen zwischen den A—B—A—B...-Ketten. Es entstehen Verbindungen folgenden Typs:

```
...A—B—A—B—A—B—A—B...
       |           |
       C           C
       |           |
...A—B—A—B—A—B—A—B...
```

Ungesättigte Polyesterharze (UP)

Die durch C bewirkten Querverbindungen bilden sich bei der Härtung der Polyester. Der Verbraucher bekommt meist die Alkydharze mit Lösungsmitteln als viskose Flüssigkeit. Man mischt einen Katalysator (Härter) und oft noch einen Beschleuniger dazu und gießt das Ganze in eine entsprechende Hohlform. In wenigen Stunden bildet sich bei Zimmertemperatur ein harter Formkörper. Die Aushärtung erfolgt durch Polymerisation bei 6—8 Volumenprozent Schrumpfung. Die Polyester zeigen besonders wertvolle Eigenschaften in Verbindung mit Glasfasern. Die Festigkeit wird um das 20—30fache erhöht.

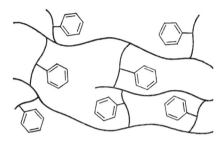

Bild 21. Schema eines Polyester-Makromoleküls. Aus einzelnen Ketten wird durch Styrol ein makromolekulares Netz. Beim „Aushärten" tritt die Vernetzung ein.

Anwendungsbeispiele: Reine Harze zum Einbetten von elektrischen Apparateteilen und biologischen Objekten. Glasfaserverstärkte Harze für Bootskörper, Fensterrahmen, Wellplatten, Segelflugzeuge, Lagertanks. Zur Karosserie eines Sportwagens braucht man 23 kg Styrol, 15 kg Maleinsäureanhydrid, 15 kg Phthalsäureanhydrid, 31 kg Glykol, 70 kg Glasfaser und 26 kg Calciumcarbonat. Handelsnamen: Palatal, Leguval, Polyleit. Kleinpackungen für Bastler und zu Hobbyarbeiten, zur Herstellung von Kunststoffgießlingen: Neodon-Werke Helmut Sallinger, 8908 Krumbach; Plasticron-Gießharz (Fritz Hellman, 4019 Monheim-Bamberg), Gießbox-Bastelkasten (Fellmodur, 7141 Höpfigheim), Boote im Selbstbau (Voss-Chemie, 2082 Uetersen).

Da viele Katalysatoren der ungesättigten Polyesterharze auf die Schleimhäute ätzend wirken, muß man die Augen mit einer geeigneten Schutzbrille schützen. Wegen der Brennbarkeit der Lösungsmittel (Styrol) darf kein offenes Feuer in der Nähe des Arbeitsplatzes sein. Katalysator (Härter) und Beschleuniger nicht direkt zusammenbringen!

Versuch: *Einbetten in Gießharz (Polyesterharz).* Die Schönheit eines Seesterns, einer Muschel oder einer Silberdistel können wir erhalten, wenn wir diese Objekte in einem glasklaren Kunststoff einbetten. Wir benötigen zuerst eine Form, in die man gießt und in der das flüssige Harz bis zu seiner Erstarrung bleibt. Glasbecher, Petrischalen, leere Cremedosen, Seifenschalen oder Weichplastik eignen sich dazu gut. Nicht verwendbar sind Behälter aus Polystyrol, da dieser Stoff sich in Berührung mit dem Gießharz auflöst. Glas- und Metallformen müssen vorher mit einem Trennwachs (Bohnerwachs) dünn eingerieben

Leuchtmassen

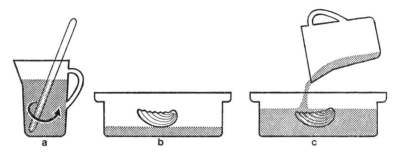

Bild 22. Die wichtigsten Arbeitsgänge beim Einbetten in Gießharz. a) Vermischen von Harz und Härter durch gründliches Umrühren. b) Auf die erste Gußschicht wird das Objekt (Muschel) gelegt. c) Die zweite Schicht wird aufgegossen.

werden. Um den Harzbedarf zu ermitteln wird die Form zuerst mit Wasser gefüllt und dann die Menge mit dem Meßzylinder gemessen (z. B. 90 ml). Da das Harz die Dichte von 1,1 g/cm^3 besitzt, braucht man 100 g Harz. Nun mischen wir Harz und Härter für den e r s t e n Guß. Nach den üblichen Vorschriften kommt auf 50 g Harz 1 g Härter (gleich 25 Tropfen). Beide Stoffe werden mit einem Holzspachtel gründlich durchgerührt und dann in die Form gegossen. Nach etwa 70 Minuten beginnt das Harz unter Wärmeentwicklung zu gelieren. Jetzt legt man das Objekt (Seestern, Muschel) in das Harz *(Bild 22)*. Wir mischen dann zum zweitenmal 50 g Harz und Härter und füllen die Form jetzt ganz. Beim Härten (über Nacht) schrumpft das Polyesterharz etwas ein; dadurch können wir das fertige Produkt leicht aus einer Weichplastikform lösen. Metallformen müssen wir in heißes, dann in kaltes Wasser legen. Nach dieser Behandlung läßt sich der Block gut aus der Form herausnehmen. Zum Schluß wird mit Schmirgelpapier das Objekt geschliffen und poliert. Das Arbeiten mit Gießharz-Kunststoffen ist ein verhältnismäßig neues Hobby, daher gibt es hier noch manches zu entdecken.

Leuchtmassen. Man unterscheidet hier folgende 3 Hauptgruppen:

a) L e n a r d p h o s p h o r e. Die während der Verdunkelung so häufig getragenen Leuchtplaketten waren mit Leuchtmassen bestrichen, die im wesentlichen aus Sulfiden von Ca, Ba, Sr oder Zn bestanden, welchen Spuren von Wismut, Kupfer oder Mangan beigemischt waren. Ein Überzug von Zaponlack oder Dammarlack schützte die Leuchtfarben vor Feuchtigkeit, welche die Erdalkalisulfide bekanntlich leicht zersetzt. Diese Leuchtmassen werden u. a. verwendet bzw. empfohlen bei der Herstellung von Leuchtplaketten, zu Leuchtplatten, mit denen man Buchseiten ohne Kamera photographieren kann, zu nachtleuchtenden Bildern, Skulpturen, Sternkarten, Insektenfanggeräten, Leuchtschminken, leuchtenden Kleidern, nachtleuchtenden Tennisbällen, Rettungsgeräten, Bojen, Schlüssellöchern, Schaltern, Uhrzeigern, Kompassen, Leuchtschirmen bei Röntgenbeobachtungen (hierzu heute besonders ZnS, Zn-Silicate bzw. Ca- oder Cd-Wolframate verwendet), Leuchtschirmen für Elektronenmikroskope usw; sie können nur nach vorhergehender Belichtung für begrenzte Zeit im Dunkeln nachleuchten. Weitere Leuchtstoffe dieser Art können z. B. aus Cadmiumborat, Cadmiumsilicat usw. bestehen. Leuchtgelb „Bayer" ist auf Zinksulfidbasis, Leuchtblau „Bayer" auf Calcium-Strontiumsulfidbasis aufgebaut. Die modernen Fluoreszenzlampen (Leuchtstoffröhren) enthalten auf der Innenseite eine insgesamt nur wenige Gramm schwere Schicht von Lenardphosphoren, die beim Einschalten durch die im Ultraviolett gelegene 2537-Å-Linie von Quecksilberdampf (durch elektrische Entladung bewirkt) zum Leuchten angeregt wird. In Fernsehröhren leuchten z. B. Leuchtstoffe aus Zinksulfid mit Silberzusatz blau, solche aus Zinkcadmiumsulfid mit Silberzusatz gelb.

Eine einfache Leuchtmasse entsteht, wenn man ein feinpulveriges, gleichmäßiges Gemenge aus 20 g Calciumoxid, 6 g Stangenschwefel, 2 g Stärke, 0,5 g Kaliumsulfat und 0,5 g Natriumsulfat mit 2 ccm einer Lösung aus 0,5 g Wismutnitrat in 100 ccm Brennspiritus (einige Tropfen konz. HCl zugeben) verrührt und das Ganze in einem mit Porzellanschale bedeckten Porzellantiegel 45 Minuten lang mit der nichtleuchtenden Bunsenbrennerflamme kräftig erhitzt.

b) Radioaktive Leuchtmassen. Dies sind Spezialgemische von phosphoreszierenden, gelblichgrünen Leuchtstoffen (meist Zinksulfide, in Sonderfällen auch Zink-Cadmiumsulfide) mit radioaktiven Substanzen wie Radium, Radiothorium, Mesothorium, neuerdings auch Trithium, Promethium u. dgl. Mesothorium kann, da es kein Alphastrahler ist, Zinksulfid nicht direkt zum Leuchten anregen; es wird nur als Muttersubstanz zum Zweck der Nachbildung von Radiothorium und zur Erreichung hoher Lebensdauer beigegeben. Die radioaktiven Substanzen (z. B. 1–150 mg Ra-Bromid oder -Chlorid je Kilogramm Zinksulfid) werden in Spezialverfahren in die Zinksulfidkristalle eingedampft. Man bringt diese Masse z. B. auf die Zeiger und Zifferblätter von nachtleuchtenden Uhren, Kompassen u. dgl. Die auf das Kristallgitter von ZnS aufprallenden Alphateilchen des Ra verursachen viele kleine Lichtblitze, die unter der Lupe oder bei mikroskopischer Beobachtung zu erkennen sind. Leuchtdauer (ohne vorherige Lichtzufuhr) über 10 Jahre.

c) Fluoreszierende Präparate. Hier handelt es sich meist um organische Stoffe, die nicht selber leuchten, sondern das unsichtbare, kurzwellige Ultraviolett von Speziallampen in langwelligeres, sichtbares Licht verwandeln. Hierher gehört z. B. Lumogen L Blau (2,5-Dioxyterephthalsäurediäthylester), Lumogen L Brillantgelb (Dioxynaphthaldazin) usw.

„Lumogen L" (BASF) ist ein rein organischer, gelblicher Farbstoff, der bei Bestrahlung mit unsichtbarem, ultraviolettem Licht hell aufleuchtet und wegen seiner Billigkeit und Beständigkeit zur Kennzeichnung von Stufen, Säulen, Verkehrskreuzungen usw. Verwendung findet. Die Bestrahlung erfolgt durch bedeckte Quecksilberdampflampen, die 10–20 m entfernt sein können.

Limonaden. Der Name Limonade ist von Limone (Zitrone) hergeleitet. Bei den flüssigen Limonaden unterscheidet man zwischen natürlichen Limonaden und Brauselimonaden. Die natürlichen Limonaden sind Mischungen von Obstsäften mit Wasser (oft auch kohlensäurehaltigem Wasser) und Zucker. Zu ihrer Herstellung verwendet man entweder die frischen Früchte (Zitrone naturell und dergleichen) oder Obstsirupe bzw. Obstdicksäfte. Eine n a t ü r l i c h e Z i t r o n e n l i m o n a d e („Zitrone naturell") entsteht z. B., wenn in einem Viertelliter Wasser ein Eßlöffel Zucker und der Saft einer halben großen Zitrone aufgelöst werden. Zur Verbesserung des Geschmacks kann man eine ungeschälte Zitronenscheibe und einige Eisstückchen ins Glas geben. Eine natürliche Apfelsinenlimonade („Orangeade") erhält man aus dem Saft einer Orange, einem Eßlöffel Zucker und einem Viertelliter Wasser.

Fabrikmäßig kann eine Brauselimonade nach folgendem Rezept hergestellt werden: Man verdünnt 5 Kilogramm Zuckerlösung, 25 bis 30 Gramm Fruchtessenz, etwa 15 Kubikzentimeter Teerfarbstofflösung, 50–100 Kubikzentimeter Zitronen- oder Weinsäurelösung mit der 15fachen Wassermenge und preßt Kohlensäure unter 4–5 Atmosphären Druck hinein. Die fertige Limonade soll mindestens 7% Zucker enthalten. Es sind nur natürliche Essenzen gestattet, die Früchten und Kräutern entstammen können. Unter Kennzeichnung sind erlaubt: Zusätze von künstlichen Farbstoffen, Molke und Molkenerzeugnissen, Stärkezucker und Stärkesirup (über den Reinzuckergehalt von 7% hinaus), Coffein, Phosphorsäure bis zu 0,7 Gramm je Kilo (coffeinhaltige Erfrischungsgetränke).

Neben den flüssigen Limonaden sind auch B r a u s e l i m o n a d e w ü r f e l und - p u l v e r im Handel. Diese enthalten Zucker oder Süßstoff, eine natürliche oder künstliche Fruchtessenz, eine organische Säure (Weinsäure, Zitronensäure) und Natron (Natriumhydrogencarbonat). Künstliche Färbung ist durch die „Farbstoff-Verordnung" verboten. Oft werden Natron und organische Säure getrennt in Kapseln oder Beuteln geliefert und erst beim Gebrauch vereinigt. Im Wasser entwickeln sie unter Aufschäumen Kohlensäure, da die gelösten organischen Säuren mit Natron reagieren. Wirft man einen Sadex-Brausewürfel (Hersteller Fritz Sattler oHG) in 1/4 Liter Wasser, so entwickelt sich viel Kohlendioxid, das ein Streichholz zum Erlöschen bringt und beim Umgießen in ein Probierglas mit Kalkwasser nach dem Umschütteln eine weiße, in Salzsäure lösliche Trübung hervorruft (S. 28).

Löten. Beim Löten werden zwei Metallstücke mit Hilfe einer leicht schmelzbaren Zinnlegierung vereinigt. Das Lötzinn hat hier eine ähnliche Aufgabe wie der Leim oder Kleister beim Zusammenkleben von Papier, Holz usw. Zunächst wollen wir die chemische Zusammensetzung des stangenförmigen Lötzinns kennenlernen.

V e r s u c h : Wir schneiden von dem Lötzinn einen dünnen Streifen ab und erwärmen ihn im Probierglas mit etwas Salpetersäure. Nach einiger Zeit entsteht eine milchige Trübung; unten sammeln sich grauweiße Massen an – Nachweis von Zinn! Vgl. S. 22! Wir filtrieren, neutralisieren das Filtrat mit Natronlauge und geben dann Kaliumdichromatlösung dazu. Ein schöner, gelber Niederschlag zeigt Blei an. Vgl. S. 20 f.!

Das gewöhnliche Lötzinn, auch Weichlot genannt, ist eine Legierung aus Zinn und Blei. Eine kleine Probe dieses Gemisches ist schon durch ein brennendes Streichholz zum Schmelzen zu bringen. Reines Blei schmilzt bei 327° C, reines Zinn bei 230° C; bleihaltiges Lötzinn schmilzt noch leichter; wir sehen hier, daß Legierungen einen tieferen Schmelzpunkt haben als ihre Bestandteile.

In folgenden Versuchen wollen wir die Anfangsgründe des Lötens schrittweise erlernen.

V e r s u c h : Schneide aus einer Konservenbüchse zwei etwa zentimeterbreite Blechstreifen heraus. Den einen Streifen bringen wir auf eine waagerechte Asbestplatte, legen ein Stückchen Lötzinn darauf, erwärmen von unten und drücken das zweite Blech mit irgendeinem Metallgegenstand so lange auf das geschmolzene Zinn, bis es erstarrt ist – Flamme rechtzeitig löschen! Die beiden Blechstreifen sind fest aneinandergelötet.

Dieses einfache Verfahren empfiehlt sich nicht bei allen Blechsorten. Oft bildet sich (besonders beim Erhitzen) zwischen Metall und Lötzinn eine Oxidschicht, welche ein festes Aneinanderhaften verhindert. Dies zeigt der folgende Versuch:

Wir legen auf ein Zweipfennigstück etwas Zinn und erwärmen. Das Lötzinn breitet sich aus, ohne fest am Kupfer haftenzubleiben. Nach dem Erkalten kann man die Zinntropfen mühelos entfernen. Die feste Vereinigung von Kupfer und Lötzinn wurde in diesem Fall durch eine dünne Kupferoxidschicht verhindert. Nun streuen wir auf ein weiteres Zweipfennigstück ein wenig Salmiakpulver, legen etwas Lötzinn darauf und erwärmen. Das Zinn schmilzt, gleichzeitig steigt ein weißer Rauch von sublimierendem Salmiak auf. Nach erfolgter Abkühlung bleibt das Lötzinn fest am Kupfer haften. Der Versuch kann auch mit Boraxpulver oder Zinkchloridlösung mit dem gleichen Erfolg wiederholt werden.

Salmiak (=Ammoniumchlorid), Borax, Kolophonium, Zinkchlorid u. dgl. lösen nachteilige Metalloxide auf, so daß sie beim Löten nicht weiter stören. Diesen Tatsachen muß Rechnung getragen werden; man geht deshalb folgendermaßen zu Werke:

Löten

Versuch: Wir wollen die übereinandergelegten Enden zweier Weißblech-, Kupfer- oder Messingblechstücke zusammenlöten. Zu diesem Zweck müssen die Enden zuerst durch Abschmirgeln von den anhaftenden Verunreinigungen, Unebenheiten usw. befreit werden. Die gereinigten Stellen darf man nicht mehr mit dem Finger oder mit öligen Geräten u. dgl. berühren. Über die zusammenzulötenden Stellen streichen wir mit dem Pinsel etwas Lötwasser[1]. In der Zwischenzeit haben wir die Spitze des Lötkolbens in der nichtleuchtenden Gasflamme oder im Kohlenfeuer des Ofens einige Minuten lang kräftig erhitzt. (Der Lötkolben besteht lediglich aus einem hammerartigen Kupferstück, das an einem Metallstiel befestigt ist.) Die erhitzte Lötkolbenspitze streichen wir an einem Salmiakstein (in Drogerien erhältlich) mehrfach ab; dabei soll ein Rauch von sublimierendem Salmiak entstehen, andernfalls ist der Kolben noch nicht genügend erhitzt. Nun drücken wir die heiße Kolbenspitze gegen das Lötzinn; dieses schmilzt an der berührten Stelle und bleibt an der Kolbenspitze haften. Mit der heißen, „verzinnten" Spitze fährt man nun an den Grenzflächen der übereinanderliegenden Blechenden mehrfach entlang. Dabei zischt das Lötwasser auf, das am Kolben haftende Zinn dringt in die Fugen ein und verbindet damit die beiden Blechstreifen. Es empfiehlt sich, die beiden Bleche an den Lötstellen mit einem Metallgegenstand so lange aufeinanderzupressen, bis das Lötzinn erstarrt ist. Sollte sich der Lötkolben während des Lötens stark abkühlen (so daß das Lötzinn nicht mehr recht „läuft"), so muß er von neuem erhitzt werden. Nach dem Erkalten müssen beide Blechstreifen fest aneinanderhaften.

Die chemischen Vorgänge beim obigen Lötversuch sind kurz folgende: Der Lötkolben bildete beim Erhitzen eine Oxidschicht, welche das Anhaften des Lötzinns verhindern würde. Diese Oxidschicht haben wir mit Hilfe des Salmiaksteines beseitigt; Erklärung im vorigen Versuch mit den Zweipfennigstücken! Nachdem das heiße Lötzinn in die Fugen eingedrungen war, erhitzte sich das aufgepinselte Lötwasser; es entstand durch Zersetzung etwas Salzsäure, welche die inzwischen gebildete, sehr dünne Oxidschicht auf dem Blech und dem Lötzinn auflöste und damit ein festes Aneinanderhaften ermöglichte.

Nach dem obigen Verfahren kann man Messing, Kupfer, Tombak, Weißblech usw. löten. Beim Löten von Eisen ist darauf zu achten, daß die Lötstellen gut verzinnt werden. Man überstreicht in diesem Fall die gereinigte Lötstelle mit Lötwasser und verreibt darauf mit dem heißen Kolben das Lötzinn so lange, bis es an dem Eisen gut haftet. Während des eigentlichen Lötens müssen die beiden Werkstücke kräftig zusammengepreßt werden. Beim Löten von Zink (z. B. an Eimern,

---

[1] Lötwasser ist käuflich, doch können wir es leicht nach folgender Vorschrift herstellen: Man gibt zu Zinkstückchen etwas rohe Salzsäure; dabei entsteht Zinkchlorid und Wasserstoff nach folgender Gleichung: $Zn + 2 HCl = ZnCl_2 + H_2$. Da Wasserstoff, mit Luft gemischt, explodiert, darf keine Flamme in der Nähe sein. Am besten stellt man das Gefäß vors Fenster. Es ist dafür Sorge zu tragen, daß Zink im Überschuß bleibt. Dann wird im Lauf einiger Tage alle Salzsäure in Zinkchlorid verwandelt; man filtriert und das Lötwasser ist fertig. Wenn noch Salzsäure übrigbleiben würde, könnte diese später die Metalle an der Lötstelle zum Rosten bringen. Um dies zu vermeiden, gibt man zu dem Zinkchlorid häufig noch etwas Salmiakgeist. In der Elektro- und Radio-Industrie verzichtet man wegen der Korrosionsgefahr auf chlorhaltige Lötmittel; dort gelangen besonders Kolophoniumpräparate zur Anwendung.

Wässerungskästen usw.) darf man den Lötkolben nicht längere Zeit auf die gleiche Stelle der Lötfuge drücken, da sonst das Zink schmelzen würde. Bei leicht schmelzenden Zinn- und Bleigeräten soll man das Lötzinn nur auftropfen lassen, weil der heiße Kolben die Metalle leicht zerschmelzen könnte.

Ein Löten ohne Lötwasser, Salmiak und Lötkolben wird durch den „Tinoldraht" oder die „Tinol"-Weichlötmasse (Hersteller: Küppers Metallwerk G.m.b.H., Bonn) ermöglicht. Man drückt hier einfach den „Tinol"-Draht oder die Weichlötmasse auf die zu lötende, erhitzte Stelle und preßt dann den anzulötenden Teil auf die geschmolzene Lötmasse. Dieses abgekürzte Verfahren ist lediglich deshalb möglich, weil dem Draht und der Weichlötmasse etwas Salmiak beigemengt ist, der beim Erwärmen die Oxidschichten wie in den obigen Beispielen auflöst. Weise in der „Tinol"-Weichlötmasse Salmiak nach, siehe S. 22 f. und S. 32! Anleitung: Zu etwas Weichlötmasse Natronlauge geben – Ammoniakgeruch! (Gleichung: $NH_4Cl + NaOH \rightarrow NaCl + NH_3 + H_2O$). Ein wenig „Tinol"-Weichlötmasse wird mit destilliertem Wasser geschüttelt, filtriert und das Filtrat mit etwas Salpetersäure und Silbernitrat vermischt; ein weißer Niederschlag zeigt chemisch gebundenes Chlor an. Warum gibt erhitztes „Tinol" einen weißen Rauch?

Mandelkleie. Kosmetisches Hautreinigungsmittel, das bei wiederholter Anwendung Hautunreinheiten beseitigt und zu jugendfrischem Teint verhilft. Diese Mandelkleie ist keine Kleie im botanischen Sinn, sondern das feine Mehl, das nach der kalten Pressung echter Mandeln (Prunus amygdalus, im Mittelmeergebiet kultiviert) aus den Preßrückständen gewonnen wird. Diese Mandelkleie wird mit Iriswurzelpulver, Borax, Parfüm und dergleichen kombiniert und in Täschchen, Dosen usw. in den Handel gebracht. Man verreibt in der hohlen Hand einen Teelöffel voll Mandelkleie mit Wasser zu einem Brei, verteilt diesen über Gesicht, Hals und Hände und frottiert 1–2 Min. lang. Dann wird der Brei abgespült und die Haut getrocknet.

V e r s u c h e : Koche eine erbsengroße Menge der graugelben AOK-Mandelkleie (AOK Exterikultur G.m.b.H., Bad Münster am Stein) mit etwa 5 Kubikzentimeter Wasser und füge nach der Abkühlung Jodlösung dazu! Eine tiefblaue Färbung zeigt Stärke an, s. S. 183. Beobachte eine kleine Probe dieser Mandelkleie unter dem Mikroskop bei etwa 100facher Vergrößerung! Man sieht viele kleine Stärkekörnchen und dazwischen unregelmäßig geformte Cellulosefetzen. Übergieße eine etwa bohnengroße Menge AOK-Seesand-Mandelkleie wiederholt unter jedesmaligem Umschütteln mit der mehrfachen Wassermenge, bis sich schließlich am Probierglasboden eine sandartige Masse rasch absetzt und das überstehende Wasser klar bleibt! Untersuche diesen Bodensatz unter dem Mikroskop bei etwa 100facher Vergrößerung! Man sieht feine, unregelmäßig geformte, farblos glasartige Sandstückchen, die eine kosmetisch günstige Massagewirkung haben. Die Sandkörnchen entstammen der Ostsee; sie wurden durch die Wellenbewegung des Wassers so weit abgeschliffen, daß sie keine scharfen Kanten mehr haben. Schüttle

Marmelade/Metallätzung

eine Probe AOK-Mandelkleie mit Äther, filtriere und weise im Filtrat nach S. 176 Fett nach. Die Preßrückstände bei der Mandelölgewinnung enthalten immer noch etwa 10% Mandelöl, das ebenfalls hautverschönernde Wirkungen hat und z. B. in Form von Mandelmilch zur Anwendung kommt. Kocht man im Probierglas eine kleine Menge Mandelkleie mit Salpetersäure, so beobachtet man eine Gelbfärbung, die auf Eiweißstoffe hinweist (s. S. 180); süße Mandeln enthalten bis zu 25% Eiweißstoffe.

Marmelade. Herstellung von Apfelmarmelade: Sechs Pfund Äpfel werden in Schnitze zerkleinert, mit Schale und Kernhaus in wenig Wasser weichgekocht und durch ein Sieb gestrichen. In dem Brei verrührt man unter längerem Kochen portionenweise zwei Pfund Zucker. Die dickgekochte Marmelade wird in ausgeschwefelte[1] Gläser gefüllt. Um Bakterien abzuhalten, legt man auf die Öffnung ein mit Alkohol getränktes Pergamentpapier und bindet sodann ein durch heißes Wasser gezogenes Pergament- oder Zellophanpapier darüber. Sollten sich trotz dieser Vorsichtsmaßnahmen Schimmelpilze einstellen, so entfernt man den Schimmel und kocht die Marmelade nochmals gut durch. Der hohe Zuckerzusatz ist nötig, um Bakterien, Gärungserreger usw. abzuwehren. Näheres Seite 184 f. Werden Früchte ohne Zuckerzusatz gekocht, so entsteht ein nicht lange haltbares Mus. Die käuflichen Marmeladen enthalten im Durchschnitt ca. 30% Wasser, 65% Kohlenhydrate, 1% Fruchtsäuren und 0,8% Mineralstoffe; durchschnittlicher Nährwert: 274 Kalorien (=1150 kJ) in 100 g.

Metallätzung. Wir erwärmen 5 Gramm Talg und 10 Gramm Bienenwachs (beides in Drogerien erhältlich) in einem Kolben bis zum Schmelzen — Umschütteln! Es entsteht eine gelbe Flüssigkeit, die bei Zimmertemperatur nach etwa 10 Minuten erstarrt und dann ein schmalzartiges Aussehen zeigt. Solange das Gemisch noch flüssig ist, gießen wir so viel davon in eine kleine Schale auf ein Stück Blech, bis dieses eben mit einer dünnen Schicht bedeckt ist. Nach etwa 10 Minuten ist das Talg-Bienenwachs-Gemisch fest geworden. Nun ritzen wir mit einer Nadel oder einem kleinen Nagel (durch das Gemisch hindurch) einen Namenszug, eine Zeichnung und dergleichen auf das Blech. Es ist genau darauf zu achten, daß das Blech an den betreffenden Stellen vom Talg-Wachs-Gemisch tatsächlich freigelegt wird, da sonst die Zeichnung nachher mangelhaft ausfällt. Die herausgeritzten Wachsstückchen sind sorgfältig zu entfernen. Je dünner der Überzug, um so leichter ist diese Arbeit auszuführen.

Nach Fertigstellung der Zeichnung gießt man eine verdünnte Sal-

---

[1] Das „Ausschwefeln" geschieht folgendermaßen: Man zündet auf einem alten Teller etwas Schwefel an und stülpt das innen angefeuchtete Einmachglas darüber. Wenn sich das Glas ganz mit Schwefeldämpfen gefüllt hat, wird es umgedreht und die Marmelade eingegeben. Der Schwefel gibt bei der Verbrennung gasförmiges Schwefeldioxid, welches schädliche Bakterien und Pilze abtötet.

petersäure darüber, die durch Mischen gleicher Raumteile Salpetersäure und Wasser erhalten wurde. Die Säure entwickelt giftige Dämpfe, daher stellt man die Schale vors Fenster. Nach 20 bis 30 Minuten wird die Säure abgegossen und die Talg-Wachsschicht entfernt. Man sieht dann die Zeichnung ins Metall eingeätzt. Die Säure hat an den freigelegten Stellen kleine Vertiefungen ins Metall geätzt, wie man sich durch Darüberreiben mit dem Fingernagel überzeugen kann. Nach diesem Verfahren kann man Kupfer, Messing, Zink, Blei, Eisen usw. anätzen. Bei Eisen und Stahl verwendet man an Stelle der Salpetersäure häufig auch eine 10- bis 20%ige Salzsäure.

Erklärung: Bei Verwendung von Salpetersäure wird das Metall an den freigelegten Stellen in wasserlösliche Nitrate verwandelt; aus Kupfer bildet sich Kupfernitrat, aus Zink Zinknitrat, aus Blei Bleinitrat. Auf diese Weise werden in die Metalle an den gewünschten Stellen kleine Vertiefungen eingegraben. Beim Eisen oder Stahl entsteht bei Anwendung von Salzsäure lösliches Eisenchlorid nach der Gleichung: $Fe + 2 HCl \rightarrow FeCl_2 + H_2$.

Neben der Salpetersäure werden in der Praxis noch viele andere Säuren und Säuregemische von wechselnder Konzentration zur Metallätzung verwendet.

Milch (Kuhmilch). Milch ist eines der wichtigsten und preiswertesten Nahrungsmittel; sie enthält die meisten lebenswichtigen Nährstoffe in zweckmäßiger Kombination. In den Vorkriegsjahren war die deutsche Erzeugung an Milch und Milchprodukten wertmäßig höher als die Steinkohlen-, Braunkohlen- und Kalisalzproduktion. Chemische Zusammensetzung frischer Kuhmilch: durchschnittlich 88% Wasser, 3,5 bis 3,6% Stickstoffverbindungen (davon ca. 2,8% Casein, 0,7% Albumin und Spuren von Globulin), 2,8–3,5% Fett, 4–6% Milchzucker, 0,6–0,85% Aschenbestandteile (meist Carbonate, Phosphate, Chloride und Sulfate von Kalium, Natrium und Calcium), kleine Mengen von Vitaminen, Fermenten usw. Ein Liter Milch enthält insgesamt etwa 650 Kcal. = 2730 kJoule.

Versuche: Beobachte einen mit Wasser verdünnten Milchtropfen unter dem Mikroskop bei 100facher (besser 300- bis 500facher) Vergrößerung. Man sieht unzählige winzige Fettkügelchen im Wasser herumschwimmen; Milch ist eine Emulsion von Milchfett in Wasser (Bild 17 a). Gieße im Probierglas zu etwa 5 cm³ frischer Vollmilch die gleiche Menge Äther, schüttle längere Zeit kräftig um, warte sodann einige Minuten, bis sich eine 1–2 Zentimeter hohe klare Ätherschicht oben angesammelt hat, pipettiere davon eine kleine Menge vorsichtig ab und lasse sie auf einer Glasplatte verdunsten. Es bleibt ein schmieriger Überzug von Fett zurück; Äther löst das Milchfett größtenteils aus der Milch heraus. Prüfe eine Probe Milch mit Fehlingscher Lösung nach S. 183 auf Milchzucker. Dieser reduziert Fehlingsche Lösung und ähnliche Lösungen wie Traubenzucker. Füge zu ca. 3 Kubikzentimetern Frischmilch im Probierglas etwa 1 Kubikzentimeter Salpetersäure (sofort Gerinnung) und erwärme einige Zeit. Es entstehen gelbe Flocken (Eiweißnachweis = Xanthoproteinreaktion); Näheres unter Nahrungsmittel. Das Milchcasein wird durch Säuren aller Art zum Gerinnen gebracht. Bei der gewöhnlichen Milchgerinnung ist die Milchsäure (aus Milchzucker entstanden) die Ursache der Gerinnung; diese läßt sich aber auch durch viele andere Säuren (Essig, Zitronensaft, Salzsäure, Schwefelsäure usw.) in wenigen Sekunden erzielen, wie man in einfachen Probierglasversuchen zeigen kann. Auch die weißen, sauerschmeckenden, tablettenförmigen „Citretten" der Firma Joh. A. Benckiser, Ludwigshafen/Rh., ermöglichen eine schnelle Umwandlung von Frischmilch in Sauermilch; man braucht nur eine „Citrette" in einem halben Probierglas voll Wasser zu lösen und langsam unter Umrühren in 100 Kubikzentimeter frische Milch zu gießen. Die „Citretten" bestehen aus reiner Zitronensäure, und diese bewirkt, ähnlich wie Zitronensaft, eine rasche, feine Ausflockung des Milcheiweißes.

Mineralwasser. Nach der Verordnung über Tafelwässer (1934/RGBl. I. S. 1183) versteht man unter Mineralwässern natürliche, aus natürlichen oder künstlich erschlossenen Quellen gewonnene Wässer, die in 1 kg mindestens 1000 Milligramm gelöste Salze oder 250 Milligramm freies Kohlendioxid enthalten und am Quellort in die für den Verbraucher bestimmten Gefäße abgefüllt sind. Die natürlichen Quellwässer enthalten im Gegensatz zum chemisch reinen, sogenannten destillierten Wasser eine Reihe von Salzen, die beim Durchgang durch die Erdschichten gelöst wurden. Bei den natürlichen Mineralwässern ist der Gehalt an solchen Salzen besonders hoch (mindestens 1‰). Oft finden sich dazu noch Stoffe, die im gewöhnlichen Wasser überhaupt kaum vorkommen; so z. B. Jodsalze, Arsenverbindungen, Schwefelverbindungen, radioaktive Verbindungen und dergleichen. Da die chemische Zusammensetzung der Gesteinsschichten überall stark wechselt, ist es nicht verwunderlich, daß auch die Mineralquellen erhebliche Unterschiede aufweisen. So überwiegt in den einen Mineralwässern das Kochsalz, in anderen dagegen sind Kalk, Natron, Gips, Magnesiumsalze usw. in größerem Umfang vorhanden. Je nach dem Vorwiegen oder der besonderen Bedeutung bestimmter Stoffe unterscheidet man:

1. **Einfache Säuerlinge** (Sauerbrunnen). Diese sollen im Liter mindestens ein Gramm gelöstes, freies, natürliches Kohlendioxid enthalten. Hierher gehören z. B. der Harzer Sauerbrunnen, Apollinaris, Liebwerda, die Wernarzer Quelle (Bad Brückenau), die Marienquelle in Marienbad, Göppinger Sauerbrunnen, Ditzenbach und Überkingen in Württemberg. Der Kohlensäuregehalt regt die wurmförmigen Bewegungen des Verdauungskanals an und erhöht die Absonderungen der Darmsäfte. Er steigert die Bildung von Magensalzsäure und wirkt appetitfördernd.

2. **Alkalische Quellen.** Ein Kilo Wasser enthält hier mehr als ein Gramm gelöste, feste Bestandteile; dabei wiegt Natriumhydrogencarbonat vor. Hierher gehören: Fachingen (Lahntal), Gießhübel (Böhmen), Rohitsch (Steiermark), Salzbrunn (Schlesien), Vichy (Frankreich), Überkingen (Württemberg). Die sog. **alkalisch-muriatischen** Quellen enthalten vor allem Natriumhydrogencarbonat, Kohlensäure und Kochsalz; zu diesen gehören die Mineralwässer von Ems (etwa 2‰ $NaHCO_3$ und 1‰ Kochsalz), Selters (Nassau, 1‰ $NaHCO_3$, 1‰ Kochsalz), Salzig, Namedy (am Rhein), Pasugg (Graubünden) Gleichenberg, Tönnisstein u. a. Die alkalischen Quellen regen die Magentätigkeit an; sie neutralisieren überschüssige Magensalzsäure und wirken

gegen Gicht; Gichtkranken wird z. B. täglich 1 Liter Fachinger Wasser empfohlen. Erdige und kalkhaltige Wässer enthalten vorwiegend Calciumhydrogencarbonat, Magnesiumhydrogencarbonat, Gips und Kohlensäure. Man findet sie z. B. in Wildungen, Lippspringe, Rappoltsweiler, Weißenburg, Überkingen und Imnau. Diese Wässer werden bei Nierenkrankheiten, Überreiztheit des vegetativen Nervensystems, Gefäßdurchlässigkeit, Entzündungsneigung, Lungenkatarrhen und Hautausschlägen empfohlen.

3. G l a u b e r s a l z w ä s s e r. Diese auch als „alkalisch-salinisch" bezeichneten Quellen enthalten vorwiegend Glaubersalz (= Natriumsulfat, Na_2SO_4), daneben findet man häufig Kochsalz und Natriumhydrogencarbonat. Hierher gehören: Marienbad (ca. 5‰ Glaubersalz), Elster, Sachsen (5,2‰ Glaubersalz), Franzensbad (3‰ Glaubersalz), Karlsbad (etwa 3‰ Glaubersalz), Nürtinger Heinrichsquelle.

4. B i t t e r q u e l l e n. Diese enthalten als wesentlichen Bestandteil Magnesiumsulfat (= $MgSO_4$), seines bitteren Geschmacks wegen auch als Bittersalz bezeichnet); daneben findet man oft noch viel Glaubersalz und Kochsalz. Erwähnt seien: Friedrichshall, Meiningen (5‰ Bittersalz) und Mergentheim, Württemberg (3‰ Bittersalz). Die Bitterwässer haben in Verbindung mit geeigneter Ernährungsweise bei Verstopfung und Fettsucht günstige Wirkungen; so können z. B. durch die Mergentheimer Wässer in wenigen Wochen Gewichtsabnahmen bis zu 20 Pfund ohne schädliche Nebenwirkungen erreicht werden. Bei körperlicher Schwäche, Blutarmut, Tuberkulose und bösartigen Geschwüren sind Bitterwässer nicht zu empfehlen.

5. K o c h s a l z q u e l l e n. Diese enthalten im Liter mehr als ein Gramm gelöste Stoffe, wobei Kochsalz vorwiegt. Ist neben diesem noch über ein Gramm Kohlensäure vorhanden, so spricht man von Kochsalz-Säuerlingen. Hierher gehören: Kissingen (6‰ Kochsalz), Neuhaus a. d. S. (9–15‰), Soden (Taunus), Wiesbaden (5–10‰ warm), Baden-Baden, Fürth (Bayern), Dürkheim (Rheinpfalz), Kreuznach (Nahetal), Mergentheim (Württemberg), Homburg (Taunus), Nauheim, Reichenhall, Salzungen, Ischl, Gmunden (Salzkammergut), Hall (Württemberg) usw. Bei Verdauungsstörungen, Fettleibigkeit, Gicht und Katarrh der Atmungsorgane bringen Kuren an Kochsalzquellen oft Besserung. Die für Redner und Sänger häufig empfohlenen Sodener und Emser Pastillen enthalten u. a. die Mineralsalze der betreffenden Quellen.

6. S t a h l - o d e r E i s e n w ä s s e r. Quellen, die im Liter mehr als 10 Milligramm (= ein Hundertstelgramm) Eisen gelöst enthalten, werden als Eisenquellen bezeichnet. Ist im Wasser Eisensulfat ($FeSO_4$) enthalten, so spricht man von einer Vitriolquelle, bei Anwesenheit von Eisenhydrogencarbonat [$Fe(HCO_3)_2$] dagegen von Eisencarbonat- oder Stahlquellen. Ist gleichzeitig mehr als ein Gramm Kohlensäure im Liter Wasser vorhanden, so entsteht ein Eisensäuerling. Bei längerem Stehen an der Luft verwandelt sich das Eisencarbonat unter Sauerstoffaufnahme in einen braunen Niederschlag. Aus diesem Grund steht z. B. auf einigen Mineralwasserflaschen: „Nicht zu rütteln, damit nicht ein vorhandener unschädlicher Niederschlag (Eisenoxidhydrat) das Wasser trübt!" Da sich die Eisensalze beim Transport und bei längerem Aufbewahren leicht zersetzen, werden sie meist am Badeort selbst getrunken. Bekannte Eisenquellen sind: Pyrmont (Waldeck), Schwalbach (Taunus), Alexisbad (Harz), Freienwalde (Brandenburg), Spa, St. Moritz, Rippoldsau, Elster, „Berger Sprudel" in Bad Cannstatt. Trinkkuren an Eisenquellen sind besonders bei Bleichsucht und Blutarmut von gutem Erfolg begleitet.

Mineralwasser

7. S c h w e f e l w ä s s e r. Diese enthalten freien Schwefelwasserstoff (H_2S, Geruch nach faulen Eiern), Hydrogensulfide oder beides; daneben können noch andere Stoffe gelöst sein. Schwefelquellen finden sich in Aachen, Baden bei Wien, Landeck, Langensalza, Aix les Bains, Wiessee, Bad Boll (Württemberg) u. a. Die Schwefelwässer werden bei Gicht, Gelenkrheumatismus, Rachenkatarrhen, Hautkrankheiten und Metallvergiftungen als Heilmittel gerühmt.

8. A r s e n q u e l l e n sind durch einen geringen, unschädlichen Arsengehalt ausgezeichnet (mindestens 0,7 Milligramm je Kilo), der zur allgemeinen Kräftigung beiträgt und bei Unterernährung, Blutarmut und dergleichen günstige Wirkungen zeitigt; hierher gehört die Dürkheimer Maxquelle und einige norditalienische Quellen (Levico).

9. J o d q u e l l e n (Tölz, Wiessee) werden mehr zu Badekuren als zu Trinkkuren benutzt; sie wirken auf Grund ihres Jodgehalts anregend auf die Verdauungsorgane und fördern die Schilddrüsentätigkeit.

Die genaue chemische Untersuchung eines Mineralwassers ist eine sehr mühsame Arbeit, die wir mit unseren einfachen Hilfsmitteln nicht durchführen können. Wir beschränken uns lediglich darauf, in einem Mineralwasser mit Kalkwasser auf Kohlensäure (S. 28 f.), mit Bariumchlorid auf Sulfate (S. 26 f.), mit Silbernitrat auf chemisch gebundenes Chlor (Näheres S. 23 f.!) zu prüfen. Auf einer sauberen Glasplatte werden einige Tropfen Mineralwasser eingedampft; die zurückbleibende Kruste braust bei Salzsäurezusatz meist auf (Carbonate!); hält man am Magnesiastäbchen eine Spur der Salzkruste in die Flamme, so ist oft Gelbfärbung zu beobachten – Natrium!

Neben den Mineralwässern finden sich im Handel auch natürliche oder künstliche M i n e r a l s a l z g e m i s c h e, die vor dem Gebrauch mit viel Wasser verdünnt werden müssen. Man erhält diese Salze entweder durch vorsichtiges Eindampfen der Naturwässer (wobei gelegentlich ungünstige chemische Umsetzungen eintreten) oder durch Vermischen käuflicher Salze. So wird z. B. ein k ü n s t l i c h e s K a r l s b a d e r S a l z verkauft, das aus einer Mischung von 44 Gramm trokkenem Glaubersalz (= Natriumsulfat, Na_2SO_4), 2 Gramm Kaliumsulfat (K_2SO_4), 18 Gramm Kochsalz und 36 Gramm Natriumhydrogencarbonat (=Natron, $NaHCO_3$) besteht; 6 Gramm dieser Mischung geben in einem Liter aufgelöst ein dem Karlsbader Wasser ähnliches Mineralwasser. Der 72° heiße Karlsbader Sprudel liefert täglich etwa 3 Millionen Liter Wasser mit rund 19 000 Kilogramm Festbestandteilen. Ein Teil des Wassers wird in Karlsbad eingedampft; die salzigen Rückstände werden in 5-Gramm-Täschchen als echtes, natürliches Karlsbader Sprudelsalz verkauft und auch nach Deutschland ausgeführt. Bei Fettsucht, Verstopfung, Magenübersäuerung und dergleichen löst man den weißen, feinpulverigen Inhalt von 1–2 Täschchen in 500 Kubikzentimeter 40–50° C warmem Wasser und trinkt diese Lösung nüchtern z. B. 1 Stunde vor dem Frühstück. Der Karlsbader Mühlbrunn enthält je Liter folgende Ionensorten, in Milligramm angegeben: Kalium 56,

Natrium 1690, Calcium 130, Magnesium 45, Eisen 1,2, Chlor 601, Sulfat (SO_4^{2-}) 1641, Hydrogencarbonat (HCO_3^-) 2157, Sonstiges 98,9, dazu kommen 718 Milligramm Kohlendioxid. Die Mergentheimer Karlsquelle und die 1931 entdeckte Heinrichsquelle in Nürtingen (Württemberg) haben ähnliche Zusammensetzungen und Wirkungsweisen. E m s e r K e s s e l b r u n n e n erhält man durch Auflösen von 8 Gramm Kochsalz, 25 Gramm Natron, 0,5 Gramm Kaliumsulfat, 3 Gramm feingepulvertem Kalk und 2,1 Gramm entwässertem Magnesiumsulfat (=Bittersalz, $MgSO_4$) in 10 Liter Wasser. Bekannt, billig und vielbenützt sind Sandows künstliche Mineralwassersalze (Hersteller Dr. Ernst Sandow, Pharm. Fabr., Hamburg), die auf Grund genauer Analysen der natürlichen Mineralquellen (z. B. Emser Quellen usw.) aus reinen Verbindungen zusammengesetzt werden. In verschiedenen Fällen werden bei Trinkkuren im Badeort bessere Heilerfolge beobachtet als beim häuslichen Genuß von natürlichen oder künstlichen Mineralwässern. Dies hat seinen Hauptgrund wohl in der gesünderen Lebensweise, in der Befreiung von Berufslasten, im veränderten Klima usw. Hin und wieder dürften aber auch die natürlichen Quellwässer Vorzüge aufweisen, welche sich beim Transport und beim längeren Lagern verlieren und welche bei der Herstellung künstlicher Mineralwässer nicht ohne weiteres berücksichtigt werden können; es sei hier nur an Jodquellen, Lithiumquellen, radioaktive Quellen und dergleichen erinnert.

Viele natürliche Mineralquellen enthalten beträchtliche Mengen Kohlendioxid gelöst; in manchen fabrikmäßig hergestellten Getränken werden sie nachträglich hineingepreßt, um einen erfrischenden, säuerlichen Geschmack hervorzurufen. Da die meisten Bakterien sehr säureempfindlich sind, werden sie von der Kohlensäure in den Mineralwasserflaschen innerhalb weniger Wochen abgetötet; deshalb empfiehlt Baedeker in seinen Reiseführern durch fremde Länder mit Recht, in zweifelhaften Fällen lieber kohlensäurehaltiges Mineralwasser, als Fluß- oder Brunnenwasser zu trinken.

Mondamin ist eine sehr feine, ölfreie, aus Maismehl gewonnene, reine Stärke, die bevorzugt in der Säuglingsernährung, Diätetik und Krankenkost sowie zum Sämigmachen von Suppen, Soßen, Kakao, Gemüse und Obst, zur Bereitung von Puddings, Flammeris, Aufläufen und zum Backen von Kuchen, Torten und Kleingebäck verwendet wird. 100 Gramm Mondamin enthalten 85 Gramm Kohlenhydrate, 1,2 Gramm Eiweiß und etwa 13 Gramm Wasser. Erwärme eine Messerspitze Mondamin im Probierglas (Wasser zusetzen!) und prüfe nach dem Erkalten mit Jodlösung! Ein blauschwarzer Niederschlag zeigt Stärke an.

Münzen. Die gegenwärtig im Umlauf befindlichen Münzen der Bundesrepublik haben folgende Zusammensetzung: Die alten 5-DM-Münzen enthalten 62,5% Silber und 37,5% Kupfer. Die neuen 5-DM-, 2-DM-, 1-DM- und 50-Pf-Münzen bestehen aus 75% Kupfer und 25% Nickel. Die 10-Pf- und 5-Pf-Stücke haben einen billigen Eisenkern, der beidseitig mit Tombak plattiert ist. Bei den 1-Pf-Münzen und manchen 2-Pf-Münzen befindet sich über dem Eisenkern eine dünne Kupferschicht. Ein Teil der 2-Pf-Stücke enthalten 95% Kupfer, 4% Zinn und 1% Zink. Prüfe 2-Pf-Münzen mit dem Magnet.

Nahrungsmittel und Ernährung. Der erwachsene „Normalmensch" wiegt etwa 70 Kilogramm. Er besteht am Anfang seines Lebens aus einer einzigen Zelle, die ungefähr 0,000 0004 Gramm wiegt. In etwa zwei Jahrzehnten entstehen daraus Zellen vom rund zwanzigmilliardenfachen Gewicht. Aber auch der erwachsene Mensch bleibt sich keineswegs gleich. Er stößt Tag für Tag abgenutzte Bestandteile aus und ersetzt sie mit Hilfe der aufgenommenen Nahrung. So erneuert sich der Mensch stofflich in etwa 4–7 Jahren vollkommen – seine Muskeln, seine Knochen, seine Nerven, sein Blut, alles ist nach dieser Zeit wieder aus neuem Material aufgebaut. Auf diese Weise kann der Mensch im Laufe eines langen Lebens über zwanzigmal „wiedergeboren" werden. Aber damit noch nicht genug! In 70 Jahren ißt und trinkt der Mensch ungefähr 1400mal sein eigenes Gewicht; das gibt zusammen einen kleinen Güterzug voll Nahrungsmittel. Der weitaus größte Teil der aufgenommenen Stoffe dient der Energiegewinnung; er wird zu Kohlendioxid und Wasser verbrannt. Die dabei freiwerdende Wärme ermöglicht die Aufrechterhaltung des Lebensgetriebes.

Versuch: Erhitze kleine Mengen beliebiger Nahrungsmittel (z. B. Fleisch, Brot, Butter, Käse, Hülsenfrüchte, Zucker) auf einem Porzellanscherben über der Flamme! Die Nahrungsmittel werden bald schwarz (Kohlenstoff); in vielen Fällen sieht man auch ein kleines Flämmchen. Weise nach Bild 19 in Zucker und Stärke Kohlenstoff und Wasserstoff nach!

Diese und andere Versuche zeigen, daß alle Nahrungsmittel Kohlenstoff enthalten, der bei der Verbrennung Wärme liefert. Daneben enthalten die meisten Lebensmittel noch chemisch gebundenen Wasserstoff, Sauerstoff, Schwefel, Phosphor usw. Unter diesen Bestandteilen ist der Wasserstoff für die Energiegewinnung ebenfalls von Bedeutung; er wird im Körper unter Wärmeentwicklung zu Wasser oxidiert. Im Körper des Erwachsenen entsteht auf diese Weise täglich etwa 0,5 Liter neues, synthetisches Wasser. Die Verbrennung der Nahrungsmittel und der Heizmaterialien kann in sehr verschiedenem Tempo vor sich gehen. Mischen wir z. B. Kohlepulver mit Kalisalpeter, so ist die Verbrennung unter Umständen schon im Bruchteil einer Sekunde beendigt. Im menschlichen Körper verbrennen die Nahrungsmittel bereits bei 37° C. Die Verbrennung geht hier sehr langsam vonstatten, aber die aus einem Gramm Nahrungsmittel entstehende Wärmemenge ist ebenso groß, wie wenn derselbe Stoff bei mehreren hundert Grad an der Luft unter Feuererscheinungen verbrennt. Wärmemengen werden nach Joule, früher nach Kalorien gemessen. Eine Kalorie kcal ist der Wärmebetrag, den man einem kg Wasser zuführen muß, damit dieses von 14,5 auf 15,5° C erwärmt wird. Es gibt gute und schlechte Brennstoffe – es gibt auch hoch- und geringwertige Nahrungsmittel. Ein Gramm Kohle gibt bei vollständiger Verbrennung 8 Kalorien, dieselbe Menge Petroleum 11, Benzin 11, Holz 3,5, Fett 9, Eiweiß 5,6 (im menschlichen Körper aber nur 4), Kohlenhydrate (Zucker, Stärke) etwa 4, reiner Spiritus 7 Kalorien. Man sieht: unter den menschlichen Nahrungsmitteln ist Fett der beste „Heizstoff"; es liefert über doppelt soviel Wärme als Zucker. Nach dem 1. 1. 1978 ist als Einheit der Energie und Wärmemenge das Joule (J) gültig; 1 J = 0,238 cal, 1 kcal = 4,19 kJ.

Der Kalorienbedarf des Menschen ist von verschiedenen Umständen abhängig. Die wichtigsten sind:

1. Das Lebensalter. Im Alter von 2 bis 4 Jahren braucht der Mensch etwa 50%, bei 5 bis 7 Jahren 60%, bei 8 bis 11 Jahren 70%, bei 11 bis 14 Jahren 80% und bei 14 bis 18 Jahren 95% vom Kalorienbedarf des Erwachsenen.

2. Das Körpergewicht. Unter gleichaltrigen Erwachsenen richtet sich der Kalorienbedarf im allgemeinen nach dem Körpergewicht.

3. Die Beschäftigung. Diese beeinflußt den Kalorienbedarf außerordentlich stark. So braucht ein 70 Kilogramm schwerer Mann bei völliger Bettruhe täglich 1680 Kalorien (für das Kilogramm Gewicht in der Stunde eine Kalorie), beim Holzfällen dagegen rund 5600 Kalorien. Bei 70 Kilogramm Körpergewicht und achtstündiger Arbeitszeit braucht ein Büroarbeiter in 24 Stunden durchschnittlich 2600, ein Schneider 2700, Hauswart 2900, Mechaniker 3200, Schreiner 3250, Schuhmacher 3430, Erntearbeiter 4300, Mäher 4800, Holzfäller 5600 Kalorien. Der 70 Kilogramm schwere, ruhende Mensch benötigt in der Stunde etwa 70 Kalorien, bei geistiger Arbeit 77 bis 78, beim Schreiben 90, Zeichnen (stehend) 110 bis 120, Singen 80 bis 125, Klavierspielen 110 bis 175, Holzsägen 460 bis 500, Gehen 300, Lauf (in schnellstem Tempo) 1000, Schlittschuhlaufen 370 bis 770, Schilaufen (Ebene) 570 bis 1000, Schwimmen 270 bis 770, Rudern 260 bis 670, Ringen 1050 Kalorien. Selbstverständlich brauchen Geübte zur gleichen Leistung weniger Kalorien als Ungeübte.

4. Die Konstitution. Es gibt bekanntlich Menschen und Haustiere, die auch bei magerer Kost und lebhafter Bewegung leicht Fett ansetzen, während andere selbst bei reichlicher Ernährung und Ruhe mager bleiben. Im ersten Fall arbeiten die bei der Verbrennung beteiligten Fermente träge, deshalb wird nicht die ganze Nahrung verbrannt, sondern zum Teil in Fett verwandelt und aufgespeichert.

Nun wollen wir uns den Küchenzettel für einen mittelkräftigen Mann bei mäßiger Arbeit zusammenstellen. Es sollen in 24 Stunden insgesamt 2900 Kalorien benötigt werden. Diese sind nach Tabelle S. 181 f. in rund 700 Gramm Würfelzucker oder etwa 400 Gramm Speck enthalten. Von einem einzigen Nahrungsmittel wird aber niemand seinen ganzen Kalorienbedarf decken können, denn der Körper braucht ein gewisses Mindestmaß an Eiweißen, Fetten und Kohlenhydraten. Man muß also eine vernünftige Mischung von verschiedenen Lebensmitteln zusammenstellen. Wir wählen aus gesundheitlichen und volkswirtschaftlichen Gründen ein Drittel der Kalorien aus dem Tierreich (Fleisch, aber auch Milch, Butter, Käse, Eier) und zwei Drittel aus dem Pflanzenreich. Die Tagesnahrung soll bei mittlerer Tätigkeit 90 Gramm Eiweiß, 50 Gramm Fett und 500 Gramm Kohlenhydrate (Zucker, Stärke) enthalten. Stelle auf Grund dieser Angaben an Hand der Tabelle S. 181 f. einen billigen, nahrhaften und schmackhaften Küchenzettel zusammen! Beachte dabei auch den Vitaminbedarf, vergleiche S. 271 ff.! Wie wäre ein kräftiger Mann bei schwerer Arbeit (Tagesbedarf 4100 Kalorien) zu ernähren, wenn er 120 Gramm Eiweiß, 120 Gramm Fett und 600 Gramm Kohlenhydrate benötigt? Welchen Nahrungsbedarf hat eine alte, ruhende Frau, die täglich nur 60 Gramm Eiweiß, 30 Gramm Fett und 200 Gramm Kohlenhydrate mit insgesamt 1300 Kalorien braucht?

Berechne bei den heutigen Lebensmittelpreisen an Hand der Nahrungsmitteltabelle, was die in Brot, Milch, Fleisch, Fisch, Zucker, Honig usw. enthaltene Kalorie kostet. Man darf bei solchen Aufstellungen freilich nicht immer nur die Kalorienzahl berücksichtigen; die biologische Wertigkeit der Eiweißstoffe, die Vitamine, Mineralsalze, Spurenelemente, der Wohlgeschmack usw. sind ebenfalls von nicht geringer Bedeutung.

Noch einige Bemerkungen zu den einzelnen Nährstoffklassen!

Die Eiweiße findet man in einigermaßen reinem Zustand im „Weißen" des Hühnereis. Viel Eiweiß enthält auch die geronnene Milch, ferner Käse, mageres Fleisch und die Hülsenfrüchte; vergleiche Tabelle 5! Will man ein Lebensmittel auf Eiweiß untersuchen, so verfährt man folgendermaßen:

Versuch: Der zu prüfende Stoff (z. B. etwas Hühnereiweiß, Fleisch, Wurst, Käse, Brot, Mehl, Milch, zerschnittene Hülsenfrüchte) wird im Probierglas mit einigen Kubikzentimetern Salpetersäure übergossen und erhitzt. Bei Anwesenheit von Eiweiß färbt sich der zu untersuchende Stoff nach einiger Zeit gelb. Das Eiweiß der menschlichen Haut gibt mit Salpetersäure die gleiche Färbung. Dieser Nachweis ist, abgesehen von einigen Ausnahmen, für die meisten Eiweißstoffe anwendbar. In chemischer Hinsicht sind die Eiweiße sehr verwickelt gebaute Stoffe, die Kohlenstoff, Wasserstoff, Sauerstoff, Stickstoff, Schwefel und oft auch Phosphor enthalten.

Die Fette (und Öle) sind Verbindungen aus Fettsäuren und Glycerin. Sie bestehen aus Kohlenstoff, Wasserstoff und Sauerstoff. Infolge

Nahrungsmittel und Ernährung

ihres hohen Kohlenstoffgehalts verbrennen sie mit rußender Flamme. Neben den einfacheren Fetten gibt es noch sogenannte „Edelfette" (Lecithine, Lipoide, Phosphatide); diese enthalten außer den obigen Grundstoffen noch Stickstoff und Phosphor. Sie spielen trotz ihrer geringen Mengenverhältnisse eine lebenswichtige Rolle.

Fettnachweis: Bringe eine Messerspitze der fein zerkleinerten Untersuchungssubstanz (z. B. Mohnsamen, Sonnenblumenkerne, Erdnüsse, Haselnußkerne, Käse, Schokolade) in ein Probierglas und füge einige Kubikzentimeter Benzin dazu! Um Feuergefahr und zu rasche Verdunstung auszuschließen, stecken wir in die Mündung ein kleineres, mit Kühlwasser gefülltes Probierglas. Nach etwa dreiminutigem Erhitzen gießt man das Benzin tropfenweise auf Papier (verschiedene Papiersorten ausprobieren!). Das Benzin verdunstet rasch und hinterläßt, falls Fett vorhanden war, einen durchscheinenden Fettfleck – Papier gegen Lichtquelle halten!

Tabelle 5. Nahrungsmittel [1]

100 g Handelsware enthalten	Eiweiß	Fette	Kohlenhydrate	Kaloriengehalt	Joule
	g	g	g	kcal	kJ
Rindfleisch, mager, ohne Knochen .	20,6	3,5	0,6	120	502
Rindfleisch, fett	18,9	24,5	0,3	307	1286
Schweinefleisch, mager	20,1	6,3	0,4	143	599
Schweinefleisch, fett	15	35	0,3	390	1634
Knochenmark	3,2	90	0	850	3561
Leber	20	3,7	3,3	130	544
Schinken, geräuchert, gesalzen, gekocht	25	35	0	430	1801
Speck, geräuchert	9	73	0	714	2991
Corned beef	24	12	1,5	215	900
Zervelat-, Block- oder Hartwurst . .	24	46	0	525	2199
Knackwurst	20	27	0	334	1399
Schinkenwurst	13	34	2,5	383	1604
Leberwurst	13	25	12	336	1407
Hering, frisch (47%)[2]	7,2	3,6	0	63	263
Kabeljau (46%)	7,3	0,1	0	31	129
Lebertran	0	96	0	890	3729
Kuhmilch	3,4	3,6	4,8	67	280
Butter	0,7	83,7	0,8	785	3289
Margarine	0,5	84,6	0,4	791	3314
Emmentaler, hart	27,4	32,3	2,5	423	1772
Edamer, hart	27,7	28	3,5	381	1596
1 Hühnerei (ca. 50 g Gewicht) . .	5,6	5,3	0,3	74	310
Schweineschmalz	0,3	99,5	0	925	3875
Olivenöl	0	99,5	0	925	3875

---

[1] Sämtliche Zahlen können nach der Qualität der Ware um 10—20% schwanken.
[2] Bedeutet: in 100 g Hering sind nur 47 g genießbare Anteile.

Nahrungsmittel und Ernährung

100 g Handelsware enthalten	Eiweiß	Fette	Kohlenhydrate	Kaloriengehalt	Joule
	g	g	g	kcal	kJ
Kochreis	8	0,5	78	356	1491
Gerste, Graupen	12	2,7	74	379	1588
Weizengrieß	9,4	0,2	76	352	1478
Hafergrütze	13,4	6	67	385	1613
Weißbrot (Semmel)	6,8	0,5	58	270	1131
Roggenbrot	5,5	0,5	47	220	921
Vollkornbrot (Graham, Schrotbrot)	8	1	51	251	1051
Makkaroni, Nudeln, Suppeneinlagen	13	0,7	75	370	1550
Würfelzucker	0	0	99,8	410	1717
Bienenhonig	0,4	0	81	334	1399
Erbsen (gelb)	23,4	2	53	341	1428
Bohnen	23,7	2,0	56	346	1449
Erdnüsse (76%)	21	34	11	450	1885
Haselnüsse (50%)	8,7	31,3	3,6	340	1424
Walnüsse (40%)	6,7	23,5	5,2	270	1131
Kartoffeln, gekocht (90%)	1,8	0,2	18,6	86	360
			Fruchtsäuren		
Äpfel, ganze Frucht (93,7%)	0,4	0,64	13	58	243
Kirschen, süß (94,5%)	0,8	0,64	15	68	333
Pflaumen (94,2%)	0,8	0,9	15,7	71	297
Zwetschgen, frisch	0,7	0,75	14	63	263
Zwetschgen, gedörrt	1,9	2	51,4	230	936
Apfelsine, Orange (71%)	0,6	0,96	9,0	43	180
Bananen (68%)	0,9	0,26	15,5	68	284
Zitronen (64,3%)	0,4	3,46	5,4	23	96
Erdbeeren (Brestlinge)	1,3	1,84	7,8	45	168
Johannisbeeren (rot)	1,3	2,35	7,5	46	192
Heidelbeeren	0,8	0,85	12	56	243
Stachelbeeren	0,9	1,9	8,6	47	196
Trauben	0,7	0,77	17,7	79	331
Gurke, geschält	0,6	0,2	0,9	7	29
Tomate, ganze Frucht	0,9	1,7	3,4	33	138
Puderkakao, normal, wenig entölt	22	26	31	465	1948
Speiseschokolade, süß	4,5	29	63	548	2296
Milchschokolade, süß	9	34,5	53	575	2409
100 g genießbare Anteile enthalten					
Kohlrabi (146 Gramm)[1]	2,5	0,2	6	36	150
Sellerie (160 Gramm)	1,4	0,3	8,8	45	188

[1] Bedeutet: Man muß 146 g Marktware kaufen, um 100 g genießbare Anteile zu erhalten.

100 g genießbare Anteile enthalten	Eiweiß	Fette	Kohlenhydrate	Kaloriengehalt	Joule
	g	g	g	kcal	kJ
Gelbe Rübe (210 Gramm)	1,1	0,2	8,2	40	167
Zuckerrübe	1,3	0,2	16,2	73	305
Rettich (160 Gramm)	1,9	0,1	8,4	43	180
Zwiebel (162 Gramm)	1,3	0,1	9,4	45	188
Spargel (150 Gramm) ungeschält	2,0	0,1	2,4	19	79
Rhabarber (130 Gramm)	0,7	0,1	3,0	16	67
Spinat (127 Gramm)	2,3	0,3	1,8	20	83
Endiviensalat	1,8	0,1	2,6	19	79
Kopfsalat	1,4	0,3	1,9	16	67
Blumenkohl (162 Gramm)	2,5	0,3	4,6	32	134
Weißkraut (130 Gramm)	1,5	0,2	4,2	25	104
Wirsing	2,7	0,5	5,0	36	150
Schnittbohnen, grün, Hülsen (104 Gramm)	2,6	0,2	6,3	38	159
Champignon, frisch	4,9	0,2	3,6	33	138
Pfifferling, frisch	2,6	0,4	3,8	30	125

Die Kohlenhydrate bestehen aus Kohlenstoff, Wasserstoff und Sauerstoff. Die für die menschliche Ernährung wichtigsten Kohlenhydrate sind: Traubenzucker ($C_6H_{12}O_6$), Rohrzucker ($C_{12}H_{22}O_{11}$) und Stärke ($C_6H_{10}O_5$)x. Der Traubenzucker verursacht den süßen Geschmack der Trauben, Äpfel, Kirschen, Pflaumen, Feigen und der meisten andern süßen Früchte. Das käufliche „Dextropur" ist reiner Traubenzucker, „Dextro-Energen" besteht aus Traubenzucker mit Zusatz von Fruchtsäuren. Den Rohrzucker genießen wir als Würfelzucker zum Frühstück; er wird heute hauptsächlich aus der Zuckerrübe und dem Zuckerrohr gewonnen. Die Stärke ist der Hauptbestandteil der Getreidekörner und Kartoffeln.

Nachweis von Traubenzucker mit der Fehlingschen Lösung: Man löst in der Flasche I 35 g blaues Kupfersulfat ($CuSO_4 \cdot 5 H_2O$) in 500 cm³ dest. Wasser und in der Flasche II in ebenfalls 500 cm³ dest. Wasser 150 g Seignettesalz und 50 g festes Ätznatron auf. Vor einem Traubenzuckernachweis gießt man in ein Probierglas je 1 cm³ der beiden Stammlösungen zusammen. Man zerkleinert etwas von dem zu untersuchenden Stoff, gibt eine Messerspitze davon in ein Probierglas und kocht nach Zusatz von 2 cm³ der tiefblauen Fehlingschen Lösung. Ein nach kurzer Zeit auftretender gelbroter Niederschlag von Kupfer(I)-oxid (Cu_2O) zeigt die Anwesenheit von Traubenzucker an. Bruttoreaktion: $RCHO + 2\ Cu^{2+} + NaOH + H_2O \rightarrow RCOONa + Cu_2O + 4\ H^+$. Für den Rohrzucker gibt es kein einfaches Nachweismittel. In eine Traubenzuckerlösung und in eine Fruchtzuckerlösung taucht man kurz je ein Clinistix-Teststäbchen. Violettfärbung tritt nur bei Traubenzucker auf. Diese Teststäbchen führt jede Apotheke.

Stärkenachweis: Wir bringen mit einem Glasstab einige Tropfen Jod-Jodkali-Lösung (oder Jodtinktur) auf ein Stück Brot oder eine aufgeschnittene

Kartoffel. Allmählich färbt sich die benetzte Stelle dunkelblau bis schwarz; es ist die sog. Jodstärke, eine in verdünntem Zustand blaue, bei stärkerer Konzentration schwarze Verbindung aus Jod und Stärke entstanden. Diese Reaktion ist sehr empfindlich. Prüfe in ähnlicher Weise zerschnittene Kastanien, Weizen- und Reiskörner, Mehl, Makkaroni, Suppennudeln, Haferflocken und dergleichen auf Stärke. Wenn Stärke längere Zeit lagerte oder irgendwie verändert wurde, fällt die Jodprobe oft unschön aus; es können bräunliche, rötliche, violette und andere unvorschriftsmäßige Färbungen entstehen. Wenn wir die Stärke in irgendeiner unbekannten Substanz nachweisen sollen, verfahren wir zweckmäßigerweise folgendermaßen: Man gibt im Probierglas zu einer etwa erbsengroßen Menge der Untersuchungssubstanz 5–10 Kubikzentimeter Wasser, erhitzt etwa 1 Minute lang zum Kochen, läßt wieder auf Zimmertemperatur abkühlen und gibt dann etwa 1 bis 2 Kubikzentimeter der käuflichen Jodtinktur dazu, die wir vorher mit der etwa 5fachen Menge Brennspiritus verdünnt haben (die unverdünnte Jodtinktur ist zu dunkel und läßt die Färbung nicht so deutlich erkennen). Wenn unsere Untersuchungssubstanz Stärke enthalten hat, entsteht nach dem Jodzusatz eine tiefblaue bis blauschwarze Färbung von Jodstärke. In dieser sind Jodkettenmoleküle mit mindestens 14 Jodatomen in Einschlußkanäle der Stärke-Makromoleküle eingelagert. Erhitzt man die blaue Flüssigkeit zum Sieden, so tritt Entfärbung ein; wir ließen aus diesem Grund die erhitzte Untersuchungssubstanz vor der Jodzugabe auf Zimmertemperatur abkühlen. Dextrine werden durch Jodlösung blauviolett bis rot gefärbt. Ähnliche Blaufärbungen gibt die Jodlösung auch mit Hydratcellulose, Polyvinylalkohol, basischem Lanthanacetat u. dgl.

Nahrungsmittelkonservierung. Die schlimmsten Feinde unserer Nahrungsmittel sind die beinahe allgegenwärtigen Bakterien und Schimmelpilze (Sporen), die oft schon nach wenigen Tagen Gärung, Schimmel, Fäulnis und Verwesung hervorrufen. Die Erfahrung hat gezeigt, daß es möglich ist, die Lebensmittel durch Erhitzung, Abkühlung, Austrocknung, Abschließung oder Zusatz bestimmter Chemikalien gegen Bakterienangriffe widerstandsfähig zu machen. Man bezeichnet solche Schutzmaßnahmen als Nahrungsmittelkonservierung. Diese ist für unsere Ernährung von höchster Wichtigkeit; sie ermöglicht die Aufspeicherung von Vorräten über den Winter und gibt uns die Möglichkeit, Lebensmittel aus den fernsten Zonen einzuführen.

Als Konservierungsmittel der Zukunft können energiereiche Strahlen betrachtet werden.

1. **Die Anwendung von Chemikalien.** Wie im Abschnitt „Desinfektion" näher ausgeführt wird, vermögen manche Stoffe die Bakterien abzutöten oder ihr Wachstum einzuschränken. Viele dieser Chemikalien sind auch für den Menschen schwere Gifte (z. B. Sublimat, $HgCl_2$), andere werden ohne größere Schädigung ertragen. Zu der letztgenannten, zur Nahrungsmittelkonservierung geeigneten Gruppe von Stoffen gehören u. a. die Essigsäure, Ameisensäure, Milchsäure, Benzoesäure, Natriumbenzoat, p-Hydroxybenzoesäureäthylester, p-Hydroxybenzoesäurepropylester und deren Na-Verbindun-

gen, Hexamethylentetramin, Natriumhydrogensulfit, Calciumhydrogensulfit, schwefelige Säure, Calciumacetat, Kaliumpropionat, 8-Oxychinolin-Kaliumhydrogensulfat, Silberionen oder kolloidales Silber, Sorbinsäure und dgl. Nach der Konservierungsstoff-Verordnung vom 19. 12. 1959 sind im Gebiet der Bundesrepublik folgende Stoffe zur Lebensmittelkonservierung zugelassen: Kennziffer 1, „Sorbinsäure" (Sorbinsäure und ihre Na-, K- und Ca-Verbindungen). Kennziffer 2, „Benzoesäure" (Benzoesäure und ihre Na-Verbindungen). Kennziffer 3, „PHB-Ester" (p-Hydroxybenzoesäureäthylester, p-Hydroxybenzoesäurepropylester und deren Na-Verbindungen). Kennziffer 4, „Ameisensäure" (darf nur noch befristete Zeit benutzt werden). Die ersten 3 Konservierungsgruppen findet man öfters auf den Speisekarten in den Gaststätten aufgeführt. Sie sind auch bei Dauergebrauch unschädlich. Essigkonserven, die 2–3% Essigsäure enthalten, sind vor Fäulnis geschützt, da die Fäulnisbakterien in saurer Umgebung nicht leben können. Aus dem gleichen Grunde werden Essig, Milchsäure, Weinsäure, Gerbsäure usw. von Bakterien nicht angegriffen. In Heringsbüchsen wirkt ein Zusatz von Salz und Essig konservierend. Zur Konservierung von Orangen wird in den USA etwa seit 1938 Diphenyl (C_6H_5–C_6H_5, farblose Kristallblättchen) verwendet. Nach dem Waschen und Abreiben der Früchte bleiben ca. 40–200 mg Diphenyl im kg Orangenschalen und etwa 1 mg im kg Orangensaft. Ein schlüssiger Beweis für die Giftigkeit dieser geringen Diphenylmengen wurde bisher nicht erbracht.

Unter über zweitausend geprüften Chemikalien eignet sich das Diphenyl zur Orangenkonservierung am besten. Zur Konservierung von Viehfutter bringt die Badische Anilin- und Sodafabrik zur Zeit unter dem Namen „Amasil" eine 85%ige Rohameisensäure auf den Markt, die mit der 20fachen Menge Wasser verdünnt mit der Gießkanne auf die Futterlagen im Grünfuttersilo verteilt wird. Für das Kubikmeter Siloraum braucht man 1–1,5 Liter „Amasil" (bzw. 20–30 Liter der verdünnten Lösung). „Amasil-Streusalz" ist ein ameisensäurehaltiges Salzgemisch zur Silofutterkonservierung. In dem mit „Amasil" behandelten Silofutter können sich nur die säuregewohnten unschädlichen Milchsäurebakterien entwickeln, Fäulnis unterbleibt.

Versuche: Wir bringen in die Reagenzgläser I–V je 5 Kubikzentimeter frischen Apfelsaft. Glas I wird offen beiseite gestellt; beim Glas II wird der Inhalt längere Zeit gekocht und dann mit einem Wattebausch verschlossen, den wir zur Desinfektion durch eine Flamme gezogen haben. Glas III spülen wir unmittelbar vor dem Einfüllen des Mostes mit Schwefliger Säure aus. Zum Glas IV geben wir 0,1 Kubikzentimeter Natriumbenzoat oder das in Drogerien erhältliche Nipakombin oder dergleichen, ins Glas V kommen zu dem Apfelsaft noch ca. 5 Tropfen Ameisensäure. Man läßt die Gläser bei 20–30 °C stehen und prüft nach 1–3 Tagen die eingetretenen Veränderungen. Im Glas I ist dann eine Geruchsveränderung,

Gärung und Gasentwicklung zu beobachten, während die übrigen Probierglasinhalte infolge der Konservierungsmaßnahmen ziemlich unverändert blieben.

2. Austrocknung. Da die Bakterien zu etwa 85% aus Wasser bestehen und nur gelöste Nahrung aufnehmen, können sie in trockener Umgebung nicht gedeihen. Man kann also die Fäulnis durch Austrocknung der Nahrungsmittel verhindern. Beispiele: Schon seit alten Zeiten schneiden viele wilde Völker das Fleisch in Streifen, um es an der Sonne trocknen zu lassen. Pflaumen, Zwetschgen, Trauben (Korinthen), Äpfel, Birnen (in Scheiben zerschnitten) werden auf luftige Hürden gebracht und in warmer Luft ausgetrocknet. Eine vollständige Austrocknung der Nahrungsmittel ist überflüssig, da im allgemeinen das Bakterienwachstum schon bei weniger als 40% Wassergehalt aufhört. Nur der sehr anspruchslose, ungefährliche, nicht zu den Bakterien gehörige Köpfchenschimmel vermag z. B. noch auf ausgetrocknetem Brot von 15—20% Wassergehalt zu wuchern.

Will man das Nahrungsmittel nicht selbst austrocknen, so kann man auch die Bakterien durch Zusatz von viel Salz oder Zucker „trockenlegen" und damit unschädlich machen. Zur Erklärung dieses Vorganges sei daran erinnert, daß an regnerischen Tagen die abgefallenen Kirschen oder Zwetschgen quellen und aufspringen, während die in starken Zuckerlösungen eingemachten Früchte oft schrumpfen und runzlig werden. Im ersten Fall saugen die in den Früchten gelösten Stoffe (hauptsächlich Zucker) das Regenwasser ins Innere; im zweiten Beispiel zieht die konzentrierte Zuckerlösung des Einmachglases Wasser aus der Kirsche heraus. Ähnliches ist zu beobachten, wenn wir in eine rohe Kartoffel eine Vertiefung graben und diese mit Salz füllen. Nach einigen Stunden hat sich die Grube mit Wasser gefüllt, das aus der Kartoffel herausgezogen wurde. Enthält irgendein Nahrungsmittel mehr Zucker, Salze oder andere gelöste Stoffe als die Bakterienleiber, so werden die letzteren auch in flüssiger Umgebung „ausgetrocknet"; sie müssen verdursten wie ein Mensch, der nur salziges Meerwasser zu trinken bekommt. Beim Pökeln wird das Fleisch mit Kochsalz, Salpeter und dergleichen eingesalzen; das Salz zieht Wasser, Mineralstoffe, lösliche Eiweißkörper und dergleichen an sich und bildet eine sogenannte Lake. In den äußeren, vom Salz ausgetrockneten Teilen können sich keine Bakterien entwickeln, im Innern pflegt gesundes Fleisch stets von vornherein bakterienfrei zu sein. Süßweine und Liköre gären infolge ihres hohen Zucker- und Alkoholgehalts nicht mehr; Liköre erleiden an offener Luft auch keine Essiggärung. Im Most unterbleibt die Gärung bei einem Zuckergehalt von 30—32%, bei 60% Zucker hört auch jedes Bakterienleben auf. Honig kann sich nicht zersetzen, wenn er aus über 80% Zucker besteht, dagegen gärt verdünntes Honigwasser sehr leicht (Metbereitung der alten Germanen!). Zu Marmeladen und Gelees gibt man über 50%

Zucker, um sie vor Fäulnis und Gärung zu schützen. Legt man ganze Früchte in eine Mischung von 2,5–3 Kilogramm Zucker und einen Liter Wasser, so werden sie konserviert und können zu jeder Jahreszeit zum Belegen von Torten und dergleichen Verwendung finden. Entzieht man frischer Milch in luftverdünnten Räumen $^3/_4$–$^4/_5$ ihres Wassergehalts, so entsteht nach Zuckerzusatz die dickflüssige, nichtfaulende, kondensierte Milch [1]. Man hat auch Geflügel durch kurzfristiges Eintauchen in stark verdünnte Antibiotica-Lösungen (Aureomycin) konserviert. Dieses Verfahren ist jetzt in den meisten Ländern verboten. Das deutsche Lebensmittelgesetz untersagt sogar (§ 4), Antibiotica an Schlachttiere zu verabfolgen, um die Haltbarkeit des Fleisches zu beeinflussen.

3. R ä u c h e r n. Fleischwaren werden nach dem Einsalzen (Wasserentziehung) oft noch durch Räuchern konserviert. Im Rauch von Buchen- und Eichenholz (weiches Holz, Torf und Steinkohle sind weniger geeignet) sind Carbolsäure, Kresole, Essigsäure, Ameisensäure, Formaldehyd und andere bakterientötende Stoffe enthalten, die langsam in Fleisch, Wurst usw. eindringen. Die Rauchwaren sollen so hoch im Kamin aufgehängt werden, daß sie sich höchstens auf 40° C erwärmen; bei höherer Temperatur würde nämlich das Fleischeiweiß oberflächlich gerinnen und die konservierenden Rauchstoffe nicht eindringen lassen. Zum Räuchern von Lebensmitteln soll nur reines, einwandfreies Holz verwendet werden; in diesem Fall besteht nach H. Druckrey (Medizinische Welt, 1961, S. 677) keine Krebsgefahr.

4. A b k ü h l u n g. Durch Kälte werden Lebensvorgänge aller Art stark eingeschränkt (Winterlandschaft, Polargegenden, Hochgebirge). Auch die Bakterien vermehren sich bei tiefen Temperaturen nicht mehr. Eine Abtötung dieser Schädlinge ist auch durch grimmige Kälte kaum zu erzielen, gibt es doch Bakterien, die einen mehrstündigen Aufenthalt in flüssigem Wasserstoff (−253° C) aushalten! Da aber schon bei geringen Kältegraden eine wesentliche Vermehrung der Bakterien nicht mehr erfolgt, kann Kälte zur Konservierung von Fleisch, Eiern, Milch usw. angewendet werden. Aus diesem Grund erfreuen sich die Kühlschränke steigender Beliebtheit. In neuerer Zeit wird die Gefrierkonservierungstechnik immer mehr vervollkommnet. Wichtig ist hierbei, die Speisen sehr rasch möglichst tief abzukühlen; unter diesen Bedingungen werden die Zellen der Lebensmittel am wenigsten geschädigt, da sich in ihnen im Gegensatz zur langsamen Abkühlung nur winzige Eiskriställchen bilden, die nur geringe Gewebezerstörungen verursachen. Obst und Gemüse behalten bei rascher

---

[1] Im Wiener anat. Museum hat man mit gutem Erfolg konzentrierte Zuckerlösungen an Stelle von Spiritus zur Konservierung von Museumspräparaten verwendet. Die konservierende Wirkung des Zuckers dürfte schon den altägyptischen Priestern bekannt gewesen sein; so war z. B. die Mumie der Königin Hatephera (Mutter von Pharao Cheops, etwa 2800 v. Chr.) im Sarkophag von einer Lösung umgeben, die ursprünglich wahrscheinlich Zucker und Soda enthielt.

Abkühlung auf −20° C bis −40° C Nährwert und Genußwert fast unverändert bei. Frische Semmeln sind nach einjähriger Lagerung bei −18° C noch frischwertig. Häufig werden eßfertige gekochte bzw. gebratene Speisen eingefroren und bei −18° C bis −21° C bis zum Verbrauch gelagert.

5. **Erhitzung.** Zum Genuß bestimmte Flüssigkeiten (z. B. Milch) können durch sogenanntes Pasteurisieren (Erhitzung auf weniger als 100 Grad) einigermaßen keimfrei gemacht werden. Manche Sporen überstehen zwar auch diese Temperaturen, doch ist dies für die Praxis nicht allzu bedenklich. Bei halbstündiger (Dauer-)Erhitzung auf 60 bis 65° C werden beispielsweise die Maul- und Klauenseucheerreger, die Typhus- und Kolibazillen, zum Teil auch die Tuberkuloseerreger abgetötet.

Versuche: Bringe in Probiergläser je etwas rote Wurst und so viel Wasser, daß das Wurststück damit bedeckt ist! Verschließe die Mündungen mit passenden Wattepfropfen! Das erste Probierglas stellen wir beiseite; nach einigen Tagen riecht die Wurst nach Fäulnis. Gibt man in das zweite Probierglas viel Kochsalz, so unterbleibt die Fäulnis. Das gleiche ist der Fall, wenn zu der Wurst eine Messerspitze Benzoesäure gegeben wird oder wenn man das mit Wattebausch verschlossene Probierglas samt Inhalt längere Zeit erhitzt. Statt der Wurststücke kann man auch andere Lebensmittel verwenden. Brot trocknet an offener Luft leicht ein und wird dann von Bakterien nicht angegriffen; taucht man es aber in Wasser und legt es hernach in eine bedeckte Schale, so zersetzt es sich bald.

Natron. Natron, auch Natriumbicarbonat, Natriumhydrogencarbonat oder doppeltkohlensaures Natron ($NaHCO_3$) genannt, ist ein billiges, weißes Pulver, das die Flamme gelb färbt (Na-Nachweis, vergleiche Seite 17) und beim Erhitzen Kohlendioxid abspaltet (Gleichung: $2 NaHCO_3 \rightarrow Na_2CO_3 + H_2O + CO_2$). Auch bei Säurezusatz entsteht unter Aufbrausen Kohlendioxid, wie folgender Versuch zeigt: Bringe in das Becherglas von Abb. 9 etwas Natron, gieße eine verdünnte Säure darüber und weise nachher im Zylinder mit Kerze und Kalkwasser Kohlendioxid nach; Näheres S. 28. Beim Zusammenbringen von Natron und Salzsäure spielt sich folgende Reaktion ab: $NaHCO_3 + HCl \rightarrow NaCl + H_2O + CO_2$. Auch die andern Säuren geben mit Natron Kohlensäure bzw. Kohlendioxid.

Verwendungen: Wir füllen ein Probierglas zur Hälfte mit Speiseessig und geben unter Umschütteln so lange Natron dazu, bis sich kein Gas mehr entwickelt. Die Lösung schmeckt dann nicht mehr sauer; Natron neutralisiert Säuren. Beim Einmachen von sauren Früchten kann man mit Natron den Säuregeschmack beseitigen[1] und damit Zucker sparen. Die Wirkung von Säurespritzern läßt sich durch Aufstreuen von Natron beseitigen oder abschwächen. Werfen wir etwas Natron in Wein oder Bier, so schäumt es auf. Natron wird hier und da verbotenerweise abgestandenem Bier zugesetzt, um diesem ein frisches, schäumendes Aus-

---
[1] Nach neuesten Anschauungen erscheint diese Säureneutralisierung bedenklich, da Laien meist nicht die richtigen Natronmengen anwenden und das C-Vitamin in saurer Lösung am beständigsten ist.

sehen zu verleihen. Mischungen von Natron und festen Säuren bzw. Salzen werden in Backpulvern, Badetabletten, Vitamin-C-Brausetabletten („Taxofit", Anasco, Wiesbaden; „Cebion-Brausetabletten", Merck, Darmstadt) und Limonadenwürfeln verwendet.

Neutralisation. Wir geben in einen Erlenmeyerkolben einige Kubikzentimeter Salzsäure und verdünnen diese mit der zehnfachen Menge Wasser – Umschütteln! In dieser Flüssigkeit werden einige Tropfen Lackmustinktur verrührt, es entsteht dann eine hellrote Färbung. In diese Lösung gießt man aus einem zweiten Gefäß in kleinen Portionen verdünnte Natronlauge. Bei jeder Laugenzugabe färbt sich die Einschlagstelle blau. Nach dem Umschütteln verschwindet die Färbung anfangs wieder. Wir gießen so lange Lauge dazu, bis die Flüssigkeit gerade blau wird. Diese blaue Lösung können wir trinken; sie schmeckt nach Salzwasser. Lassen wir ein wenig von derselben auf einer Glasplatte eintrocknen, so sehen wir unter dem Mikroskop kleine, würfelförmige Kristalle, die ebenfalls auf Kochsalz hindeuten. In der Tat hat sich beim Zusammenbringen der Salzsäure und der Natronlauge Kochsalz gebildet; Gleichung: $NaOH + HCl \rightarrow NaCl + H_2O$. Während die Lauge vorher die Haut anätzte (ausprobieren!) und die Salzsäure schon in geringen Mengen auf der Zunge stark sauer schmeckte, in größerer Konzentration sogar ein starkes Gift darstellte, ist die richtige Mischung aus der Lauge und der Säure ein höchst harmloser, nichtätzender, ungiftiger, „neutraler" Stoff – nämlich Kochsalz. Man sagt: Salzsäure wird durch Natronlauge neutralisiert. Man könnte den Satz mit demselben Recht umdrehen und sagen: Natronlauge wird durch Salzsäure neutralisiert. Der Zusatz von Lackmus zeigte uns das richtige Mischungsverhältnis zwischen Lauge und Säure an. Hätten wir den Lackmus weggelassen, so wäre wahrscheinlich noch etwas Säure oder Lauge im Überschuß geblieben, mithin keine völlige Neutralisation erreicht worden.

Worin besteht nun das Wesen der Neutralisierung? Warum geben zwei Gifte wie Salzsäure und Natronlauge beim Zusammengießen nicht ein doppeltes Gift, sondern einen harmlosen Stoff? Dies hat folgenden Grund: Alle Säuren bilden, in Wasser gelöst, elektrisch geladene, sauer schmeckende Wasserstoffionen (genauer H_3O^+-Ionen). Ionen sind elektrisch geladene Atome oder Atomgruppen. Alle Säuren, Laugen und Salze bilden bei ihrer Auflösung in Wasser frei bewegliche Ionen. Alle Laugen (wasserlösliche Metallhydroxide) enthalten ätzende, in größeren Mengen giftige Hydroxid-Ionen (OH^--Ionen). Beim Zusammengießen von bestimmten Säuren- und Laugenmengen vereinigen sich nun gerade alle H-Ionen (H_3O^+-Ionen) mit allen OH^--Ionen zu neutral reagierendem, unschädlichem Wasser. Gleichung: $H_3O^+ + OH^- \rightarrow 2 H_2O$. Lackmus oder Indikatorpapier zeigt an, wann das richtige Mischungsverhältnis erreicht ist; es wird durch Wasserstoffionen rot, durch Hydroxid-Ionen dagegen blau gefärbt. Statt der Salzsäure kann man natürlich auch Schwefelsäure, Salpetersäure oder Phosphorsäure mit Natronlauge neutralisieren – oder es lassen sich statt der Natronlauge Kalilauge, Kalkwasser oder Salmiakgeist verwenden. Auch organische Säuren kann man neutralisieren; dies ist z. B. der Fall, wenn der Landwirt saure Böden mit Ätzkalk, $Ca(OH)_2$, düngt. Ja, es ist sogar möglich, Säuren mit Oxiden oder Carbonaten zu neutralisieren, wie folgende Beispiele zeigen: Löse eine Messerspitze Soda in Wasser, dem einige Tropfen Lackmuslösung beigemischt wurden, und gieße so lange verdünnte Salzsäure dazu, bis sich das vorher blaue Lackmus in der ganzen Flüssigkeit eben rot färbt. Auch hier wird die Salzsäure neutralisiert (Gleichung: $Na_2CO_3 + 2\,HCl \rightarrow 2\,NaCl + H_2O + CO_2$); es entsteht Kochsalz und ein aufschäumendes Gas: Kohlendioxid. Auch Schwefelsäure kann mit Soda neutralisiert werden, deshalb führen z. B. Soldaten, die mit Vernebelungsgeräten arbeiten, ein Sodapäckchen mit sich, um Säuretropfen auf der Haut unschädlich zu machen. Bei innerlichen Säurevergiftungen verordnet der Arzt Magnesiumoxid (= Magnesia, MgO), da dieser Stoff die Säuren neutralisiert (Gleichung: $MgO + 2\,HCl \rightarrow MgCl_2 + H_2O$), ohne die Schleimhäute anzuätzen oder störendes Kohlendioxid zu entwickeln, wie es bei Laugen bzw. Soda der Fall wäre. Eine Säure kann auch durch ein reines Metall neutralisiert werden; so entsteht z. B. aus Salzsäure und Magnesium Magnesiumchlorid und Wasserstoffgas (Gleichung: $Mg + 2\,HCl \rightarrow MgCl_2 + H_2$). Und endlich ist es möglich, Laugen durch die Oxide von Nichtmetallen zu neutralisieren; dies ist z. B. der Fall, wenn der Calciumhydroxid $[Ca(OH)_2]$ enthaltende Mörtel unter dem Einfluß der Luftkohlensäure (CO_2) in festen Kalk ($CaCO_3$) verwandelt wird; Gleichung: $Ca(OH)_2 + CO_2 \rightarrow CaCO_3 + H_2O$. Neutralisationsvorgänge aller Art spielen in der Chemie des täglichen Lebens eine außerordentlich wichtige Rolle.

Nicotin. Nicotin ($C_{10}H_{14}N_2$) ist der wirksame Bestandteil des Rauch-, Schnupf- und Kautabaks. Der Name ist auf den französischen Gesandten Nicot zurückzuführen, der im Jahre 1560 Samen der Tabakpflanze von Portugal nach Paris sandte. In konzentriertem Zustand ist Nicotin eine bräunliche, übelriechende, wasserlösliche Flüssigkeit; reinstes Nicotin ist farblos. Annähernd reines Nicotin ist in landwirtschaftlichen Geschäften zur Schädlingsbekämpfung (Blutlaus, Blattlaus, Schildlaus, Erdflöhe usw.) erhältlich. Die Firma Bigot-Schärfe, Hamburg, liefert 95- bis 98%iges Rein- oder Rohnicotin zur Herstellung von Spritzmitteln (0,03- bis 0,06%ig) gegen beißende und saugende Insekten oder zum Räuchern in Gewächshäusern. Ähnliche Verwendung findet auch das 40%ige Nicotinsulfat von Bigot-Schärfe oder Nikoflor, Nikotinspritzmittel „Lucifer", „Schacht", „Silesia" und dgl. Da schon ein fünfzehntel Gramm reines Nicotin auf den Menschen tödlich wirkt, muß man mit nicotinhaltigen Schädlingsbekämpfungsmitteln vorsichtig umgehen.

Das Nicotin kommt in der Tabakpflanze (Gattung Nicotiana) vor. Es wird in den Wurzeln gebildet und steigt mit dem Säftestrom in die Blätter; wahrscheinlich stellt es ein unverwertbares Endprodukt des Stoffwechsels der Tabakpflanze dar. Die grünen Tabakblätter enthalten 1,5–3% Nicotin [1], daneben gibt es aber auch nahezu nicotinfreie Tabakrassen. Man bezeichnet in Deutschland seit 1939 Zigarren mit einem Nicotingehalt unter 0,2% und Zigaretten mit bis zu 0,1% Nicotin als „nicotinfrei", solche mit dem halben normalen Nicotingehalt als „nicotinarm". Die sog. „schweren" Importzigarren enthalten häufig einen geringeren Nicotingehalt als gewöhnliche, „leichte" Zigarren. Schlecht „ziehende" Rauchwaren lassen größere Nicotinmengen in den Körper wandern als andere. Die hellen Tabaksorten sind vielfach nicotinärmer als die dunklen. Bei sehr trockenen Zigarren, Zigaretten und Pfeifentabaken übersteigt die Temperatur der Glutzone das „Normalmaß" von rund 500–700 Grad; die Verbrennung ist dann zu lebhaft, und es kommt zuviel Nicotin in den Körper. Ab 1. 7. 74 wird eine nicotinarme Zigarette auf den Markt gebracht. Seit 1976 wird der Nicotingehalt auf der Zigarettenpackung angegeben, z. B. bei der Marke Milde Sorte 0,3 mg, bei R6 0,4 mg.

Da bereits ein fünfzehntel Gramm reines Nicotin auf den Menschen tödlich wirkt, sollte man annehmen, daß der Raucher den Genuß einer Zigarre oder einiger Zigaretten nicht überleben würde. So schlimm ist es aber nicht bestellt, denn beim Rauchen wird nur ein kleiner Teil des Nicotins in den Körper aufgenommen, erstens, weil ein großer Teil des Nicotins schon in der Glimmzone verbrennt, zweitens, weil ein weiterer Teil sich in der Glimmzone nach außen verflüchtigt, ohne in den Mund zu kommen, drittens, weil von dem Nicotin, das mit dem Rauch durch die Zigarre wandert, ein Teil unterwegs hängenbleibt und mit dem Stummel weggeworfen wird und viertens, weil ein Teil des eingeatmeten Nicotins wieder ausgeatmet wird. Zigarrenstumpen sind mit Nicotin angereichert, daher wird der angehende Raucher mit ihnen besonders betrübende Erfahrungen machen. Das Rauchen durch die Lunge („Lungenzüge") ist schädlich; hier gelangt etwa 6–8mal soviel Nicotin in den Körper als beim sogenannten Mundrauchen. Je langsamer man raucht, um so weniger Nicotin wird aufgenommen. So gehen z. B. beim gewöhnlichen Rauchen rund 30% und bei sehr langsamem Rauchen nur 0–4% des Nicotins in den Rauch über. Die erfahrenen Orientalen rauchen aus diesem Grunde möglichst langsam.

---

[1] Es ist in neuerer Zeit gelungen, Tabakpflanzen mit 15% Nicotingehalt zu züchten; aus diesen wird Tabaklauge gegen Pflanzenschädlinge hergestellt.

Am meisten Nicotin nimmt der Raucher gewöhnlich beim Zigarettenrauchen auf; dann folgen Zigarren. Am harmlosesten ist das Pfeifenrauchen. Besonders bei den langen Tabakpfeifen wird ein großer Teil des Nicotins im Pfeifenrohr niedergeschlagen. Das Rauchen mit türkischen Wasserpfeifen („Nargileh") ist ebenfalls ziemlich harmlos, da hier viel Nicotin in dem Wassergefäß zurückbleibt. Will man beim Rauchen möglichst wenig Nicotin einziehen, so empfiehlt es sich, in die Zigarettenröhre oder ins Pfeifenrohr etwas Watte zu stopfen. Die Watte hält etwas Nicotin und Teer zurück, sie färbt sich infolgedessen nach einigem Rauchen gelb und muß dann erneuert werden.

Bringt man in die Pfeifenröhre aktive Kohle, wie sie in Gasmasken verwendet wird, so hält diese das ganze Nicotin zurück. Sauberer und bequemer ist die Anwendung von sogenanntem Kieselsäuregel, das in Form kleiner, glasartig durchsichtiger Steinchen in die Zigarrenspitzen oder Pfeifenröhren eingeführt wird. Ein Gramm dieses Stoffes hat eine innere Oberfläche von mehreren hundert Quadratmetern, an der das Nicotin unter allmählicher Braunfärbung festgehalten wird. Die schneeweiße, in Zigarrenspitzen, Pfeifenröhren usw. eingesetzte „Denicotea-Patrone" saugt sich während des Rauchens mit Nikotin, Teer und anderen Giftstoffen voll, so daß diese nicht in den Körper gelangen. Die „Dr.-Perl-junior-Filterpatrone" der Vauen-Ver. Pfeifenfabrik Nürnberg enthält Aktivkohle, welche schädliche Tabakrauchbestandteile zurückhält. Neuere Statistiken haben dargetan, daß eifrige Zigarettenraucher häufiger an Lungenkrebs erkranken als Nichtraucher. Beim Zigarettenrauchen hat der Zigarettentabak im Durchschnitt eine Temperatur von 600–800°, das Zigarettenpapier dagegen ca. 900°. Beim Rauchen entstehen besonders aus dem Zigarettenpapier teerartige Zersetzungsprodukte, die Spuren von krebserregenden Substanzen (Benzpyren u. dgl.) enthalten und beim Inhalieren („Lungenzüge") in die Lunge gelangen. Um eventuelle Schädigungen zu vermeiden, konsumieren die Raucher in steigendem Maß Filterzigaretten (zumeist Filter aus Celluloseacetat, die den Teer z. T. zurückhalten) oder Zigaretten, deren Papier mit Ammoniumsulfamat (verwandelt Benzpyren zum Teil in unschädliche Substanzen) imprägniert wurde.

Wirkungen: Mäßiger Nicotingenuß vermag dem erwachsenen Normalmenschen kaum ernstlich zu schaden. Fortgesetztes, übermäßiges Rauchen führt in manchen Fällen zu chronischem Nasen-, Rachen- und Kehlkopfkatarrh, Appetitlosigkeit, Erbrechen, Herzklopfen, Pulsunregelmäßigkeiten, Schwindel, Schlaflosigkeit, Herabsetzung der Sehschärfe, erhöhter Tuberkuloseanfälligkeit usw. Oft wird auch behauptet, das Rauchen könne Arterienverkalkung hervorrufen; dies ist aber sicher lange nicht jedesmal der Fall, sonst müßte z. B. diese Krankheit bei den vielen Gewohnheitsrauchern der südamerikanischen Länder viel häufiger sein. Kommen größere Nicotinmengen in den Körper, so tritt der Tod ein. So verspeiste z. B. während des Krieges ein Soldat 25 Gramm Zigarettentabak; er starb nach 12 Stunden. Ein Raucher starb, nachdem er ohne Nahrungsaufnahme in 24 Stunden 40 Zigaretten und 24 große Zigarren geraucht hatte. Pferde und Rinder gehen ein, wenn sie 300–500 Gramm Tabakblätter gefressen haben, deshalb muß man in Tabakgegenden darauf achten, daß die Haustiere keine Tabakblätter zu fressen bekommen. Nicht selten kommt es vor, daß Haustiere, die zur Bekämpfung von Hautkrankheiten (Räude) mit Tabaklauge (Tabakbeize) gewaschen werden, schwer erkranken oder verenden, weil das gelöste Nicotin durch die Poren der Haut in den Körper einwandert. So stürzten z. B. drei Kühe, welche mit Tabakbrühe aus einer Tabakfabrik gewaschen worden waren, der Reihe nach zusammen und starben nach einer Viertelstunde. Ein Landwirt ließ neun Rinder zur Bekämpfung der Läuse mit Tabaklauge waschen; schon innerhalb einer Stunde verendeten vier Tiere im Alter von 3 bis 15 Monaten. Wegen der hohen Giftigkeit des Nicotins sollten bei den Haustieren höchstens Waschungen mit 5%igen Nicotinlösungen angewendet werden.

Für Gewohnheitsraucher oder solche, die es nicht mehr sein möchten, dürften folgende kleine Versuche Interesse haben.

V e r s u c h e : Um die gelben Nicotinflecke von den Händen zu entfernen, wasche man diese zunächst gründlich mit Seife und betupfe sie dann mit einer Mischung, die aus gleichen Raumteilen 3%igem Wasserstoffperoxid und 10%igem Salmiakgeist hergestellt wurde. Befeuchten mit 15–20%iger Kalilauge (Vorsicht! Ätzt!) und gleichzeitiges Reiben mit feinem Bimssteinpulver (oder Ata) hat ähnliche Wirkung. Auch gründliche Behandlung mit Abrador-Seife führt meist zum Ziel. Bei diesen Verfahren wird die oberste gelbe Hautschicht beseitigt. Oft lassen sich Nicotinflecke auch mit einer feuchten Zitronenscheibe wegreiben. Man kann das Nicotin auch mit einer 3%igen Kaliumpermanganatlösung zersetzen und den ausgeschiedenen Braunstein mit Natriumbisulfit und etwas Säure entfernen. Näheres vgl. S. 120!

Wer sich das Rauchen abgewöhnen möchte, spüle den Mund vorher mit einer sehr stark verdünnten Lösung von Silbernitrat (= Höllenstein, $AgNO_3$). Man kann auch eine Lösung des beim Photographen erhältlichen Fixiernatrons (oder eine Kupfersulfatlösung) in die Spitzen von Zigarren und Zigaretten einspritzen und trocknen lassen. Beim Rauchen entsteht hierbei ein sehr unangenehmer Geschmack, der den Nicotingenuß verleidet. Die käuflichen Raucher-Entwöhnungsmittel enthalten vielfach Silbernitrat, Anästhesin, Tannin und Wasserstoffperoxid. Verschiedentlich wird auch Atropin oder Lobelin in kleinen Mengen empfohlen. Oft ist eine seelische Beeinflussung (Ablenkung, Hypnose, Suggestion) von Erfolg begleitet.

Nitrit. Das Natriumnitrit ($NaNO_2$) wurde bekannt durch die zahlreichen mißbräuchlichen Anwendungen im Fleischereigewerbe, die etwa ab 15. 1. 1958 durch die Presse in die Öffentlichkeit kamen. Ein behördlich genehmigtes, gesundheitlich unbedenkliches Nitritpräparat liegt im sogenannten N i t r i t p ö k e l s a l z vor. Dieses ist nach dem Nitritgesetz vom 19. 6. 1934, § 3 ein ausschließlich aus Speisesalz (Steinsalz, Siedesalz) und Natriumnitrit bestehendes, gleichmäßiges Gemisch, das höchstens 0,6 und mindestens 0,5% Natriumnitrit enthält. Mit Nitritpökelsalz werden u. a. die folgenden Fleischwaren behandelt: Rohschinken, Lachsschinken, Kochschinken, Kasseler Rippchen, Eisbein, Rohwürste wie Salami, Cervelat, Mettwurst, Teewurst, Brühwurst aller Art, Leberkäs, Leber- und Blutwürste, größere Fleischstücke usw. Das Kochsalz wirkt hierbei fäulnisverhütend und konservierend; der kleine Nitritzusatz hat zur Folge, daß das Fleisch auch beim Kochen und bei längerer Aufbewahrung die rote Farbe beibehält und nicht unansehnlich grau oder braun wird.

Nur 1 Tropfen (one drop only). Dies ist eine konzentrierte, aromatisch riechende Flüssigkeit, die 0,104 Gramm Fluor auf je 100 Gramm als Natriumfluorid, sowie p-Hydroxibenzoesäure-äthylester, ätherische Öle usw. in wässerig-alkoholischer Lösung enthält. Zur Mundspülung verwendet man einen Tropfen der Lösung auf ein Glas warmes Wasser. Zweimaliger täglicher Gebrauch wirkt vorbeugend und heilend bei Gingivitiden, Stomatitiden, Paradentitiden, Zahnungsbeschwerden bei Kindern, Schlupfwinkel-Infektionen, entzündlichen Erscheinungen der Parodontose, Zahnfleischanämie, Wurzelkanalinfektionen usw. Auch bei kleineren Hautverletzungen verhindert diese Flüssigkeit durch Betupfen Infektionen und Entzündungen.

Ovulationshemmer (Pille). Das wohl wichtigste Mittel zur Geburtenregelung sind die Ovulationshemmer, meist einfach „Pille" genannt. Die meisten Präparate enthalten eine Kombination der Hormone Östrogen und Gestagen. Bei einem regelmäßigen 28tägigen Zyklus muß die Pille spätestens am 5. Tag nach der Menstruation eingenommen werden. Wenn mit der Einnahme später begonnen wird, kann die bereits eingeleitete Eireifung u. U. nicht mehr verhindert werden. Unter der Wirkung von Östrogen und Gestagen entwickelt sich die Gebärmutterschleimhaut ähnlich wie unter normalen Bedingungen. Nach dem 24. Tag wird die Einnahme der Pille unterbrochen; 4 Tage später wird dann die Schleimhaut wieder abgestoßen (Entzugsblutung). Dadurch wird der Zyklus nachgeahmt. Der Effekt der Pille besteht darin, die Ovulation, d. h. die Ausstoßung des Eis aus dem reifen Follikel des Eierstocks zu verhindern. Dies ist aber nur dann gewährleistet, wenn man die Pille regelmäßig einnimmt.

Durch die Hormonpräparate wird die Frau in einen der Schwangerschaft ähnlichen Zustand versetzt. Deshalb treten manchmal Beschwerden auf, wie sie bei schwangeren Frauen festzustellen sind (Brustschmerzen, Übelkeit, Gewichtszunahme). Nach einiger Zeit gehen die unangenehmen Nebenwirkungen jedoch meist wieder zurück. Hinsichtlich der Langzeitwirkungen kommt eine umfangreiche Studie des Königlich-Britischen College für Allgemeinmedizin (1974) zu folgendem Schluß: „Zweifellos ist die Einnahme oraler Verhütungsmittel mit Nebenwirkungen verbunden, doch ist die Gefahr ernster Schädigungen gering."

Man unterscheidet zwei Haupttypen von Ovulationshemmern: *Sequenzpräparate* und *Kombinationspräparate*. Während die letzteren sowohl Gestagene und Östrogene in sich vereinigen und laufend während 20–22 Tage eingenommen werden, enthalten bei den Sequenzpräparaten die Pillen der ersten Phase (14–16 Tage) nur Östrogene und die der darauffolgenden Phase (5–7 Tage) das Gemisch der Hormone. Darüber hinaus gibt es noch die Minipille, die die tägliche Einnahme einer sehr geringen Menge des Gestagens verlangt, sowie die Dreimonatsspritze, die nur aus Gestagen besteht.

Da die oben genannten Stoffe den Hormonhaushalt einer Frau erheblich verändern, sollte die Anwendung der Ovulationshemmer nur unter ärztlicher Kontrolle erfolgen. Aus der großen Zahl von Präparaten wählt der Arzt das für die betreffende Frau geeignete Präparat aufgrund von Leitsymptomen aus (Prof. Lauritzen, Med. Welt, H. 11/1975).

Oxidation und Reduktion. Eine Oxidation findet statt, wenn zu einem Element oder zu einer chemischen Verbindung Sauerstoff hinzutritt, bei der Reduktion wird dagegen aus einer Verbindung Sauerstoff weggenommen. Des weiteren bezeichnet man auch mit Oxidation jeden Vorgang, bei welchem von einem Teilchen (Atom, Ion) Elektronen abgegeben werden. Diese von einem Teilchen abgegebenen Elektronen werden von einem anderen Teilchen aufgenommen. Elektronenaufnahme = Reduktion. Wenn Eisen an feuchter Luft liegt, so oxidiert es langsam, fast unmerklich; blasen wir dagegen Eisenpulver in eine Gasflamme, so entsteht ein Funkenregen von rasch verbrennendem Eisen. Zucker wird im menschlichen Körper langsam oxidiert. Halten wir dagegen ein Würfelzuckerstück einige Zeit in eine Flamme, so verbrennt es wesentlich schneller. Sauerstoffreiche Chemikalien, welche ihren Sauerstoff leicht an andere Stoffe abgeben, werden als Oxidationsmittel bezeichnet. Wenn Sauerstoff in einen anderen Stoff eingeführt wird, führt dies meist zu einer grundlegenden Änderung im Aussehen, in der chemischen Beschaffenheit, in der Färbung und im Geruch der oxidierten Substanz; die Oxidationen spielen deshalb beim Bleichen, Entfärben, Verbrennen, bei der Desinfektion, Geruchszerstörung usw. eine wichtige Rolle. Reduktionsvorgänge sind vor allem bei der Metallgewinnung von Bedeutung.

V e r s u c h : Erhitze im Prüfglas ein Gemisch von Bleioxid und Holzkohle. Nach einiger Zeit bekommt man flüssiges Blei, während gasförmiges Kohlendioxid entweicht. Das Bleioxid wurde reduziert, der Kohlenstoff oxidiert. Weil bei diesem Vorgang Reduktion und Oxidation miteinander gekoppelt auftreten, spricht man von einem R e d o x v o r g a n g . Redoxvorgang = Elektronenverschiebung.

Penicillin. Der Name ist von *Penicillium notatum,* einem Schimmelpilz hergeleitet, aus dem man dieses Heilmittel gewinnt. Insgesamt können 29 Penicillium- und 12 andere Pilzarten diesen Stoff synthetisieren. Das am häufigsten verwendete Penicillin G Natrium hat die Bruttoformel $C_{16}H_{17}O_4N_2SNa$. Penicillium G bildet in reinem Zustand farblose, bittere Kristalle. Obwohl die Synthese von Penicillin im Laboratorium möglich ist, zieht man die Gewinnung aus Pilzkulturen aus wirtschaftlichen Gründen vor. Unter den ca. 4000 Antibiotica ist Penicillin das wichtigste und am wenigsten giftige Produkt. Es wirkt gegen Staphylokokken, Streptokokken, Gonokokken, Spirochäten usw. Die Heilkraft des Penicillins dürfte etwas nachlassen, da inzwischen neue resistente Bakterienmutationen aufgetreten sind. Allerdings nimmt die Antibiotica-Empfindlichkeit der Bakterien wesentlich langsamer ab, als man früher befürchtete (nach H. Hackl, Med. Welt 1963, S. 1472); deshalb ist Penicillin auch heute noch wirksam.

Photographieren. In den letzten Jahren hat die Amateurphotographie stark an Bedeutung gewonnen und eine Reihe von Umwandlungen erlebt. Die immer stärkere Verbreitung der Kleinbildkamera (Format 24×36, 24×24, 26×26, 18×24 mm) schaltet die Kontaktkopie mehr und mehr aus; an deren Stelle tritt der Vergrößerungsapparat. Der zunehmende Gebrauch elektrischer Belichtungsmesser und der Ausgleichs- und Feinkornentwickler ermöglicht die Tank- und Dosenentwicklung, wobei gleichzeitig viele Filme im gleichen Entwickler behandelt werden. Die Empfindlichkeit des Aufnahmematerials wurde so weit gesteigert, daß Aufnahmen rasch bewegter Objekte mit $1/100$ bis $1/5000$ Sekunde Belichtungszeit leicht erhältlich sind. Durch den Elektronenblitz wird man von Blitzlicht-Pulver oder -Bändern unabhängig. Der Schnappschuß hat die Anwendung des Stativs in vielen Bereichen entbehrlich gemacht. An Stelle von orthochromatischem Aufnahmematerial benützt man heute Pan- und Superpanfilme, die in grünem Licht oder im Dunkeln entwickelt werden und auch rote Farben in den natürlichen Helligkeitstönungen wiedergeben.

Trotz dieser zahlreichen Fortschritte in der Technik des Aufnahmeverfahrens usw. sind die **chemischen Vorgänge** und die Arbeitsweisen beim Entwickeln, Fixieren, Entwässern und Kopieren im wesentlichen die gleichen geblieben – wenn wir von der Farbphotographie einmal absehen. In diesem chemisch orientierten Buch interessieren uns in erster Linie die chemischen Vorgänge bei der Bildaufnahme, beim Entwickeln und Fixieren. Es sei von vornherein betont, daß die hierzu nötigen Handgriffe von jedermann in kurzer Zeit erlernt werden können. – Wie man Photopapiere selbst machen kann, ist in dem Band Römpp/Raaf, „Chemische Experimente", auf S. 146 beschrieben.

Schwarzweiß-Photographie

A. Technik der Schwarzweiß-Photographie

Auf einem Schichtträger aus schwer entflammbarer Acetylcellulose oder Celluloid-Folie liegt die lichtempfindliche Schicht, eine Einbettung von Silberbromidkristallen in Gelatine, versehen mit Farbstoffen zur Sensibilisierung für die Farben des sichtbaren Spektrums, ferner mit Substanzen, die die Schicht stabil halten und einem oder mehreren Mitteln gegen Lichthofbildung. Der Schichtträger des Kleinbildfilmes ist etwa 0,12 mm dick, des Rollfilms etwa 0,1 mm und des Planfilms etwa 0,23 mm. Die lichtempfindlichen Schichten können auch auf Glasplatten aufgetragen werden, dann sprechen wir von Photoplatten, die heute allerdings selten verwendet werden. Bringt man die Silberbromid-Gelatineschicht auf Papier, so entstehen die käuflichen Photopapiere, auf denen nachher das fertige Lichtbild zu sehen ist. Die Empfindlichkeit der Filme wird in DIN-Zahlen exakt angegeben (12, 15, 18, 21, 24, 27, 30, 33). Eine Zunahme um 3 DIN bedeutet Ansteigen der Empfindlichkeit auf das Doppelte.

Das Silberbromid wird durch viel Licht in Brom und dunkles Silber gespalten; das sieht man, wenn ein unbenützter Film oder ein Photopapier einige Stunden im Licht liegenbleibt. Die ursprünglich weiße Schicht ist dann ganz dunkel und damit unbrauchbar geworden. Beim richtigen Photographieren wird diese Zersetzung des Bromsilbers sozusagen nur angedeutet; man kann deshalb auch auf einem normal belichteten Film kein Bild sehen. Dieses Bild tritt erst in Erscheinung, wenn wir den Film nach der photographischen Aufnahme in den sogenannten Entwickler bringen. Wer eine schöne Photographie zuwege bringen will, muß vor allem auf eine richtige Belichtung achten. Damit ein gutes Bild entsteht, muß von dem abzubildenden Gegenstand eine „vorschriftsmäßige" Menge Licht durch die Linse des Photoapparats auf den Film fallen, der bekanntlich auf der Rückseite des Apparates in einer Kassette oder Rolle liegt. Trifft zuviel Licht auf den Film („Überbelichtung"), so wird sie beim Entwickeln schwarz, bei zu schwacher Belichtung („Unterbelichtung") entstehen dagegen nur flaue, undeutliche Bilder. Im allgemeinen ist – wenn es schon nicht ohne Fehler abgeht – Überbelichtung immer noch besser als Unterbelichtung. Die Dauer der Belichtung (= Belichtungszeit, das ist die Zeit, in der Licht von dem zu photographierenden Gegenstand auf den Film fallen kann) schwankt zwischen kleinen Sekundenbruchteilen und vielen Sekunden (bei Sternaufnahmen kann sogar stundenlang belichtet werden). Man ermittelt sie mit Hilfe von Belichtungstabellen oder Belichtungsmessern, die in allen Photogeschäften erhältlich sind. Die Belichtungszeit muß bei enger Blende länger sein als bei weiter, im Zimmer länger als im Freien, im Winter länger als im Sommer, am Abend länger als am Mittag, in Skandi-

Schwarzweiß-Photographie

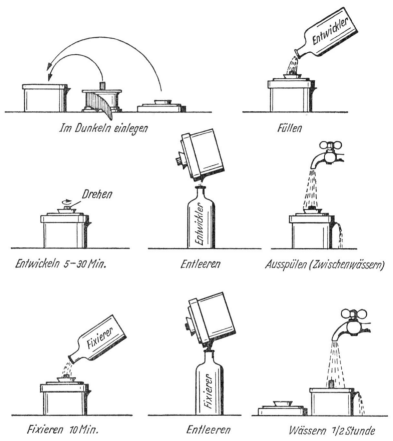

Bild 23. Negativprozeß mit einer Tageslicht-Entwicklungsdose (nach R. Wollmann, Das Fotowerkbuch)

navien länger als in Afrika, in der Ebene länger als im Hochgebirge usw. Durch Anwendung des Elektronenblitzes ist das „Belichtungszeitproblem" wesentlich vereinfacht worden. Bei vielen Photoapparaten wird der vom eingebauten Belichtungsmesser ermittelte Wert direkt auf den Verschluß übertragen.

Nach der Aufnahme folgt die E n t w i c k l u n g des Films. Die für den Amateur erhältlichen Entwicklungsdosen ermöglichen einen einfachen Negativprozeß. Sie enthalten eine Trommel mit spiraligen Nuten, in die der Film im Dunkeln eingeschoben wird. Dann wird die Trommel in die Dose gelegt und der Deckel aufgesetzt. Dadurch ist die Dose lichtdicht verschlossen. Alle weiteren Manipulationen können jetzt bei Tageslicht vor sich gehen. In *Bild 23* ist der ganze Negativprozeß dargestellt, der aus Entwickeln, Fixieren und Wässern besteht. Als Entwickler verwenden wir „Metol-Hydrochinon" (Agfa), „Ultrafin" (Tetenal), „Rodinal-Feinkorn-Entwickler" (Agfa) u. a. und verdünnen vor Gebrauch mit der angegebenen Menge Wasser. Achtung! Entwicklerflüssigkeit nicht an die Kleider bringen, es entstehen schwer zu beseitigende Flecke! Sollte doch ein „Unglück" passieren, so entfernt man den Entwicklerfleck nach dem auf S. 121 angegebenen Verfahren. Das F i x i e r b a d wird ebenfalls gleich zu Beginn durch Auflösen des käuflichen, sauren Fixiersalzes in der entsprechenden Menge Wasser hergestellt. Die Temperatur des Entwicklers und Fixierbades soll 18° C betragen. Nun füllen wir die Dose mit dem eingelegten Film mit Wasser, drehen die Trommel einige Male und gießen das Wasser nach zwei Minuten wieder aus. Dadurch wird verhindert, daß sich beim Entwickeln Luftblasen bilden. Dann wird der Entwickler eingefüllt. (Entwicklungszeit nach Gebrauchsanweisung, bei „Rodinal-Entwickler" 14 Minuten!) Nach kurzem Wässern wird die Fixierlösung eingefüllt. Fixierdauer 10—15 Minuten. Dann kann die Dose geöffnet werden. Der Film ist aber damit noch nicht „fertig"; er muß noch eine halbe Stunde lang in fließendem Wasser gewässert werden. Zum Trocknen wird der Film mit einer Klammer an einer Schnur aufgehängt und das freie Ende mit einer zweiten Klammer beschwert, damit er sich nicht einrollen kann. Das Trocknen soll an einem möglichst staubfreien Ort geschehen. Da auf den entwickelten Filmen alles Helle dunkel und alles Dunkle hell aussieht, bezeichnet man sie als Negative.

Bei der Filmentwicklung in Dosen werden alle Bilder eines Films gleich lang entwickelt, so daß man einzelne vermutlich unterbelichtete Aufnahmen nicht durch entsprechend längere Entwicklung korrigieren kann. Einzelne Platten oder Planfilme werden in Schalen aus Glas oder Kunststoff entwickelt, wobei die einzelnen Phasen, das Entwickeln, Fixieren und Wässern, genauso verlaufen wie bei der Dosenentwicklung. Nur ist für jeden dieser Prozesse eine eigene Schale mit entsprechenden Chemikalien bereitzustellen. Bei orthochromatischen Platten, die für Rot nicht empfindlich sind, kann das Entwickeln bei dunkelrotem Licht unter Kontrolle vorgenommen werden.

Mit den trockenen Filmen lassen sich nun leicht die eigentlichen Photographien oder P o s i t i v e herstellen. Wir arbeiten in wesentlich hellerem, gelbem Licht (elektrische Birnen dieser Art sind ebenfalls in Photogeschäften zu haben); denn die Photopapiere sind lange

Schwarzweiß-Photographie

nicht so lichtempfindlich wie die Platten. Im Kopierrahmen wird der Film und ein Kopierpapier (Kopierpapiere sind käufliche, mit einer Bromsilber-Gelatineschicht bedeckte Papiere, aus denen nachher die Photos werden) so aufeinandergelegt, daß Schicht auf Schicht fällt. Die Schichtseite der Kopierpapiere ist leicht zu erkennen, weil auf der Rückseite meist die Firmenbezeichnungen eingedruckt sind. Dann wird der Kopierrahmen im Abstand von 30 bis 40 Zentimeter einige Sekunden lang ans elektrische Licht gehalten (die den Papierpackungen beigegebenen Vorschriften beachten!), das Papier in gelbem Licht herausgenommen, in den Entwickler gelegt (das ganze Papier muß im Entwickler untertauchen), bis das nunmehr naturgetreue „positive" Bild am besten gefällt (Entwicklungsdauer normalerweise etwa 2 Minuten), dann sofort herausgenommen, rasch mit Wasser abgespült und 10–15 Minuten ins Fixierbad gelegt. Nach dieser Zeit dürfte die „Fixierung" beendigt sein (genaue Anhaltspunkte hierfür gibt es nicht); wir nehmen das Bild (auch Abzug, Positiv oder Kopie genannt) heraus, wässern eine halbe Stunde in fließendem Wasser und trocknen es auf Papier. Nach dem vollständigen Trocknen kann man die Photos in Büchern pressen. Von einer einzigen Platte und Film lassen sich nach diesem Verfahren Hunderte von Bildern herstellen.

V e r g r ö ß e r n. Aufnahmen auf Kleinbildfilmen (24×24, 24×36 mm) erfordern eine Vergrößerung auf wenigstens das Dreifache. Man benötigt neben einem Vergrößerungsgerät noch drei Schalen für Entwickler, Fixierbad und Wässerung und das empfindlichere Bromsilberpapier. Beim Selbstvergrößern kann man den günstigsten Bildausschnitt prüfen, Unwichtiges zurückhalten und so das Beste aus einer Aufnahme herausholen.

D i a p o s i t i v e. In Lichtbildervorträgen werden oft Glasbilder gezeigt, bei denen sich nicht, wie im obigen Fall das Negativ, sondern das positive, richtige Bild auf einer Glasplatte befindet. Wir können uns solche „Diapositive" leicht selber herstellen. Man braucht dabei nur in den Kopierrahmen an Stelle des Kopierpapiers eine Diaplatte oder Diafilm (in Photogeschäften erhältlich, sie sind etwa so teuer wie gewöhnliche Platten und haben ungefähr die gleiche Lichtempfindlichkeit wie die Kopierpapiere) auf das Negativ zu legen und sie genauso wie Kopierpapier zu behandeln. In der Amateurphotographie hat die Anwendung von Dias besonders durch die Einführung der Farbdias einen starken Aufschwung erlebt.

B. Chemie der Schwarzweiß-Photographie

1. D a s E n t w i c k e l n. Von vornherein sei bemerkt, daß die chemischen Vorgänge beim Entwickeln von Platten, Filmen, Kopierpapieren und Diapositivplatten grundsätzlich die gleichen sind. Unser Entwickler vom obigen Beispiel wird z. B. von der Tetenal, der

Agfa u. a. unter dem Namen Metol-Hydrochinon als farblose Lösung in braunen Flaschen verkauft. Er enthält Metol, Hydrochinon (beides reduzierende, komplizierte Benzolabkömmlinge), viel Natriumsulfit (Na_2SO_3), Pottasche (K_2CO_3) und wenig Kaliumbromid (KBr).

Versuch: Wir erwärmen einige Tropfen Entwicklerflüssigkeit auf einer Glasplatte; es bleibt eine weiße Kruste zurück. Diese färbt die Flamme gelb (Na!), durch das Kobaltglas karminrot (K!); nach Zusatz von verdünnter Salzsäure entwickelt sich aus dem Natriumsulfit unter Aufschäumen stechend riechendes Schwefeldioxid (Gleichung: $Na_2SO_3 + 2\,HCl \rightarrow 2\,NaCl + H_2O + SO_2$). Gieße im Probierglas zu 2–3 Kubikzentimetern Metol-Hydrochinonentwickler etwas Salzsäure (Aufbrausen, stechender Schwefeldioxidgeruch) und weise nach S. 28 in den entweichenden Gasen Kohlendioxid nach.

Versuch: Wir lassen etwas Metol-Hydrochinonlösung an der offenen Luft in einer flachen Schale stehen. Nach einigen Stunden ist der Entwickler braun geworden. Ähnliche Färbungen beobachten wir auch an älteren Entwicklern oder an Flecken, die von frischen oder älteren Entwicklern herrühren. Erklärung: Metol-Hydrochinon wirkt reduzierend, d. h., es zieht Sauerstoff an sich und färbt sich dabei braun. Ähnliche Oxidationen und Braunfärbungen zeigen auch die dem Hydrochinon, $C_6H_4(OH)_2$, verwandten Stoffe, so z. B. Resorcin und besonders das Pyrogallol, $C_6H_3(OH)_3$. Da der Entwickler durch die Oxidation und Bräunung allmählich unwirksam wird, ist es nötig, ihn nach Gebrauch wieder in eine Flasche zu füllen (so daß nicht viel leerer Raum über der Flüssigkeit übrigbleibt) und gut zu verschließen. Um die Oxidation des Entwicklers durch Luftsauerstoff zu verzögern, wird ihm viel Natriumsulfit (Na_2SO_3) beigemischt; dieses reißt den meisten Luftsauerstoff an sich und wird dabei zu Natriumsulfat, Na_2SO_4. Wie der Entwickler auf die Photoplatte wirkt, zeigt folgender

Versuch: Wir lösen im Probierglas einige Körnchen Kaliumbromid (= KBr) in destilliertem Wasser auf und gießen etwas Silbernitratlösung dazu. Sofort entsteht ein dicker, weißer Niederschlag von Silberbromid (Gleichung: $AgNO_3 + KBr \rightarrow AgBr + KNO_3$), das sich ja auch auf den Photoplatten und -papieren findet. Wir teilen den Probierglasinhalt in zwei Hälften. Zur ersten geben wir etwas Entwicklerflüssigkeit: der Inhalt wird langsam grau, schließlich nach einigen Minuten schwarz. Die zweite Hälfte stellen wir in die Sonne, wo sie nach wesentlich längerer Zeit ebenfalls nachdunkelt. Hier hat das Übermaß von Licht die Spaltung des Silberbromids in dunkles Silber und Brom von selbst bewirkt: im ersten Falle ist die Spaltung durch das kurz einwirkende, spärliche Zimmerlicht sozusagen nur angedeutet worden, dagegen vervollständigte und beschleunigte der Entwickler diesen Vorgang in starkem Maße. Es ist zu bemerken, daß es sich hier in Wirklichkeit um recht verwickelte, noch nicht endgültig geklärte Vorgänge handelt, daß wir uns aber vorläufig mit diesen vereinfachenden Vorstellungen begnügen können. Auf den Filmen, Papieren und im obigen Probierglasversuch wirkt der Entwickler etwa nach folgender Gleichung: $2\,AgBr + \text{Entw.} + 2\,KOH \rightarrow 2\,Ag + 2\,KBr + (\text{Entw.} + O) + H_2O$, das heißt, das vom Licht getroffene Silberbromid wird mit Hilfe des Entwicklers in dunkles, feinverteiltes Silber verwandelt. Wie wirkt die konzentrierte Lösung eines Vitamin-C-Präparates (Cantan, Cebion, Redoxon und dergleichen) auf eine Silberbromidaufschwemmung? Vitamin C wirkt in frischem Zustand ebenfalls stark reduzierend. Wir tauchen einen Glasstab in den unverdünnten Entwickler und zeichnen auf ein neues Photopapier, das wir eben der Verpackung entnommen haben, irgendeine Figur. Nach kurzer

Zeit werden die vom Entwickler bestrichenen Stellen hellgrau, dann dunkelgrau und schließlich schwarz; diese Dunkelfärbung rührt von ausgeschiedenem Silber her. Gießen wir einige Tropfen Salpetersäure auf das Papier, so beobachtet man an den betreffenden Stellen nach etwa einer Stunde eine deutliche Gelbfärbung (Xanthoprotein-Reaktion des Gelatine-Eiweißes mit Salpetersäure, s. S. 175).

Bei der Betrachtung einer Photographie sehen wir lediglich Silber in verschieden starker Anhäufung; wir können dieses Silber aus einem wertlosen Negativ oder aus einer Photographie mit einem Tropfen Salpetersäure bequem herauslösen; die betreffende Stelle wird dann durchsichtig bzw. weiß. Je mehr Licht eine bestimmte Stelle der Platte oder des Kopierpapiers erhält, um so dunkler färbt sie sich nachher unter dem Einfluß des Entwicklers. Stellen, die vom Licht überhaupt nicht getroffen wurden, bleiben auch im Entwickler weiß. Wollte man ein Negativ oder ein Lichtbild nach dem Entwickeln gleich im Sonnenlicht betrachten, so würde es langsam schwarz, da beim Entwickeln nur etwa ein Viertel des Silberbromids zersetzt wurde und dieses in viel Licht nachdunkelt, wie wir schon beim obigen Probierglasversuch sahen. Aus diesem Grunde ist es notwendig, das vom Entwickler nicht angegriffene, weiße, unbelichtete Silberbromid nach dem Entwickeln sowohl bei den Platten als auch bei den Filmen, Abzügen und Diapositiven zu entfernen. Diese Tätigkeit nennt man **Fixieren**, weil erst hernach das Bild fertig und unveränderlich ist.

2. Das Fixieren. Bevor die Filme oder Papiere ins Fixierbad kommen, müssen sie gut abgespült werden, da Entwickler und Fixiersalz sich wechselseitig zerstören bzw. beim Zusammenkommen schwere Schädigungen auf den Filmen hervorrufen können. Das Fixierbad ist fast immer eine Lösung von Natriumthiosulfat, dem Natriumhydrogensulfit ($NaHSO_3$) beigemischt wurde. Seine Reaktionen und seine Wirkung auf Silberbromid zeigt der folgende Versuch.

Versuch: Wir lösen eine etwa bohnengroße Menge von dem weißen, sauren Fixiersalz (z. B. von Agfa usw.) in einem halben Probierglas voll Wasser. Zu einem Teil dieser klaren, farblosen Lösung geben wir etwas konzentrierte Salzsäure. Nach kurzem Warten entsteht eine starke, milchige Trübung von feinem ausgeschiedenem Schwefel; gleichzeitig nimmt man starken Schwefeldioxidgeruch wahr. Erklärung: Der Hauptbestandteil des Fixiersalzes ist Natriumthiosulfat $Na_2S_2O_3$, das mit Salzsäure nach folgender Gleichung reagiert: $Na_2S_2O_3 + 2 HCl \rightarrow 2 NaCl + H_2O + S + SO_2$. Man kann sich ein saures Fixierbad durch Auflösen von 200 Gramm Natriumthiosulfat und 15 Gramm Natriumhydrogensulfit (bewirkt saure Reaktion) leicht selbst ansetzen.

Wir stellen, wie im obigen Versuch, einen Niederschlag von Silberbromid her und geben im Probierglas etwas gelöstes, käufliches Fixiersalz dazu. Der Niederschlag verschwindet fast augenblicklich. Bei den Filmen geht die Auflösung des Silberbromids natürlich wesentlich langsamer vonstatten, da hier die Gelatineschicht hemmend wirkt. Im obigen Probierglasversuch sowohl, als auch beim Fixieren von Filmen, spielen sich folgende Reaktionen ab: $2 AgBr + Na_2S_2O_3 \rightarrow Ag_2S_2O_3 + 2 NaBr$. Das weiße Silberthiosulfat verbindet sich mit weiterem Natriumthiosulfat zu einem Komplexsalz von der Formel $Na_3[Ag(S_2O_3)_2]$. Sobald man auf der Rückseite des Films keine weißen Schleier mehr sieht, ist dieser Vorgang abgeschlossen. Läßt man den Film noch länger im Fixierbad, so bildet sich das Komplexsalz $Na_5[Ag(S_2O_3)_3]$ (nach Schmitz-Dumont). Dieses ist wesentlich besser löslich als das vorige, es wandert deshalb leichter aus der Gelatine heraus. Es empfiehlt sich aus diesem Grunde, die Filme nochmals so viele Minuten im Fixierbad zu lassen, als zur Entfernung der weißen Flecke auf der Rückseite nötig waren. Wird dies unterlassen, so kann die Schicht selbst nach ausgiebigem Wässern von zersetzlichem Natriumthiosulfat und von nicht herausgelösten Silbersalzen im Lauf der Jahre gebräunt werden und verderben. Es ist zweckmäßig, das verhältnismäßig billige Fixiersalz nicht zu weit auszunützen; in einem Liter saurem Fixierbad sollen nicht mehr als 50 Platten vom Format 9×12 oder 8–10 Rollfilme B II 8 (Achterspulen 6×9) bzw. Kleinbildfilme oder 200 Kopien 6×9 oder 60 Vergrößerungen 13×18 fixiert werden. Das Fixierbad ist erschöpft, wenn ein Tropfen auf einem Fließpapier in der Sonne braun wird. Aus alten Fixierbädern kann man durch Einlegen von Zinkblech etwas Silber gewinnen. Taucht man eine blanke Kupfermünze oder eine Stahlfeder in ausgebrauchtes Fixierbad, so überzieht sie sich mit einer Silberhaut.

3. D a s W ä s s e r n. Das Wässern hat den Zweck, das oben erwähnte Doppelsalz und das einfache Fixiersalz aus der Gelatineschicht herauszulösen, da sonst im Laufe der Zeit eine Vergilbung auftreten könnte. Diese ist auf Schwefelabscheidung des Natriumthiosulfats zurückzuführen (Gleichung $Na_2S_2O_3 \rightarrow Na_2SO_3 + S$). Auf den Filmen und Kopierpapieren werden nun Natriumthiosulfat und Doppelsalz durch die Gelatineschicht zäh und energisch festgehalten, so daß ein längerer Aufenthalt in fließendem Wasser nötig wird.

D a s P o l a r o i d - V e r f a h r e n (Bild 24).
Die aus den USA stammende Polaroid-Land-Kamera liefert im Gegensatz zu den üblichen Kameras – g l e i c h nach der Aufnahme ein bereits fertiges Papierbild. In die Kamera wird eine Doppelrolle, die Negativ- und Positivpapier enthält, eingesetzt. Das Negativ-Material besitzt eine Schicht mit Silberbromid wie die üblichen Filme. Durch die Belichtung entsteht darauf ein latentes Bild. Nach der Aufnahme zieht man an einem Papierstreifen und bringt dadurch den belichteten Film in die „Entwicklungskammer". Gleichzeitig wird von der Positiv-Rolle ein Stück Papier abgespult (Bild 24). Durch den zwischen zwei Walzen wirkenden Druck öffnet sich eine Kapsel mit Entwicklerpaste, die gleichmäßig verteilt wird. In der üblichen Weise entsteht ein Negativ: stark belichtete Stellen zeigen viel metallisches Silber, an den anderen bleibt viel Silberbromid. Dann löst Natriumthiosulfat das Silberbromid heraus. Neu ist nun der Werdegang des positiven Bildes. Das entstandene Silberthiosulfat reagiert mit dem Positivpapier, das mit Metallsulfid dünn überzogen ist, unter Bildung von Silbersulfid. Dieses ausgeschiedene Silbersulfid wird durch die restliche Entwicklerpaste sofort in elementares Silber umgewandelt, und so bekommen wir ein positives Bild. Durch Katalysatoren wird die Reduktion des Silbersulfids an allen Stellen hervorgerufen, die den unbelichteten Körnern des Negativ-Papiers gegenüberliegen. Das der Kamera entnommene Bild wird mit einem Schwämmchen abgerieben,

Farbenphotographie

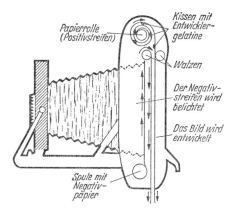

Bild 24. Arbeitsweise der Polaroid-Land-Kamera (nach Soest, Handbuch der Schulphotographie)

um die letzten Entwicklungsreste zu beseitigen. Mit der Polaroid-Kamera erhält man Kontaktabzüge in den Größen 6 cm × 8 cm, 8,5 cm × 10,5 cm. Das Polaroid-System ist noch weitgehend durch Filmpackkassetten 9 × 12 cm mit Negativfilm Type 55 PN, Infrarotfilm Typ 413 und den Polacolorfilm ausgebaut worden.

F a r b e n p h o t o g r a p h i e.
Zunächst haben wir zwei ganz verschiedene Verfahren zu unterscheiden: das Farbumkehrverfahren und das Farbnegativverfahren. F a r b u m k e h r f i l m e liefern für jede Aufnahme mit einer Umkehrentwicklung e i n Farbdia. Beim F a r b n e g a t i v f i l m entsteht zunächst ein Negativ in komplementären Farben und umgekehrten Tonwerten, von dem man Papierbilder jeder Größe und Zahl, Farbdias und auch Schwarzweißbilder herstellen oder herstellen lassen kann. Das Farbnegativ erlaubt eine individuelle Abstimmung des farbigen Bildes, ein Umkehrfilm jedoch nur in ganz geringem Maße. Dem Amateur, der mit Farbaufnahmen nicht viel Arbeit haben möchte, ist der Umkehrfilm zu empfehlen, während der gestaltende Farbphotoamateur, der seine Farbphotos selbst ausarbeitet, zum Negativfilm greift. Der Aufbau beider Farbfilmtypen und des Colorpapiers ist ziemlich ähnlich *(Bild 25)*. Um aus dem Farbmotiv zunächst die Anteile der drei Grundfarben zu gewinnen, aus denen das farbige Bild sich zusammensetzt — es handelt sich um Gelb, Purpurrot und Blaugrün —, besitzt der Farbfilm 3 übereinanderliegende Schichten von je 3/1000 bis 4/1000 mm Dicke mit verschiedenen Farbempfindlichkeiten. In den einzelnen Schichten finden sich neben den Sensibilisatoren und Silberbromid vor allem die Farbkuppler, z. B. Derivate der Acetessigsäure (geben mit Entwickler durch Kupplung gelbe Farbstoffe), Pyrazolone, Benzylcyanid u. a. (geben purpurrote Azomethanfarbstoffe), Naphthole (liefern beim Entwickeln blaugrüne Indoaniline).

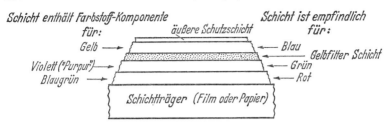

Bild 25. Querschnitt durch Agfacolor-Papier und -Negativfilm

Bei dem Agfa-Negativ-Positiv-Verfahren geht die Arbeit in der Dunkelkammer in folgenden Stufen vonstatten:

1. Farbenentwicklung, wobei neben den Farbstoffen auch Silber entsteht. Farbstoffe bilden sich nach folgendem Schema:

$$4\,AgBr + {}^{x}_{y}\!\!>\!\!CH_2 + H_2N\text{-}\langle\bigcirc\rangle\text{-}N\!<^{R}_{R}$$

$$\rightarrow 4\,Ag + \; + {}^{x}_{y}\!\!>\!\!C=N\text{-}\langle\bigcirc\rangle\text{-}N\!<^{R}_{R} + 4\,HBr$$

Silberbromid + Farbkuppler + Entwickler → Farbstoff

2. Ausbleichen des Silbers mit Kaliumhexacyanoferrat(III), $K_3[Fe(CN)_6]$.
3. Herauslösen der gesamten Silberbromidverbindung mit Thiosulfat (Fixieren). Stufe 2 und 3 können in einem Arbeitsgang (Bleichfixierbad) zusammengefaßt werden.

Nach dieser Verarbeitung haben wir ein negatives, komplementäres Farbbild, in dem die Oberschicht gelb, die Mittelschicht purpurn und die Unterschicht blaugrün gefärbt ist.

Von diesen Negativen können dann farbige Originalkopien oder Vergrößerungen auf Colorpapier angefertigt werden.

Die Empfindlichkeit der Farbnegativfilme liegt bei 17 bis 20 DIN, die der Farbumkehrfilme zwischen 15 und 23 DIN.

Seit 1. 3. 1958 ist das Agfacolor-Negativ-Positiv-Verfahren für Amateure freigegeben. Die benötigten Chemikalien werden vom Photohandel geliefert; eine Anleitung zum erfolgreichen Arbeiten bringt die Agfacolor-Fibel.

Phototrope Brillengläser. Photochemische Reaktionen finden eine Anwendung in den neuen Brillengläsern, deren Tönung sich nach den jeweiligen Lichtverhältnissen richtet. Bei mäßigem Tageslicht ist das

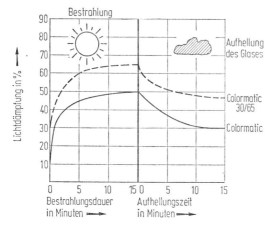

Bild 26. Verdunkelung und Aufhellung von phototropen Brillengläsern

Glas nahezu farblos. Im Sonnenlicht verdunkelt sich das Glas selbsttätig. Diese automatische Reaktion der Colormatic- und Umbramatic-Gläser (Rodenstock und Carl Zeiss) unterstützt die natürliche Helligkeitsanpassung der Augen.

Die Gläser bestehen aus Silicatglas mit hohem Kieselsäuregehalt (35%/o bis 76%/o) und eingearbeiteten, winzigen, lichtempfindlichen Silberhalogenidsalzen in Form von Mischkristallen des Systems AgCl-AgBr-0,5 AgJ und AgJ-AgBr-0,5 AgJ. Die Schwärzung des Glases beruht wie bei Filmen auf der Ausscheidung von Silber unter der Einwirkung der Photonen: $Br^- + h \cdot \nu \rightarrow Br + e^-$; $Ag^+ + e^- \rightarrow Ag$.

Der Schwärzungszustand des Glases ist labil, weil im Glas — im Gegensatz zum Film — die entstandenen Halogene nicht wegdiffundieren können. Geht die photochemische Anregung zurück, dann kehrt das Silber in den ursprünglichen Bindungszustand des Halogenids zurück. Aus Bild 26 geht hervor, wie lange es dauert, bis die volle Schwärzung des Glases erreicht wird und wieder abklingt. Die Aufhellung dauert nach Bild 26 einige Minuten. Der Autofahrer, der aus der Sonne kommt und in einen schwach beleuchteten Tunnel fährt, muß also die phototrope Brille abnehmen. Das Colormatic-Glas gibt es auch mit erhöhter Lichtdämpfung unter der Bezeichnung Colormatic 30/65, die durch eine zusätzliche lichtabsorbierende Schicht erreicht wird.

Pottasche (Kaliumcarbonat). Weiße, körnige Masse, die an der Luft Wasser anzieht. Formel: K_2CO_3. Nachweis des Kaliums und der CO_3-Gruppe nach S. 18 und 28. Verwendung: Photographie, Backpulver, zur Herstellung von Ätzkali, in der Bleicherei, Färberei u. dgl. Früher sammelten die Hausfrauen die Holzasche in großen Töpfen (Pötte) und gaben Wasser dazu, das die Pottasche auflöste. Die alkalisch reagierende Flüssigkeit wurde zum Waschen benutzt. Stelle aus Zigarrenasche nach obigem Verfahren Pottasche her.

Propan, Flüssiggas, Erdgas. Das Propan ist ein Kohlenwasserstoff von der Formel $CH_3-CH_2-CH_3$. Propan ist ein farbloses, geruchfreies, ungiftiges Gas, das bei $-190°$ erstarrt und bei $-45°$ schmilzt. Es fällt gegenwärtig in großen Mengen bei der Erdölraffination und bei der Zerlegung von Koksofengasen an. Bei Anwesenheit von Sauerstoff verbrennt es zu Kohlendioxid und Wasserdampf. Dabei entsteht viel Wärme; ein Kilogramm Propan gibt 46 930 kJ, das entspricht etwa dem Heizwert von 3,14 Kubikmeter Leuchtgas. Ein Kubikmeter Propan wiegt bei $0°$ C und 1013 mbar Druck rund 1,8 kg; 1 Liter des verflüssigten Propans dagegen 0,511 kg. Propan ist feuergefährlicher als Benzin; Gemische aus Luft und 2,1 bis 9,5% Propan sind explosiv. Das Propan läßt sich schon durch verhältnismäßig niedere Drücke verflüssigen und in Stahlflaschen pressen. Verschiedene Werke im Ruhrgebiet stellen gegenwärtig in großem Umfang Flaschengas her. Zusammensetzung: zumeist etwa 80% Propan, Rest hauptsächlich Butan (C_4H_{10}), etwas Äthan, Äthylen, Propylen, Butylen und dgl. Alle diese Kohlenwasserstoffe haben ähnliche Heizkraft. Vor einigen Jahren wurden große Vorkommen von Erdgas (Naturgas) in Deutschland und Holland entdeckt. Man schätzt die Vorräte in Holland auf 2 010 Milliarden m³, die in der Bundesrepublik auf 290 Milliarden m³. Im Jahre 1970 wurden bereits 9,8 Milliarden m³ in der BRD gefördert. Zusammensetzung: 81,8% CH_4, 3,37% andere Kohlenwasserstoffe, 14% N_2, 0,77% CO_2, 0,06% He. Das Erdgas ist ungiftig (ohne Kohlenmonoxid) und hat einen fast doppelt so hohen Heizwert wie das Kokereigas 35 200 kJ/m³ gegenüber 19 280 kJ/m³). Erdgas benötigt bei der Verbrennung die doppelte Luftmenge, deshalb sind entsprechende Umstellungen an den Gasgeräten erforderlich. Der Zündbereich und damit auch der Explosionsbereich ist bei Erdgas nur halb so groß wie bei Kokereigas. Bei Erdgas besteht daher geringere Explosionsgefahr. Dem geruchlosen Erdgas wird Tetrahydrothiophen als Geruchsstoff zugesetzt. Dadurch kann man leicht feststellen, wo Gas unbemerkt ausströmt.

Rasiersteine sind rechteckige, eisartig aussehende Stücke von geschmolzenem Alaun mit geringen Beimengungen von Glycerin, Wasser, Menthol u. ä. Betupft man verletzte Hautstellen einige Zeit mit dem Rasierstein, so hört das Bluten auf, da Alaun Bluteiweiß zum Gerinnen bringt.

V e r s u c h : Löse ein Stück Rasierstein in heißem Wasser auf und lasse das Wasser langsam verdunsten – Kristallbildung! Bringe eine Spur Rasierstein in die Flamme und beobachte durch das Kobaltglas! Karminrote Färbung zeigt Kalium an. Mit einem Papierstreifen weist man nach S. 20 Aluminium nach. In etwas aufgelöstem Rasierstein wird nach S. 26 f. mit Bariumchlorid die SO_4-Gruppe festgestellt. Alaun, der Hauptbestandteil des Rasiersteins, hat die Formel $KAl(SO_4)_2 \cdot 12 H_2O$. Daß Alaun auch Eiweiß zum Gerinnen bringt, zeigt folgen-

Reinigungsmittel

des Experiment: Wir schlagen ein frisches Hühnerei auf und lassen das gallertartige Eiweiß in ein Gefäß fließen. Bei Zusatz einer Alaunlösung (Umschütteln!) gerinnt es zu einer weißen Masse zusammen. Wird der Rasierstein gegen kleine Wunden gedrückt, so gerinnt das Eiweiß des Blutes ebenfalls und erzeugt damit einen wirksamen Wundverschluß.

Reinigungsmittel (siehe auch „Reinigungsverfahren" und „Fleckenreinigung"). Reinigungs- oder Putzmittel werden in Drogerien, Kaufhäusern usw. in steigendem Umfang für die verschiedensten Zwecke verkauft. Man unterscheidet dabei:

1. **Reinigungsmittel in Pulverform.** Zur Reinigung von Metallen verwendet man häufig Pulver aus Schlämmkreide, Eisenoxid, Kieselgur und dergleichen. Für Messing empfiehlt sich z. B. folgende Mischung: 2 Teile Kieselgur, 1 Teil Weinsäure, 1 Teil Schlämmkreide und 1 Teil Eisenoxid (Pariserrot). Beim Putzen von Fensterscheiben leistet eine Mischung von 2 Teilen Schlämmkreide, 2 Teilen weißem Ton und einem Teil Kieselgur gute Dienste. Zum Reinigen von Gegenständen aus Metall, Glas, Marmor, Holz, Stein und Porzellan kann man auch „Ata", „Vim" oder ähnliche Putzpulver verwenden. Viele moderne Scheuerpulver sind aus feingemahlenem Sand, etwas schaumbildender, waschaktiver Substanz (Alkylarylsulfonat) und Phosphat zusammengesetzt. Das Universalreinigungsmittel „Imi" enthält Trinatriumphosphat[1] (Na_3PO_4), organische, schaumbildende Substanz, Soda und Wasserglas. Weise in „Imi" Natrium (S. 17), Phosphate (S. 29) und Carbonate (S. 28) nach. Beim Phosphatnachweis ist zu beachten, daß „Imi" reichlich Soda enthält, welches die Salpetersäure des Ammoniummolybdats rasch neutralisiert (Aufschäumen), daher wenig „Imi" und viel Ammoniummolybdat verwenden. „Imi" reagiert stark alkalisch. Die Schaumbildung und Verkohlung einer kleinen „Imi"-Probe (Verbrennungsgeruch) lassen auf organische Substanz (Seife?, synthetische Waschrohstoffe?) schließen. Die Wirkungsweise dieser Reinigungsmittel lernen wir in folgenden Versuchen kennen:

In zwei Probiergläser bringen wir je eine Messerspitze „Imi"-Pulver. Dann füllen wir das erste mit destilliertem, das zweite dagegen mit gewöhnlichem Leitungswasser, schütteln um und erhitzen beide. Im ersten Probierglas löst sich das Pulver beim Erwärmen klar auf, im zweiten entstehen dagegen viele weiße Flöckchen, die allmählich nach unten sinken. Die Flocken bestehen aus unlöslichem Calciumphosphat, das sich aus dem Natriumphosphat des „Imi" und dem gelösten Kalk bzw. Gips des Wassers bildet. Gießt man den klaren Inhalt von Probier-

---

[1] Trinatriumphosphat wirkt durch Abspaltung von verdünnter Natronlauge emulgierend auf fettige und ölige Verunreinigungen ($Na_3PO_4 + H_2O \rightarrow Na_2HPO_4 + NaOH$). Daher wurde das teure Phosphat im 2. Weltkrieg öfters durch billigere und häufigere alkalische Stoffe (z. B. durch ein Gemisch aus 90 Teilen wasserfreier Soda, 9 Teilen Metasilicat und 1 Teil Ätznatron) ersetzt. In neuerer Zeit finden neben Trinatriumphosphat noch zahlreiche weitere Phosphate (Metaphosphate, Pyrophosphate, Polyphosphate, Komplexphosphate usw.) in Reinigungsmitteln und Waschmitteln Verwendung. Sie wirken wasserenthärtend, eisenbindend, netzend und emulgierend.

glas I in hartes Leitungswasser, so entsteht ebenfalls eine Trübung aus Calciumphosphaten.

Geben wir zum zweiten Probierglas etwas Seifenwasser, so bildet sich nach dem Umschütteln viel rascher Schaum als beim gewöhnlichen, nicht mit „Imi" behandelten Leitungswasser. Erklärung: „Imi" hat den im Wasser gelösten Kalk und Gips niedergeschlagen; diese konnten sich deshalb nicht mehr mit der Seife zu nicht schäumender, nicht reinigender Kalkseife verbinden, wie es sonst der Fall ist; vergleiche auch S. 293.

Wir verunreinigen zwei Probiergläser mit Fett bzw. Öl. Das erste wird mit Leitungswasser, das zweite mit Leitungswasser, dem man eine Messerspitze „Imi" beigemischt hat, erhitzt. Nach dem Ausgießen des Wassers hängt an den Wänden des ersten Glases noch viel Fett; das zweite ist fettfrei. Erklärung: Das im „Imi" enthaltene Natriumphosphat emulgiert Fett, das heißt, es verwandelt dieses in kleine, leicht zu entfernende Tröpfchen.

Wir füllen 2 Probiergläser je 5 Zentimeter hoch mit destilliertem Wasser, geben in jedes noch 1-2 Tropfen Oliven- oder Rüböl und dergleichen, fügen zum Probierglas II außerdem noch etwa 1 Kubikzentimeter einer konzentrierten, wässerigen „Imi"-Lösung und schütteln beide Probiergläser etwa 20mal kräftig um. Einige Minuten später betrachten wir die beiden Probiergläser gegen das Licht. Man erkennt dann, daß der Inhalt von II viel dichter und undurchsichtiger aussieht; hier wurde ein erheblicher Teil des Öls durch die emulgierenden Stoffe des „Imi" in eine stabile, leicht abspülbare Emulsion verwandelt. Bringt man einen Tropfen dieser Emulsion auf einer Glasplatte unter das Mikroskop, so sieht man bei etwa 100facher Vergrößerung viele kleine, ziemlich beständige Ölkügelchen, während die Öltröpfchen von Reagenzglas I schnell zusammenfließen und nach oben steigen. Stelle ähnliche Versuche mit dem Universal-Abwasch-, Wasch- und Reinigungsmittel „REI" an. Die zum Abwaschen, Spülen und Reinigen verwendbaren Reinigungsmittel „Imi" und „REI" sind wasserlöslich, dagegen enthalten die nunmehr zu besprechenden Reinigungspulver im engeren Sinne unlösliche, scheuernde Bestandteile.

V i m bleichaktiv (Lever Sunlicht GmbH, Hamburg) reagiert alkalisch. Die Schaumbildung beim Umschütteln mit Wasser weist auf waschaktive synthetische Stoffe hin. Der unlösliche Bodensatz bildet unter dem Mikroskop glasartige Körnchen von verschiedener Gestalt; offenbar handelt es sich hier um sehr fein gemahlenen, scheuernd wirkenden Quarz. Die weiße Trübung, die beim Umschütteln mit Wasser entsteht und zum Teil durch Filter geht, könnte auf Neuburger Kreide (feiner, kalkreicher Ton, der öfters als Putzmittel verwendet wird) hinweisen. Vim wird ähnlich wie Ata und andere Scheuerpulver in Küche und Haus zum Reinigen und Polieren von Töpfen, Pfannen, Messern, Geschirr, Herdplatten usw. verwendet; man stäubt etwas Vim auf einen feuchten Lappen und verreibt diesen auf dem zu reinigenden Gegenstand; am Schluß wird mit Wasser abgespült. Vim bleicht und desinfiziert. Rotes Lackmuspapier wird zunächst gebläut, später langsam entfärbt. Kaliumpermanganatlösung im Probierglas wird rasch von etwas Vim gebleicht. Weise in Vim Carbonat und Phosphat nach.

A j a x (schäumendes Putzmittel mit Halogen-Bleiche) ist ein weißes, chlorartig riechendes Pulver zum Reinigen von Badewannen, Spülbecken und dgl. Bringe in ein Probierglas eine etwa erbsengroße Menge Ajax-Pulver, fülle zur Hälfte mit Wasser und schüttle um! Starke Schaumentwicklung auch bei Anwendung von viel

Reinigungsmittel 210

hartem Wasser oder Säurezusatz (waschaktive Stoffe). Rotes Lackmuspapier wird gebläut. Die milchige Trübung setzt sich allmählich am Boden des Probierglases ab. Eine Spur des Bodensatzes läßt unter dem Mikroskop viele feine Quarzkörnchen („Scheuersand") erkennen.

A t a (extra fein, Hersteller: Henkel, Düsseldorf) ist ein Scheuerpulver, das ähnlich wie Vim verwendet wird. Mit Wasser umgeschüttelt tritt Schaumentwicklung auf (Zusatz von waschaktiven Substanzen). Bei Säurezusatz wird etwas Kohlendioxid frei (Soda). Die alkalische Reaktion weist ebenfalls auf Soda hin. Schüttelt man Ata mit viel Wasser um, so lösen sich die wasserlöslichen Bestandteile auf, und am Boden sammelt sich das unlösliche Scheuerpulver an, das unter dem Mikroskop bei etwa 100facher Vergrößerung ähnlich wie der unlösliche Vim-Rückstand aussieht.

Das G l o b u s - S i l b e r p u t z m i t t e l der Globus-Werke Fritz Schulz jun., Neuburg/Donau, ist ein besonders feines, nicht schrammendes, weißes Putzpulver, mit dem man Gegenstände aus Silber, Gold, Neusilber, Messing, Kupfer, Zinn usw. reinigt. Man gibt ein wenig Globus-Silberputzpulver auf ein mit Wasser oder Spiritus befeuchtetes Läppchen, reibt damit den zu reinigenden Gegenstand ab und putzt mit einem trockenen, weichen Tuch nach. Das Globus-Putzpulver schäumt nicht, es reagiert alkalisch und entwickelt mit Salzsäure etwas Kohlendioxid (geringer Sodazusatz). Beim Umschütteln mit Wasser entsteht eine weiße Milch, aus der sich nur wenig Bodensatz absetzt. Unter dem Mikroskop erscheint dieser Bodensatz feiner als bei den übrigen Putzpulvern.

J u m b o (Siegel-Werke, Köln), das selbsttätige Herdputzmittel, ist ein grauweißes, in Streudosen gehandeltes Pulver; sodafrei (mit Salzsäure keine Gasentwicklung), frei von Schaumstoffen (beim Umschütteln mit Wasser keine Schaumentwicklung), salmiakfrei (mit konzentrierter Natronlauge keine Ammoniakentwicklung). Reaktion deutlich sauer (organische Säure oder saures Salz?). Filtriere eine Aufschwemmung von Jumbo und füge zum klaren Filtrat Kalkwasser (weißer Niederschlag). Untersuche den gröberen, grauen Bodensatz einer Jumbo-Aufschwemmung unter dem Mikroskop bei ca. 100facher Vergrößerung (viele unregelmäßige Quarzkörnchen). Jumbo besteht wohl im wesentlichen aus einem gröberen Sandpulver, aus feinem, weißem, schmutzadsorbierendem Ton und einer rostauflösenden organischen Säure.

d o r - Pulver (Henkel) ist ein hellgrün gefärbtes, leichtlösliches, neutrales Kugelpulver aus Phosphaten und einer Kombination verschiedener synthetischer, waschaktiver Substanzen. Man reinigt damit nach der „Abwischmethode" (verschmutzte Fläche mit Lappen abwischen, der in dor-Lauge getaucht und dann gut ausgerungen wurde, kein Nachwischen oder Trockenreiben) alle Gegenstände, die eine feuchte Behandlung vertragen, so z. B. Glas, Kacheln, Porzellan, Stein, Kunststoffe usw.

A n d y „mit Salmiak" (Lever Sunlicht, Hamburg) ist ein neues Haushaltreinigungsmittel aus Salmiak, Detergentien, Polyphosphaten, Soda und Borax. Das wasserlösliche Pulver wird in das Aufwischwasser gegeben; Nachwischen und Trockenreiben entfallen. Weise nach S. 22 f. Ammonium nach!

Ein Reinigungsmittel zum Geschirrspülen könnte man sich durch Vermischen von 60 Teilen Bimssteinmehl, 30 Teilen Seifenpulver und 10 Teilen Trinatriumphosphat (Na_3PO_4) oder Natriummetaphosphat leicht selbst herstellen.

2. **Putzflüssigkeiten und -cremes.** Die Putzflüssigkeiten werden meist zur Reinigung von Metallen, Kunststoffen, Holz und Glas verwendet. Man schüttelt die Flüssigkeit um (damit sich der unlösliche Bodensatz von Kaolin, feinem Quarzmehl und dergleichen verteilt), bringt ein wenig von der Putzflüssigkeit auf einen trockenen Lappen, reibt den Gegenstand gründlich ab und poliert dann.

Versuche: Halte einen feuchten roten Lackmuspapierstreifen über die Mündung einer **Sidol**flasche (Bläuung, Ammoniakgeruch). Viele Putzflüssigkeiten enthalten Ammoniak, denn in alkalischer Lösung werden die Metalle am wenigsten angegriffen. Das Ammoniak verdunstet nach der Benützung der Putzflüssigkeit. Erhitze eine Probe Sidol auf dem Porzellanscherben. Nach Verdampfung der Flüssigkeit entsteht längere Zeit ein weißer Rauch, ähnlich wie bei der Salmiakvergasung; eine wesentliche Verkohlung des Rückstandes ist nicht festzustellen, also nur wenig organische Substanz. Schüttelt man im Probierglas ca. 5 Kubikzentimeter Sidol mit der gleichen Menge Wasser, so entsteht etwas Schaum (Seife, synthetische Waschrohstoffe?). Die stark milchige Trübung wird von sehr feinem, mild scheuerndem, nicht schrammendem, schmutzabsorbierendem Ton hervorgerufen, der zum Teil als Kolloid vorliegt und daher durch das Filtrierpapier wandert. Organische Lösungsmittel sind nicht in größerem Umfang festzustellen; Sidol ist nicht feuergefährlich und nicht entflammbar. Bei Salzsäurezusatz beobachtet man keine Gasentwicklung, also keine Soda, keine Schlämmkreide. Bei rund 100facher Vergrößerung sieht man unter dem Mikroskop noch keine Sand- oder Quarzkörnchen. (Hersteller: Siegel-Werke, Köln)

Die Reinigungs- und Poliercreme **Centralin** (Hersteller: Centralin-Ges., Mettmann-Rhld.) ist eine grauweiße Tubencreme zur Pflege von Silber, Glas, Gold, Chrom, Nickel, Messing, Kupfer, Aluminium u. dgl. Geruch: ammoniakalisch. Rotes Lackmuspapier wird im Gasraum über Centralin gebläut, ein Salzsäuretropfen am Glasstab gibt weißen Salmiakrauch (Ammoniakreaktion, s. S. 23). Beim Umschütteln einer Centralinprobe mit destilliertem Wasser entsteht kaum Schaum — also keine wesentlichen Mengen von Seife oder waschaktiven Stoffen. Bei Säurezusatz keine CO_2-Entwicklung, also Soda, Natron, Schlämmkreide u. a. Carbonate abwesend. Beim Umschütteln mit Wasser entsteht eine stark milchige Trübung, die z. T. durchs Filter geht (Neuburger Kreide?), z. T. zu Boden sinkt (Scheuerpulver?).

Der Allesreiniger **Meister Proper** (Procter und Gamble) enthält Wirkstoffe, die den Schmutz von abwaschbaren Flächen lösen (anionische und nichtionische Tenside und Phosphate), sowie u. a. Ammoniak, Duftstoffe und Farbstoffe. Bringe in ein Probierglas 2 cm³ des Reinigungsmittels und dazu hartes Wasser.

Der Haushaltsreiniger **Der General** (Henkel) ist für alle abwaschbaren Flächen und Gegenstände aus Glas, Holz, Kunststoff, Stein, Keramik und Emaille geeignet. Prüfe mit dem Universalindikator den pH-Wert. Bringe zu etwas Wachs oder Öl im Probierglas etwas von diesem Putzmittel. Es entsteht eine Emulsion. Das Putzmittel enthält Tenside mit hohem Emulgiervermögen und Bio-Alkohol, der als Lösungsmittel für Öle und Harze dient.

Dor flüssig (Henkel) ist neutral eingestellt. Dadurch werden Gegenstände und Hände geschont.

3. **Putzwatte.** Diese erhält man z. B., wenn man Watte mit Ölsäure und Eisenoxid (Pariserrot) durchtränkt und nach dem Trocknen

wieder auflockert. In ähnlicher Weise erhält man auch Putztücher (Wollstoff verwenden!). Zum Reinigen von Aluminiumgeräten, Linoleumböden, empfindlichen Holzböden usw. kann man auch die feinfädige Stahlwolle verwenden, die durch gute Scheuerwirkung ausgezeichnet ist. Die zylindrischen „Abrazo-Flips" (Abrazo-Aluminium-Reiniger GmbH., Köln a. Rh.) bestehen aus feiner, dichter Stahlwolle mit einem Seifenüberzug. Schüttelt man eine kleine Menge davon im Probierglas mit Wasser, so entsteht Seifenschaum; Reaktion schwach alkalisch; beim Umschütteln mit hartem Wasser milchige Trübung und verzögerte Schaumbildung.

Reinigungsverfahren (s. auch Fleckenreinigung). Die Reinigung von Tuch, Glas, Holz, Metall, Stein usw. kann erfolgen:

1. Auf mechanischem Wege durch Reiben, Schleifen, Bürsten, Feilen, Schaben, Polieren usw.

2. Auf chemischem Wege durch Anwendung chemischer Reinigungsmittel.

3. Durch eine Vereinigung von mechanischen und chemischen Verfahren.

An dieser Stelle wollen wir uns vor allem mit den chemischen Reinigungsmethoden beschäftigen.

R e i n i g u n g v o n T e x t i l i e n. Diese ist im Abschnitt „Wasch- und Bleichmittel" näher ausgeführt.

R e i n i g u n g v o n G l a s.

a) F e t t e u n d Ö l e werden mit Benzin, Schwefelkohlenstoff, Trichloräthylen (Fips) oder Tetrachlorkohlenstoff (Spektrol) herausgelöst. Das Verfahren ist unter Umständen mehrfach zu wiederholen. Oft führt auch längeres Umschütteln mit „Imi"-Lösung, warmem Seifenwasser oder Auskochen mit Natronlauge (Vorsicht! Gefäß vom Gesicht abkehren!) bzw. Sodawasser zum Ziel.

b) V e r k o h l e n d e, zäh am Glas haftende Ü b e r r e s t e entstehen oft, wenn wir z. B. die trockene Destillation von Holz- oder Kohlestückchen im Probierglas vorführen. In diesem Fall gibt man etwas Salpeter ins Glas und erhitzt vorsichtig. Das Probierglas muß natürlich mit dem Probierglashalter angefaßt oder noch besser in ein Stativ gespannt werden. Die Probierglasmündung ist vom Gesicht abzukehren. Bald fängt der Salpeter zu schmelzen an, und die anhaftende Kohle wird unter kleinen Explosionserscheinungen weggebrannt. Durch geschicktes Drehen und Neigen des Glases kann man so den ganzen Kohleüberzug beseitigen. Nach dem Erkalten muß die übrigbleibende weiße Salzkruste noch mit Wasser herausgelöst werden. E r k l ä r u n g: Kalisalpeter und Kaliumchlorat sind starke Oxidationsmittel, das heißt, sie geben sehr viel chemisch gebundenen Sauerstoff ab, der die Kohle – geradeso wie im Schwarzpulver – fast augenblicklich zu Kohlendioxid verbrennt.

c) Kalkwasser, Kalkmilch, Natronlauge und Kalilauge hinterlassen oft weiße Krusten. Diese können mit verdünnten Säuren (z. B. Essig, Salzsäure) leicht entfernt werden. Zwischen Natronlauge und Salzsäure spielt sich dabei folgende Reaktion ab: NaOH + HCl → NaCl + H_2O. Ist die Lauge unter dem Einfluß des Luftkohlendioxids bereits in Soda übergegangen, so ist die Gleichung folgendermaßen zu schreiben: Na_2CO_3 + 2 HCl → 2 NaCl + H_2O + CO_2.

d) Kesselstein ist ein Gemenge von Kalk, Gips, Magnesiumcarbonat, Silicat, Eisenoxid usw. Er entsteht, wenn in einem Gefäß längere Zeit Leitungswasser verdunstet oder verdampft. Kesselstein ist mit verdünnter Salzsäure leicht zu entfernen. Erklärung: Kesselstein besteht hauptsächlich aus Kalk; dieser wird von Salzsäure aufgelöst nach der Gleichung: $CaCO_3$ + 2 HCl → $CaCl_2$ + H_2O + CO_2.

e) Berlinerblau entsteht beim chemischen Nachweis des Eisens. Gießt man die Farbe nach einiger Zeit weg, so haftet an den Glaswänden oft noch etwas Berlinerblau, das sich mit Wasser und verdünnten Säuren kaum entfernen läßt. Hier hilft Natronlauge fast augenblicklich. Erklärung: Berlinerblau ist ziemlich säurebeständig; es wird aber durch Laugen leicht zu Eisenhydroxid usw. zersetzt.

f) Kaliumpermanganat hinterläßt in den Glasgefäßen oft einen schwer zu beseitigenden Überzug von Braunstein. Dies beobachtet man fast regelmäßig bei der Sauerstoffdarstellung aus Kaliumpermanganat und Wasserstoffsuperoxid, bei längerem Aufbewahren von Kaliumpermanganatlösungen oder bei der Chlorgewinnung aus Kaliumpermanganat und Salzsäure. Der Braunsteinüberzug ist spielend zu entfernen, wenn man etwas Salzsäure und Natriumhydrogensulfit auf die verunreinigten Stellen bringt. Statt reinem Natriumhydrogensulfit kann man auch das vom Photographieren her bekannte Fixiersalz nehmen. Erklärung: Vergleiche Seite 143!

g) Beim Phosphatnachweis mit Ammoniummolybdat bleibt am Probierglas oft ein gelber Überzug haften. Dieser ist durch verdünnte Natronlauge leicht zu entfernen.

h) Überzüge von Kupfer(I)-oxid (Cu_2O) entstehen, wenn Traubenzucker mit der Fehlingschen Lösung nachgewiesen wird. In diesem Fall hilft etwas verdünnte Salzsäure. Erklärung: Das unlösliche Kupfer(I)-oxid wird durch die Salzsäure in lösliches Kupferchlorid verwandelt.

i) An der Glaswand haftende Überreste von nichtfettiger, organischer Substanz, wie Stärkekleister, Teig, Milch, Eiweiß usw., zersetzen sich allmählich, wenn man in das Gefäß konzentrierte Schwefelsäure einfüllt (Vorsicht! Zerfrißt Kleider und Haut!) und einige Stunden stehenläßt. Auch eine vorsichtig erwärmte Mischung von konzentrierter Salpetersäure und Wasserstoffperoxid (oder von Salpetersäure und Kaliumchlorat) zerstört viele organische Reste. Vorsicht! Anfängern ist jedoch dringend davon abzuraten. Reste organischer Stoffe lassen sich auch mit den im Haushalt verwendeten Spülmitteln entfernen. Zur Beseitigung von hartnäckigen Verschmutzungen wird das Reinigungsmittel EXTRAN (Merck) empfohlen. Man legt die verschmutzten Gläser einige Tage in eine 1%ige Lösung.

k) Zur Reinigung von Fenstern wird ein Fensterputzpulver empfohlen, das aus 4 Teilen Schlämmkreide, 2 Teilen Kieselgur und 2 Teilen weißem Ton besteht. Die Kieselgur wirkt dabei infolge ihrer Härte stark abscheuernd, die anderen Bestandteile binden die Schmutzteile an sich. Die flüssigen Fensterreinigungsmittel sind meist verdünnte Lösungen von waschaktiven Substanzen (Alkylsulfate oder Alkylarylsulfonate) in verdünntem Alkohol oder Isopropylalkohol.

Reinigen von Metallen. Viele Metalle können rein mechanisch durch scheuernde Pulver (wie Sand, Schmirgel), Scheuerrohre, Stahlwolle, Bälle aus Kupfer- und Zinkspänen, Baumwolltücher mit eingeflochtenen Kupferfäden usw., gereinigt werden. In anderen Fällen empfehlen sich chemische Verfahren, von denen im folgenden einige aufgeführt werden sollen:

a) Reinigung von Gold. Chemisch reines Gold verändert sich nicht; es kann höchstens im Laufe der Zeit oberflächlich beschmutzt werden. Da aber das reine Gold zu weich wäre, um zu Schmucksachen und Gebrauchsgegenständen aller Art verwendet werden zu können, legiert man es mit kleinen Mengen von Silber und Kupfer. Da die letztgenannten Metalle mit Schwefelwasserstoff, Schwefel und manchen festen oder gelösten Schwefelverbindungen allmählich dunkle Verbindungen von Silbersulfid (Ag_2S) bzw. Kupfersulfid (CuS) eingehen, können auch Goldlegierungen im Laufe der Zeit unter dem Einfluß von Chemikalien, menschlichem Schweiß, schädlichen Gasen, Schönheitsmitteln, Badezusätzen, Puder usw. mehr oder weniger stark nachdunkeln. Goldene Ringe, Armbänder usw. sollen aus diesem Grunde beim Waschen, Hantieren mit Speisen, Arzneimitteln usw. stets abgelegt werden. Matt gewordene Goldwaren sind folgendermaßen zu reinigen: Man verrührt 240 g Natron ($NaHCO_3$), 100 g Chlorkalk und 60 g Kochsalz in einem Liter Regen-, Schnee- oder destilliertem Wasser. In dieser erwärmten Mischung werden alle Goldgeräte so lange aufgehängt, bis sie völlig blank sind; hernach spült man sie mehrfach mit einem Wasser ab.

b) Silber. Silber ist besonders vor Schwefel und Schwefelverbindungen zu schützen, da es sich mit denselben zu dunklem Silbersulfid (Ag_2S) verbindet. Werden Silbergeschirre mit Eierspeisen, Fisch u. ä. zusammengebracht, so „laufen sie an", das heißt, es entsteht ein unschöner, gelblicher bis brauner Überzug von Silbersulfid. Versilberte oder silberne Bestecke sollen auch nicht mit weißer Wolle in Berührung kommen, da diese meist mit Schwefelverbindungen gebleicht wurde. Zur Reinigung von Silberwaren eignen sich Salmiakgeist, Zigarrenasche, heiße, konzentrierte Boraxlösungen, 20%ige Fixiernatronlösung, etwa 7%ige wässerige Thioharnstofflösung, 10%ige Schwefelsäure, Silberputzseifen, Delu-Silber-Reinigungspulver und Delu-Silberputztücher (Hans Becker, Bad Honnef).

c) Zinn. Alte Zinnsachen kocht man in Sodawasser und scheuert sie dann mit Schachtelhalmen (= Zinnkraut = Scheuerkraut = Equisetum arvense), die vorher in Sodawasser eingeweicht wurden. Das Zinnkraut enthält im Innern ein feines Gerüst von harter Kieselsäure, welche die vom Sodawasser aufgeweichten Verunreinigungen des Zinns wegreibt. Man kann die Zinngeräte auch mit feinem, weißem Sand abreiben, der mit etwas Essig angefeuchtet wurde; zum Schluß müssen die betreffenden Stellen mit einem trockenen Lappen poliert werden.

d) Messing und Kupfer. Dunkler Kupferrost kann mit Essig oder verdünnter Salz- bzw. Schwefelsäure leicht weggerieben werden – Lappen mit Säure tränken! Mit dunkel gewordenem Pfennigstück ausprobieren! Nachher sind auch die kleinsten Säurereste peinlichst genau zu entfernen, da sonst das Kupfer schnell wieder zu rosten anfängt. Erklärung: Kupferrost (= Kupferoxid) verwandelt sich bei Säurezusatz in wasserlösliche und deshalb leicht abreibbare Salze. Beim Reinigen mit Salzsäure bildet sich z. B. Kupferchlorid nach der Gleichung: $CuO + 2 HCl \rightarrow CuCl_2 + H_2O$.

e) Eisen und Stahl. Rostflecke auf Eisengegenständen entfernt man durch Abreiben mit feinem Schmirgel und etwas Öl unter Anwendung eines Flaschenkorks; bequemer sind die käuflichen Putzpulver und Putzflüssigkeiten.

f) Aluminium. Ein gutes Putzmittel ist die sehr billige, für diesen Zweck besonders hergestellte Stahlwolle (z. B. „Abrazo"). Weiterhin können angewendet werden: Bürsten mit Bronzedrahtbürsten, Scheuern mit Bimssteinpulver, Seife, Schlämmkreide usw., Behandlung mit verdünnter Boraxlösung, der wenig Salmiakgeist beigemischt wurde, vgl. S. 46.

g) Verchromte Gegenstände. Meist genügt Seife und Wasser. Geeignet ist auch ein Gemisch aus 4 Teilen Chromoxid und 1 Teil Kieselgur.

Reinigen von Marmor. Tintenflecke werden mit Kleesalz beseitigt (S. 118). Gegen Fette und Öle verwendet man Magnesiumoxid und Benzin, Näheres S. 114 f. Andere Verunreinigungen können mit Petroleum, Terpentinöl, Sodawasser, Bimsstein, Wasserstoffperoxid, verdünntem Salmiakgeist und Chlorkalk behandelt werden. Auf Alabasterfiguren bringt man z. B. eine 1 cm dicke Paste aus MgO (oder weißem Ton) und Tetrachlorkohlenstoff, zuletzt wird die Figur mit 3%igem Wasserstoffperoxid eingepinselt. Keine Säure verwenden!

Reinigen von Linoleum. Gründliches Bürsten mit lauwarmer Seifenbrühe, hierauf sorgfältiges Trocknen und Einwachsen. Da Linoleum zum Teil aus verfestigtem Leinöl besteht, dürfen zur Reinigung keine öllösenden Stoffe (Soda, sodahaltige Seife, Natronlauge und dergleichen) verwendet werden.

Reinigen von Leder. Lederhandschuhe werden mit einem Brei, bestehend aus 35 g Chlorkalklösung, 45 g geschabter Seife, 3 g Ammoniakflüssigkeit und 60 g Wasser behandelt. In diesem Fall wirkt besonders der Chlorkalk schmutzzerstörend; Seife und Salmiakgeist bringen anhaftendes Fett in Lösung.

Rost und Rostschutz. Eisen, Magnesium, Aluminium, Zink und andere Metalle überziehen sich an der Luft oder im Wasser ziemlich rasch mit dünnen Oxidhäutchen. Bei Magnesium, Aluminium und Zink ist die Oxidschicht undurchlässig; sie schützt daher die tieferen Metallschichten vor weiterem Zerfall. Das Eisen bildet dagegen lockere, luftdurchlässige, wasserhaltige Oxide [1]; deshalb wird es unter Sauerstoff- und Feuchtigkeitsaufnahme allmählich zu unbrauchbaren, graugelben Massen, dem Eisenrost, zerfressen. Die beim Rosten eintretende Gewichtszunahme ist sehr beträchtlich; 100 kg Eisen geben nach vollständigem Durchrosten über 300 kg Rost. Der Rost ist einer der schlimmsten Feinde der menschlichen Technik; er zerstört in der ganzen Welt Jahr für Jahr Milliardenwerte.

Über die Eigenart des Rostvorgangs können uns folgende Versuche Aufschluß geben:

Halte eine ausgebrauchte Rasierklinge (Stahl) mit der Zange in die nichtleuchtende Gasflamme! Der Stahl überzieht sich rasch mit einem sehr dünnen Oxidhäutchen, das an den Rändern zunächst gelb, dann rot und schließlich blau wird (Regenbogenfarben!). Das blaue Oxidhäutchen besteht aus Eisenhammerschlag, Fe_3O_4; dieselbe Verbindung bildet sich, wenn glühende Eisenteilchen bei ihrem Weg durch die Luft verbrennen (Funkensprühen!). Die durch Erhitzung hervorgerufene Oxidschicht unterscheidet sich vorteilhaft vom gewöhnlichen Eisenrost; sie ist für die Luft schwer durchlässig und schützt daher das Eisen bis zu einem gewissen Grad vor dem Zerfall.

Das gewöhnliche Rosten vollzieht sich wesentlich anders als die obige Hitzeoxidation. Es findet schon bei gewöhnlicher Temperatur statt und ergibt keine blauschwarze, zusammenhängende Oxidhaut, sondern ein gelbliches, abblätterndes Gemisch aus wasserhaltigen **Eisenoxiden und Eisenhydroxid.** Wie alle chemischen Vorgänge wird auch das Rosten durch Temperatursteigerung beschleunigt; so verläuft der Rostprozeß in den heißen, feuchten Tropen auffallend schnell, während in kalter, trockener Luft das Eisen beinahe unversehrt bleibt.

---
[1] Die Zusammensetzung des Eisenrostes ist starken Schwankungen unterworfen; sie entspricht der allgemeinen Formel x · FeO, y · Fe_2O_3, z · H_2O.

Die Feststellung der verschiedenen Bedingungen, unter denen sich der Rost einstellt, kann in den nunmehr zu beschreibenden Versuchsreihen erfolgen.

a) Fülle einen Tiegel mit Wasser, lege etwas feine Stahlwolle (in Drogerien erhältlich, im Haushalt zu Putzzwecken verwendet) daneben und stülpe über beides einen Glaszylinder! Nach einem Tag sieht man an der Stahlwolle bräunliches Eisenoxid, während die an offener Luft liegende Stahlwolle fast unverändert geblieben ist. Erklärung: Zum Rosten ist Wasserdampf nötig. Dieser konnte sich unter dem Zylinder in großem Umfang bilden; deshalb rostete der Stahl dort schneller. Zu Dampfkesseln, die längere Zeit außer Betrieb gesetzt sind, kann man Gefäße mit wasseraufsaugendem Calciumchlorid stellen und das Ganze luftdicht abschließen. Das Rosten unterbleibt aus Wassermangel.

b) Fülle einen Tiegel mit roher Salzsäure oder Salpetersäure, lege etwas feine, blanke Stahlwolle daneben und bedecke beides mit einem Zylinder! Schon nach einigen Stunden ist alles verrostet, während die an freier Luft liegende Stahlwolle sich kaum veränderte. Erklärung: Das Rosten wird durch Säuredämpfe beschleunigt. Beim gewöhnlichen Rosten im Freien genügt schon das Kohlensäuregas der Luft. Stärkere Säuren, wie Salzsäure oder Salpetersäure, beschleunigen den Rostvorgang erheblich; deshalb verrosten z. B. in chemischen Laboratorien (in denen viele Säuredämpfe entstehen) die Eisengeräte ziemlich rasch. Schreibfedern aus gewöhnlichem Stahl verrosten, wenn die Tinte etwas Säure enthält. Taucht man Stahlwolle in Kalkwasser und verschließt gut, so rostet sie nicht, weil das Kalkwasser die Kohlensäure neutralisiert; dagegen rostet die Stahlwolle in gewöhnlichem Leitungswasser schon nach kurzer Zeit.

c) Natürlich ist zum Rosten auch noch Luftsauerstoff nötig; aus diesem Grund ist z. B. trockene Stahlwolle in einem luftdicht verschlossenen, ganz mit Kohlendioxid gefüllten Zylinder kaum zum Rosten zu bringen. Schiebt man etwas Stahlwolle in ein Probierglas und stellt dieses mit der Mündung nach unten in ein Wasserbecken, so steigt im Lauf einiger Tage Wasser in das Probierglas, weil beim Rosten der Stahlwolle Luftsauerstoff verbraucht wird.

d) Lege blanke Stahlwolle in Salzwasser oder Magnesiumchloridlösung. Die Stahlwolle rostet wesentlich schneller als in gewöhnlichem Leitungswasser. Salze beschleunigen das Rosten, deshalb ist der Eisenverbrauch am Meer und in Salzbergwerken besonders hoch.

Aus den bisherigen Versuchen ergeben sich folgende Rostschutzmaßnahmen: 1. Feuchte Eisen- und Stahlgeräte sind so rasch wie möglich zu trocknen und möglichst trocken aufzubewahren. Das gilt besonders auch für Stahlmesser, die mit sauren Speisen (sauren Äpfeln, Zitronen, Essigspeisen usw.) in Berührung kamen. 2. Eisen- und Stahlgegenstände, die längere Zeit aufbewahrt werden sollen, umwickelt man mit einem magnesiumoxidhaltigen Rostschutzpapier, da Magnesia das Kohlendioxid der Luft an sich bindet (Gleichung: $MgO + CO_2 \rightarrow MgCO_3$) und damit eine der Rostbedingungen wegfällt. Gleichzeitig zieht Magnesiumoxid die im Papier eingeschlossene Luftfeuchtigkeit an sich und hält so den Stahl trocken. Eine laugenhafte, säureneutralisierende Umgebung erhöht das Lebensalter des Eisens; deshalb bleibt z. B. Eisen in alkalischem Eisenbeton fast unverändert.

Aus dem gleichen Grund wird auch empfohlen, die Acker- und Gartengeräte vor dem Aufbewahren beim Eintritt des Winters kurz in Kalkmilch (alkalische Reaktion) zu tauchen. Werkzeuge, Präzisions- und chirurgische Instrumente, Maschinen, Waffen u. dgl. werden vor längerem Transport (oder Lagerung) in Kunstharzlösungen oder -schmelzen getaucht (oder mit diesen bespritzt); es entsteht dann eine luftabsperrende, rostschützende Haut, die man später im Bedarfsfall in großen Fetzen abziehen kann. 3. Auf angerosteten Stahlklingen verreibt man ein Gemisch von feinstem Schmirgel und einigen Tropfen Öl mit Hilfe eines Flaschenkorks, bevor der Rost weiter um sich greift. 4. Werden Messer und andere Geräte längere Zeit nicht benützt, so sind sie mit etwas Vaseline einzureiben; der dünne Überzug hält die Luft ab. Aus dem gleichen Grund sind auch die Schreibfedern eingefettet. 5. Verwende womöglich Geräte aus nichtrostenden Stahlsorten, die auch nach Berührung mit Säuren nicht rosten und nur mit heißem Wasser gereinigt zu werden brauchen! 6. Bedenke und berücksichtige, daß die Technik die Möglichkeit bietet, durch luftabsperrende Überzüge das Eisen weitgehend vor dem Rosten zu schützen! Hierher gehören z. B. die

Phosphatierung (Bondern, Parkesieren). Hier wird aus (evtl. erhitzten) Phosphatierungsbädern (enthalten Zinkphosphate und dergleichen) auf Eisen und Stahl ohne Zuhilfenahme von elektrischem Strom eine zähhaftende, schutzende, nicht leitende, dauerhafte Deckschicht aus Zinkphosphat, $Zn_3(PO_4)_2$, niedergeschlagen.

Verzinkung. Das Eisen wird hier in geschmolzenes Zink getaucht; dabei bildet sich ein festhaftender, beständiger Überzug. Gegen Säuren ist dieser Überzug empfindlich; bekanntlich wird Zink von Salzsäure usw. leicht angegriffen. Kleinere Stahlteile erhalten oft auch in galvanischen Verzinkereien dünne Zinküberzüge.

Verzinnen. Das Eisenblech erhält hier einen dünnen Überzug von Zinn; so entsteht das bei Konservenbüchsen und dergleichen verwendete Weißblech. Zur Herstellung desselben scheuern wir ein Eisenblech mit Salzsäure ab (Beseitigung der Oxidschicht) und tauchen es hernach in schmelzendes Zinn. Heute werden aus Gründen der Zinnersparnis vielfach dünne galvanische Zinnüberzüge hergestellt. Verzinntes Eisenblech heißt Weißblech; dieses findet in der Konservenindustrie eine sehr umfangreiche Verwendung. Die Verzinnung schützt auch gegen verdünnte Säuren. Ist der Zinnüberzug an einer Stelle zerstört, so rostet das freiliegende Eisen aus elektrochemischen Gründen noch schneller als in ungeschütztem Zustand.

Vernickeln. Nickel wird in galvanischen Bädern auf Eisen bzw. Zwischenschichten niedergeschlagen; es bildet poliert glänzende Überzüge (Fahrradlenkstangen), die gegen Luft und Wasser widerstandsfähig sind.

Verchromung. Feinere Eisenwaren werden auf galvanischem Wege mit einem Überzug von hartem, sprödem, erst bei über 500 Grad oxidierendem Chrom versehen.

V P I (Vapor Phase Inhibitor). Dies ist ein flüchtiges Rostschutzmittel aus dem Nitrit des Dicyclohexylamins, das dem Verpackungsmaterial für Eisenwaren einverleibt werden kann. VPI verursacht wahrscheinlich eine Passivierung des Eisens, so daß weitere Rostung unterbleibt.

Kathodischer Rostschutz. Bei der Berührung von Eisen und Stahl mit Wasser oder feuchtem Erdreich entstehen unzählige, korrosionsverursachende Lokalelemente. Der kathodische Rostschutz ist ein Verfahren, bei dem man im Erdreich befindliche oder von Wasser umgebene Bauteile aus Eisen und Stahl mit Magnesiumanoden leitend verbindet. Letztere werden ganz langsam aufgezehrt und sind nach 10–20 Jahren zu ersetzen. Von der Magnesiumanode, die den Pluspol einer natürlichen elektrolytischen Zelle bildet, fließt ein Strom zur Kathode (Eisen- und Stahlteile) und verhindert deren Korrosion.

Emaillierung. Emaille ist ein von Zinndioxid, Titandioxid usw. getrübtes, leichtflüssiges Glas aus Borax, Feldspat, Quarz, Soda, Flußspat, Ton und dergleichen, das gußeiserne Kessel und dergleichen gegen Oxidation schützt. Bei plötzlichem Temperaturwechsel springt Emaille leicht ab.

Rostschutzanstriche. Diese sind im praktischen Leben von größter Wichtigkeit. Bei einem Gang durch die Straßen sehen wir nur selten blankes Eisen; fast alle Zäune, Geländer, Eisentore, Masten und dergleichen tragen einen schützenden Farb- oder Lacküberzug. Es fällt nicht allzu schwer, irgendein eisernes Gerät mit einem Schutzanstrich zu versehen: Zuerst muß der anzustreichende Gegenstand gründlich gereinigt und vom Rost befreit werden, da sonst der Farbüberzug nicht hält und der Rost unten weiterfrißt. Zur Lockerung eingerosteter Schrauben dient z. B. eine Lösung aus 55% Phosphorsäure, 5% Chromsäure, 1% Hydrochinon, 1% Salzsäure und 38% Wasser. Dünne Rostschichten lassen sich mit einem Lappen abreiben, der in Leinöl, Terpentinöl oder Petroleum getaucht wird. Größere, tiefgreifende Roststellen werden mit Petroleum getränkt und hernach mit einem alten Messer oder einer Stahldrahtbürste entfernt, oder man löst den Rost in sog. Sparbeizen auf; dies sind Säuren mit Zusätzen von organischen Stoffen, die einen Säureangriff auf das Metall verhindern. Bei ortsfesten Gegenständen kann man auch Entrostungspasten (z. B. aus 10 kg Walkerde, 25 kg Salzsäure 20° Bé und 2 kg Kupferchlorid) auf die zu entrostenden Stellen auftragen und nach einiger Zeit abschaben oder abspritzen. Ein salbenförmiger Entroster ist z. B. das „Glattin" von Hohmann u. Co., Chem. Fabr., Schillingsfürst/Mfr. Sobald das Eisen trocken ist, trägt man mit dem Pinsel den „Grundanstrich" aus roter Mennige (Pb_3O_4) auf, die mit Leinöl oder einem Ersatzstoff angerührt wurde. Natürlich darf der Grundanstrich niemals sauer reagierende Bestandteile enthalten, da sonst das Rosten beschleunigt würde. Die meisten Eisenrostschutzfarben bestehen aus Bleioxiden, Eisenoxiden, Graphit, Zinkweiß, säurefreien Teerprodukten, Bleicyanamid, Eisenglimmer, Aluminiumpulver und dergleichen. Der Anstrich aus Mennige trocknet auffallend rasch, weil sich das Blei zum Teil mit dem Leinöl zu festen Bleiseifen verbindet. Durch diesen Anstrich wird das Eisen vor den schädigenden Einflüssen der Luft geschützt. Auf den „Grundanstrich" folgen noch zwei oder drei weitere Anstriche in weniger auffälligen Öl- oder Lackfarben. An Stelle der Mennige und anderer Ölfarben kann man das blank gereinigte Eisen auch mit Zaponlack (in Drogerien erhältlich) bestreichen; es entsteht dann nach dem Verdunsten des Lösungsmittels (Butylacetat, Aceton oder Äther) ein dünnes, rostverhütendes Cellulosenitrathäutchen. Industrieanlagen, Bergwerksausrüstungen, Werften, Schiffe usw. werden vielfach durch Chlorkautschukanstriche gegen Rost geschützt. In neuerer Zeit sind zahlreiche Anstrichmittel auf Kunstharzbasis auf den Markt gekommen, die vielfach rostschützende Wirkung haben; es sei hier nur an Polyvinylchloride, Polyvinylacetate, Polyester, Silikonalkyde, Isocyanat-, Polyacrylat-, Epoxy-, Allyl-, Harnstoff-, Polyamid- und Alkydharze, Melaminharze, Cumaronharze und dergleichen erinnert. Die schwarzglänzende Lackierung auf Fahrrädern usw. besteht vielfach aus Asphaltgemischen.

Der Rostschutzset für Auto und Haus z. B. der Firma Fabelon, 8908 Krumbach, enthält Stahlwolle, Entrosterflüssigkeit und Chromatgrund. Eine einfache Entrostung für das Auto bietet die Rostumwandler-Paste Ferro-Bet von Kurt Vogelsang, 6954 Hassmersheim (erhältlich in Geschäften für Autozubehör). Zum Unterbodenschutz der Kraftfahrzeuge liefert die Voss-Chemie, 2082 Uetersen, einen kompletten Arbeitssatz K6. Mit einem Pinsel wird das gummielastische Beschichtungsmaterial auf Polyurethan-Basis mit dem Pinsel aufgetragen.

Saatbeizmittel. An vielen Getreidekörnern haften mikroskopisch kleine Pilzsporen, die beim Keimen der Saat auswachsen, die Pflanzen von Jugend an aussaugen und den Ernteertrag stark herabsetzen. Fast jede Pflanzenart hat unter solchen Pilzschmarotzern zu leiden; so wird der Weizen häufig vom Steinbrand und Flugbrand, der Roggen vom Schneeschimmel (Fusarium), die Gerste von der Streifenkrankheit und der Hafer vom Haferflugbrand befallen. Die getreideschädigenden Kleinpilze haben früher jährlich Millionenwerte vernichtet. Diese Verluste können durch das Beizen des Saatgutes weitgehend vermieden werden. Die Getreidebeizmittel wirken hauptsächlich gegen Weizensteinbrand, Schneeschimmel, Streifenkrankheit und

Haferflugbrand. Beim Beizen bringt man das Saatgut vor dem Aussäen mit Giften (Beizmitteln) zusammen, welche die an den Körnern haftenden Pilzsporen abtöten, ohne das Getreide zu schädigen. Gewöhnlich beizt man nach einer der folgenden drei Methoden: Benetzungsverfahren, Kurznaßbeizverfahren und Trockenbeizverfahren.
B e i z m i t t e l. Die wirksamsten Beizmittel sind die auch für Menschen und Tiere sehr giftigen Quecksilberpräparate. Seit 1935 wird das auf Quecksilbergrundlage aufgebaute „C e r e s a n" der Bayerwerke Leverkusen immer häufiger verwendet. Ceresan (Vorsicht Gift!) ist ein Getreide-Universal-Beizmittel, das als Naßbeizmittel (z. B. Getreide 30 Min. in die 0,1%ige Lösung tauchen, beim Kurznaßbeizen 3 Liter der 2%igen Lösung auf 100 kg Getreide) oder Trockenbeizmittel (200 g auf 100 kg Getreide) in den Handel kommt und gegen Weizensteinbrand, Schneeschimmel, Streifenkrankheit der Gerste und Haferflugbrand wirksam ist. Die Ceresan-Universal-Naßbeize enthält als Wirkstoff Methoxyäthylquecksilberchlorid, Formel: CH_3-O-CH_2-CH_2-HgCl; die Ceresan-Universal-Trockenbeize hingegen Methoxyäthylquecksilbersilicat, CH_3-O-CH_2-CH_2-Hg-Silicat, das bei Weizen, Roggen, Gerste, Hafer, Lein und Flachs gute Erfolge zeitigt[1]. Ähnliche Anwendungen wie Ceresan finden die ebenfalls quecksilberhaltigen Naßbeizmittel (bzw. Trockenbeizmittel) „Abavit Neu" (Schering), „Fusariol-Universal-Trockenbeize" (Chem. Fabrik Marktredwitz AG), „Germisan-Naßbeize", „Germisan-Trockenbeize" (Fahlberg, Wolfenbüttel). Den kombinierten, quecksilberhaltigen Trockenbeizmitteln ist noch Anthrachinon, Lindan oder Hexachlorbenzol gegen Krähenfraß und gegen Drahtwürmer beigemischt. Handelspräparate sind „Ceresan-Gamma M" und „Ceresan-Morkit" von Bayer, „Abavit-Corbin" von Schering.

Saccharin und andere Süßstoffe. Neben Zuckern sind zahlreiche andere süß schmeckende Substanzen bekannt, von denen allerdings nur wenige die diätetische Eignung als Süßmittel besitzen. Die Süßstoffe Dulcin, Glucin und Ultrasüß scheiden wegen möglicher toxischer Wirkungen für den allgemeinen Gebrauch aus.

1. S a c c h a r i n ist das aus Steinkohlenteer gewonnene Orthobenzoesäuresulfimid $\begin{array}{c}\diagup CO \diagdown \\ \bigcirc \qquad NH, \\ \diagdown SO_2 \diagup\end{array}$ bzw. dessen Natriumverbindung. Es schmeckt in etwa 500mal geringerer Konzentration ebenso süß wie Rohrzucker und kommt als Pulver oder als kleine Tabletten

---

[1] Mit Ceresan werden in der Gärtnerei auch Samen von Erbsen, Bohnen, Gurken, Spinat, Sellerie, Möhren, Blumen usw. gebeizt. Man schüttelt 2 Gramm des rotbraunen Pulvers mit einem Kilo Samen einige Minuten in einer luftdicht verschlossenen Flasche; die Aussaat kann sofort oder später erfolgen.

Saccharin und andere Süßstoffe

in den Handel. Saccharin löst sich in 335 Teilen kaltem und 28 Teilen heißem Wasser auf. In Äther ist Reinsaccharin im Gegensatz zu Zucker ziemlich leicht löslich. Zuckerkranke, die möglichst wenig Zucker genießen sollen, benützen Saccharin zum Süßen. Es verläßt den Körper unverändert, ist daher ohne Nährwert.

V e r s u c h e : Erhitze Saccharin auf dem Porzellanscherben! Es verkohlt — Kohlenstoffverbindung! Löse in einem mit Leitungswasser gefüllten Probierglas 1$^1/_2$ Stück Würfelzucker und in einem zweiten in der gleichen Flüssigkeitsmenge eine Tablette Saccharin auf! Der Mensch empfindet beide Lösungen als gleich süß, dagegen lehnen Hunde, Fliegen und andere Tiere die Saccharinlösung ab. Prüfe die Reaktion von pulverförmigem Saccharin mit Lackmus (saure Reaktion)! Die Saccharintabletten reagieren nahezu neutral. Am heißen Magnesiastäbchen geben sie eine gelbe Flammenfärbung (Natrium). Die Saccharintabletten enthalten neben Saccharin-Natrium auch Natron, das eine schnelle Auflösung ermöglicht. Gib einige Saccharintabletten in ca. 90° warmes Wasser (1–2 Kubikzentimeter genügen) und leite das entweichende Gas in etwas Kalkwasser (Trübung durch Kohlendioxid, das aus erhitztem Natron frei wurde)! Warum werden Süßstofftabletten in der Flamme stark aufgebläht?

Nachweis von Stickstoff und Schwefel. Die obige Formel zeigt uns, daß Saccharin auch die Elemente Stickstoff und Schwefel enthält. Man erhitzt im schwerschmelzbaren Prüfglas einige Plätzchen Kaliumhydroxid mit einigen Saccharintabletten, bis die Schmelze schäumt. Die Blaufärbung eines in das Probierglas gehaltenen Lackmusstreifens zeigt Ammoniak (NH_3) und damit Stickstoff an. Die abgekühlte Schmelze wird in dest. Wasser gelöst und filtriert. Zu dem Filtrat gibt man etwas konz. Salzsäure und erwärmt. Der Geruch nach Schwefeldioxid (SO_2) weist auf Schwefel hin.

2. N a t r i u m - C y c l o h e x y l s u l f a m a t − kurz Natriumcyclamat genannt − ist das Natriumsalz der Cyclohexansulfaminsäure $C_6H_{11}NSO_3H$. Es wird als süßende Substanz anstatt Zucker seit etwa 15 Jahren in größerem Umfang verwendet. Die Süßwirkung ist ähnlich wie bei Saccharin auf den Sechsring und das freie an N gebundene H zurückzuführen. Es ist ein weißes, leicht in Wasser lösliches Pulver, koch- und backfest. Tierversuche haben ergeben, daß eine chemische Wirkung von Cyclamat auf den Organismus nicht stattfindet. Mit der 3. Verordnung zur Änderung der Verordnung über diätetische Lebensmittel (1.1.1966) wurde die Verwendung des Cyclamats in der Bundesrepublik als diätetisches Lebensmittel bestätigt. Dennoch wurde im Oktober 1969 der Verkauf von Cyclamat-Süßstoffen gestoppt, weil amerikanische Wissenschaftler feststellten, daß Cyclamate in Überdosis bei Mäusen Schäden verursacht haben. Inzwischen ist das Cyclamatverbot wieder aufgehoben worden. Die Weltgesundheitsorganisation (WHO) hält eine tägliche Einnahme von 80 handelsüblichen cyclamathaltigen Süßstofftabletten für unschädlich. Dies geht weit über den Normalverbrauch —10 Tabletten am Tag — hinaus. Die Verwendung von Cyclamat soll in erster Linie durch

ärztliche Empfehlung auf Diabetiker und auf Patienten mit krankhaftem Übergewicht beschränkt bleiben. Die Packungen erhalten einen Aufdruck, wieviel Tabletten des Süßstoffs pro Tag eingenommen werden dürfen.

Natriumcyclamat kann zum Süßen verwendet werden, wenn Diabetes mellitus bzw. eine andere Zuckerintoleranz den Genuß von Zucker verbietet oder wenn man sich mit weniger Kalorien ernähren will. Als besonders vorteilhaft gilt die Anwendung von Natriumcyclamat zur Schlankheitsdiät. 6 kleine Stückchen am Tag, die geschmacklich 30 g Zucker äquivalent sind, können die tägliche Energieaufnahme um 120 Kalorien vermindern; das entspricht einem ganzen Fasttag im Monat. Handelsprodukte: „Assugrin" (Doerenkamp, Hamburg); „Ilgonetten" und „Ilgon" (flüssig) (Togal-Werk, München), „Süsetten" in der Schachtel und „Süsette" in der Streudose (Kauvit Süßwaren); „Natreen" (Drugofa, Köln) und Natrium-Cyclamat und Saccharin-Na.

3. Der Zuckeraustauschstoff S o r b i t ist neben 0,1% Saccharin im „LIHN-Diabetikerzucker" enthalten. Sorbit ist ein 6wertiger Alkohol der Hexitgruppe $C_6H_{14}O_6$, geruchfrei, ungiftig, von süßem Geschmack. Er findet sich besonders häufig (ca. 10%) in den Früchten des Vogelbeerbaums *(Sorbus aucuparia)*. „LIHN-Fruchtschmelzkonfitüre" hat geringeren Kaloriengehalt; zur Süßung wird auch hier Sorbit und 3% Fruchtzucker verwendet. „Sionon" (Drugofa, Köln) besteht zu 99,89% aus Sorbit.

Salicylsäure. Die Salicylsäure ist ein weißes, lockeres, geruchloses Pulver, das in allen Drogerien und Apotheken käuflich ist; 500 Gramm kosten etwa 5,- DM. Sie ist in kaltem Wasser schlecht, in heißem gut löslich. Je 1 Gramm Salicylsäure löst sich in 460 Gramm Wasser von Zimmertemperatur, hingegen schon in 15 Gramm siedendem Wasser. Bei der Abkühlung einer heißgesättigten Lösung scheiden sich schöne Kristallnadeln aus. Salicylsäurelösungen haben einen süßlichsauren, kratzenden Geschmack; sie färben blauen Lackmus rot.

N a c h w e i s : Man löst die auf Salicylsäure zu untersuchende Substanz in Wasser auf und gibt einige Tropfen gelbbraune Lösung von Eisen(III)-chlorid, $FeCl_3$, dazu. Bei Anwesenheit von Salicylsäure färbt sich die Lösung dann schön blauviolett. Dieser Nachweis ist sehr empfindlich; er gelingt noch, wenn die Salicylsäure mit der 400 000fachen Menge Wasser verdünnt ist. Bei Anwesenheit von starken Säuren (Salzsäure, Salpetersäure, Schwefelsäure u. a.) oder Laugen gelingt der Nachweis erst, nachdem vorsichtig neutralisiert worden ist. Hält man etwas Salicylsäure auf einem Porzellanscherben in die mäßig warme Flamme, so verflüchtigt sie sich großenteils; bei raschem, kräftigem Erhitzen verbrennt sie unter starker Rußbildung.

C h e m i s c h e r A u f b a u : Salicylsäure leitet sich von Benzol her, dem bekanntlich die Formel C_6H_6 zukommt. Ersetzt man eines der H-Atome durch die OH-Gruppe und ein benachbartes durch die COOH-Gruppe, so entsteht Salicylsäure von der Formel $C_6H_4(OH)COOH$.

Salicylsäure

Verwendung: Salicylsäure spielt als Ausgangspunkt vieler Arzneimittel (z. B. Aspirin) und Farbstoffe in der organischen Chemie eine hervorragende Rolle. Außerdem wird sie häufig zu Desinfektionszwecken gebraucht. Im Haushalt hat man Salicylsäure früher oft als Einmachhilfe verwendet. 1956 wurde die Verwendung von Salicylsäure zur Lebensmittelkonservierung von einem Sachverständigen-Gremium abgelehnt; besser geeignet ist Sorbinsäure und die p-Oxybenzoesäureester. Salicylsäure erweicht unerwünschte Verhärtungen und Verdickungen der Haut; sie findet sich deshalb fast in allen Pflastern und Pasten, die gegen Hühneraugen angepriesen werden (z. B. Kukirol).

Versuche: Brich die weiße Kappe einer „W-Tropfenampulle" (Prof. Dr. Much A.G., Bad Soden/Taunus) ab, und lasse einige Tropfen des rotgefärbten, ätherisch riechenden, brennbaren Inhalts in ein Probierglas mit einigen Kubikzentimetern Eisen(III)-chlorid fließen. Man faßt hierbei die Ampulle an der Mitte; infolge einer leichten Erwärmung (Luftausdehnung in der Ampulle) tritt dann die Flüssigkeit tropfenweise aus. Sofort oder beim Umschütteln färbt sich der Probierglasinhalt rotviolett (Salicylsäurereaktion). Die rote Flüssigkeit ist mit Wasser kaum mischbar; einige Tropfen davon hinterlassen auf der Glasplatte eine gelbe, schmierige Masse, die später in ein abziehbares, brennbares Häutchen übergeht. Die W-Tropfen bilden flüssige Pflaster mit Tiefenwirkung; sie enthalten in je 100 Gramm organischem Lösungsmittel 12 Gramm Salicylsäure, 7 Gramm Milchsäure, 3,5 Gramm p-Aminobenzoesäureäthylester und Collodium (gibt das Häutchen). Schabe von dem weißen, wachsartigen Hühneraugenstift „Alldahin" (Walter Bühner & Co., Bremen-Oberneuland) eine etwa erbsengroße Menge möglichst fein in ein Probierglas, das einige Kubikzentimeter destilliertes Wasser enthält, schüttle etwa eine Minute lang kräftig um und füge dann etwas braungelbe Eisenchloridlösung (FeCl₃) hinzu. Die rotviolette Färbung weist auf Salicylsäure hin. Hühneraugen-Alldahin ist ein in Aluminiumfolie eingewickelter Salbenstift aus Wachs, Lebertran (wirkt infolge Vitamin-A- und -D-Gehalt wundheilend), Methylsalicylat und Salicylsäure (wirkt hauterweichend). Das „Elastocorn" der Beiersdorf A.G., Hamburg, ist eine Hühneraugen-Pflasterbinde mit Salicylsäurekern. Koche ein „Hühneraugen-Lebewohl"-Pflaster (Lebewohl-Fabrik Carl F. W. Becker KG., Freiburg/Brsg.) etwa 2 Minuten lang unter Umschütteln in ca. 5 Kubikzentimeter Wasser (Probierglas). Gibt man nach der Abkühlung einige Tropfen gelbbraune Eisenchloridlösung dazu, so entsteht eine starke rotviolette Färbung, die auf Salicylsäure hinweist. Die „Rote Tinktur" (Gross & Lampe, Bietigheim/Württ.) ist eine organische, ätherisch riechende, mit Eosin gefärbte Lösung, die nach dem Umschütteln mit der mehrfachen Wassermenge die Salicylsäurereaktion (rotviolette Färbung mit Eisenchloridlösung) gibt. Gießt man einige Tropfen davon auf eine Glasplatte, so verbleibt nach Verdunstung des Lösungsmittels ein rotes Häutchen; das gleiche ist der Fall, wenn man die Tinktur auf Hühneraugen streicht. Die „Eidechse-Fußschälkur" (Carl Hamel & Co., Frankfurt/Main 9) ist eine weiße, in flachen Blechdosen erhältliche Hühneraugensalbe, in der man Salicylsäure folgendermaßen nachweist: Man kocht eine etwa erbsengroße Menge der Salbe im Probierglas mit 5 Kubikzentimeter Wasser etwa 2 Minuten lang (hierbei wandert ein Teil der Salicylsäure aus der Salbengrundlage ins Wasser hinüber) und fügt nach der Abkühlung einige Tropfen Eisenchloridlösung hinzu – stark rotviolette Färbung, die oft erst nach weiterem Verdünnen mit Wasser deutlich erkennbar wird. „Sahüko" (Lingner-Werke, Düsseldorf) ist eine blaßgelbe, ätherisch riechende, brennbare, sauer reagierende Lösung, die in kleinen braunen Fläschchen als

Hühneraugenmittel verkauft wird. Gieße etwa 1 Kubikzentimeter davon in ein Probierglas und schüttle mit der 3fachen Wassermenge kräftig um. Man sieht dann im Wasser blaßgelbe Flocken schweben (Kollodium?). Gibt man zu diesem Gemisch einige Tropfen Eisenchloridlösung, so stellt sich die rotviolette Färbung ein — Salicylsäure. Gießt man einige Tropfen Sahüko auf eine Glasplatte, so bleibt nach Verdunsten des Lösungsmittels ein faseriges, weißes, brennbares Häutchen zurück. Ganz ähnliche Reaktionen zeigt auch die „Efasit"-Hühneraugen-Tinktur der Togal-Werke, München. Die Häutchen, die beim Verdunsten einiger Tröpfchen Efasit-Hühneraugen-Tinktur auf der Glasplatte zurückbleiben, sind in Äther leicht löslich, bei Wasserzusatz scheidet sich wieder eine weißliche, brennbare Masse aus (Kollodium?). Das Hühneraugenmittel „Collomack" (H. Mack, Illertissen) enthält in einer Kollodiumlösung 18 Prozent Salicylsäure und 2 Prozent Oxypolyäthoxydocan. Zum Abschluß dieser Versuche schneiden wir von dem berühmten hellgrünen „Kukirol"-Pflaster (Kukirol-Fabrik Kurt Krisp K.G., Weinheim/Bergstraße) einen 5 Millimeter breiten Streifen ab, kochen diesen im Probierglas etwa 2 Minuten lang in 5–10 Kubikzentimeter destilliertem Wasser, lassen abkühlen und geben dann einige Tropfen Eisenchloridlösung dazu. Eine rotviolette Färbung zeigt auch hier Salicylsäure an. Auf die gleiche Weise kann man auch in „Dr. Scholls Zino-Pads gegen Hornhaut" (Scholl-Werke G.m.b.H., Frankfurt/Main) Salicylsäure[1] feststellen, und zwar verwendet man dazu die kleineren, rosafarbenen, kreisrunden Spezialpflaster, nicht die weißen Schutzpflaster.

Salmiakgeist. Salmiakgeist (=Ammoniumhydroxid=Ammoniakflüssigkeit) ist eine farblose, klare, stechend riechende Flüssigkeit, die aus Wasser und darin aufgelöstem Ammoniakgas besteht. Ein Liter Wasser kann bis zu 1000 Liter Ammoniakgas (NH_3) aufnehmen; das Gas ist im Wasser großenteils gelöst, zu einem kleinen Teil mit demselben zu NH_4OH verbunden (Gleichung: $NH_3 + H_2O \rightarrow NH_4OH$). Infolge der OH-Gruppe reagiert Salmiakgeist alkalisch. Im Gegensatz zu Natronlauge und Kalilauge bläut Salmiakgeist einen feuchten, roten Lackmusstreifen, wenn man ihn über die Kolbenmündung hält. Ammoniak ist eine „flüchtige Base", es entweicht als stark riechendes Gas aus dem Gefäß. Ein Tropfen Salmiakgeist, den wir auf eine Glasplatte bringen, verdunstet nach einiger Zeit vollständig, während die „nichtflüchtigen Basen" (Natronlauge, Kalilauge) beim Verdunsten oder Erwärmen eine weiße Kruste zurücklassen.

In gewöhnlichem Salmiakgeist ist 10% Ammoniakgas aufgelöst. Je konzentrierter die Lösung ist, um so mehr sinkt das spezifische Gewicht. So hat z. B. 10%iger Salmiakgeist die Dichte 0,96 g/cm³, 20%iger 0,925 g/cm³ und 25%iger 0,91 g/cm³.

Erkennung: 1. am Geruch, 2. ein über den Kolben gehaltener Glasstab mit Salzsäuretropfen gibt weißen Salmiakrauch ($NH_3 + HCl = NH_4Cl$), 3. Salmiakgeist gibt mit Kupfervitriollösung eine tiefblaue

---

[1] Weitere Versuche über Salicylsäure und andere Stoffe sind in dem Buch „Organische Chemie im Probierglas" (s. Anzeigenteil) beschrieben.

Färbung, 4. feuchtes, rotes Lackmuspapier wird bereits durch Ammoniakgas gebläut.

Wirkung und Anwendung: Salmiakgeist ist eine Lauge, daher kann man mit ihm frische Säureflecke neutralisieren. Auf der Haut wirkt er ätzend, Schleimhäute entzünden sich. Einatmen von Ammoniakgas bewirkt bei Menschen und Tieren Atembeschwerden und Hustenreiz. Größere Gasmengen können tödlich wirken, so gingen z. B. von 54 Pferden durch Ammoniakgas 27 zugrunde. Als Gegengift muß verdünnte Säure (Essig) verordnet werden.

Im Sommer werden Einreibungen mit 10%igem Salmiakgeist häufig gegen Insektenstiche empfohlen. Der günstige Einfluß ist unbestritten, obwohl es sich hierbei sicherlich nicht in erster Linie um eine Neutralisierung der Ameisensäure handelt, wie man früher vielfach vermutete. Bei Ohnmachtsanfällen kann man die verminderte Atemtätigkeit wieder anregen, wenn dem Betreffenden eine Salmiakgeistflasche unter die Nase gehalten wird. Zu solchen Zwecken wurden gut schließende „Riechfläschchen" in den Handel gebracht, welche ein Gemisch von gleichen Teilen pulverisiertem, gelöschtem Kalk und Salmiak mit Zusätzen von Bergamotteöl und dergleichen enthielten. Gelöschter Kalk und Salmiak entwickeln Ammoniakgas nach der Gleichung: $Ca(OH)_2 + 2\,NH_4Cl \rightarrow CaCl_2 + 2\,NH_3 + 2\,H_2O$. Sonst wird Ammoniak noch zu Reinigungszwecken sowie bei der Fabrikation von Soda und Eis verwendet. Große Mengen von Ammoniak benötigt man zur Herstellung fester, stickstoffhaltiger Handelsdünger (schwefelsaures Ammoniak, Ammonsalpeter usw.) und zur sogenannten Nitrierhärtung in der Stahlindustrie. Bei diesem Verfahren erhitzt man Werkstücke aus Stahl 5—90 Stunden lang in einem Ammoniakstrom auf etwa 500° C, wobei sich in der Stahloberfläche äußerst harte Nitride bilden. Verschiedene Putz- und Reinigungsmittel enthalten u. a. auch Ammoniak; dieses löst z. B. Kupferoxid unter Bildung von wasserlöslichen Kupfertetraminverbindungen $[Cu(NH_3)_4]$ leicht auf.

Bild 27. Zeichen der Biologischen Bundesanstalt für die Prüfung und Anerkennung eines Schädlingsbekämpfungsmittels.

Schädlingsbekämpfung (siehe auch Saatbeizmittel). Fast alle Kultur- und Wildpflanzen dienen zahlreichen pflanzlichen und tierischen Schädlingen zur Nahrung, und der Mensch erntet schließlich nur, was jene von ihrer Mahlzeit übriglassen. Rund 10—30% der Weltagrarproduktion werden jährlich durch Insekten, Nagetiere, Kleinpilze, Bakterien, Viren u. dgl. vernichtet. Die von Insekten in den USA (Land- und Forstwirtschaft, Viehzucht, Bauindustrie, Haushalten) angerichteten Schäden erreichen im Jahr ca. 4 Milliarden Dollar. Nach

Schätzungen von 1967 vernichteten in der Bundesrepublik Deutschland über 45 Arten von Vorratsschädlingen Materialien im Gesamtwert von etwa einer Milliarde DM. Ratten fressen und verschmutzen jährlich Nahrungsgüter im Wert von ca. 25 Millionen DM. Heute gelingt es immer mehr, diese gewaltigen Verluste durch Anwendung chemischer Schädlingsbekämpfungsmittel herabzumindern.

Es darf aber nicht verschwiegen werden, daß durch falsche und übertriebene Schädlingsbekämpfung dem Menschen ernste Gefahren drohen. Als Beispiel seien die Gesundheitsschäden durch Arsen angeführt. Im Jahre 1942 wurden arsenhaltige Spritzmittel im deutschen Weinbau verboten, nachdem man erkannt hatte, daß die Arsenrückstände im Haustrunk der Winzer bei manchen älteren Personen nach einer Latenzzeit von 18 Jahren Leberkrebs erzeugten, was man vorher nicht wußte.

Die amerikanische Biologin Dr. Rachel Carson hat mit ihrem Buch „Silent Spring" (Der stumme Frühling) Anlaß zu einem alarmierenden Bericht amerikanischer Wissenschaftler über die Wirkung der Schädlingsbekämpfung gegeben [1].

Das jahrelang benützte DDT, Abkürzung für Dichlor-Diphenyl-Trichloräthan $(Cl-C_6H_4)_2CH-CCl_3$ hat ausgedient. Viele Millionen Menschen sind durch das DDT vor dem Seuchentod, etwa durch Malaria, gerettet worden. Aber man hat allzu sorglos das Gift auch dort verwendet, wo es harmlosere Ausweichmöglichkeiten gegeben hätte. Im Dezember 1969 hat die Bundesregierung das DDT als Pflanzenschutzmittel verboten, nachdem die USA vorausgegangen waren. Untersuchungen der letzten Jahre haben ergeben, daß das DDT im Pflanzen- und Tierkörper angereichert wird und in der Nahrungskette auch zum Menschen gelangt. Man fand auch bei Einzellern und Kleinfischen der Gewässer das DDT in fetthaltigem Gewebe. Im März 1969 wurden 13 000 kg Forellen im Michigan-See gefangen, die so große DDT-Mengen enthielten, daß die amerikanische Aufsichtsbehörde den Verkauf des ganzen Fanges verbieten mußte. Nach Arbeiten des jap. Biologen Fumio Matsumara von der Universität Wisconsin (USA) hemmt DDT die Nerventätigkeit. Inzwischen zeigen sich in den USA schon positive Folgen des DDT-Verbotes. Ch. R. Robbins hat 1974 nachgewiesen, daß dort viele Singvogelarten wieder um 3 bis 15 Prozent zugenommen haben.

Die wichtigsten Pflanzenschädlinge gehören zu den K l e i n p i l z e n und I n s e k t e n. Die Kleinpilze durchsetzen die Pflanzen mit einem feinen Fadengeflecht, das die Säfte aussaugt. Äußerlich sieht man an den pilzkranken Pflanzen allerlei Blattflecke, Fäulniserscheinungen,

---

[1] Use of Pesticides. A Report of the President's Science Advisory Committee. The White House, Washington, D. C. May 15, 1963. — W. Schuphan, Kosmos 1964, S. 498.

Schädlingsbekämpfung 228

schimmelige Überzüge usw. Besonders gefährlich sind der falsche und echte Mehltau der Reben und der Erreger der Kartoffelfäule; doch kommen auch auf unseren Obstbäumen und Sträuchern viele schwere Pilzkrankheiten vor.

Bei den schädlichen Insekten unterscheidet man Blattfresser, Wurzelnager und Saftverzehrer. Zu den B l a t t f r e s s e r n gehört der Erdfloh (durchlöchert junge Kohl- und Rettichpflanzen), der Frostspanner (verursacht nach Blattausbruch Fraßschäden an Knospen und Blättern der Obstbäume), der Apfelblütenstecher (Rüsselkäfer-Weibchen legt in 50–100 Blüten je ein Ei; die Blüten werden braun und sterben ab), der Apfelwickler (Schmetterling, legt an etwa 50 Blüten je ein Ei; daraus schlüpfen Raupen, die sich in die Frucht eingraben und das Obst „wurmig" machen) u. v. a.

W u r z e l n a g e r sind die Engerlinge, Maulwurfsgrillen (diese fressen meist Insektenlarven, aber ihr Pflanzenfraß- und Wühlschaden ist oft größer als ihr Nutzen), Drahtwürmer (Larven des Schnellkäfers, die z. B. Salatwurzeln abfressen), Kohlgallenrüßler (Larve erzeugt Gallen in Kohlstengeln), Kohlfliegen (Larven fressen Wurzeln und Stengel von Kohl und Rettich) usw. Die S a f t v e r z e h r e r stechen mit ihrem Rüssel in die Pflanze hinein und saugen den Saft heraus; hierher gehören die Blattläuse (kleine, haufenweise auftretende, oft von Ameisen begleitete Tierchen), Blutläuse (diese leben auf Obstbäumen, scheiden weiße, wachsartige „Wolle" aus, geben beim Zerdrücken rote Flecke), Schildläuse (schild- oder kahnförmige Tierchen auf Obstbäumen, Beeren- und Ziersträuchern) usw.

Gegen diese Schädlinge hat die chemische Industrie eine große Zahl von wirksamen Kampfstoffen hergestellt. Ein „Allheilmittel" gegen alle tierischen und pflanzlichen Feinde gibt es nicht; obgleich man sich bemüht, durch Mischung verschiedener Gifte eine möglichst vielseitige Wirkung zu erzielen. Nach der Wirkungsweise unterscheidet man zwischen pilztötenden (fungiziden) und insektentötenden (insektiziden) Stoffen; die letzteren zerfallen in F r a ß g i f t e (= Magengifte), B e r ü h r u n g s g i f t e (= Hautgifte = Kontaktgifte) und A t e m g i f t e. Die Fraßgifte gelangen mit der Nahrung in die Darm- und Blutbahn, wo sie tödlich wirken; hierher gehören z. B. Fluorverbindungen, Rotenon, Malathion usw. Die Berührungsgifte zerstören die Haut und dringen von dort ins Innere. Zu den Berührungsgiften rechnet man E 605, Pyrethrum, Carbolineum u. dgl. Die Atemgifte gelangen als Gas in die Luftwege (Tracheen der Insekten). Manche Öle wirken durch Verstopfen der Atemöffnungen erstickend. Zu den Atemgiften rechnet man z. B. Nicotin, Chlorpikrin, Äthylenoxid („T-Gas", „Cartox"), Blausäure usw. In regenreichen Gegenden empfiehlt es sich für die kleineren und mittleren Betriebe, die in viel Wasser aufgeschwemmten Gifte mit käuflichen Apparaten auf die Kulturpflanzen zu spritzen. Bei Großbetrieben in wasserarmen Gebieten werden die Gifte oft auch als trockene Pulver zerstäubt.

Gegenwärtig werden von zahlreichen chemischen Betrieben Dutzende von Schädlingsbekämpfungsmitteln hergestellt, die uns in Gartengeschäften, Drogerien, Blumenläden usw. unter den mannigfachsten Phantasienamen in bunter Fülle entgegentreten. Es ist für den Laien trotz der äußerlichen Mannigfaltigkeit jedoch gar nicht so schwer, zu einer Übersicht zu kommen; denn im Grunde finden sich unter den verschiedenartigsten Bezeichnungen immer wieder die gleichen Gifte, nämlich Schwefel und Schwefelverbindungen, Kupferverbindungen, Nicotin, Pyrethrum, Toxaphen, Thuricide, Carbolineum, Derriswurzel, organische Phosphorverbindungen, Dinitrokresol usw. Wenn wir die Wirkung dieser Grundgifte kennen, werden wir auch ein neues Erzeugnis einigermaßen richtig einschätzen.

A. Insektizide.

Dies sind Präparate zur Bekämpfung von Insekten aller Art.

Anstelle von DDT und anderen chlorierten Kohlenwasserstoffen wie Aldrin, Chlordan, Dieldrin, Endrin und Heptachlor, die als Pflanzenschutzmittel nicht mehr zugelassen sind, treten heute Thuricide, organische Phosphorsäureester, Pyrethrumpräparate, Carbamate, z. B. Panthrin usw.

Thuricide. Dies ist das erste biologisch wirkende Insektizid auf der Basis von Bacillus thuringiensis, das von der Biologischen Bundesanstalt anerkannt wurde: „Bactospeine 6000". Bei diesem Präparat handelt es sich um eine wäßrige Zubereitung mit rund 30 Milliarden lebender Sporen per Gramm Produkt. Es ist ein spezifisch wirkendes Fraßgift, das gegen zahlreiche Schmetterlingsraupen im Obst- und Gemüsebau eingesetzt werden kann. Es hinterläßt keine für den Menschen schädlichen Rückstände auf den Ernteprodukten. Wie die chemischen Insektizide wird das Pulver mit Wasser verdünnt angewendet.

Organische Phosphorsäureester. E 605, Parathion, ist in reinem Zustand eine knoblauchartig riechende Verbindung; Formel: $SP(OC_2H_5)_2-O-C_6H_4NO_2 =$ Diäthylnitrophenylthiophosphat. E 605 ist in Wasser nur wenig (1 : 20 000), in Aceton, Alkohol, Ketonen, Benzol, Xylol u. dgl. leicht löslich; spezifisches Gewicht: 1,2655; Siedepunkt: (bei 1 mm Quecksilbersäule) 160°. Es wurde während des 2. Weltkrieges in I.-G.-Laboratorien entwickelt und ist heute eines der wichtigsten synthetischen Schädlungsbekämpfungsmittel. E 605 ist 5—25mal wirksamer als DDT und umfaßt einen größeren Schädlingskreis. Nachteilig ist die hohe Giftigkeit (Giftabteilung I) und der widerwärtige Geruch. E 605 (Bayer, Leverkusen) wird mit Wasser verdünnt in 0,015—0,035%/oigen Lösungen im Obst-, Garten- und Gemüsebau gegen Apfelblütenstecher, Obstmaden, Frostspanner, Ringelspinner, Schwammspinner, Knospenwickler, Blattläuse, Blutläuse, Rote Spinne, Heu- und Sauerwurm, Kohlschädlinge, Zwiebelfliegen, Ameisen, Drahtwürmer usw. verspritzt. Der gelbe, übelriechende, in Blechdosen erhältliche E 605-Staub (Bayer, Leverkusen) enthält Dimethyl-p-nitrophenyl-thiophosphat. Man verstäubt ihn mit Puderdosen,

Schädlingsbekämpfung

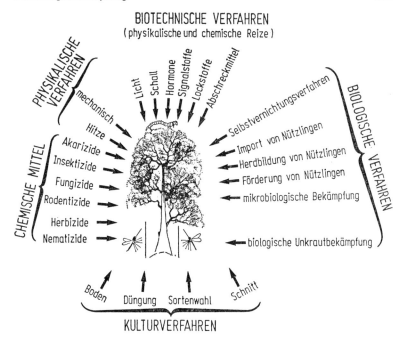

Bild 27 a. Mittel und Methoden zur Bekämpfung von Pflanzenschädlingen (nach Franz/Krieg).

Stoffsäckchen und dergleichen (notfalls mit einem alten Strumpf) gegen saugende und fressende Schädlinge, wie z. B. Blattläuse, Kohlwanzen, Schildläuse, Blattflöhe, Raupen von Kohlweißlingen, Erdflöhe, Spargelkäfer, Kohlschotenrüßler, Maulwurfsgrillen usw. Zur Vermeidung von Bienenschäden soll man E 605 nur abends verstäuben. Obst-, Gemüse- und Futterpflanzen können erst ungefähr eine Woche nach der E-605-Behandlung verwertet werden. Für die Pflanzen selbst ist E 605 unschädlich. Die Weltproduktion an E 605 erreichte 1959 über 9000 t. E 605 verhindert das Ferment Cholinesterase an der lebenswichtigen Spaltung des Acetylcholins in Cholin und Essigsäure. Nach dem E 605 wurden in der ganzen Welt eine lange Reihe von hochwirksamen organischen Phosphorsäureestern hergestellt, so z. B. Basudin (Ciba/Geigy), Diazinon (Spieß), Dipterex (Bayer), Dimecron (Ciba/Geigy), Lebaycid (Bayer), Metasystox (Bayer) usw. Malathion (Celamerck) ist ein Präparat, dessen Wirkstoff ein Additionsprodukt von Dimethyl-dithiophosphorsäure an Maleinsäurediäthylester ist. Der Spritzbelag auf Pflanzen ist schon nach einer Woche zu 80% zu ungiftigen Verbindungen abgebaut; gegen Meerschweinchen 70mal weniger giftig als E 605.

Systemische Insektizide. Dies sind synthetische Insektengifte, die man z. B. als 0,1%ige Lösung verspritzt, worauf sie von den Pflanzen durch die Blätter und Wurzeln aufgenommen werden und in den Pflanzen etwa 3–4 Wochen verbleiben, ohne diesen zu schaden. Fressende und saugende Insekten, die sich auf solchen Pflanzen aufhalten, werden durch das Gift getötet, während bei Menschen und Haustieren (infolge zu geringer Giftkonzentration) kaum Schädigungen eintreten. Die systemischen Insektizide wurden von Gerhard Schrader in den Bayer-Werken entwickelt. Sie kommen im Ackerbau, Obst- und Gartenbau (ausgenommen Gemüsebau) zur Anwendung. Beispiele:

Metasystox (i) (Bayer), Formel: $(CH_3O)_2P(O)-S-CH_2-CH_2-S-C_2H_5$ = Demeton-o-methyl. Es wirkt in 0,1%iger Verdünnung gegen saugende Schädlinge (Blattläuse, Blutläuse, Spinnmilben). Für Menschen ist dieses Präparat weniger giftig als das früher von Bayer hergestellte „Systox". „Metasystox R" (= Demeton-o-methylsulfoxid) wird ähnlich verwendet. Die letzte Spritzung soll nicht später als 4 Wochen vor der Ernte erfolgen (Giftabteilung III).

Nicotin. Gegen Insekten, die Säfte aus dem Pflanzeninnern saugen, sind die an der Oberfläche haftenden Fraßgifte wenig wirksam; hier muß man Spritzungen mit Haut- und Atemgiften, wie Nicotin und Pyrethrum, anwenden. Das Nicotin wirkt vor allem als Atemgift; es dringt durch die Atemöffnungen ein und lähmt die Nervenzentren. Ein Raumteil gasförmiges Nicotin in 10 Millionen Raumteilen Luft wirkt auf Blattläuse schon tödlich. Nicotin ist auch für den Menschen giftig; es erregt Erbrechen und Kopfweh (Gegenmittel: starker Tee oder Kaffee, Cardiazol, Coramin, Magenspülung mit Tannin) und darf deshalb nicht gegen den Wind gespritzt werden. Nicotin läßt sich mit Kupferkalkbrühe mischen und wirkt dann gegen Insekten und Pilze zugleich. Nicotin verflüchtigt sich ziemlich bald und kann daher nur im Augenblick der Gefahr, nicht aber vorbeugend gespritzt werden. Früchte und Gemüse soll man 1 bis 2 Tage vor der Ernte nicht mehr mit Nicotin behandeln. Nicotin wirkt schon in starken Verdünnungen; es genügt ein Teil Nicotin auf 1000 Teile Wasser.

Käufliche Nicotinpräparate:
Rein- oder Rohnicotin (95–98%ig, Giftabteilung I [Hersteller: Bigot und Schärfe, Hamburg]) wird als 0,03–0,06%ige Lösung verspritzt oder unverdünnt verdampft (10–20 Kubikzentimeter auf 100 Kubikmeter). Nicotinsulfat (40%ig), Marke Hansa von Bigot-Schärfe, wird gegen beißende und saugende Insekten in 0,075–0,15%iger Lösung angewendet. Nicotinpräparate sind auch die Handelsmarken „Nikoflor" und „Lucifer". „Bladafum" ist Nicotinersatz.
Bringe einen Tropfen Nicotin und ein Insekt unter eine Glasschale. Beobachtung? Warum rauchen Bienen bei Arbeiten am Bienenstand? Halte einen Glasstab mit etwas Salzsäure über ein Nicotingefäß! Salzsäure bildet mit Nicotin einen weißen Rauch von salzsaurem Nicotin — eine ähnliche Rauchentwicklung beobachtet man, wenn Salzsäuredämpfe mit Salmiakgeist zusammentreffen.

Pyrethrumpräparate. Die Blüten des dalmatischen Korbblütlers Pyrethrum enthalten 0,2–0,3% Pyrethrine; das sind komplizierte organische Verbindungen, welche merkwürdigerweise für die Insekten außerordentlich giftig, für Menschen und Haustiere dagegen unschädlich sind. Schon seit 1898 sind fertige Pyrethrum-Seifenlösungen im Handel, die vor dem Gebrauch mit der angegebenen Menge Wasser verdünnt werden; daneben gibt es Pyrethrumpräparate in Emulsionen, Pulvern, Sprühdosen usw. Sie sind für Insekten tödliche Nervengifte, die hauptsächlich durch die Atemöffnungen aufgenommen werden. 1 Teil Pyrethrin in 80 000 Teilen Wasser aufgelöst wirkt auf Schaben noch tödlich. Die Verwendung von Pyrethrumpräparaten ist neuerdings wieder im Ansteigen begriffen, da man deren Wirkung durch Zusatz von sog. Synergisten (z. B. Piperonylbutoxid, Sesamölbestandteile, Octachlordipropyläther = S 421 der BASF) erheblich steigern konnte. In den USA und in Europa werden seit 1950 auch einzelne Pyrethrum-Bestandteile (Allethrin, Cinerin) synthetisiert.

Gegen Stall- und Stubenfliegen, Schaben u. dgl. wendet man z. B. folgende Pyrethrum-Präparate (z. B. verstärkt mit Piperonylbutoxid) an: „Chrysanthol-Nebeldose" (Spieß), „Parexan" (Hoechst) und „Spruzit" (Neudorff, Emmenthal).

Sprühmittel mit Pyrethrum u. a. sind „Parexan Neu Pflanzenspray" (Hoechst) bei Zier- und Zimmerpflanzen und „Spruzit". Als Vernebelungsmittel gegen Getreide- und Speicherschädlinge nimmt man mit Dichlorphos verstärkte P-Präparate, z. B. „Detmol-fum" (Giftabt. III, Frowein). „Dusturan-Kornkäferpuder" (Spieß) enthält Pyrethrum und Piperonylbutoxid.

Obstbaumcarbolineum. Bei der Destillation von Stein- und Braunkohle gewinnt man Teeröle, die infolge ihres Carbolsäure- und Kresolgehaltes schon seit langem zum Holzanstrich (gegen Fäulnis) verwendet werden. Vermischt man diese wasserunlöslichen Teeröle mit Seifenlösungen, Soda oder Laugen, so lassen sie sich mit Wasser emulgieren, das heißt in Form feinster Tröpfchen gleichmäßig verteilen[1]. Eine starke Verdünnung mit Wasser ist unbedingt nötig, weil die reinen Teeröle lebende Pflanzen schädigen würden. Das käufliche „Obstbaumcarbolineum" besteht aus „wasserlöslichen" (richtiger „emul-

---

[1] Dies zeigt folgender Versuch: Wir füllen ein Probierglas 4 cm hoch mit Wasser, lösen darin etwa 1 Gramm Schmierseife auf (erwärmen) und gießen eine 4 cm hohe Petroleumschicht über die Lösung. Zum Vergleich füllen wir ein zweites Probierglas 4 cm hoch mit Wasser und mit ebensoviel Petroleum. Nachdem beide Gläser 20mal kräftig umgeschüttelt wurden (mit Daumen verschließen), ist im seifenhaltigen Glas eine gleichmäßige weiße Brühe (Emulsion) entstanden, in der man unter dem Mikroskop viele Petroleumtröpfchen herumschwimmen sieht. Diese Emulsion hält sich etwa eine halbe Stunde lang; sie kann auch mit Wasser beliebig verdünnt werden und bleibt dann wochenlang unverändert. Im zweiten Probierglas sammelt sich dagegen das Petroleum schon nach einer Minute wieder an der Wasseroberfläche. Bei der Herstellung von Obstbaumcarbolineum wirkt die Seife wie beim Petroleum emulsionsstabilisierend, d. h., sie erhöht die „Lebensdauer" der Emulsion und verhindert vorzeitige Entmischungen. In neuerer Zeit hat die chemische Industrie eine Reihe von „Emulgatoren" oder „Stabilisatoren" geschaffen, welche noch viel bessere Wirkungsgrade als die Seife erreichen.

gierbaren") Teerölen; es wird im Herbst und Winter mit der 12- bis 25fachen Menge Wasser verdünnt auf die Bäume gespritzt. Solange diese belaubt sind, ist das Spritzen zu unterlassen, da sonst die Blätter angegriffen werden. Obstbaumcarbolineum wirkt gegen die überwinternde Brut der Blattläuse, Blutläuse, Schildläuse, Apfelblattsauger, Kirschblütenmotte, Frostspanner, Gespinst- und Sackträgermotte, ferner gegen Moos- und Flechtenwuchs, Baumkrebs und Pilzschädlinge.

B. Fungizide.

Dies sind Präparate, mit denen man pilzbedingte Pflanzenkrankheiten, wie z. B. Mehltau, Peronospora, Schorf, Kartoffelkrautfäule u. v. a. bekämpft. Wichtige Fungizide sind z. B.:

Schwefel und Schwefelverbindungen. Der Schwefel ist ein gutes Vorbeugungs- und Bekämpfungsmittel für den echten Mehltau der Reben (Oidium); er wirkt auch gegen Rosenmehltau, Hopfenmehltau und Spinnmilben. In Frankreich werden zur Bekämpfung des Rebenmehltaus jährlich über eine Million, in Deutschland 50 bis 60 000 Doppelzentner Schwefel verbraucht.

Erhitzt man 850 Gramm gepulverten, gebrannten Kalk, der mit 1450 Gramm Schwefelblumen vermischt und in 10 Liter Wasser aufgerührt wurde, 45 Minuten lang in einem eisernen oder emaillierten Kessel, so entsteht die Calciumpolysulfid (CaS_5 u. a.) enthaltende Schwefelkalkbrühe. Vermischt man 3—5 Liter dieser Brühe mit 100 Liter Wasser, so erhält man ein Mittel gegen Stachelbeermehltau, Braunfleckenkrankheit der Tomate, Schorf der Äpfel und Birnen, Schildläuse, Milben u. a. Zur Verbesserung der Wirkung verwendet man heute vielfach äußerst feinen, kolloidalen Schwefel in Verbindung mit Netz- und Haftmitteln.

Käufliche Schwefelpräparate: Schwefelkalkbrühe „Bergol" mit 10—15 g Polysulfidschwefel in 100 cm³. „Solbar" (Bayer, Leverkusen), ein graues Pulver, das im Sommer und Winter im Obst-, Garten- und Weinbau gegen Mehltau, Schorf, Kräuselkrankheit und tierische Schädlinge angewandt werden kann. Eine genaue Gebrauchsanweisung ist diesen und allen anderen Pflanzenschutzmitteln aufgedruckt. „Solbar" besteht im wesentlichen aus Bariumpolysulfiden. Eine Probe davon verbrennt auf dem Porzellanscherben mit blauer Flamme unter Entwicklung von stechend riechendem Schwefeldioxidgas. Zu den sog. Netz-Schwefelpräparaten gehören Borchers Netzschwefel, Borchers Ultraschwefel, Cosan-Netzschwefel, Elosal-Netzschwefel, Hinsberg-Netzschwefel.

Kupferverbindungen. Auf den Blättern der Weinrebe sehen wir häufig blaugrüne Flecke; diese rühren von der sogenannten Kupferkalkbrühe (auch Bordeauxbrühe genannt) her, welche von den Weingärtnern gegen den falschen Mehltau (Peronospora) verwendet wird. Man löst 1 Kilogramm blaue Kupfersulfatkristalle in einem Holzgefäß[1] in 50 Liter Wasser und gießt diese unter Umrühren

---

[1] Eisen- oder Zinkgefäße würden durch Kupfersulfat verkupfert werden, vergleiche S. 21.

in einen zweiten Behälter mit der gleichen Menge Wasser, in dem ein halbes Kilogramm frisch gebrannter, reiner Kalk verrührt wurde. Die so entstehende 1%ige, blaue Kupferkalkbrühe muß möglichst bald verspritzt werden, da sie sich sonst absetzt und an Wirkungskraft verliert. Der Kalkzusatz ist nötig, weil sonst das sauer reagierende Kupfersulfat (mit Lackmus prüfen!) die Blätter angreifen würde; auch könnte es infolge seiner Wasserlöslichkeit vom Regen leicht fortgespült werden. Wird 1 Kilo Kupfersulfat in 50 Liter Wasser gelöst und mit 50 Liter Wasser vermischt, in dem 1,2 Kilogramm Kristallsoda gelöst sind, so entsteht die sogenannte B u r g u n d e r b r ü h e (ist Kupfersodabrühe). Hier wird das Kupfervitriol mit Hilfe der Soda neutralisiert und in unlösliches Carbonat verwandelt (Gleichung: $CuSO_4 + Na_2CO_3 \rightarrow CuCO_3 + Na_2SO_4$). Mit Kupferverbindungen bekämpft man folgende Pilzkrankheiten: Blattfallkrankheit der Reben (falscher Mehltau), Krautfäule der Kartoffeln, Schorf der Äpfel, Birnen und Kirschen, Schrotschußkrankheit des Steinobstes, Blattfallkrankheit der Stachel- und Johannisbeeren, falscher Mehltau der Gemüse- und Zierpflanzen, Schüttekrankheit der Kiefer, Blattfleckenkrankheit der Rüben usw.

K ä u f l i c h e K u p f e r p r ä p a r a t e. Um die mühsame Selbstherstellung der Kupferkalkbrühe entbehrlich zu machen, bringen die meisten Pflanzenschutzmittelfirmen gebrauchsfertige kupferhaltige Präparate auf den Markt, die man im Bedarfsfall einfach in der vorgeschriebenen Wassermenge auflöst und verspritzt. Solche Packungen werden z. B. hergestellt von den Firmen Bayer, Leverkusen (als Cupravit = OB 21) ; Borchers, Goslar; Th. Goldschmidt, Mannheim-Rheinau; Elektro-Nitrum A.G., Laufenburg; Billwärder, Hamburg; Neudorff K.G., Wuppertal-Elberfeld; Chem. Fabr. Propfe, Mannheim-Neckarau; Schacht, Braunschweig; Güttler & Co., Hamburg; Pflanzenschutz G.m.b.H., Hamburg; Farbwerke Hoechst („Vitrigan"); Wacker, München usw. Diese Präparate enthalten in der Regel Kupferoxychlorid, Formel: [3 $Cu(OH)_2 \cdot CuCl_2$] · 4 H_2O. In Cupravit, blau (Bayer) und Ku 55, blau (Merck) ist aktiviertes Kupferhydroxid enthalten. Das Kupfer läßt sich leicht nachweisen, wenn man im Probierglas eine etwa weizenkorngroße Probe mit 1—2 Kubikzentimeter Salzsäure erwärmt und nach der Auflösung 2 cm^3 Kaliumhexacyanoferrat(II)-Lösung dazugibt (S. 22).

Zu den „klassischen" Fungiziden gesellen sich in den letzten Jahren eine Reihe von synthetischen Präparaten: So z. B. Z i n e b = Zinkäthylen-bis-dithiocarbamat (enthalten in Albran-Spritzpulver, Aglukon; Alean-Spritzpulver, Merck; Fungo-Pulvit, Schacht; Deikusol, Wacker; Lonacol, Bayer). Alle diese Mittel sind bienenunschädlich. Z i r a m ist Zinkdimethyldithiocarbamat (enthalten in Fuclasin-Ultra, Schering; AAzira, Wiersum). M a n e b ist Manganäthylen-bis-dithiocarbamat (enthalten in Dithane-M von Riedel, Spieß, Urania, Maneb-BASF, Maneb-Merck, Maneb-Bayer). F e r b a m ist Eisendimethyldithiocarbamat (enthalten in AAferzimag, Wiersum, und Ferbam Spritzpulver). T h i u r a m e , z. B. Tetramethylthiuramdisulfid (in TMTD-Spritzpulver, BASF; TMTD-Spritzpulver, Aglukon; Pomarsol forte, Bayer). C h l o r n i t r o b e n z o l e (in Brassicol und Bulbosan von Hoechst). R h o d a n d i n i t r o b e n z o l (Nitrit-Hoechst).

Captan ist Chlormethylthiophthalimid (in Orthocid von Merck, Bayer, Propfe, Schering). Oft werden diese synthetischen, organischen Fungizide auch mit Schwefel- bzw. Kupferpräparaten oder auch mit Insektiziden kombiniert.

Anhang:

1. Unkrautvertilgung. Man unterscheidet hier zwischen a) totaler und b) selektiver (auswählender) Pflanzenbekämpfung. Bei Anwendung totaler Pflanzenbekämpfungsmittel wird jeglicher Pflanzenwuchs (auch Nutzpflanzen) ausgerottet. Hierher gehören vor allem die Natriumchloratpräparate, ferner Trichloracetat (NaTa von Hoechst), Aminotriazol (Bayer), Triazine wie z. B. Simazin = 2-Chlor-4,6-bis(äthylamino)-1,3,5-Triazin (Spieß, Schering). Unkraut auf Wegen und Eisenbahnanlagen wird durch eine 2%ige Natriumchloratlösung ($NaClO_3$) beseitigt; 1,5 Liter reicht für 1 Quadratmeter Fläche.

a) Käufliche Natriumchloratpräparate zur Unkrautbekämpfung sind: „Rapid-Ex" (Stähler), „Plantex" (Schacht), „Radikal-Unkrautvertilger" (Propfe), „Rasikal" (Bayer), „Unkraut-Ex" (Stolte & Charlier, Hamburg) u. a.

Versuche: Weise in „Unkraut-Ex" und anderen Präparaten Chlorat nach. Näheres Seite 26. „Unkraut-Ex" enthält rund 84% Natriumchlorat und 16% Soda. Erhitze eine etwa erbsengroße Menge „Unkraut-Ex" im Probierglas. Es entweicht zunächst viel Kristallwasser aus Soda (setzt die Feuergefährlichkeit des Präparates herab; die Präparate sind in der Regel weiße, wasserlösliche Pulver, die wegen ihrer Feuergefährlichkeit in Blechdosen in den Handel kommen), dann erfolgt eine Sauerstoffentwicklung aus Natriumchlorat — ein ins Probierglas eingetauchter glimmender Span wird entflammt. Wir erhitzen im Porzellantiegel eine etwa bohnengroße Menge „Unkraut-Ex" zum Schmelzen (Vorsicht! Feuersichere Unterlage) und werfen dann mit Hilfe einer langen Zange kleine Stückchen Holz (z. B. $^1/_{10}$ von einem Streichholz), Papier, Tuch, eine streichholzkopfgroße Menge Schwefel in den Tiegel. Vorsicht, wegsehen! Heißer Inhalt kann herausspritzen! Die eingeworfenen Gegenstände verbrennen sehr schnell unter hellen Feuererscheinungen, da im reinen Natriumchlorat der Sauerstoff in über 300mal höherer Konzentration vorliegt als in der Luft. Wir verstehen jetzt, warum man die mit Natriumchloratlösung durchfeuchteten Kleidungsstücke gründlich mit Wasser auswaschen muß, bevor man sie zum Trocknen an den Ofen hängt. Die Natriumchloratpräparate vernichten alle Pflanzen, daher dürfen sie nicht in unmittelbarer Nähe von Nutzpflanzen angewendet werden.

b) Bei der wichtigeren selektiven Unkrautbekämpfung wendet man Chemikalien an, die nur die Unkräuter, nicht aber die auf dem gleichen Boden wachsenden Kulturpflanzen zum Absterben bringen.

Junge Hederich- und Ackerpflänzchen mit 2—4 Blättern bekämpft man auf den Feldern z. B. mit einer 20—25%igen Eisenvitriollösung; für das Ar benötigt man 6—8 Liter Flüssigkeit.

Auch gelbe Dinitrocresolpräparate dienen vielfach der Unkrautbekämpfung, so z. B. „Raphatox" (Schering), „Hedolit-Pulver" (Farbenfabrik Wolfen). Diese Gelbspritzmittel werden z. B. zur Bekämpfung von Ackersenf und Hederich im Getreide angewendet; sie rinnen an den glatten Getreidepflanzen wirkungslos herunter, bleiben dagegen auf den flachen Unkrautblättern hängen und wirken dort infolge Eiweißausflockung als Zellgift. Feingemahlener Kainit ($K_2SO_4 \cdot MgSO_4 \cdot MgCl_2 \cdot 6\,H_2O$) düngt den Acker und wirkt gegen Hederich; für das Hektar rechnet man 750 bis 1000 Kilo. Am besten wird er frühmorgens ausgestreut, wenn sonniges Wetter zu erwarten ist. Auf die zarten, waagrechten Blätter des Hederichs fällt dann das Salz; dieses zieht Wasser heraus und bringt die Pflanzen zum Verwelken, während die senkrechteren, dickhäutigen Getreidepflänzchen überleben. Eine Düngung mit 150–200 kg Kalkstickstoff (Süddeutsche Kalkstickstoffwerke, Knapsack, Lonza) je Hektar wirkt gegen Unkräuter in Getreide und auf Wiesen und Weiden.

Das weitaus wichtigste selektive, d. h. ausgewählte Unkrautbekämpfungsmittel ist die 2,4-Dichlorphenoxyessigsäure (bzw. deren Natriumsalz), $C_6H_3Cl_2-O-CH_2-COOH$, ein synthetischer Wuchsstoff, der abgekürzt auch 2,4 D heißt und in Deutschland unter den Handelsnamen „U 46" (Badische Anilin- und Sodafabrik, Ludwigshafen), „Selektonon" (Borchers, Goslar), „Hedonal" (Bayer), „Netagrone" (Rhodia), „Utox 2,4-D" (Spieß) usw. in den Handel kommt. „U 46" ist ein weißgraues Pulver; es wird durch Genossenschaften und Handel in Kilo-Blechdosen geliefert. Man versprüht im Frühjahr zur Zeit des stärksten Wachstums (wenn das Getreide 10–30 Zentimeter hoch ist und die Blattunkräuter ihre Blattrosette entwickeln) eine Lösung von 0,75–2 Kilo „U 46" in 800 Liter Wasser auf das Hektar trockenes Ackerland; es werden dann nach einiger Zeit Hederich, Ackerwinde, Distel, Ackersenf, Ackerhahnenfuß, Wicke usw. in ihrem Wachstum krankhaft gesteigert (2,4-D ist ein stark wirkender synthetischer Wuchsstoff), so daß sie vor der Samenbildung an Auszehrung zugrunde gehen. Die Getreidearten und ihre wildwachsenden Verwandten (Gräser, Windhalm, Ackerfuchsschwanz, Quecke) widerstehen den obengenannten Konzentrationen, dagegen darf man „U 46" nicht auf Kartoffeln, Rüben, Schmetterlingsblütler, Reben, Obstplantagen und dergleichen bringen. 2,4 D wird in den USA schon seit vielen Jahren in großem Umfang verwendet; die Steigerung der amerikanischen Ernteerträge seit 1947 hat darin ihre Hauptursache. Im Jahre 1950 wurden in USA 6000 Tonnen, 1956 dagegen über 13 000 Tonnen 2,4 D hergestellt.

Vielfach wird auch das etwas milder wirkende, chemisch verwandte MCPA (= Methyl-Chlor-Phenoxy-Acetat) angewendet (1 kg/ha Getreide); Handelspräparate dieser Art sind z. B. Hedonal-M-Pulver (Bayer), M 52 (Pulv. Schering), AAherba-M-Pulver (Wiersum), U 46/M-Fluid (BASF). Nicht selten kombiniert man auch mehrere synthetische Wuchsstoffe. So enthält z. B. das Bi-Hedonal von Bayer und das Dikofag-Kombi von Hoechst 2,4 D und MCPA-Salze, das Anicon TM von Merck MCPA und Ester von 2,4,5-T (= 2,4,5-Trichlorphenoxyessigsäure). Das 2,4,5-T wird gegen unerwünschten Baum-Strauch-Wuchs angewendet, es findet sich z. B. in Tormona 100 (Cela), Tributon D (Bayer), Forst-U 46 (BASF). Gegen Klettenlabkraut, Huflattich, Vogelmiere und andere Unkräuter im Getreide wirkt besonders die 4-Chlor-2-Methylphenoxypropionsäure (abgekürzt CMPP), sie ist z. B. enthalten in Anicon P, flüssig (Merck), Celatox-CMPP (Cela), Hedonal MCPP forte (Bayer), MP 58 (Schering), Sekuron P (Aglukon), U 46 KV (BASF). Neuerdings hat man auch Wuchshormone synthetisiert, die gerade die Gräser (Windhalm, Quecke usw.) vernichten und den höheren (dikotyledonen) Pflanzen nicht schaden. Ein Präparat dieser Art ist z. B. das o-Isopropyl-N-Phenylcarbamat von der Formel:

$$C_6H_5-NH-COO-CH(CH_3)_2.$$

Mit Basinex (BASF) werden durch 2.2-Dichlorbuttersäure unerwünschte Grasarten an Wassergräben und in der Forstwirtschaft und Quecken auf dem Ackerland bekämpft. Shell Unkrauttod A (BASF) mit dem Wirkstoff Allylalkohol = Propenol-3 ($CH_2 = CH-CH_2OH$) wird in Wasser aufgelöst und vernichtet keimende Unkrautsamen. Dieses Mittel erspart Hackarbeiten und hat Nebenwirkungen gegen schädliche Nematoden und Bodenpilze.

2. Bodendesinfektion. Die im Boden lebenden Schädlinge (Erreger von Kohlhernie, Kartoffelkrebs und Schwarzbeinigkeit, Fadenwürmer, Drahtwürmer, Engerlinge, Reblaus, Nagetiere usw.) können dadurch vernichtet werden, daß man in jeden Quadratmeter vier gleich weit entfernte, 20-25 Zentimeter tiefe Löcher bohrt und in jedes 50 Kubikzentimeter Schwefelkohlenstoff gießt. Natürlich können solche und andere Bodendesinfektionsverfahren wegen der hohen Arbeitskosten nur bei besonders hochwertigen Anbauflächen (Weingärten, Baumschulen, Saatbeete, Treibhäuser) oder bei neu eingeschleppten, gefährlichen Schädlingen in Betracht kommen. In Amerika bekämpft man schädliche Bodenpilze mit 30-50 Liter einer 0,1%igen Formaldehydlösung, die auf das Quadratmeter der Gartenfläche u. dgl. gegossen wird. Des weiteren werden zur Bodendesinfektion „Ceresan", „Germisan", Ätzkalk, Kalkstickstoff, Hexachlorcyclohexan (1 kg/Ar), Brassicol, Ammoniumsulfamat, Ammoniumsulfat (10-20 t/ha), Natriumnitrat (auf Rübenfeldern 5 dz/ha), Kaliumxanthogenat, Para-Dichlorbenzol, Shell D-D (BASF) mit Dichlorpropan-Dichlorpropen, Chlorpikrin, Obstbaumcarbolineum u. dgl. verwendet bzw. empfohlen. Die Bodendesinfektion in Gärtnereien wird auch durch 10minutige Erhitzung des Bodens auf 85° erreicht.

Brassicol (Hoechst, Frankfurt) wird zur Bodendesinfektion bei Salatfäule, Keimlingskrankheiten und Zwiebelbrand verwendet. Es ist ein feines, grauweißes Pulver, aus dem man durch „trockene Destillation" oder durch Umschütteln mit Benzin (Filtrieren, Verdunsten!) eine organische Chlorverbindung abscheiden kann. Erhitzt man eine Messerspitze „Brassicol" im trockenen, schwerschmelzbaren

Probierglas, so schlägt sich oben eine weiße Kruste von einer organischen Chlorverbindung nieder. Bringt man ein wenig von dieser weißen Masse auf einen Kupferdraht, so färbt er sich in der Flamme schön grün, da sich das Chlor der organischen Verbindung mit dem Kupfer zu flüchtigem Kupferchlorid verbindet. Die organische Chlorverbindung ist schon bei Zimmertemperatur etwas flüchtig, daher rührt auch der eigenartige Geruch des „Brassicol". „Brassicol" ist Pentachlornitrobenzol.

3. H o l z s c h u t z m i t t e l. Bauholz wird zum Schutz gegen schädliche Kleinpilze (Hausschwamm) oder Insekten häufig mit Holzschutzmitteln bestrichen oder durchtränkt. Als solche kommen in Betracht: Carbolineum, Teerölanstriche, chlorierte Naphthaline (Xylamon) und Phenole, Dinitrokresole, Natriumarsenit, Silico-Fluoride, Fluorverbindungen, Zinkchlorid, Chromsalze oder Kombinationen aus diesen Stoffen. Holzschutzmittel für Innenräume dürfen kein giftiges Pentachlorphenol, PCP, C_6Cl_5OH, enthalten. „Xyladecor" (Bayer) ist frei von PCP. Es verhindert Fäulnis und dient als dekorative Farblasur. Zur Herabsetzung der Entflammbarkeit von Holz werden eine Reihe von Präparaten hergestellt; viele enthalten anorganische Phosphate (Diammoniumphosphat $(NH_4)_2HPO_4$), so z. B. Bajutox-Feuerschutz, Bekarit-F, Corbal-F, Osmol F 1, Pyromors, Wolmanit I; andere bilden eine dicke, feuerhemmende Schaumschicht (z. B. Albert-Schaumschutz, Flammschutz Albert DS, Corbal F Schaumschutz von Avenarius, Pyromors Dämmschutz von Desowag, Wolmanit-Antiflamm von Ahig). Durch zweckmäßige Anwendung von Holzschutzmitteln kann man die Lebensdauer von Bauholz um das Mehrfache erhöhen; dies ist bei dem weltweiten Holzmangel von besonderer Bedeutung.

4. R a u p e n l e i m e. Diese bestehen aus Mischungen von Terpentinöl, Wachs, Leinöl und dergleichen, die auf 20 Zentimeter breite Pergamentstreifen gestrichen werden. Die „Leimringe" bindet man im September in Brusthöhe um die Obstbäume. Der Leim soll von September bis Ende März klebrig bleiben. An dem Leim bleiben die schädlichen Raupen des Schwammspinners, Ringelspinners u. a. hängen. Vor allem aber verwehren die Leimringe den flügellosen Weibchen des Frostspanners den Weg vom Boden zur Baumkrone. Neuerdings wird auch vorgeschlagen, die Rinde mit Kontaktgiften (z. B. Hexachlorcyclohexan und dergleichen) einzustäuben.

5. W e s p e n b e k ä m p f u n g. Wespen können auf Feldern den arbeitenden Menschen und Haustieren sehr lästig werden. Um dies zu vermeiden, gießt man nach Sonnenuntergang etwa 50 Kubikzentimeter Schwefelkohlenstoff (Vorsicht! Feuergefährlich!) in das Flugloch des Wespennestes und tritt dieses dann fest zu. Die Wespen werden durch die giftigen Schwefelkohlenstoffdämpfe rasch getötet. Man kann auch E 605-Staub in den Eingang zum Wespennest bringen; E 605 ist ein hochwirksames Berührungsgift. Oder man schüttet in die Erdnester

pulverförmige Hexa- oder Lindanpräparate. Wespennester in Mauerwerk oder auf Dachböden werden spätabends mit einem Lindan-Präparat besprüht.

6. **Fliegenbekämpfung.** Kombinationspräparate gegen Fliegen enthalten z. B. Pyrethrum und Piperonylbutoxid (Chrysanthol-Nebeldose) oder Lindan, Pyrethrum (Flycid-Zerstäuber, Glutox-Zerstäuber). Sprüh- und Vernebelungsmittel sind z. B. Flit (Dichlorvos mit Piperonylbutoxidzusatz), Multicod-Ultra, Paral-Automat, Plagin. Baytex (Phosphorsäureester von 3-Methyl-4-methylmercapto-3-methylphenol) und Exodin-Fliegentod, Schering (enthält Diazon) sind Sprühmittel, die auch gegen resistente Fliegen wirken. Der Muscaron-Fliegenstreifen von Bayer enthält Parathion ($=$E 605). Die Delicia-Fliegenteller enthalten Malathion, die Nexa-Fliegenteller Nexion$=$Phosphorsäure(äthylsulfoxyäthyl)-dichlorvinylmethylester. Insektentötenden Anstrichfarben für Ställe, Baracken, Keller, Lagerräume und dgl. ist Diazinon (Wiedetox-Schutzfarbe 5545) beigemischt; Diazinon ist ein Phosphorsäureester. Die Tugon-Fliegenmittel von Bayer enthalten Dipterex ($=$Trichloroxyäthylphosphonsäure-dimethylester). Die bandförmigen Fliegenfänger enthalten einen Leim, zu dessen Herstellung man meist Terpentinöl, Kolophonium, Leinöl, Wachs, Honig usw. verwendet. Die Zugtiere werden im Sommer durch Einreiben mit Bremsenöl gegen Fliegen und Bremsen geschützt; ein wirksames Bremsenöl kann man durch Vermischen von 9 Teilen Rüböl und 1 Teil Kreolin selbst herstellen, siehe auch Insektenschutzcreme unter Hautcreme.

7. **Ameisenvertilgung.** Man vermischt 0,125–0,250 Gramm Arsenik, As_2O_3, mit 120 Gramm Sirup oder Kunsthonig und durchtränkt damit einen Schwamm, den man zur Sicherheit in eine durchlöcherte Blechdose legt. Käufliche Ameisenmittel enthalten z. B. Lindan (Ameisenmittel Schering, Hinsberg-Ameisentod, Hora-Ameisentod). In Gemüsegärten kann man die Ameisennester abends durch Übergießen mit viel heißem Wasser vernichten. Bei Hausameisen hat sich die Ameisen-Köderdose (Dr. Freyberg, Weinheim) bewährt.

8. **Mottenbekämpfung.** Die Kleider- oder Pelzmotten sind kleine Schmetterlinge, welche gewöhnlich in der warmen Jahreszeit im Dunkeln umherfliegen, in geheizten Zimmern aber auch mitten im Winter anzutreffen sind. Die weiblichen Schmetterlinge legen in Pelzwaren, Polstermöbel, Wollstoffe, Federhüte usw. etwa 50 winzige, weiße Eier. Aus diesen entwickeln sich weiße, schädliche Räupchen, welche Wolle, Federn, Seide – im Notfall sogar Kunstseide – zerfressen und aus den abgenagten Stoffteilchen kleine, sackartige Gehäuse bauen, in denen sie sich in eine gelbliche Puppe verwandeln. Die ausschlüpfenden Schmetterlinge vermehren sich rasch wieder, so daß in Europa jährlich meist zwei Mottengenerationen zur Welt kommen.

Die gesamte Nachkommenschaft eines Mottenweibchens frißt jährlich etwa 30 Kilo Wolle.

Abwehrmaßnahmen gegen Motten: Taucht man Wollstoffe in eine Lösung von „Eulan", so bleiben auch nach dem Abspülen und Trocknen Spuren von Eulan fest auf der Faser haften und schützen dann mit Sicherheit gegen Mottenfraß. Die Wolle wird durch das Eulan für die Motten sozusagen vergällt; wahrscheinlich werden auch die keratinabbauenden Mottenfermente geschädigt. Die käuflichen, in der Fabrik eulanisierten Wollwaren sind durch gelbe Etiketten mit der Aufschrift „mottenecht durch Eulan" kenntlich gemacht. Von Eulan (Bayer, Leverkusen) gibt es eine ganze Reihe von Verbindungen; so ist z. B. das seit 1927 hergestellte „Eulan-Neu" ein Triphenylmethanderivat (chlorhaltig), „Eulan NK" (Bayer, 1928) ist Triphenyl-3,4-Dichlorbenzyl-Phosphoniumchlorid, $(C_6H_5)_3 P(Cl)CH_2C_6H_3Cl_2$, das 1934 herausgebrachte „Eulan BL" ist 3,4-Dichlorbenzolsulfomethylamid. Das eulanähnlich wirkende Wollvergällungsmittel „Mitin" (Geigy, Basel) ist das Dichlorphenylharnstoffderivat der 4,4'-Dichlor-1,1'-diphenyläther-2-sulfonsäure. Das neue Eulan U 33 ist die Lösung eines Sulfonamids in einem Alkohol; es schützt in einer Anwendungsmenge von 1% (vom Warengewicht) Woll- und Halbwollwaren, Haare, Federn und Borsten gegen den Fraß von Motten und Teppichkäfern; es ist fabrikations- und tragecht; es beeinflußt die Echtheit und den Farbton der Farbstoffe nicht; es ist unempfindlich gegen Oxidationsmittel und gegen wasserabweisende Präparate. Mottenlarven, die mit Eulan U 33 behandelte Wolle fressen, gehen zugrunde.

Eulan wird in den Fabriken und chemischen Reinigungsanstalten (Eulan BLN und BLS) auf die Wolle gebracht. Zur Zeit finden hauptsächlich Eulan BLS, U 33 und WA, extra konzentriert, Anwendung. Da auch heute noch lange nicht alle Kleider eulanisiert sind, können die altbekannten Mottenmittel des Handels nicht entbehrt werden. Hier kommen vor allem Präparate aus Hexachloräthan (C_2Cl_6) und p-Dichlorbenzol ($C_6H_4Cl_2$) bzw. Präparate aus Gemischen dieser Stoffe in Betracht. Noch etwa bis 1920 verwendete man zur Mottenbekämpfung mit mäßigem Erfolg auch scharf riechende Kräuter und Blüten, wie z. B. das Sumpfporstkraut, die indische Mottenwurzel, die gelben Katzenpfötchen, Pyrethrum und dergleichen. Die ätherischen Öle der „Mottenkräuter" schrecken die Motten in der Art von „Insect Repellents" ab. Naphthalin und Campher wirken hauptsächlich abschreckend; vielleicht üben auch die an der Textilfaser haftenbleibenden Teilchen eine gewisse Vergällungswirkung aus; von anderer Seite werden ernsthafte Wirkungen bestritten. Seit 1920 wird das wirksamere Hexachloräthan als Mottenmittel verwendet, und das auch heute noch viel benutzte p-Dichlorbenzol dient seit 1911 dem gleichen Zweck. Im Jahre 1936 wurde die Wirkung von p-Dichlorbenzol durch

Zusätze von 5% Hexachloräthan, Aceton, Chloroform, Chloralhydrat (siehe US-Patent 2214782) wesentlich gesteigert. Präparate dieser Art sind in Deutschland unter der geschützten Bezeichnung „Globol" (Hersteller Fritz Schulz jun., Neuburg/Donau) seit Jahren allgemein verbreitet. Unter den 4 Mottenbekämpfungsmitteln Naphthalin, Campher, Hexachloräthan und p-Dichlorbenzol hat das letzte bei weitem die stärkste Wirkung, da es als narkotisches Atemgift und bis zu einem gewissen Grad auch als Berührungsgift wirkt und da es etwa zehnmal so rasch verdunstet als Naphthalin. Setzt man die Vergasungsgeschwindigkeit von Naphthalin = 1, so beträgt diese unter gleichen Bedingungen bei Campher 3,3, bei Hexachloräthan 5 und bei p-Dichlorbenzol 10. Globol verdunstet also ziemlich schnell, und das ist für die Mottenbekämpfung vorteilhaft. Es bilden sich zwischen den mit Globol behandelten Kleidern, Pelzen usw. viele konzentrierte giftige p-Dichlorbenzoldämpfe, welche die Motten vernichten. Um ein rasches Entweichen dieser Dämpfe zu verhindern, ist es zweckmäßig, die mit Mottenmitteln geschützten Schränke möglichst dicht abzuschließen – besonders wertvolle Kleider oder Pelze hängt man in einen Mottensack aus Papier (Supronyl-Folie, Polyäthylen oder Cellophan), gibt Globol oder ein anderes Mottenmittel hinein und bindet ihn dann fest zu. Da p-Dichlorbenzol einen besonders hohen Dampfdruck hat und rasch vergast, verlieren die mit Globol behandelten Kleider beim Lüften ihren Mottenmittelgeruch viel schneller, als dies etwa bei Verwendung von langsam verdunstendem Naphthalin der Fall wäre. p-Dichlorbenzol ist z. B. enthalten in „Globol" (Globus-Werke F. Schulz, Neuburg/Donau), „Hexa-Globol-Nebel" (Globol und Lindan), „Amisia-Mottenschutz" (Chem. Fabr. Roth, Bad Ems), „Antimotta-Kristall" (O. Fahsig, Düsseldorf), „Delicia-Mottenmittel" (Chem. Fabr. Delitia, Weinheim/Bergstr.), „Nägele-Mottentod" (A. Nägele, Stuttgart) usw.

Versuche: Lege etwas Globol auf die Waage und bringe sie ins Gleichgewicht! Schon nach einigen Stunden ist das Globol leichter geworden, da es sich rasch verflüchtigt. Prüfe die Brennbarkeit von Naphthalin und Globol! Bringt man etwas Globol auf einem Kupferblechstreifen in die nichtleuchtende Flamme, so färbt sich diese grün, weil sich das Chlor des Globols mit dem Kupfer zu leichtflüchtigem, flammenfärbendem Kupferchlorid verbindet.

9. Schneckenbekämpfung. Gegen Nacktschnecken, insbesondere Ackerschnecken in Gärten usw., werden folgende Metaldehydpräparate ausgestreut oder in Häufchen aufgelegt: „Agrimort" (Terrasan-Ges.), „Antischneck" (Neudorff), „Cela-Schneckenkorn", „Delicia-Schneckenpräparat", „Helocid-Schneckenkorn Schering", „Schneckenkorn" (Aglukon, Baur, Spieß-Urania), „Schneckentod" (Schacht), „Schneckokorn" (Hinsberg), „Schnex-Schneckentod" (Obermann).

10. Abschreckungsmittel. Gegen Wildverbiß und Hasenfraß bestreicht man die besonders gefährdeten Triebspitzen und Stämme

mit übelriechenden oder widrig schmeckenden Stoffen, wie Baumteer, Steinkohlenteer, Petroleum, Lehm, Kalkbrei und dergleichen. Nach Türke (1952) soll Steinkohlenteer gegen Reh-, Rot-, Dam- und Schwarzwild keine Abwehrwirkung besitzen und die Kiefern- und Fichtentriebspitzen schädigen. Arbin (Stähler) ist ein langanhaltend wirkendes Wildverwitterungsmittel für flächenmäßigen Schutz. Arikal-O (Stähler) schützt im Winter die Stämme junger Obstbäume vor Hasen und Mäusen. Der Wirkstoff des Mittels ist geschmacksvergällend und reizt die Schleimhäute. Weitere Präparate für die Forstwirtschaft sind: AB-cal (Völker), Flügels Verbißschutz, HT 1 (Hildebrandt), Wildverbißschutzmittel P 20 (Schacht). Um die Saatkörner auf dem Felde vor Vogelfraß zu schützen, kann man während der Trockenbeize in die Beiztrommel außer dem Trockenbeizmittel noch das graugelbe, ungiftige „Morkit" (Bayer-Leverkusen) geben. Man mischt z. B. 100 Gramm „Morkit" mit 100 Gramm eines Beizmittels; dieses Gemisch reicht zur Trockenbeize von 50 Kilogramm Saatgut (Getreide, Erbsen, Mais). „Morkit" vergällt das Saatgut, so daß es von Krähen, Hühnern, Tauben usw. verschmäht wird. Morkit besteht aus Anthrachinon (DRP 743 517), Formel $C_{14}H_8O_2$. Über Insektenabwehrstoffe siehe Insektenschutzcreme unter Hautcremes.

11. **Mäuse - und Rattenbekämpfung**. Auf den Feldern und in Speicherräumen können die Mäuse großen Schaden anrichten. Ein einziges Mäusepaar bringt im Jahre unter günstigen Verhältnissen 360 mittelbare und unmittelbare Nachkommen hervor, die insgesamt ungefähr 18 Zentner Getreide vernichten. Zur Bekämpfung von Ratten und Mäusen in den Häusern kommen (außer Katzen und Fallen) folgende Mittel in Betracht: „**Vergrämungsstoffe**" wie z. B. die in den USA entwickelten „**Rodent Repellents**"; dies sind Stoffe, mit denen man z. B. Kartons und Kisten von Lebensmittel- und Futtermittelpackungen imprägniert, um Rattenfraß zu verhindern. Die Ratten und Mäuse werden von den Rodent Repellents nicht getötet, sondern nur vom Fraß abgehalten. Hierher gehören Stoffe wie Actidion, Trinitrobenzolderivate, Thiuramdisulfide, Hexachlorophen, Zinkdimethyldithiocarbamatcyclohexaminkomplexe, 2,3,4,5-Tetrachlor-furancarbonsäureäthylester u. dgl.

Zur chemischen Bekämpfung (Vernichtung) von Nagetieren wurden von der Biologischen Bundesanstalt für Land- und Forstwirtschaft u. a. folgende Handelspräparate amtlich geprüft und anerkannt:

a. **Cumarinderivate**. Diese sehr wirksamen Mittel heben bei Nagern die Blutgerinnungsfähigkeit auf und schädigen die Arterienwände, so daß tödliche, innerliche Verblutungen auftreten. Hierher gehören z. B. Actosin (Schering), enthält 3(α-Phenyl-β-acetyl-äthyl)-4-Hydroxycumarin; von dieser Verbindung wirken 7,5 Milligramm auf das Kilogramm Ratte innerhalb von 5 Tagen tödlich. Tomorin (Thompson) enthält als Wirkstoff 3-(α-p-Chlorphenyl-β-acetyläthyl)-4-oxycumarin. Ähnliche blutgerinnungshemmende Cumarinderivate enthalten auch Alferex (Cela, Ingelheim), Brumolin (Aglukon-Düsseldorf-Gerresheim), Contrax-Cuma (Frowein-Ebingen), Cumarax-FU (Pflanzenschutz, Spieß), Cumarax Streu- und Ködermittel (Pflanzenschutz, Spieß), Curattin-Haftstreupuder (Hentschke und Sawatzki-Neumünster-Gadeland), Delicia-Ratron (Delitia-Weinheim/Bergstr.), Haftstreupuder Epyrin (Hygiene-Chemie-Elmshorn).

b. M e e r z w i e b e l p r ä p a r a t e. Die Meerzwiebel enthält das rattenspezifisch wirkende Scillirosid, Formel $C_{32}H_{44}O_{12}$ und daneben noch Scillarene, die für Ratten verhältnismäßig wenig giftig sind, aber für den Menschen und die höheren Tiere als Herzgift wirken. Das Scillirosid kann bei feuchter Aufbewahrung nach einem oder mehreren Jahren unwirksam werden, während die Scillarene unverändert bleiben. Es wird von der Biologischen Bundesanstalt nur e i n Meerzwiebelpräparat, das Scillirosan (Heldmann) anerkannt. Für Ratten sind 1–2 Gramm Meerzwiebel tödlich.

c. A l p h a - N a p h t h y l t h i o h a r n s t o f f (abgekürzt ANTU) bildet in reinem Zustand farblose, bittere, giftige, wasserunlösliche Prismen, die für die Ratten offenbar geschmackfrei sind und in Ködern leicht genommen werden. Für die Haustiere ist ANTU nur wenig giftig; beim Menschen sind noch keine tödlichen ANTU-Vergiftungen beobachtet worden. Die LD 50 (Dosis, die 50% der Versuchstiere tötet) beträgt bei der Wanderratte 0,7 mg ANTU pro 100 g Rattengewicht, bei der Hausratte dagegen 20–30 mg. ANTU wird hauptsächlich gegen Wanderratten, in beschränktem Umfang auch gegen Wühlmäuse und Hausmäuse eingesetzt. Nachteilig ist, daß sich die Wanderratten an das Gift gewöhnen können. So gibt es z. B. Stämme, bei denen die LD 50 von 0,7 mg auf über 30 mg anstieg. ANTU-Präp. mit 98–100% Wirkstoffgehalt sind: Alpha-Naphthylthioharnstoff (Billwärder-Hamburg), solche mit 50% ANTU: Ra 500 (Hentschke und Sawatzki), Rattan 50 (Hygiene-Chemie/Elmshorn), Smeesana (Schmees), Tiox 30 (Obermann). ANTU verursacht bei Ratten tödliche Lungenödeme.

d. Z i n k p h o s p h i d, Zn_3P_2, bildet in reinem Zustand dunkelgraue, wasserunlösliche Würfel (spez. Gewicht ca. 5, Schmelzpunkt über 420°); es ist das wichtigste Feldmausgift. Meist werden Weizenkörner mit einer Zinkphosphidkruste überzogen und mit Legeflinten u. dgl. in die Feldmauslöcher gebracht. Das Zinkphosphid ist auch für Menschen, größere Haustiere und Geflügel ziemlich giftig; es gehört zur Giftabteilung 1 (Pulver) oder 2 (Pasten, Giftgetreide, Giftbrocken). Anerkannte Zinkphosphidpräparate sind: Rumetan-Wühlmausköder (Riedel), Talpan-Giftpulver (Marktredwitz).

e. Thalliumsulfat. Dies ist in reinem Zustand ein weißes, kristallines Pulver, das in Wasser bis etwa 4,5% löslich ist; es gehört in die Giftabteilung II. Die verwendeten Präparate enthalten bis zu 3% Thalliumsulfat. Letzteres ist ohne geschmackabweisende Wirkung und wird in Ködern gerne genommen. Nachteilig ist, daß sich das giftige Thallium im Körper der vergifteten Nager nicht zersetzt, so daß auch Hunde und Katzen (die vergiftete Nager fressen) gefährdet sind.

f. Räucherpatronen zur Verwendung in Räucherapparaten: Fumia-Räucherpatrone (Marktredwitz). Die Arrex-Wühlmaus-Patrone (Celamerck) ist ohne Apparate anwendbar. Bei den Räucher- und Begasungspatronen ist wegen Feuersgefahr und Entwicklung giftiger Dämpfe besondere Vorsicht geboten.

g. Mittel zur Flächenbehandlung. Gegen Erdmaus und Feldmaus kommt Toxaphen (Merck) zur Anwendung. Dieses amerikanische Mittel aus chloriertem Camphen ($C_{10}H_{16}$) ist für Bienen ungefährlich. Auf dem behandelten Feld darf Gemüse erst im zweiten Jahr nach der Anwendung angebaut werden.

Neue Wege der Schädlingsbekämpfung (Bild 27 a).
Es ist dringend notwendig, die biologischen, die „mit der Natur" praktizierten, selektiven Bekämpfungsverfahren großzügig zu fördern. Dazu gehört die Zucht natürlicher Feinde von Schädlingen, die Züchtung schädlingsharter Nutzpflanzen, standortgerechter Anbau und ein sinnvoller Fruchtwechsel.

Texanische Landbauexperten haben eine kleine, schneller wachsende Baumwollpflanze gezüchtet. Sie kommt schon früh in der Saison zur Reife, bevor der Baumwollkapselkäfer sich in großer Zahl vermehrt, in die jungen Baumwollfasern eindringt und sie zerstört. Die Pflanze wächst sozusagen dem Käfer davon. Weitere Möglichkeiten der biologischen Schädlingsbekämpfung bietet die Synthese von Insektenhormonen, bei deren Anwendung z. B. die Verpuppung unterbleibt. Bereits 1972 wurden Moskitos mit dieser Methode von der WHO erfolgreich bekämpft (Muhr, Chem. Rdsch. 25 (1972), 11).

Vor einiger Zeit konnten im Kampf gegen schädliche Insekten durch die Verwendung von Sexuallockstoffen bemerkenswerte Erfolge erzielt werden. Bei dieser Methode werden die Männchen einzelner Arten durch sexuale Locksubstanzen in Fanggläser gelockt, so daß sie für die Fortpflanzung ausfallen. Die Substanzen sind in außerordentlich geringer Konzentration wirksam. Ein Weibchen einer amerikanischen Blattwespenart lockte nach Jacobson und Beroza aus einem Käfig heraus über 11 000 Männchen an. Das Lockmittel wird im Umkreis von 5–16 km von den Männchen wahrgenommen. Durch die Anwendung der neuen Methode konnte das Vordringen des Schwammspinners in den USA gestoppt und die Fruchtfliege in Florida erfolgreich bekämpft werden. Ein weiterer Weg der Insektenbekämpfung mit sterilen Männchen wurde in Texas eingeschlagen. Dort konnte man die Screw-worm-Fliege ausrotten, die 1962 noch 50 000 Rinder tötete (New Scientist 1966, S. 736).

Mit der Methode des „integrierten Pflanzenschutzes" wird man (nach Dr. Steiner, Stuttgart) mit geringeren Mengen Spritzmitteln auskommen, wenn man sich mehr auf die natürlichen Feinde der Schädlinge bezieht. Nach einem genauen System werden die Spritzungen erst dann eingesetzt, wenn die Schädlinge eine bestimmte „Schadensschwelle" überschritten haben. Dadurch konnte man bei Apfelanlagen 20% der üblichen Spritzmittel einsparen. Entsprechend geringer sind die Rückstände im Obst.

Schlankheitsmittel. Bei starker Fettleibigkeit und um die „schlanke Linie" zu erhalten kann man folgende Maßnahmen ergreifen:

1. Einschränkung des Verzehrs von Fett und Kohlehydraten. Die tägliche Kalorienmenge soll bei Abmagerungskuren etwa 3600 kJ (900 kcal) betragen, wobei der Eiweißanteil nicht unter 80 Gramm sinken soll. Es ist zu beachten, daß bei der eingeschränkten Nahrungsaufnahme während der Hungerkuren eine Mangelversorgung an Vitaminen und Mineralsalzen eintreten kann. Diese läßt sich z. B. durch Verabreichung von Multivitaminpräparaten beheben.

2. Körperliche Arbeit.

3. Neuerdings werden auch Präparate empfohlen, die das Hungergefühl dämpfen. Von diesen „Appetitzüglern" seien genannt: Regenon (Temmler) und Preludin (Boehringer/Ingelheim). Letzteres enthält 2-Phenyl-3-methyl-tetrahydro-1,4-oxazin-hydrochlorid und verursacht heitere Beschwingtheit und Appetitminderung. Ärztliche Überwachung ist dringend erforderlich.

4. Einschränkung des Verbrauchs von Kochsalz, da es im Körper Wasser bindet.

5. Zur Erleichterung einer Hungerkur werden auch Präparate hergestellt, die nur einen geringen Nährwert haben und den Magen füllen sollen. Hierher gehören z. B. Verbindungen wie Celluloseglycolat, Methylcellulose und Alginsäure. Das „Komma" der Much AG., Bad Soden, ist ein Präparat aus Algensubstanz, Calciumverbindungen, Spurenelementen u. dgl. Die Wirkung der „Schlank-Aktiv"-Tabletten der Santron GmbH, 5133 Gangelt/Rhld., beruht auf dem Gehalt an Quellstoffen (Alginate und Polysaccharide).

6. Entfettend wirkt auch der Gebrauch von Abführmitteln (Laxantia), die z. B. Paraffinöl, Phenolphthalein, Aloe, Rhabarber, Sennesblätter, Diacetyldioxyphenylisatin enthalten.

7. Schlankheitsmittel (Kombinationspräparate): S c h l a n k - D r a - g e e s N e d a (Neda-Werk, München) mit Aloe, Hefe, Blasentang (Fucus vesiculosus) usw. S c h l a n k e s H. (Golden-Pharma, Hamburg).

Mit einem Tagesdragée nimmt man 20 mg Ephedrin-HCl ($C_{10}H_{15}NO \cdot HCl$), 50 mg Coffein, 80 mg Coffeincitrat, 10 mg Algenmehl und A-, B- und C-Vitamine zu sich. S c h l a n k h e i t s d r a g é e s   M i n u s (Doerenkamp Handelsgesellschaft, Hamburg) wirken auch abführend durch Aloe, Rhabarber, Wacholderöl, Blasentang usw. S c h l a n k - S c h l a n k (Pharmawerk Schmiden bei Stuttgart), Entfettungsmittel mit Diacetyldihydroxyphenylisatin, Blasentang und Milchzucker. F. d. H. — Schlankheitsdrinks enthalten Eiweißstoffe, Vitamine und ungesättigte Fettsäuren. Empfohlen wird täglich ein Glas F. d. H. anstelle einer kalorienreichen Mahlzeit.

8. V o l l w e i z e n - G e l nach Dr. Kousa. Der griechische Arzt Dr. Argyris Kousa hat das Verdienst, eine uralte Diät, die bereits von den altägyptischen Priestern angewandt wurde, in die moderne Diätetik eingeführt zu haben. Die Behandlung von Störungen des Magen-Darm-Kanals geschieht mit einer Diät aus „Vollweizen-Gel", einer kolloidalen Form, die durch ein neuartiges Aufbauverfahren aus vollreifem und besonders geeignetem Weizen gewonnen wird. Der für den Erfolg ausschlaggebende Bestandteil der Kousa-Diät ist das Vollweizen-Gel, eine kolloidale Lösung von Eiweiß, Kohlenhydraten und Hemicellulosen. Schädliche Schlackenstoffe des Körpers werden abgebaut und ausgeschieden. Damit ist eine Entwässerung des Körpers verbunden.

Schuhcreme. Der wesentliche Bestandteil einer jeden Schuhcreme ist W a c h s (z. B. Carnaubawachs, Bienenwachs, Candelillawachs, Japanwachs, Montanwachs, Ceresin, synthetische Wachse [BASF-Wachse, Gersthofener Wachse] und Paraffin; letzteres wird in der Praxis auch zu den Wachsen gerechnet), das mit Hilfe verschiedenartiger Lösungsmittel in einen salbenartigen, fein verreibbaren Zustand übergeführt wird. Streicht man etwas Schuhcreme in dünner Schicht auf Leder, so verdunstet das Lösungsmittel nach kurzer Zeit; bürstet man nachher darüber, so gibt das Wachs einen schönen Glanz und stößt gleichzeitig Wasser ab[1]. Wird das Wachs mit seinen Zusätzen in Terpentinöl oder Terpentinölersatzprodukten gelöst, so entsteht eine wasserfreie, hochwertige Schuhcreme, die der Fachmann als Ölware, Ölcreme, Schmelzcreme bzw. Terpentinölcreme bezeichnet. Verseift man das Wachs zum Teil mit einer wässerigen Pottaschelösung, so daß sich das restliche Wachs in Wasser emulgiert, so spricht man von **verseifter Ware, wasserhaltiger Creme, Wassercreme** oder Wachscreme. Enthält eine Schuhcreme sowohl Ölware als auch verseifte Ware, so liegt eine gemischte, kombinierte oder Mischcreme vor. Je nach dem Anteil der Verdünnungsmittel (Terpentinöl, Terpentinöl-

---

[1] Lasse einige Tropfen Wasser über den frisch geglänzten Schuh fließen: Das Wasser haftet nicht auf dem Leder. Tauche ein Schwertlilienblatt ins Wasser: Es wird durch einen Wachsüberzug vor Benetzung geschützt.

ersatz, Lackbenzin, Wasser) entsteht eine festpastöse (wenig Verdünnungsmittel), weichsalbige, sahnige oder flüssige (viel Verdünnungsmittel) Schuhcreme. Grundsätzlich haben wir es also mit den gleichen Herstellungsverfahren wie bei den Bohnermassen zu tun.

a) Ö l w a r e. H e r s t e l l u n g : Wir geben in ein Becherglas 5 Gramm Carnaubawachs (in Drogerien erhältlich, stammt von den Blättern der südamerikanischen Carnaubapalme) und 5 Gramm Paraffin, erwärmen über einer kleinen Flamme langsam, bis alles geschmolzen ist, löschen das Feuer und fügen 30 Gramm Terpentinöl zu der geschmolzenen Masse. Umschütteln! Nach etwa einer Stunde ist die Flüssigkeit zu einer salbenartigen, gelblichen Masse erstarrt; wir haben damit eine „hochprima Terpentinölcreme" erhalten, die sofort verwendet werden kann. Den Schuhcremes des Handels fügt man in der Regel noch irgendeinen passenden organischen Teerfarbstoff zu. Das teure Carnaubawachs wird gegenwärtig zum Teil durch Rohmontanwachs oder durch künstliche, aus einheimischen Rohstoffen hergestellte Wachse (BASF-Wachse, Gersthofener-Wachse) ersetzt. Terpentinöl und Terpentinölersatz haben lediglich die Aufgabe, das Wachs in eine bequem aufzustreichende Form zu bringen. Nach dem Anstrich verdunstet es schnell, wie folgender Versuch zeigt: Ein Tropfen Terpentinöl wird auf ein Papier gegossen. Das frei aufgehängte, zunächst durchscheinende Papierstück ist nach ungefähr 10 Minuten vollständig ölfrei; der starke Geruch läßt auf rasche Verdunstung schließen. Der Geruch der Schuhcremes wird durch das Verdünnungsmittel (Terpentinöl, Terpentinölersatz, Lackbenzin) und nicht durch die Wachse verursacht. Der unangenehme Kienöl- und Schwerbenzingeruch wird überdeckt durch kleine Mengen von Fichtennadelöl, Tannenzapfenöl, Lavendelspiköl, Terpineol, Phenylessigsäure u. dgl. Eine weiße Terpentinölcreme kann z. B. fabrikmäßig aus 15 Kilogramm Paraffinschuppen, 5 Kilogramm Carnaubawachs, 6 Kilogramm gebleichtem Montanwachs und 74 Kilogramm Terpentinöl hergestellt werden.

b) V e r s e i f t e W a r e. Wir schmelzen 28 Gramm Bienenwachs in 40 Kubikzentimeter Wasser in einem Erlenmeyerkolben und fügen nach dem Schmelzen 50 Kubikzentimeter Wasser hinzu, in dem 3 Gramm Pottasche aufgelöst wurden. Nachdem man unter Umschütteln bzw. Umrühren und gelegentlichem Wasserzusatz etwa eine Stunde lang zum Sieden erhitzt hat, läßt man abkühlen.

Verseifte Schuhcreme enthält 70–75% Wasser; sie ist deshalb billiger und weniger feuergefährlich als die Ölware. Da Wasser langsam verdunstet, stellt sich der Glanz nicht so schnell ein wie bei terpentinhaltigen Erzeugnissen. Bei größerer Kälte hält sich die verseifte Ware weniger gut; auch verwischt sich der Cremefilm leichter, und das Leder wird bei Dauergebrauch allmählich hart und brüchig. Die Ölware ist für das Schuhwerk vorteilhafter als die verseifte Ware, da bei ihr die wasserabstoßenden Wachse tief ins Leder eindringen, während die Wachse der verseiften Ware wegen der wasserabstoßenden Wirkung der Lederfettstoffe nicht ins Lederinnere eindringen können. Seifenwasser ist imstande, das Wachs fein zu verteilen (zu emulgieren); man kann deshalb auch bestimmte Wachsgemische mit heißem Seifenwasser zusammenbringen und erstarren lassen. Eine solche Schuhcreme entsteht z. B., wenn man 18 Gramm Bienenwachs im Becherglas schmilzt, dann mit 40 Gramm Terpentinöl vorsichtig vermischt (Vorsicht! Feuersgefahr!), hernach eine heiße Seifenlösung (2 g Seife in 40 ml Wasser gelöst) zugibt und das Ganze bis zum Erkalten umrührt.

c) Die gemischten Schuhcremes sind im wesentlichen verseifte Ware, deren Verdünnungsmittel aus Wasser und mindestens 20% Lösungsöl (Terpentinöl, Terpentinölersatz, Lackbenzin und dergleichen) besteht; dadurch wird gegenüber den verseiften Cremes die Qualität verbessert und der Preis erhöht. Eine schwarze, gemischte Schuhcreme kann z. B. fabrikmäßig aus 6,5 kg Rohmontanwachs, 4 kg Carnaubawachsrückständen, 3 kg Japanwachs, 2,5 kg Bienenwachs, 2 kg Paraffin, 0,3 kg Harz, 0,75 kg Kernseife, 0,5 kg Pottasche, 1 kg wasserlöslichem Nigrosin, ca. 50 kg Wasser, 2,5 kg Fettschwarz und 27 kg Terpentinöl hergestellt werden.

Schwangerschaftstest. Alle modernen Schwangerschaftstests sind nichts anderes als verschiedene Methoden, um das HCG-Hormon (Choriogonadotropin) nachzuweisen. Alle können also frühestens 9 Tage nach Ausbleiben der Regel positiv sein. Es gibt zwei verschiedene Test-Methoden: die biologischen und die immunologisch-chemischen. Bei der biologischen Methode spritzt man Versuchstieren eine kleine Menge Urin der Frau unter die Haut. Reagieren die Tiere auf diese Injektion, so ist die Frau mit größter Wahrscheinlichkeit schwanger.

Die biologischen Methoden werden immer mehr von den neueren immunologisch-chemischen Methoden verdrängt. Dabei werden keine Versuchstiere mehr benötigt, sondern bestimmte chemische Lösungen. Diese Lösungen sind — je nach Test — unterschiedlich, aber die Arbeitsweise ist dieselbe: Der Morgen-Urin der Frau wird mit ein paar Tropfen der Prüflösung vermischt. Ist die Frau schwanger, verändert sich das Gemisch.

Der Prediktor-Schwangerschaftstest ist die Weiterentwicklung einer jahrelang in Kliniken bewährten Methode, die zu Hause schnell und sicher durchgeführt werden kann. Der Test ist erst nach dem 9. Tag nach Ausbleiben der Regel anzuwenden. Eine Packung enthält alles, was gebraucht wird: Einen durchsichtigen Behälter mit Bodenspiegel zum Ablesen des Ergebnisses, ein Röhrchen mit Testsubstanz, eine kleine Tube und eine Pipette.

Arbeitsweise: 1. Drei Tropfen Morgen-Urin mit der Pipette in Röhrchen füllen. 2. Dazu Flüssigkeit aus der Tube drücken und gut schütteln. 3. Röhrchen in Behälter zurückstellen und auf einer ebenen Fläche zwei Stunden, ohne zu berühren, stehenlassen. 4. Testergebnis ablesen, d. h. mit den beigegebenen Abbildungen vergleichen. Der Test gilt als problemlos und sicher, wenn die einfache Gebrauchsanweisung eingehalten wird. Nach Prof. G. Döring soll die Zuverlässigkeit dieses Tests bei 95% liegen. Hersteller: Chefaro N. V., Oss, Holland. Vertrieb: Deutsche Chefaro, 4628 Lünen. In Apotheken erhältlich.

Seifen. Seifen entstehen, wenn Fette und Öle längere Zeit mit Natron- oder Kalilauge gekocht werden. Je nach Art der verwendeten Fette, Laugen oder Zusätze erhält man Hunderte von verschiedenen Seifensorten, die als Gesichtsseifen oder als Bestandteile von Putzflüssigkeiten, Metallputzseifen, Seifenpulvern, Zahnpasten, Zahnpulvern, Kopfwaschmitteln, Fleckpasten, Fleckstiften, Fleckseifen usw. von großer Bedeutung sind.

Auf Grund der verschiedenen Festigkeit und Zusammensetzung unterscheidet man harte (Kern-)Seifen (Natronseifen) und weiche Schmierseifen (Kaliseifen). Zu den Kernseifen bzw. Natronseifen gehören die allgemein bekannten festen Seifenstücke; man erhält sie durch Verkochen von Fett und Natronlauge (bzw. aus Fettsäuren und Soda) und nachheriges Aussalzen der Seife. Der Gehalt an Gesamtfettsäure soll mindestens 60% betragen. Die Schmierseifen sind braune oder gelbliche, weiche Massen; sie werden aus Fett und Kalilauge (bzw. Fettsäuren und Pottasche) hergestellt.

1. K a l i s e i f e n oder S c h m i e r s e i f e n. Man kocht billige Fette, wie Leinöl, Rüböl, Sojaöl, Olein, ungehärteten Fischtran, Baumwollsaatöl, Knochenfett und dergleichen, mit der vorgeschriebenen Menge Kalilauge und etwas Pottasche so lange, bis sich das ganze Fett in nichtfettende Seife verwandelt hat. Herstellungsvorschrift:

Man erwärmt 43 Teile Leinöl und 58 Teile 20%ige Kalilauge in einer Porzellanschale auf etwa 70 Grad, gibt 5 Teile Weingeist dazu und erwärmt bis zur völligen Verseifung. Man erhält schließlich eine gelblichbraune, weiche Masse, die sich in zwei Teilen Wasser klar auflösen soll.

2. N a t r o n s e i f e n oder H a r t s e i f e n. Die Herstellung dieser sehr wichtigen Seifen ist schwieriger als die der Schmierseifen. Im Laboratorium kann man Hartseife folgendermaßen erhalten:

Wir lösen 3 Gramm festes, reines Ätznatron in 10 Kubikzentimeter destilliertem Wasser auf. Gleichzeitig erwärmt man in einer Porzellanschale 10 Gramm Palmin und verdünnt dieses (Vorsicht! Spritzt!) mit 6 Kubikzentimeter destilliertem Wasser. Man läßt das Palmin sieden und gibt allmählich unter fortgesetztem Umrühren mit einem Holzspan die Natronlauge dazu. Wenn die Mischung unter dauerndem Umrühren 15–20 Minuten gekocht hat, ist die Seifenbildung in der Regel beendet. Man gießt dann den Seifenleim in eine Streichholzschachtel, wo er

Seifen

nach einiger Zeit erstarrt. Wir nehmen ein Probestückchen heraus und waschen damit die Hände. Sollte sich die Seife dabei fettig anfühlen und wenig Schaum entstehen, so ist die Verseifung noch nicht beendet. Wir geben dann die Masse von neuem in die Porzellanschale, erwärmen und fügen unter fortgesetztem Umrühren in kleinen Mengen immer wieder etwas Natronlauge zu.

Im Haushalt kann man aus Fettabfällen nach folgender Vorschrift Seife herstellen: Man löst 1 Kilogramm Ätznatron (fest) in 4 Liter Wasser, gibt dazu 3 Kilogramm Fettabfälle, kocht eine Stunde lang, fügt hernach 3 weitere Liter Wasser hinzu, in denen drei Handvoll Kochsalz gelöst wurden und kocht nochmals eine Stunde. Ist die Seife nach dem Erkalten noch nicht rein, so wird sie weitere zwei Stunden gekocht und nach Erstarrung zerschnitten.

Bei der Herstellung von Kernseifen verbindet sich das Natrium der Lauge mit der sogenannten Fettsäure der Fette oder Öle zu Seife; gleichzeitig entsteht ein Nebenprodukt: Glycerin. Der Vorgang läßt sich bei der Verwendung fester Fette etwa durch folgende Gleichung ausdrücken: $(C_{17}H_{35}COO)_3C_3H_5 + 3\ NaOH \rightarrow C_3H_5(OH)_3 + 3\ C_{17}H_{35}COONa$, oder in Worten: Fett + Lauge → Glycerin + Seife.

Versuche: Welche Flammenfärbung geben Kernseife und Schmierseife? (Kobaltglas, vgl. S. 17 f!) Sind Seifen brennbar? Warum? Welche Verbrennungsprodukte werden entstehen? Verändert Seifenwasser die Farbe des Lackmuspapiers? Löse etwas fein zerschnittene Kernseife in heißem Wasser und filtriere! Gibt man zum Filtrat etwas Salzsäure, so entsteht eine dicke weiße Trübung von Fettsäure nach der Gleichung: $C_{17}H_{35}COONa + HCl \rightarrow C_{17}H_{35}COOH + NaCl$. Nach einiger Zeit sammelt sich die leichte Fettsäure auf der Flüssigkeitsoberfläche an. Da Fettsäure nicht reinigt, kann man mit Seife nur in alkalischer oder annähernd neutraler, nicht aber in saurer Lösung waschen. Kocht man eine abgewogene Seifenmenge vorsichtig mit reinem Alkohol (Wasserbad), so löst sich die Seife, und die Füllstoffe (Soda, Wasserglas usw.) bleiben zurück.

Die reinigende Wirkung der Seife ist aus folgenden Versuchen zu ersehen: Wir gießen in zwei Probiergläser je etwa 1 Kubikzentimeter Öl, schütteln um und lassen sie 10 Minuten stehen. Dann versuchen wir, das eine Glas durch lebhaftes Umschütteln mit Leitungswasser, das andere dagegen mit Seifenwasser zu reinigen. Das Seifenwasser wird beim Umschütteln milchig weiß von vielen feinen Öltröpfchen, die unter dem Mikroskop deutlich erkennbar sind. Seife zerteilt („emulgiert") Fette in viele kleine, leicht entfernbare Tröpfchen. Nach mehrmaligem Durchschütteln und Ausspülen mit warmem Seifenwasser ist die Probierglaswand nicht mehr fettig, während das Leitungswasser beim andern Probierglas fast unwirksam bleibt. Auch auf feste Verunreinigungen wirkt Seife günstig ein; berußen wir z. B. ein Stück Leinwand, so werden die Kohleteilchen durch Seife viel rascher und leichter entfernt als mit gewöhnlichem Wasser. Schütteln wir ein wenig Ruß in einem Probierglas mit Leitungswasser und zum Vergleich eine zweite Probe mit Seifenwasser, so wird die Seifenlösung gleichmäßig schwarz, während sich beim Leitungswasser die Rußteilchen bald wieder ausscheiden. Seife zieht also feste, kleine Stoffteilchen stärker an sich als gewöhnliches Wasser. Nach neueren Forschungen spielen beim Waschvorgang auch elektrische Vorgänge eine Rolle; die gleichnamige, negative Ladung zwischen Textilfaser und Schmutzteilchen wird durch Bildung negativ geladener Hydroxylionen (aus dem alkalisch reagierenden Waschmittel) so weit verstärkt, daß eine Abstoßung stattfindet.

Seifen mit besonderen Zusätzen: Die heutigen Seifen enthalten außer den fettsauren Na-Salzen kleine Mengen qualitätsverbessernder Zusätze, wie z. B. Tylose (verschönert das Aussehen, mildert die Alkaliwirkung auf die Haut), Lanolin, Rohagit, Permulgin, Fettalkohole, Silicate, Wasserenthärtungsmittel (Calgon, Trilon und dgl.), Farbstoffe, Duftstoffe, Bleichmittel (z. B. Blankit, optische Aufheller), Wasserglas, Soda, Natriummetasilicat usw. Abgesehen von diesen allgemein verbreiteten Zusätzen gibt es noch eine Reihe von „Spezialzusätzen", die im folgenden kurz behandelt werden.

1. Schwimmende Badeseifen. Bei diesen wird in die halberstarrte Seifenmasse Luft eingerührt; infolgedessen schwimmt das fertige Seifenstück auf dem Wasser.

2. Transparentseifen. Hier werden gewöhnliche Seifen in etwa der gleichen Menge Spiritus aufgelöst. Nach einigen Wochen erstarrt das Ganze zu einer durchscheinenden Masse. Oft verwendet man statt Spiritus Glycerin; dann entstehen echte Glycerinseifen.

3. Seifen mit Fettlösungsmitteln. Von verschiedenen Firmen werden Seifen auf den Markt gebracht, welche mehr oder weniger große Zusätze von Trichloräthylen, Terpentinöl, Benzin, Hexalin, Xylol, Methylhexalin, Tetralin und anderen Fettlösungsmitteln enthalten.

4. ABRADOR – Spezial-Seife – besteht aus feiner Toiletteseife mit kosmetischen Zusätzen, wie Lanolin, Lecithin, Glycerin u. a. Als Besonderheit enthält ABRADOR Magma-Substanz. ABRADOR wäscht die Hände „rillensauber", d. h., es reinigt die feinsten Rillen und Furchen der Haut. Tinten-, Farb-, Fett-, Harz-, Ruß-, Teer- und Nicotinflecke werden durch die Mineralsubstanz der ABRADOR-Seife rasch abgescheuert. Schabe etwas ABRADOR-Seife in ein Probierglas und fülle mit destilliertem Wasser auf! Nach dem Umschütteln kräftige Schaumbildung; am Boden sammelt sich die unlösliche Magma-Substanz.

5. Medizinische Seifen. Diesen sind bakterientötende Stoffe (Desinfektionsmittel), wie Phenol, Thymol, p-Chlor-m-kresol, Jod, Teer, Salicylsäure, Sublimat, Formaldehyd u. ä., beigemischt, die z. B. bei Ärzten eine gründliche Desinfektion der Hände und Geräte ermöglichen.

Seifen

Auch andere Seifen mit Zusätzen gegen Hautschäden (z. B. Schwefelseifen, Teerseifen, Schwefel-Campher-Perubalsamseifen, Naphthol-Schwefelseifen, Ichthyolseifen, Natriumperoxidseifen, Radiumseifen und dergleichen) rechnet man zur Gruppe der medizinischen Seifen.

Schwefelseife (Beiersdorf, Hamburg) enthält 10% Sulfurpräzipitatum. Die Arztseife der gleichen Firma basiert auf einer normalen Grundseife und enthält als Zusatz ca. 1,5% TCC (Trichlorcarbanilid), das stark bakterizid wirkt. ($C_6H_3Cl_2-NH-CO-NH-C_6H_4Cl$.)

Neuerdings werden bakterizide Seifen in großem Umfang auch für nichtmedizinische Zwecke eingesetzt, so z. B. gegen schweißzersetzende, üble Gerüche erzeugende Bakterien. Solche Seifen erhalten etwa 1–2% bakterientötende, für den Menschen in den angewandten (äußerlichen) Konzentrationen ziemlich ungefährliche Zusatzstoffe wie z. B. Hexachlorophen (= G 11 = AT-7 = 2,2'-Methylen-bis-3,4,6-Trichlorphenol, z. B. in der 8 × 4 = 32 B-Seife enthalten), Bithionol (= Actamer = TBP = Lorothidol = 2,2'-Thiobis-4,6-dichlorphenol), Anobial (= N-3,4-Dichlorphenylchlorsalicylamid), P.C.M.X. (= p-Chlormetaxylenol), TMTD (= Tetramethylthiuramdisulfid), Raluben (halogenierte Phenole), quaternäre Ammoniumbasen und dgl. Lifeboy-Seife (Sunlight) ist eine parfümierte Toilettenseife mit antibakteriellem Wirkstoff.

6. **Rasierseifen** bestehen meist aus unvollständig verseiftem Stearin. Eine Rasierseife, ähnlich „Colgate", entsteht z. B. durch Vermischung von 1000 Gramm geschmolzenem Stearin (= Stearinsäure) mit einem etwa 95 Grad heißen Gemisch von 445 Gramm 28%iger Kalilauge, 88 Gramm 32%iger Natronlauge und 55 Gramm Glycerin. Das Ganze wird gut umgerührt und leicht erwärmt, bis die zähe Seife durchsichtiger und flüssiger geworden ist. Bei der Verseifung von Stearin spielt sich folgende Gleichung ab: $C_{17}H_{35}COOH + KOH \rightarrow C_{17}H_{35}COOK + H_2O$. Nach neueren Untersuchungen im Institut der Imhausen-Forschung wird durch Rasierseifen und Rasiercremes das Barthaar weder physikalisch noch chemisch verändert; wahrscheinlich wird das Rasieren lediglich durch die Bildung eines netzenden, gallertartigen, hochviskosen Schaums erleichtert. Bekannte, z. Z. auf dem Markt befindliche Rasierseifenmarken sind z. B. „Kaloderma", „Cito", „Nivea", „Palmolive", „Sir", „Speik". Eine nichtschäumende Rasiercreme, die ohne Rasierpinsel und ohne Wasseranwendung auf die zu rasierenden Hautstellen aufgetragen wird, erhält man z. B. folgendermaßen: 90 g Stearin Ia, 10 g Cetylalkohol, rein, 10 g Lanolin, wasserfrei, und 40 g Paraffinöl werden in emailliertem Eisenbehälter (Wasserbad) zusammengeschmolzen, auf 75–80° C erhitzt. In diese ca. 75° C heiße Schmelze rührt man in dünnem Strahl eine 80° C heiße Lösung aus 250 g destill. Wasser, 50 g Glycerin, 6 g Triäthanolamin und 1 g Borax und rührt weiter, bis die sich bildende Creme fast erkaltet ist. Eine Rasiercreme zum Rasieren ohne Pinsel ist z. B. die Marke „Eura-

sit". Neuerdings werden auch Rasiercremes in Sprühdosen auf den Markt gebracht.

7. **Synthetische Waschmittel in Stückform.** Seife läßt sich gut in Stücke formen; die synthetischen, waschaktiven Stoffe zerfließen in Berührung mit Wasser. Es ist in neuerer Zeit gelungen, auch Syndets (= waschaktive, härteunempfindliche Verbindungen) in beständige Stücke zu formen (z. B. Marke „Zest", „Vel" (Colgate), „Praecutan", „PID" (Therachemie, Düsseldorf). Solche können z. B. aus 60–70% waschaktiver Substanz und 30–40% Syndetträger oder aus 30 bis 65% Seife, 25–50% waschaktiver Substanz und 10–15% Syndetträger bestehen. Als Syndetträger kommen z. B. Erdalkalisalze von Fettsäuren, Paraffin, Wollfett, Stearinsäure, Polyäthylenglykol und dgl. in Betracht. Diese Stoffe ermöglichen die Bildung fester, nicht zerfließender Syndetstücke. Solche „Seifen" sind auch im sauren pH-Bereich anwendbar; sie bilden keinen Kalkrand in hartem Wasser.

„Sebamed" compact (Sebamatchemie, 5404 Bad Salzig) ist eine seifenfreie „Seife", die von Ärzten bei Akne, Hautreizungen und Hautallergien empfohlen wird. In der ärztlichen Praxis dient Sebamed compact der Reinigung und dem Schutz der Hände. Diese biologisch wirksame Hautwaschpflege besteht aus Aufbaustoffen wie Aminosäuren, Cholesterin, Lecithin, Glyceriden und Vitaminen. Der pH-Wert der Sebamed-Präparate ist auf den pH-Wert 5,5 der gesunden Haut abgestimmt (s. S. 296).

Anhangsweise sei hier noch ein seifenfreies Präparat („Derval"-Trockenhautwäsche, Chem. Fabr. Kreussler & Co., Wiesbaden-Biebrich) erwähnt, das als geleeartige, parfümierte, seifen- und stärkefreie Masse in Tuben auf den Markt kommt (enthält schmutzbindende Kolloide und Fettalkoholsulfonat) und eine bequeme, schonende und gründliche Reinigung der Haut ohne Zuhilfenahme von Wasser, Seife und Handtuch ermöglicht. Man verreibt ein wenig „Derval" auf der zu reinigenden Hautstelle so lange, bis sich kleine, leicht abwischbare Krümel bilden. Sollte die Krümelbildung nicht rasch genug eintreten, so kann man einige Zeit warten, bis ein Teil des Wassers verdunstet ist. Bei dieser Behandlung werden die Schmutzteilchen durch das „Derval" adsorbiert bzw. durch Adhäsion gebunden.

Soda. Die in den Läden erhältliche Soda besteht häufig aus eisartigen Kristallen, die an ihren Ecken und Kanten in ein weißes Pulver zerfallen sind. Die reine Kristallsoda enthält rund 63% chemisch gebundenes Wasser, das am Aufbau der eisartigen, durchscheinenden Kristalle mitwirkt („Kristallwasser"). Wenn die Kristalle an der trockenen Luft aufbewahrt werden, so verlieren sie wieder einen Teil des Kristallwassers und zerfallen allmählich zu einem weißen Pulver. Bei gleichem Ladenpreis ist es für den Käufer natürlich von Vorteil, die wasserärmeren, halbzerfallenen („verwitterten") Kristalle zu erwerben. Durch Erhitzen läßt sich kristallwasserfreie, reine Soda gewinnen; diese hat die Formel Na_2CO_3, während den Sodakristallen die Formel $Na_2CO_3 \cdot 10\ H_2O$ zukommt.

V e r s u c h e : Prüfe die Wasserlöslichkeit von Soda! Tauche rotes Lackmuspapier in die Lösung! Halte eine Spur Soda in die Flamme. Gelbfärbung – Natrium! Gieße im Becherglas etwas Salzsäure über einige Sodabrocken und prüfe nach S. 28 auf Kohlendioxid! Erhitze einige Sodakristalle im trockenen Probierglas! Das Kristallwasser schlägt sich oben nieder.

V e r w e n d u n g : Soda wird in der Papier-, Glas- und Seifenfabrikation, ferner bei der Herstellung von Ultramarin, bei der Wasserenthärtung, Zeugdruckerei, Bleicherei, Leim- und Harzfabrikation, in Emaillierwerken und Gerbereien, in der Metallurgie, bei vielen Reinigungsverfahren und dergleichen in großem Umfang benötigt.

Sodbrennen. Der menschliche Magen sondert einen Verdauungssaft ab, der normalerweise 0,4–0,5% Salzsäure enthält. Diese hat die Aufgabe, den Verdauungsvorgang zu unterstützen und schädliche Bakterien abzutöten, die mit den Speisen in den Magen gelangen. Enthält der Magensaft zuviel Salzsäure (oder viel Milchsäure, die beim übermäßigen Genuß zuckerhaltiger Speisen durch abnorme Gärungen im Magen entstehen kann), so stellt sich häufig ein brennendes Gefühl im Rachen und in der Speiseröhre ein, das als S o d b r e n n e n bezeichnet wird. Freilich ist das Sodbrennen nicht in jedem Fall auf Übersäuerung des Magensaftes zurückzuführen, es wurde auch schon bei normalem Säuregehalt, ja in seltenen Fällen sogar bei Mangel an Magensäure beobachtet. Bei all den zahlreichen Fällen, in denen Sodbrennen durch Säureüberschuß bewirkt wird, kann man folgende Gegenmaßnahmen treffen:

1. V i e l   W a s s e r   t r i n k e n . Dadurch wird der Magensaft samt der Magensäure verdünnt und das Brennen läßt nach.

2. N a t r o n   e i n n e h m e n . Das Natron, auch Natriumhydrogencarbonat oder Natriumbicarbonat genannt, ist in Drogerien als Pulver (z. B. Kaisers Natron) oder in Tablettenform („Bullrichsalz") erhältlich. Werden täglich mehrmals eine Messerspitze Natron oder eine Bullrichsalztablette eingenommen, so verschwindet das Sodbrennen allmählich. Im Magen spielt sich dabei der gleiche Vorgang ab, wie wenn wir im Probierglas Salzsäure und Natron zusammenbringen; es entsteht unter Aufschäumen Kohlendioxid, während die Salzsäure schließlich vernichtet wird: Gleichung: $NaHCO_3 + HCl \rightarrow NaCl + H_2O + CO_2$. Statt Natron könnte man auch Soda einnehmen (Gleichung: $Na_2CO_3 + 2\ HCl \rightarrow 2\ NaCl + H_2O + CO_2$); doch ist diese wegen des laugenhaften Geschmacks nicht beliebt.

Untersuche eine Bullrichsalztablette nach den unter „Natron" angegebenen Versuchen! Stelle fest, ob etwas Salzsäure, in die ein Überschuß von Natron gebracht wurde, mit Lackmus noch stark sauer reagiert! Prüfe das „Roha"-Salz (Magenstärkungssalz mit Kräuterpulvern zur Verhütung von Sodbrennen usw.) auf Carbonate (S. 28), Phosphate (S. 29), Sulfate (S. 26 f.) und Natrium (gelbe Flammenfärbung)! „Roha"-Salz enthält neben organischen Würzstoffen Natron, Kalk, Magnesiumsulfat, Bolus, Calciumphosphat und Magnesiumcarbonat. Die „Biserierte Magnesia" besteht aus Magnesiumcarbonat, Natron, Wismutsubcarbonat und Pfefferminzöl. Schüttle eine Messerspitze „Biserierte Magnesia" (weißes Pulver oder Tabletten, C. F. Asche & Co., Hamburg) im Probierglas mit ca. 10 Kubikzentimeter Wasser. Das Pulver löst sich nur zum Teil. Bei Zusatz von Salzsäure beobachtet man unter heftiger Gasentwicklung (weise Kohlendioxid nach!) völlige Auflösung; die Salzsäure löst das Magnesiumcarbonat. Halte ein Probierglas I mit einer Messerspitze „Biserierter Magnesia" waagrecht in die Flamme (nicht schütteln) und ein zweites Probierglas II mit einigen Kubikzentimetern Kalkwasser unter einem rechten Winkel an die Mündung von I! Beim Erhitzen von I wird Kohlendioxid entwickelt, das schwerer ist als Luft und infolgedessen ins Probierglas II absinkt, wo es etwa nach 1 Minute (II umschütteln) eine weiße Trübung hervorruft. Die Flamme wird durch „Biserierte Magnesia" deutlich gelb gefärbt; Nachweis von Natrium; Näheres s. S. 17 f. Viele neue Mittel gegen Sodbrennen enthalten Natrium-Aluminiumsilicate, Magnesiumsilicate (z. B. Acinormal, Acisorban, Gelusil, Neutralon, Ultin), kolloidales Aluminiumhydroxid (z. B. Aludrox, Gastro-Setaderm, Palliacol) und dergleichen; diese Stoffe binden überschüssige Magensäure, ohne später eine erhöhte Magensäureabscheidung zu bewirken. Das Talimon (Bayer, Leverkusen) ist ein Kunstharzionenaustauscher (Acrylsäurepolymerisationsprodukt), der im Magen einen Teil der Säure gegen andere Substanzen austauscht.

3. Kalkpulver einnehmen. In englischen Apotheken wird Kreide, die aus Kalk besteht, als Mittel gegen Sodbrennen verkauft. Gießen wir etwas Salzsäure auf einen Kalkstein oder auf Eierschalen, so beobachtet man lebhaftes Aufschäumen (Kohlendioxid). Die Salzsäure wird dabei allmählich unschädlich gemacht oder neutralisiert, wie man diesen Vorgang in der Chemikersprache heißt. Die Neutralisierung der Salzsäure mit Kalk spielt sich im Probierglasversuch und im menschlichen Magen nach der folgenden Gleichung ab: $CaCO_3 + 2 HCl \rightarrow CaCl_2 + H_2O + CO_2$. In diesem wie im vorigen Beispiel entsteht Kohlendioxid (CO_2), das unter Umständen leichtes Magendrücken und Aufstoßen verursachen kann. In den folgenden Beispielen kommt dies in Wegfall.

4. Magnesia einnehmen. Einige Messerspitzen Magnesia pro Tag sind ebenfalls ein Mittel gegen Sodbrennen. Geben wir im Probierglas etwas Magnesia (= gebrannte Magnesia, MgO) zu Salzsäure, so wird diese ebenfalls neutralisiert nach der Gleichung: $MgO + 2 HCl \rightarrow MgCl_2 + H_2O$. Im Magen spielt sich nach dem Einnehmen von Magnesia der gleiche Vorgang ab. Auch Magnesiumcarbonat wird in vielen säureneutralisierenden Magenpulvern angewendet. Magnesiumcarbonat enthalten (neben andern Wirkstoffen) z. B. die Handelspräparate „Bifosod", „Biserierte Magnesia", „Digestillen", „Dinatolin", „Gastrocarbon", „Nulacin", „Magenquick", „Rennie".

Spiegel

Spiegel. Bei den Spiegeln unterscheidet man zwischen Metallspiegeln und Glasspiegeln. Einfache, kreisrunde oder viereckige, glänzende Metallbleche können um wenige Pfennige erstanden und auch bei gefährlichen Berufs- und Sportausübungen ohne Splittergefahr getragen werden. Die meisten Spiegel bestehen aus Glasscheiben verschiedener Größe und Form, welche auf der Rückseite in der Regel mit einer dünnen Schicht von Silber belegt sind. Durch diese Schicht wird das Licht zurückgeworfen, so daß man sich im Glas spiegeln kann. Die Herstellung von Amalgamspiegeln (in diesem Fall verwendete man Legierungen aus Quecksilber und Zinn) ist schon seit dem 15. Jahrhundert bekannt, während die Silberspiegel erst im Jahre 1843 von Drayton eingeführt wurden. Heute stellt man in erster Linie Silberspiegel (d. h. Glasspiegel mit versilberter Rückwand) her, weil diese erstens während der Herstellung keine Vergiftungen hervorrufen, wie es bei den Quecksilberdämpfen der Amalgamspiegel der Fall ist, zweitens, weil sie im Zimmer keine giftigen Dämpfe abgeben und daher länger halten, drittens, weil sie das Licht fast doppelt so stark zurückspiegeln als die Amalgamspiegel und infolgedessen durch höheren Glanz ausgezeichnet sind. Die auf dem Glas niedergeschlagene Silberschicht ist nur etwa 0,0001 bis 0,00015 mm dick; sie wird durch einen Speziallack geschützt, den man in den Fabriken mit feinen Fehhaarpinseln, Spritzpistolen oder Lackiermaschinen aufträgt.

Herstellung eines Silberspiegels. Wir entfernen von einigen alten Photoplatten die Schicht sorgfältig mit heißem Wasser, spülen mehrfach ab, verreiben auf beiden Seiten der Platte mit unbedruckten Papierfetzen etwas „Ata", „Vim" oder gebrannten Kalk, spülen mit viel Leitungswasser ab (Platten immer am Rand anfassen!), gießen destilliertes Wasser über die Platten und lehnen sie an ein Buch o. ä. Die Platten müssen blitzblank und absolut sauber sein, sonst hält der Überzug nachher nicht richtig. Auch soll man sie sofort nach der Reinigung versilbern. Zu diesem Zweck bringt man sie in eine Mischung der folgenden zwei Flüssigkeiten: a) 4 Gramm Silbernitrat werden in der eben notwendigen Menge Salmiakgeist gelöst, dazu gibt man 1 Gramm Ammoniumsulfat und 350 Gramm destilliertes Wasser; b) 1,2 Gramm reiner Traubenzucker werden in 350 Gramm destilliertem Wasser gelöst und 3 Gramm festes, reines Ätzkali (KOH) dazugegeben – umrühren bis zur Auflösung! Die Glasplatte wird einseitig mit der Mischung beider Flüssigkeiten in Berührung gebracht. Gleichzeitig bekommen auch die Glasgefäße, welche die Mischung enthalten, einen schönen, silbrigen Glanz, da auch hier Silber abgeschieden wird. Es gibt mehrere Dutzend verschiedener Rezepte für die Herstellung von Silberspiegeln; bei all diesen Versilberungsvorgängen reduziert Traubenzucker, Milchzucker und dergleichen eine ammoniakalische Silbernitratlösung zu reinem Silber.

Der Silberüberzug läßt sich an den unerwünschten Stellen mit Hilfe von Salpetersäure leicht entfernen. Probiere in Probierglasversuchen, ob man Silberspiegel auch aus Silbernitratlösung und Natriumdithionitlösung (z. B. „Brauns Entfärber", „Blankit", „Burmol" usw.) bzw. Vitamin-C-Lösung („Cebion"-Lösung, „Cantan"-Lösung) erhalten kann.

Sprühdosen (englisch Aerosol Bombs) sind zylindrische, meist 200 bis 500 cm³ fassende Behälter aus Schwarzblech, Weißblech, rostfreiem Stahl, Glas (oft mit Polyvinylchloridüberzug gegen Glassplittergefahr versehen), Aluminium, Kunststoffen und dgl., die einen Wirkstoff und ein Treibmittel enthalten *(Bild 28)*.

Als W i r k s t o f f kommen u. a. in Betracht: Insektenbekämpfungsmittel oder Geruchszerstörer, Haarpflegemittel (z. B. Wellaflex-Frisiermittel), Autoreinigungsmittel, Lacke, Parfüme, Polituren, Sonnenbrandverhütungsmittel, Schmiermittel, Feuerlöschmittel, chemische Reagenzien, Hautcremes (z. B. Hautcreme Mouson in Aerosoldosen), Rasiercremes, künstlicher Schnee für Weihnachtsbäume (z. B. Weihnachtsschnee der Sprühtechnik GmbH, Rheinfelden), Arzneimittel (z. B. als Nasen-Spray, zur Kälteanästhesie; örtlich gegen Verbrennungen, Mykosen, Ekzeme, Wunden und dergleichen), Antischaumstoffe, Sirupe, Schlagsahne usw.

Die T r e i b m i t t e l sind zusammengepreßte Gase oder leichtsiedende Flüssigkeiten. Sie sollen ungiftig, unbrennbar, nicht explosiv und geruchsfrei sein. Die Wirkstoffe sind in den Treibmitteln (oft mit Hilfe von Zusätzen, Lösungsvermittlern und dgl.) gelöst oder aufgeschwemmt; sie werden – solange man oben auf den Knopf drückt – durch das Treibmittel in einem kegelförmigen „Strahl" fein zerteilt herausgespritzt. Das wichtigste Treibmittel ist wohl das „Frigen 12 A" (Formel: CCl_2F_2 = Dichlordifluormethan), ein farbloses, ungiftiges Gas, das bei $-29.8°$ C siedet. Es wird meist in Mischungen mit Frigen 11 A = Trichlorfluormethan CCl_3F, oder ähnlichen Stoffen verwendet. Im Ausland sind die gleichen Stoffe unter den geschützten Bezeichnungen Freon, Arcton, Algofrene, Genetron, Heydogen usw. im Gebrauch. Neben den Frigen-Typen kommen als Treibmittel auch Stickstoff, Kohlendioxid, Methylenchlorid, Propan, Butan

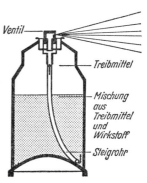

Bild 28. Sprühdose

Süßmost

und dgl. in Betracht; die letzteren werden wegen ihrer Feuergefährlichkeit mit unbrennbaren Treibmitteln vermischt. Frigen 12 A übt bei Zimmertemperatur (20° C) einen Druck von etwa 5,5 bar aus.

Die durch Sprühdosen ermöglichte Feinheit der Zerstäubung oder Vernebelung schwankt in weiten Grenzen. Bei den Insektenvertilgungsmitteln, Duftstoffen, Raumluft-Desodorantien und- Desinfektionsmitteln enthalten die gefüllten Sprühdosen mindestens 80 Gewichtsprozent an Treibmitteln und höchstens 20 Gewichtsprozent an Wirkstoffen; hier entstehen beim Versprühen feine, längere Zeit als Aerosole in der Luft schwebende Teilchen von etwa 0,1–25 µm Durchmesser. Bei den Lacken, Firnissen, Haarsprays, Hautbehandlungsprodukten usw. enthalten die Sprühdosen 40–70 Prozent Treibmittel und 30–60 Prozent (immer Gewichtsprozent) an Wirkstoffen. Die Teilchen sind in diesem Fall absichtlich größer gewählt, um die Bildung eines gleichmäßigen Films zu ermöglichen Bei den Haartonika, Fleckenentfernern, Polier-, Reinigungs- und Schmiermitteln genügt ein Treibmittelanteil von 10 bis 30 Prozent. Auf den Wirkstoff entfallen hier somit 70–90 Gewichtsprozent. Neben diesen 3 Hauptgruppen gibt es noch mancherlei Zwischenstufen und Sonderfälle.

Die Sprühdosen haben folgende V o r t e i l e : 1. Verbesserte, handliche Anwendungsform (Druck auf den Knopf genügt!), 2. unveränderte und verbesserte Wirkungsweise (ermöglicht durch die feine Verteilung des Wirkstoffs), 3. zeitsparende Anwendungsart, 4. stets gleichmäßige, daher wirtschaftliche Verteilung der Wirkstoffe ohne direkten Kontakt mit denselben. Es wurde allerdings die Befürchtung laut, daß die Treibgase die Ozonschicht in der Stratosphäre schädigen und daß so mehr schädliche UV-Strahlung auf die Erde gelangen könnte (Umschau 17/77, S. 495).

Süßmost. Dieser besteht aus naturreinem, unvergorenem Saft von Äpfeln, Birnen, Trauben oder Beeren aller Art. Nach einer behördlich anerkannten Definition sind Obstsüßmoste zum unmittelbaren Genuß bestimmte, praktisch alkoholfreie Getränke, die durch Pressen von unvergorenem, frischem Obst mit oder ohne Filtration durch Kellerbehandlung, Pasteurisierung, Entkeimung oder Einlagerung unter Kohlensäuredruck gewonnen werden. Traubensüßmost und Kernobstsüßmost dürfen keine fremden Zusätze enthalten, während bei Beeren- und Kirschsüßmost begrenzte Zusätze an Wasser und Zucker erlaubt sind. Die chemische Zusammensetzung der Süßmoste schwankt sehr; der Invertzuckergehalt (Gemisch aus Traubenzucker und Fruchtzucker) liegt zwischen 3,4 und 11,7% (Traubensüßmost 15–20%), der Rohrzuckergehalt bei 0,1–5,4%, der Gehalt an organischen Säuren bei 0,2–3,3%, an Stickstoffsubstanz bei 0,1–0,8%, an Gerbstoff bei 0,08—0,2%, an Mineralstoffen bei 0,2—0,6%. In je 100 Gramm frisch ausgepreßtem Apfelsaft finden sich ca. 7, in Traubensaft 4 und in Zitronensaft etwa 30 Milligramm C-Vitamin. Ein Liter guter Süßmost hat einen Nährwert von etwa 500 Kalorien. Bei den Äpfeln und Birnen wird der Saft mit Obstpressen herausgepreßt und verdünnt oder unverdünnt in Flaschen gefüllt; Trauben und weiche Beeren kann man im Haushalt in ein sauberes Leinentuch geben und dieses über einer Schüssel kräftig auswinden. Diese Säfte enthalten viel Traubenzucker (Nachweis nach Seite 178), der von den allgegenwärtigen Hefezellen früher oder später zu Alkohol und Kohlensäure vergärt wird. Um die Gärung zu verhindern, werden die Hefezellen nach einem der folgenden Verfahren abgetötet bzw. in der Entwicklung gehemmt:

a) „Pasteurisieren". Man stellt die mit Saft gefüllten, lose verkorkten Flaschen in einen Kochtopf auf Untersätze, gibt Wasser in den Topf und erhitzt 20 Minuten lang, wobei ein Thermometer, das in eine Flasche bis zum Boden hineingesteckt wird, während dieser ganzen Zeit 75° C anzeigen soll. Bei dieser Hitze sterben die Hefezellen ab, während die Vitamine und aromatischen Stoffe erhalten bleiben. Neuerdings kommt in Großbetrieben auch die Hochkurzerhitzung (160° C, 3 Sekunden) zur Anwendung.

b) Konzentrieren. In Fabriken kann man die Fruchtsäfte im Vakuum auf $1/6$—$1/7$ ihres ursprünglichen Volumens eindampfen, wobei ein Dicksaft mit 60—65% Zucker entsteht, in dem Gärungserreger „verdursten"; s. Nahrungsmittelkonservierung S. 184 f. Beim Gebrauch wird der Dicksaft mit viel Wasser verdünnt.

c) Filtration. Die Hefezellen werden hier mechanisch durch engporige Asbest- und Celluloseplatten (Seitz-Filter) vom Süßmost sorgfältig getrennt, so daß dieser nicht mehr gären kann.

d) Kaltlagerung. Süßmost hält sich bei —2° C längere Zeit unverändert; bei Abkühlung auf —6 bis —10° C erstarrt das Wasser des Süßmosts größtenteils zu Eiskriställchen; zwischen diesen sammelt sich eine sehr konzentrierte, nicht gärende Zuckerlösung. Die Aromastoffe bleiben bei der Kälteanwendung besser erhalten als beim Erhitzen.

e) Kohlensäuredruckverfahren. Hier wird der geklärte und mit Filtrationsenzymen behandelte oder durch Kurzzeiterhitzung keimarm gemachte Süßmost in luftfreie Stahltanks gepumpt und mit viel Kohlensäure (Trockeneis oder Flaschengas) versetzt, die Hefezellen monatelang in der Entwicklung hemmt.

f) Chemische Behandlung. Durch Zusatz von käuflichen Chemikalien, wie „Mikrobin" (= Natriumsalz der Parachlorbenzoesäure), „Abakterin", „Nipakombin" (Ester der Benzoesäure) usw. können die Hefezellen in den Flaschen bequem abgetötet werden, doch erhält dadurch der Süßmost oft einen scharfen, unnatürlichen Geschmack. Die Verwendung chemischer Konservierungsmittel aller Art ist bei der gewerblichen Süßmostherstellung verboten. Gibt man das in Drogerien erhältliche Kaliumpyrosulfit (= Kaliummetabisulfit, $K_2S_2O_5$, 1 Gramm auf 1 Liter) in den Saft, so bilden die Obstsäuren mit ihm schweflige Säure bzw. Schwefeldioxid, welche die Hefezellen vernichtet. Die Schwefeldioxidentwicklung läßt sich leicht feststellen, wenn man in einer Schale etwas Essig zu einer Kaliumpyrosulfittablette gießt (stechender Geruch!). Gibt man zu 1 Liter Fruchtsaft 10 Gramm 25%ige oder 5 Gramm 50%ige Ameisensäure, so wird die Gärung ebenfalls verhindert. Süßmoste, die durch Zusatz bakterientötender Chemikalien konserviert wurden, bleiben auch bei längerem Herumstehen an offener Luft unverändert, während die übrigen Süßmostflaschen 2–3 Tage nach dem Öffnen Gärungserscheinungen aufweisen.

Synthesefasern (Synthetics). Diese Fasern werden synthetisch aus Kohle, Teer- oder Erdölprodukten aufgebaut und bestehen aus Substanzen, die in der Natur nicht vorkommen. Bei der Produktion der „vollsynthetischen" Fasern haben sich die Chemiker von der Natur unabhängig gemacht. Ein Verfahren führt vom Steinkohlenteer über Phenol und Benzol zu Nylon und Perlon, ein anderer Weg geht über Calciumcarbid zu den Acryl- und Vinylfasern. In neuerer Zeit werden aber auch Erdöl und Erdgase als Rohstoffe bei Acryl- und Polyesterfasern verwandt. Nur solche Fasern, deren Ausgangsstoffe durch chemische Reaktionen entstehen, werden zu Recht als Synthesefasern bezeichnet. Einige Fasern stellt man dadurch her, daß man die Polymerisate in geschmolzenem Zustand durch Düsen preßt, worauf die Fäden erstarren (Bild 29). Andere Fasern werden aus Lösungen in organischen Lösungsmitteln nach dem Trocken- oder Naßspinnverfahren gewonnen.

Durch die zahlreichen Handelsnamen der Synthesefasern darf man sich nicht verwirren lassen. Es sind nämlich nur d r e i Grundtypen, die bei Bekleidungstextilien eine Rolle spielen: die Polyamid-, die Acryl- und die Polyesterfasern.

A. P o l y a m i d e.

P e r l o n. Diese weltbekannte, vielverwendete Synthesefaser wurde erstmals am 29. Jan. 1938 von dem 1897 in Stuttgart geborenen IG-Chemiker Prof. Dr. Paul Schlack im IG-Laboratorium Berlin-Lichtenberg durch Polymerisation von Caprolactam dargestellt; siehe DRP Nr. 748 253. Durch diese Erfindung werden heute jährlich Perlongewebe (z. B. für Strümpfe, Blusen, Wäsche, Damenkleider, Reifencord, Möbelbezüge usw.) im Gesamtwert von über einer Milliarde DM in allen Industrieländern der Erde erzeugt.

Caprolactam bildet schneeweiße Kristalle, die bei etwa 70° C schmelzen, es hat die Formel $\overline{CO-CH_2-CH_2-CH_2-CH_2-CH_2-NH}$. In den Perlonfabriken wird Caprolactam verflüssigt und z. B. unter Hitze,

Luftabschluß und Druck polymerisiert, wobei sich Hunderte von Caprolactammolekülen zu langgestreckten Polyamidmolekülen zusammenlagern, denen folgende Formel zukommt ... $OC-CH_2-CH_2-CH_2-CH_2-CH_2-NH-OC-CH_2-CH_2-CH_2-CH_2-CH_2-NH-OC-CH_2-CH_2-$ ... Dieses Polyamid wird nach verschiedenen Vorbehandlungen bei 260–270° C zu einer zähflüssigen, wasserklaren Flüssigkeit geschmolzen und bei ca. 250° C durch haarfeine Löcher einer Stahlplatte gepreßt, wobei es an der freien Luft in mehrere Meter hohen Spinnschächten zu feinen Fäden (Perlon genannt) erstarrt. Die Fäden verstreckt man auf das 4–5fache ihrer ursprünglichen Länge, wobei sich die Reißfestigkeit erhöht.

V e r s u c h e : Ziehe einen Streifen Perlongewebe mit aller Kraft in die Länge! Perlon ist sehr reißfest, zäh und elastisch. Vergrabe in feuchtem Humusboden nebeneinander Stücke von Perlon-, Baumwoll- und Wollgewebe! Nach einem halben Jahr ist Perlon noch unverändert, während die anderen Gewebsstücke verrottet sind. Bringe ein ca. 3–5 Quadratzentimeter großes Perlongewebe ins Probierglas und übergieße es mit konzentrierter Salzsäure (oder Schwefelsäure)! Nach einigem Warten und Umschütteln (Vorsicht! Säure nicht mit der Haut in Berührung bringen) hat sich das Gewebe zu einer weißen „Milch" aufgelöst. Perlon wird von über 10%igen Mineralsäuren angegriffen; gegen Essigsäure, Milchsäure und Laugen ist es weniger empfindlich; auch verträgt es (wie man in Probierglasversuchen zeigen kann) Benzin, Benzol, Aceton, Tetrachlorkohlenstoff, Alkohol und Äther. Fülle ein Probierglas etwa zu $^1/_3$ mit Wasser, lasse ein Perlongewebsstück darin eintauchen und erhitze zum Sieden! Das Perlon bleibt unverändert, es ist kochfest. Perlon erweicht bei 170–180° C; es schmilzt bei 215° C. Phenol, Kresol, Resorcin, Lysol, Trichloräthylen, Chloralhydrat und Benzylalkohol greifen (besonders in höheren Konzentrationen und bei höheren Temperaturen) das Perlon an, wie man in Probierglasversuchen zeigen kann. Diese kleinen „Achillesfersen" können der Verwendung von Perlon keinen Abbruch tun. Halte ein Stück Perlongewebe mit der Zange in die Flamme! Das Perlon brennt; beim Herausnehmen aus der Flamme brennt es weiter und schmilzt gleichzeitig, wobei dunkle, brennende Tropfen herabfallen. Bringe ein 3–5 Quadratzentimeter großes Stück Perlongewebe in ein trockenes, sorgfältig gereinigtes Probierglas, lege ein feuchtes, rotes Stück Lackmuspapier auf die Probierglasmündung und erwärme! Das Perlon schmilzt zu einer dunklen Masse zusammen, es zersetzt sich, und die aufsteigenden Gase (Ammoniak) bläuen den Lackmuspapierstreifen. Hält man einen vorher in Salzsäure getauchten Glasstab in das Probierglas, so entstehen weiße Nebel von Salmiak nach der Gleichung $NH_3 + HCl \rightarrow NH_4Cl$.

N y l o n ist ein Kondensationsprodukt aus Adipinsäure und Hexamethylendiamin. Chemische Konstitution: $[..-HN-(CH_2)_6-NH-CO-(CH_2)_4-CO-.]_n$. Führe die oben angegebenen Perlon-Versuche auch mit Nylon durch.

B. P o l y a c r y l n i t r i l e. Hierher gehören D r a l o n (Bayer), D o l a n (Südd. Chemiefaser), R e d o n (Phrix-Werke). Rohstoffe sind pulverförmige Kunstharze, die aus Acetylen und Cyanwasserstoff über Acrylnitril entstehen. Polyacrylnitril wird durch Dimethyl-

Synthesefasern

formamid gelöst. Entdeckung 1930 durch Herbert Rein, BASF. Chemischer Aufbau: (.. —CH_2—CH—CH_2—CH—..)$_n$ Die Faser ist besonders
$\quad\quad\quad\quad\quad\quad\quad\quad\quad\;\;|\quad\quad\;\;|$
$\quad\quad\quad\quad\quad\quad\quad\quad\quad\;\text{CN}\quad\;\text{CN}$
beständig gegen Witterungseinflüsse, gegen Laugen, Säuren und Bakterien. In Mischung mit Wolle werden die Spinnfasern für Herrenanzüge und Kleiderstoffe verwendet.

Versuch: Polymerisation von Acrylnitril. Beim Experimentieren mit dem Acrylnitril ist wegen der hohen Giftigkeit des Produkts Vorsicht geboten. Unter dem Abzug oder im Freien arbeiten! Man gibt in ein Probierglas 0,5 cm³ Acrylnitril, dann 7 cm³ H_2O sowie 1 Tropfen 10%ige Schwefelsäure und mischt. Schließlich fügt man je 1 Kristall Kaliumdisulfat und Kaliumperoxodisulfat zu; schütteln und schwach erwärmen! Nach einiger Zeit wird der Inhalt des Probierglases fest. Es entsteht Polyacrylnitril nach folgender Gleichung:

n CH_2 = CH—CN $\xrightarrow{\text{Katalysator}}$ (.. —CH_2—CH— ..)$_n$
$\quad\quad\quad\quad\quad\quad\quad\quad\quad\quad\quad\quad\quad\quad\quad\quad\;\;|$
$\quad\quad\quad\quad\quad\quad\quad\quad\quad\quad\quad\quad\quad\quad\quad\;\;\text{CN}$

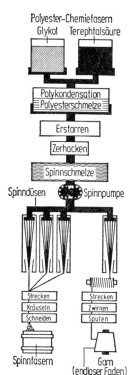

Bild 29. Herstellungsprozeß der Synthesefasern am Beispiel Polyester

Versuch: Herstellung von Fäden. In einem Probierglas löst man 0,4 g Polyacrylnitril in 5 cm³ Dimethylformamid. Diese 8%ige Spinnlösung wird mit einer Injektionsspritze aufgenommen und in ein wassergefülltes Becherglas gedrückt. Die Lösung erstarrt beim Verlassen der Kanüle zu einem hellen Faden.

C. Polyester. Bekannte Polyesterfasern sind Trevira (Hoechst) und Diolen (Vereinigte Glanzstoff-Fabriken AG). Die chemische Verbindung aus einem Alkohol und einer Säure heißt Ester. Durch Polykondensation (S. 156) wird der niedermolekulare Ester in einen aus Makromolekülen bestehenden Polyester umgewandelt. Wie das Polyamid zeichnet sich auch der Polyester durch besondere Festigkeit aus; er findet Verwendung für Wellplatten, Behälter, Motorboote, Bauplatten, Türfüllungen usw. Den englischen Chemikern John Rex Whinfield und James Tennant Dickson gelang es 1941, aus Terephthalsäure und Äthylenglykol einen Polyester zu synthetisieren, der sich sehr gut verspinnen ließ. Eigenschaften: Fäden seidig, Fasern wollig, sehr reiß- und knickfest, form- und temperaturbeständig. Verwendung: Wäsche- und Kleiderstoffe, Gardinen, Regenbekleidung, Strickwaren usw.

Taschenbatterien und Akkumulatoren. Unsere Taschenbatterien sind Trockenbatterien; ihre Füllung ist – im Gegensatz zu den mit Flüssigkeiten gefüllten Batterien, Akkumulatoren usw. – eine weiche, halbfeste Masse, bei welcher die Gefahr des Verschüttens nicht besteht. Taschenbatterien müssen in jeder beliebigen Lage ein hinreichend starkes Licht liefern. Heute sind bei uns hauptsächlich zwei Sorten von Taschenbatterien im Handel; die einen enthalten unter anderem S a l m i a k (z. B. Marke „Daimon", „Sport-Sonderklasse") *(Bild 30)* die andern an Stelle des Salmiaks M a g n e s i u m c h l o r i d (MgCl$_2$). Letztere werden auch als „Salmiakfreie Taschenbatterien" bezeichnet; hierher gehört die Marke „Pertrix".

V e r s u c h e : Beim Auseinandernehmen einer „Sport"-Taschenbatterie finden wir im Innern drei walzenförmige Körper, von denen jeder eine Hülse aus Zinkblech besitzt. Dieses Blech bildet den negativen Pol der Batterie; es ist bei alten Taschenlampen stark zerfressen, kann aber nach der Reinigung noch zu vielen chemischen Versuchen benützt werden. Durch die Mitte jeder Walze geht ein Kohlestab; dieser bildet den positiven Pol der Batterie. Zwischen Zinkblech und Kohlestab ist eine schwarze Masse, die im wesentlichen aus Salmiak, Graphit oder Ruß und Braunstein besteht. Eine Messerspitze von der dunklen Masse wird im trockenen Porzellanschälchen mit wenig Natronlauge übergossen; das entweichende Gas ist Ammoniak. Näheres S. 22 f. Kocht man ein wenig von dem schwarzen Brei der Batterie mit destilliertem Wasser, so läßt sich nach dem Filtrieren im Filtrat chemisch gebundenes Chlor mit Silbernitrat nachweisen; vgl. S. 23 f.! Das Chlor stammt von Salmiak, dieser hat die Formel NH$_4$Cl. Kocht

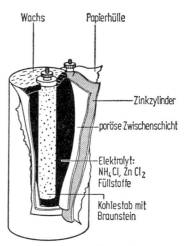

Bild 30. Trockenbatterie nach Leclanché

man eine Messerspitze von dem dunklen Brei mit einigen ccm Salzsäure im Probierglas, so entsteht Chlorgas. Der Sauerstoff des Braunsteins verbindet sich mit dem Wasserstoff der Salzsäure zu Wasser; dadurch wird Chlor frei. Gleichung: MnO$_2$ + 4 HCl = MnCl$_2$ + 2 H$_2$O + Cl$_2$. Erkennung des Chlors S. 31 f. Ein Teil der Probe wird von der Salzsäure nicht gelöst; dies ist schwarzer Graphit, der dem Braunstein beigemischt wird, um dessen Leitfähigkeit zu erhöhen. Unmittelbar unter dem Zinkblech ist eine weißliche Masse, in der man Zinkverbindungen und Stärke nachweisen kann (Blaufärbung mit Jod).

Wenn man das Licht bei einer Taschenbatterie einschaltet, wird ein geschlossener Stromkreis zwischen dem Zinkbecher und dem Graphitstab hergestellt. Das Zink zersetzt den Salmiak zu $[Zn(NH_3)_2]Cl_2+$ H_2, der vom Braunstein zu Wasser oxidiert wird. Es entsteht hierbei eine ziemlich konstante elektromotorische Kraft von 1,5 Volt nach der summarischen Gleichung $Zn + 2 MnO_2 + 2 NH_4Cl \rightleftarrows [Zn(NH_3)_2]Cl_2 +$ $Mn_2O_3 + H_2O$. Am Minuspol bilden sich Zinkionen ($Zn \rightarrow Zn^{++} + 2\,e$). Am positiv geladenen Pol und dessen Umgebung nehmen die Wasserstoffionen Elektronen auf und bilden atomaren und molekularen gasförmigen Wasserstoff. Dieser hemmt die weitere Stromlieferung durch Bildung einer Isolatorschicht und durch Spannungsminderung. Man bezeichnet diese Erscheinung als Polarisation. Die Abscheidung von Wasserstoff (und damit auch die Polarisation) wird verhindert oder eingeschränkt durch geeignete Braunsteinsorten (MnO_2); diese geben Mn_2O_3 nach der Gleichung $2\,MnO_2 + 2\,H^+ + 2\,e \rightarrow Mn_2O_3 + H_2O$; man bezeichnet den Braunstein als Depolarisator. Die obige Theorie von der Entstehung des elektrischen Stroms in Taschenbatterien ist nicht ganz sicher, da das errechnete Potential am Pluspol nicht mit dem gemessenen Wert übereinstimmt. Durch sorgfältige Trennung der beiden Elektroden, Ausschaltung von Kriechströmen, Auswahl reiner Zinksorten und bestimmter Spezialsorten von Mangandioxid usw. ist es gelungen, die Selbstentladung während der Ruhezeit weitgehend auszuschalten; die Reaktionen laufen beim Einschalten und Stromverbrauch ab; sie kommen beim Abschalten praktisch zum Stillstand.

Im allgemeinen beträgt die Spannung einer „Walze" 1,5–1,7 Volt; das gibt bei drei hintereinandergeschalteten „Walzen" 4,5–5 Volt. Die Batterien erschöpfen sich, bevor alle Materialien aufgebraucht sind. „Ausgebrannte" Batterien sind wertlos; es ist trotz vieler Bemühungen nicht gelungen, sie wieder verwendungsfähig zu machen.

A k k u m u l a t o r e n (Sammler) sind elektrochemische Stromquellen, die nach Stromentnahme wieder aufgeladen werden können. Dabei sind die Elektrodenvorgänge reversibel durch die von außen bedingte umgekehrte Flußrichtung der Elektronen. Der verbreitetste Akkumulatorentyp ist der Bleiakku, der u. a. für Autobatterien verwendet wird. Er besteht aus einem Kunststoffgehäuse, das als Elektrolyt Schwefelsäure von 1,290 g/cm³ Dichte (38 Gewichtsprozent H_2SO_4) enthält. Die Elektroden besitzen eine große Oberfläche und liegen nahe beieinander, damit der Innenwiderstand möglichst klein ist. Es läuft folgende umkehrbare Gesamtreaktion ab:

$$PbO_2 + Pb + 2\,H_2SO_4 \underset{\text{Aufladung}}{\overset{\text{Entladung}}{\rightleftarrows}} 2\,PbSO_4 + 2\,H_2O\,.$$

Bei der Entladung ist die Bleidioxid-Elektrode der positive Pol

(Anode), die aus Bleischwamm bestehende Elektrode der negative Pol (Kathode). Wenn entladen wird, wandelt sich an der Kathode 4-wertiges Blei in 2-wertiges um, während an der Anode Blei in 2-wertige Blei-Ionen übergeht. Im entladenen Zustand sind beide Elektrodenplatten mit Bleisulfat bedeckt (Bild 31).

Der Nickel-Eisen-Akkumulator und der Silber-Zink-Sammler enthalten als Elektrolyte Kalilauge. Metall-Luft-Akkumulatoren, die in Entwicklung sind, sollen die siebenfache Energiemenge im Vergleich zum Blei-Akku produzieren (bei demselben Gewicht!). Da diese Energiequelle umweltfreundlich ist, will man sie vor allem zum Antrieb von Automobilen einsetzen.

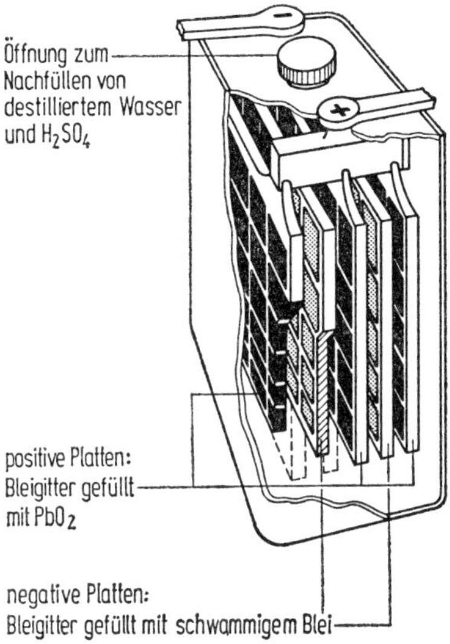

Einige Hinweise sollten Sie beachten:

Lassen Sie regelmäßig den Säurestand ihres Akkus überprüfen. An heißen Tagen kann das Nachfüllen von destilliertem Wasser schon nach 1000 Kilometern nötig sein.

Säubern Sie Polklemmen und Batteriepole. Der Schmutz fördert die Selbstentladung. Bei oxidierten oder losen Kabelschuhen kann nicht der volle Startstrom fließen.

Bild 31. Zelle eines Bleiakkumulators

Reinigen Sie mit klarem Wasser und einer harten Bürste (keine Drahtbürste!). Danach Pole und Kabelschuhe trockenreiben und mit Säureschutzfett bestreichen.

Schalten Sie beim Starten – vor allem im Winter – alle anderen Stromverbraucher wie Scheinwerfer, Heizgebläse und Radio aus.

Tinten. Die schon seit Jahrhunderten bekannte und auch heute noch am meisten benützte Schreibtinte ist die schwarze bis blauschwarze Eisengallustinte; man erhält sie z. B. durch Auflösen von 23,4 Gramm Tannin, 7,7 Gramm kristallisierter Gallussäure, 30 Gramm grüner Eisensulfatkristalle, 10 Gramm Gummiarabikum, 7 Gramm roher Salzsäure und 1 Gramm Carbolsäure im Liter Wasser. Da diese Tinte noch nicht dunkel genug aus der Feder fließt, sondern erst im Laufe einiger Tage unter Sauerstoffaufnahme schwarz wird, muß sie noch

Tinten

mit einem Anilinfarbstoff (z. B. Anilinblau) so gefärbt werden, daß sie sofort eine dunkle Schrift gibt.

V e r s u c h e : Löse im Probierglas eine Messerspitze Tannin und gib einige ccm einer Eisensalzlösung dazu! Schwarzfärbung – Tinte! Näheres über die Reaktion zwischen Gerbstoff und Eisen S. 127. Beschreibe ein Papier mit gewöhnlicher Tinte und halte es bald nach dem Trocknen unter die Wasserleitung! Die Farbe zerfließt und es bleiben nur blasse, dünne Schriftzüge zurück. Überspült man dagegen eine mehrere Wochen alte Tintenschrift mit Wasser, so verändert sie sich nicht mehr wesentlich. Erklärung: Innerhalb einer Woche hat sich das zweiwertige Eisen unter Aufnahme von Luftsauerstoff in dreiwertige, schwarze, gerbsaure Verbindungen verwandelt, die wie ein waschechter Farbstoff auf der Papierfaser festgebeizt wurden. Die Schrift ist dann – im Gegensatz zu den sogenannten Alizarin- oder Blauholztinten – sehr licht- und luftbeständig; deshalb sollen wichtige Urkunden stets mit einer Eisengallustinte geschrieben werden. Das Eisen einer Eisengallustinte kann folgendermaßen nachgewiesen werden: Wir geben in ein Probierglas eine Messerspitze Chlorkalk, einige Tropfen Tinte sowie einige Kubikzentimeter reiner, eisenfreier Salzsäure (vorher mit gelbem Blutlaugensalz prüfen!) und erhitzen so lange, bis das Ganze eine grüngelbe Farbe angenommen hat. Gibt man dann gelbe Blutlaugensalzlösung dazu, so entsteht ein Niederschlag von Berlinerblau, wenn eine Eisengallustinte vorlag. Näheres S. 19 f.! Hin und wieder werden Tinten auch mit Berlinerblau angefärbt; in solchen Fällen könnte das nachgewiesene Eisen auch von diesem stammen. Verblaßte Eisengallustintenschriften kann man folgendermaßen „auffrischen": Man streicht mit einem feuchten Schwamm über das Papier und legt dieses längere Zeit in einem geschlossenen Behälter über ein Schälchen, das eine Ammoniumsulfidlösung enthält. Der vergasende Schwefelwasserstoff und Ammoniumhydrosulfid geben dann mit der Eisengallustintenschrift schwarzes Eisensulfid.

Neben den Eisengallustinten werden noch mancherlei andere Tinten für sehr verschiedenartige Zwecke verwendet. Es seien genannt:

B l a u e   F ü l l f e d e r h a l t e r t i n t e . Diese muß möglichst dünnflüssig sein; sie darf auch keine festen, die Füllfedern verstopfenden Bestandteile enthalten. Aus diesem Grund läßt man die für Füllfederhalter verwendeten Eisengallustinten mindestens 5 Wochen lagern, damit sich alle festen Teilchen absetzen können. Eine blau aus der Feder fließende Füllfederhaltertinte erhält man z. B. durch Auflösen von 1,8 kg Tannin, 0,6 Kilogramm Gallussäure, 1,8 Kilogramm kristallisiertem Eisenvitriol, 0,6 Kilogramm Salzsäure (20%ig), 0,6 Kilogramm Gummiarabikumlösung (1 : 1), 0,1 Kilogramm Karbolsäure und 0,4 Kilogramm Tintenblau[1] in 100 Liter Wasser. Statt der Eisengallustinte kann man auch Anilinfarbstofftinten für Füllfederhalter benützen.

R o t e   T i n t e . Diese erhält man durch Auflösen von 10 Gramm festem, käuflichem Eosinpulver und 30 Gramm Zucker in einem Liter Wasser Um Schimmel zu verhindern, setzt man zweckmäßigerweise noch ein Gramm Phenol zu. Das Eosin ist ein sehr stark färbender Anilinfarbstoff.

---

[1] Auch Methylviolett ist geeignet.

Glastinten. Um eine weiße, auf Glas haltbare Tinte herzustellen, verreibt man 10 Gramm Schwerspatpulver (oder Bariumsulfatpulver, das aus Bariumchloridlösung und Schwefelsäure gewonnen wurde – filtrieren, Näheres Seite 24 f.) mit 40 Gramm Natronwasserglas zu einem feinen Brei. Nach dem Trocknen bildet die „Wasserglastintenschrift" auf einer Glasplatte nur sehr schwer zu entfernende, erhabene Linien, wobei die ins farblose Wasserglas eingebackenen Schwerspatteilchen die Schrift weiß färben. Eine entsprechende schwarze Glastinte erhält man durch Vermischen von ungefähr gleichen Gewichtsmengen flüssiger chinesischer Tusche (oder fein gepulverter Holzkohle bzw. Kienruß) und Natronwasserglas.

Tuschen. Die in kleinen Kölbchen käuflichen, schwarzen oder farbigen, flüssigen Tuschen werden zum Zeichnen und zu Zierschriften verwendet. Die ersten Tuschen wurden von den Chinesen um 2700 bis 2600 v. Chr. hergestellt; diese benützten wässerige Aufschlämmungen von Ruß, Mennige, Zinnober, Sepia, Purpur, feinem Silber- und Goldpulver und dergleichen, denen noch Eiweiß oder Pflanzengummilösungen beigemischt wurden, um ein rasches Absetzen der aufgeschlämmten Teilchen zu verhindern. Heute verwendet man an Stelle des Rußes oft Anilinfarbstoffe. Man stellt die Tuschen durch Vermischen einer sogenannten Grundlösung mit der farbhaltigen Flüssigkeit her. Die Grundlösung entsteht durch Auflösung von 1,9 Teilen Gummiarabikum, 0,05 Teilen kristallwasserfreier (= „calcinierter") Soda und 0,50 Teilen Glycerin in 2,55 Teilen destilliertem Wasser. Eine schwarze Tusche bildet sich, wenn man zur Grundlösung 4.15 Teile Wasser nebst 0,04 Teilen 40%igem Formaldehyd gibt (dieser verhütet Schimmel und ähnliche Zersetzungen) und darin 0,8 Teile Flammruß oder Lampenruß gut verrührt. Weiße Tusche erhält man durch Mischung von 5 Teilen Grundlösung mit 3.76 Teilen Wasser, 1,2 Teilen Zinkweiß (= Zinkoxid, ZnO; dieses gibt die weiße Farbe) und 0,04 Teilen 40%igem Formaldehyd. Blaue Tusche wird genauso hergestellt; nur nimmt man statt Zinkweiß Ultramarinblau. Bei den Tuschen mit Anilinfarbstoffen wird die Grundlösung aus 3,5 Teilen Wasser, 1,25 Teilen Schellack (blond, orange oder gebleicht) und 0,25 Teilen kristallisiertem Borax durch Erwärmen auf dem Wasserbad hergestellt. Um rote Tusche zu erhalten, vermischt man 5 Teile dieser Grundlösung mit 4.86 Teilen Wasser, in dem durch Kochen 0,1 Teil Eosin und 0.04 Teile 40%iger Formaldehyd gelöst wurden. Blaue Tusche wird auf dieselbe Art hergestellt; nur nimmt man statt Eosin die gleiche Menge Methylenblau; bei schwarzer Tusche ist statt Eosin 0,1 Teil Kunstseidenschwarz zu verwenden; sonst verfährt man wie bei roter Tusche.

Tintenkiller (s. S. 66).

Treibstoffe (Motorkraftstoffe) sind brennbare Stoffe, die sich zum

Treibstoffe

Betrieb von Verbrennungskraftmaschinen (für Autos, Traktoren, Flugzeuge, Motorschiffe usw.) eignen. Die wichtigsten Treibstoffe sind flüssige Gemische aus gesättigten, kettenförmigen (aliphatischen) Kohlenwasserstoffen (Alkane, allgem. Formel C_nH_{2n+2}), ungesättigten, kettenförmigen Kohlenwasserstoffen (Alkene von der allgemeinen Formel C_nH_{2n}, Abkömmlinge von Äthylen, C_2H_4) und ringförmigen Kohlenwasserstoffen, bei denen man zwischen Naphthenen (gesättigte Naphthene = Cycloparaffine, allgemeine Formel C_nH_{2n}, z. B. C_6H_{12} = Cyclohexan; ungesättigte Naphthene = Cycloolefine, allgemeine Formel C_nH_{2n-2}) und Aromaten (Benzol und Benzolderivate) unterscheidet. Die folgende Tabelle zeigt die ungefähre Zusammensetzung einiger Auto- und Flugzeugbenzine:

Tabelle 6.
Beispiele für die Zusammensetzung von Auto- und Flugbenzinen nach Kohlenwasserstoffgruppen

Kraftstoff	Alkane %	Alkene %	Naphth. %	Aromaten %
Autobenzine:				
Handelsbenzin aus deutschem Erdöl . .	63	2	30	5
Erstbenzin aus deutschem Erdöl	73	0	25	2
Benzin russischer Herkunft	48	1	45	6
Krackbenzin amerikanischer Herkunft .	58	16	26	0
Flugbenzine:				
Borneo-Benzin	37	~1	33	~29
Venezuela-Benzin	27	~0,5	72	~0,5

Die Autobenzine, Dieselkraftstoffe und Motorbenzole sind also keine einfachen Substanzen, sondern komplizierte Gemische aus verschiedenen ähnlichen Kohlenwasserstoffen, die man nur schwer in ihre Einzelbestandteile zerlegen kann. Aus diesem Grund haben die Treibstoffe z. B. auch keine bestimmten Siedepunkte (wie z. B. Reinbenzol, Reinpentan und dergleichen), sondern verschwommene, unbestimmte Siedeintervalle bzw. Siedegrenzen; so gibt es z. B. Benzine, die zwischen 70° C und 160° C sieden; bei der niederen Temperatur sieden die leichter flüchtigen Anteile; nach deren Verflüchtigung geraten bei allmählicher Temperatursteigerung auch die schwerer flüchtigen Verbindungen ins Sieden. Die Benzine und Dieselkraftstoffe bestehen hauptsächlich aus Paraffinkohlenwasserstoffen, und zwar sind die Paraffinkohlenwasserstoffe mit 1–4 C-Atomen (CH_4, C_2H_6, C_3H_8, C_4H_{10}) hauptsächlich im Erdgas, diejenigen mit etwa 5–12 C-Atomen (C_5H_{12}, C_6H_{14}, C_7H_{16}, C_8H_{18}, C_9H_{20}, $C_{10}H_{22}$, $C_{11}H_{24}$, $C_{12}H_{26}$) im Benzin, diejenigen mit 13–20 C-Atomen ($C_{13}H_{28}$ usw.) vorwiegend in Dieselkraftstoffen und die Paraffinkohlenwasserstoffe mit 21–38 C-Atomen im Schmieröl enthalten. Neben den obigen Bestandteilen finden sich in den Kraftstoffgemischen vielfach noch Äthylalkohol, Methylalkohol (in Rennkraftstoffen), Äther, Ketone usw.; zur Erhöhung der Klopffestigkeit setzt man regelmäßig Tetraäthylblei zu; s. Versuche. Über 99% der Welt-Treibstofferzeugung entstammt dem Erdöl und Erdgas; die Treibstoffgewinnung aus Kohle (durch das Bergin-Verfahren = Hochdruckhydrierung und die Fischer-Tropsch-Synthese) ist seit dem 2. Weltkrieg stark zurückgegangen; sie wird in Zukunft mit der fortschreitenden Erschöpfung der Öllager steigende Bedeutung erlangen. Die Welterdölförderung erreichte im Jahre 1970 insgesamt 2,33 Milliarden t. Davon entfielen auf die USA 533 Mill. t, UdSSR 352 Mill. t, Venezuela 193 Mill. t (größter Erdölexporteur der Welt), Naher Osten 689 Mill. t, davon Kuweit 137 Mill. t, Saudi-Arabien 177 Mill. t, Iran 191 Mill. t, Irak 77 Mill. t, Libyen 159 Mill. t, Algerien 47 Mill. t, Indonesien 42 Mill. t, Argentinien 20 Mill. t, Rumänien 13,5 Mill. t, China 20 Mill. t, Bundesrepublik Deutschland 7,5 Mill. t. Die Erdölkrise des Jahres 1973 hat gezeigt, daß neue Forschungen zum Energie- und Treibstoffproblem dringend notwendig sind. „Erdöl ist kein Produkt auf Ewigkeit", meinte ein Experte am 30. 11. 1973.

Tabelle 7.

Mineralölverbrauch und Eigenförderung in der Bundesrepublik

Jahr	1980	1977	1973	1970	1966	1961	1950
Mineralölverbrauch Mill. t	129,6	141,8	142,9	128,5	75,6	35,5	4,4
Eigenförderung	5,7	5,5	6,6	7,5	7,9	5,3	1,1

Der Heizölverbrauch ist in besonders raschem Ansteigen begriffen; seit 1956 stehen die Heizöle im westdeutschen Mineralölverbrauch an erster Stelle. Die Vergaserkraftstoffe werden zu fast 98% im Kraftverkehr verbraucht. Vom westdeutschen Dieselkraftstoffverbrauch des Jahres 1975 entfielen ca. 68% auf den Straßenverkehr (davon ⁵/₆ auf den Gütertransport mit Lastkraftwagen), 13% auf die Landwirtschaft, 10% auf Binnenschiffahrt und Fischerei, 5% auf den Schienenverkehr und 4% auf ortsfeste Motoren.

Versuche. Bestimmung der Viskosität von Dieselöl, Erdöl usw.: Diese Eigenschaft der Mineralöle ist wichtig für den Transport in Pipelines und für die Verpumpung. Fülle ein Gefäß, das einen Auslauf besitzt,

Treibstoffe 270

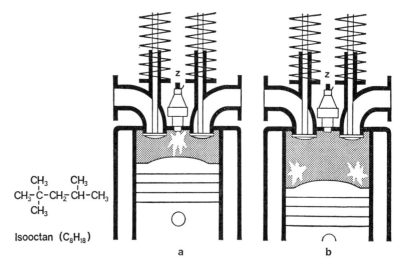

CH₃—C(CH₃)(CH₃)—CH₂—CH(CH₃)—CH₃

Isooctan (C_8H_{18})

Bild 32. Normale (a) und klopfende (b) Verbrennung des Kraftstoffes im Zylinder des Motors (Z = Zündkerze). Wenn das Benzin-Luft-Gemisch bereits bei der Kompression vorzeitig entzündet wird, klopft der Motor. Wertmaßstab für die Klopffestigkeit eines Kraftstoffes ist seine Octanzahl Sie wird mit einem Prüfmotor ermittelt und ergibt sich durch Vergleich mit der Klopffestigkeit eines Isooctan-Heptan-Gemisches. Isooctan ist ein sehr klopffester Stoff, dessen Klopffestigkeit mit der Zahl 100 bezeichnet wird. Ein Kraftstoff mit der Octanzahl 60 weist dieselbe Klopffestigkeit auf wie ein Gemisch von 60% Isooctan und 40% Heptan. Die Klopffestigkeit eines Kraftstoffes hängt von seiner Zusammensetzung ab. Superkraftstoffe haben Octanzahlen zwischen 96 und 100.

bis zu einer Eichmarke mit Wasser! Wenn man den Auslauf freigibt, fließt das Wasser in einen Meßzylinder. Die Auslaufzeit für 100 cm³ Wasser, angegeben in Sekunden, entspricht der Viskosität von 1° Engler. Nach der Eichung wird das zu untersuchende Öl in das Gefäß gefüllt. Bestimme die Temperatur des Öls und öffne den Auslauf! Es wird jetzt wieder die Auslaufzeit von 100 cm³ Öl, in Sekunden, bestimmt.

$$\frac{\text{Auslaufzeit der Ölmenge}}{\text{Auslaufzeit der Wassermenge}} = \text{Viskosität des Öles in Englergraden}$$

Erwärme das Öl jeweils um 10 °C und führe den o. a. Versuch wieder durch! Es zeigt sich, daß das Öl bei verschiedenen Temperaturen eine unterschiedliche Viskosität besitzt. Stelle die Versuchsergebnisse graphisch dar! Verwende verschiedene Ölsorten!

Flammpunkt- und Brennpunktbestimmung: Flammpunkt= Temperatur, bei der über dem flüssigen Kraftstoff entzündliche Dämpfe vorhanden sind. Durch diese Bestimmung kann man Rückschlüsse ziehen auf den Anteil an leichtflüchtigen Bestandteilen der Erdöle und Kraftstoffe. Je niedriger der

Treibstoffe

Flammpunkt, um so größer der Benzin- und Leichtölgehalt. Aufgrund ihres Flammpunktes werden Öle in verschiedene Gefahrenklassen eingestuft. Man füllt eine Blechdose etwa zur Hälfte mit Sand. In den Sand bettet man einen kleinen Porzellantiegel, an dem man eine Eichmarke anbringt. Fülle dann den Tiegel bis zu dieser Eichmarke mit dem zu untersuchenden Öl (etwa 3—4 cm³)! In das Öl taucht man ein Thermometer so weit ein, daß es 2—3 mm über dem Boden des Tiegels steht. Erhitze das „Sandbad" mit einem elektrischen Kocher! Je Grad Temperaturanstieg schwenkt man eine Zündflamme über den Tiegel. Als Zündflamme kann man die Sparflamme des Bunsenbrenners oder zur Not Streichhölzer nehmen.

Brennpunktbestimmung: Nach der Flammpunktbestimmung wird das Öl weiter erhitzt. Mit steigender Temperatur entstehen größere Gasmengen. Bei weiterem Erhitzen entzündet sich schließlich die Flüssigkeit: Brennpunkt. Man versteht unter dem Brennpunkt die Temperatur, bei der die Oberfläche des Öles nach dem Entzünden des Gases weiterbrennt. Er liegt etwa 30—50 °C höher als der Flammpunkt. Um Unfälle zu vermeiden, ist darauf zu achten, daß man nur mit kleinen Mengen arbeitet, sowie eine Asbestscheibe zum Abdecken der Blechbüchse und einige feuchte Lappen bereithält.

Verbrennung von Benzin: Bringe im Serienversuch 3, 4 bzw. 5 Tropfen Autobenzin in einen trockenen Glaszylinder von etwa 400 Kubikzentimeter Inhalt, verschließe mit einer Glasplatte, schüttle bzw. drehe den Zylinder, damit sich die Benzindämpfe gründlich mit Luft vermischen! Stelle dann den Zylinder aufrecht auf den Tisch, hebe die Glasplatte weg und senke rasch einen brennenden Holzspan hinein! Man hört einen mehr oder weniger deutlichen Knall. Die Wand beschlägt sich mit etwas Wasser, und man kann im Zylinder durch Umschütteln mit einigen Kubikzentimetern Kalkwasser Kohlendioxid nachweisen, Näheres S. 28. Benzin ist bekanntlich ein Gemisch von verschiedenen Kohlenwasserstoffen; es verbrennt z. B. nach der Gleichung $2 C_8H_{18} + 25 O_2 \rightarrow 16 CO_2 + 18 H_2O$. Die hierbei freiwerdende Verbrennungswärme bewirkt eine sehr rasche Ausdehnung der Gase (Kohlendioxid, Wasserdampf) in den Zylindern der Motoren, so daß die Kolben rasch vorangetrieben werden und das Fahrzeug in Bewegung kommt. Viel stärker wird die Explosion, wenn man z. B. einen trockenen 200-Kubikzentimeter-Zylinder mit reinem Sauerstoffgas füllt, 8 Tropfen Benzin hineingibt, gründlich umschüttelt und entzündet. Man vernimmt dann einen flintenschußartigen Knall (Vorsicht! Schutzbrille! Zylinder mit einem Tuch umwickeln!).

Nachweis von Tetraäthylblei (Bleitetraäthyl): Bringe in ein trockenes

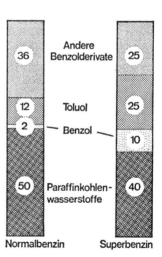

Bild 33. Normalbenzin und Superbenzin unterscheiden sich in Octanzahl, Zusammensetzung und Preis (nach Cuny).

Probierglas eine erbsengroße Menge Kaliumchlorat! Gieße darüber eine etwa 3 Zentimeter hohe Schicht von dem mit Spuren von Teerfarbstoffen blaßgelb gefärbten Autobenzin (nicht umschütteln) und gieße — ohne umzuschütteln — 1 bis 2 Kubikzentimeter konzentrierte Salzsäure dazu! Die Salzsäure fällt nach unten und entwickelt mit dem Kaliumchlorat Chlorgas, das in Bläschen nach oben steigt und im Benzin nach einiger Zeit eine weiße Trübung hervorruft. Erklärung: Dem Fahrzeugbenzin werden heute fast in der ganzen Welt ca. 0,5 Kubikzentimeter giftiges Tetraäthylblei, $Pb(C_2H_5)_4$, je Liter als Antiklopfmittel beigemischt. Durch das Chlor wird dieses Tetraäthylblei in benzinunlösliches Bleichlorid verwandelt, das schon in einer Verdünnung 1 : 5000 in Benzin eine weiße Trübung hervorruft. Bleibt das Benzin beim obigen Versuch völlig klar, so ist es frei von Tetraäthylblei. Benzin mit Tetraäthylblei ist giftig; es soll nicht zu Reinigungszwecken verwendet werden; um es von gewöhnlichem Benzin zu unterscheiden, färbt man es mit Spuren von Teerfarbstoffen. Damit sich das Blei (aus dem Tetraäthylblei) nicht in Form von Bleioxid im Motor niederschlägt, mischt man noch etwas Äthylendibromid bei. Nach neuen amerikanischen Untersuchungen entweicht das Blei mit den Auspuffgasen in Form folgender Verbindungen: $PbClBr$ und $2 NH_4Cl \cdot PbClBr$ sowie $NH_4Cl \cdot 2 PbClBr$. Diese Bleiverbindungen bilden Staubteilchen (Durchmesser 0,01 μ und darüber), die mit Regen niedergeschlagen werden. Bei der gegenwärtigen rapiden Motorisierung sind Schäden zu befürchten, weshalb man — wenigstens versuchsweise — die Auspuffgase in Sondergeräten abfangen und unschädlich machen muß. Nach dem Bleigesetz muß der Bleigehalt ab 1.1.1976 auf 0,15 g Pb pro Liter herabgesetzt werden.

Sehr gefährlich ist auch das Kohlenmonoxid (CO) in den Auspuffgasen. Dieses giftige Gas wird im Feierabendverkehr der Großstadt in einer Konzentration gebildet, die die Gefahrengrenze überschreitet. Es wurde in einigen Großstadtstraßen 70, 100 und 130 cm^3 Kohlenmonoxid pro 1 m^3 Luft gemessen. Der MAK-Wert beträgt 50 cm^3 Kohlenmonoxid auf 1 m^3 Luft (s. S. 33). Durch Zusatz eines besonderen Stoffes (M 400) im Shell-Kraftstoff soll bei der Verbrennung im Motor weniger Kohlenmonoxid entstehen.

In unseren Gaswerken und Kokereien fallen große Mengen B e n z o l an, welche mit Benzin gemischt unter verschiedenen Namen als Autobetriebsstoffe im Handel sind. S p i r i t u s hat einen geringeren Brennwert als Benzin; es ist daher in reinem Zustand als Treibstoff nicht gut geeignet. Mischt man aber z. B. dem Benzin 10% völlig wasserfreien Spiritus (Äthylalkohol = Äthanol) bei, so entsteht ein hochwertiger Treibstoff. Alkohol reinigt den Vergaser, schützt vor Korrosion und verbrennt fast klopffrei wie Benzol.

V e r s u c h. N a c h w e i s v o n Ä t h y l a l k o h o l i n V e r g a s e r k r a f t s t o f f e n, z. B. A r a l : In ein Prüfglas geben wir 3 cm^3 Benzin, in ein zweites 3 cm^3 Äthylalkohol und in das dritte 3 cm^3 äthanolhaltigen Vergaserkraftstoff. Dann tauchen wir einen Kopierstift in die Flüssigkeiten. Der Farbstoff des Kopierstiftes (meist Methylviolett) löst sich zwar in Äthanol, nicht aber in Benzin. Dieses bleibt daher farblos. Äthanol und der äthanolhaltige Vergaserkraftstoff färben sich violett.

Außer den flüssigen Treibstoffen ist auch S p e i c h e r g a s als Treibmittel geeignet; es werden hier Wasserstoff, Leuchtgas, Methan, Propan oder Erdgas in Gasflaschen gepreßt und allmählich in den Motor geleitet, wo sie ebenso explodieren wie die Benzindämpfe. Erdgas ist also Heizgas und Treibstoff. 280 Fahrzeuge der kalifornischen Regierung wurden im Jahre 1970 mit Erdgas betrieben.

In der Energiebilanz der BRD spielt das Erdgas und das Erdöl eine immer größere Rolle, wie aus Tabelle 8 zu erkennen ist.

Tabelle 8.

Energieverbrauch in der Bundesrepublik nach Energieträgern in Prozent

Jahr	Kohle	Mineralöl	Erdgas	Kernenergie	Wasserkraft u. a.
1950	89	7	—	—	4
1972	33	54,5	9	1,5	2
1976	29	53	14	2	2
1985 geschätzt	22	45	19	11	3

Trockenrasier-Tonics. Dies sind alkoholische Lösungen, die vor dem elektrischen Rasieren auf die Haut gebracht werden; sie sollen die Barthaare härten und aufrichten, schnell eintrocknen, eine Quellung des Haarkeratins vermeiden, adstringierend und entzündungswidrig wirken; sie dürfen das Metall des Scherkopfs nicht angreifen und weder verkleben noch verharzen. Rezepte: 1. Man löst in einer Mischung aus 40% Äthylalkohol und 54% destilliertem Wasser 5% Karion F (Sorbex oder andere handelsüblichen Sorbitlösungen), 0,5% Zinksulfat und 0,5% Parfüm. 2. Man löst in einer Mischung aus 34,3% Äthylalkohol, 59% Wasser und 6% Glycerin 0,2% Hexachlorophen und 0,5% Parfümöl (Fougère LL 6346). Kleine Campher- oder Mentholzusätze können infolge „Kältewirkung" eine Gänsehaut hervorrufen und auf Grund ihrer „haarsträubenden" Wirkung die elektrische Rasur erleichtern.

Vitamine. Ernährt man Versuchstiere (z. B. Ratten, Meerschweinchen, Tauben) längere Zeit mit chemisch reinen Eiweißstoffen, Fetten, Kohlenhydraten und Mineralsalzen, so stellen sich schwere Krankheiten ein, die bei Verfütterung von frischen Gemüsen, Hefe, Tomaten, Zitronen, jungem Gras und dergleichen rasch wieder heilen. Man schließt daraus, daß die letztgenannten Nahrungsmittel kleine Mengen gewisser Stoffe enthalten, die für den normalen Ablauf der Lebensvorgänge unerläßlich sind. Man bezeichnet diese Substanzen nach einem Vorschlag von C. Funk (1913) als Vitamine. Hunderttausende von Untersuchungen haben übereinstimmend gezeigt, daß es mindestens 15 bis 20 Vitamine gibt, deren Fehlen jeweils verschiedene Krankheitsbilder hervorruft. Man bezeichnet die Vitamine entweder nach den Buchstaben des Alphabets als Vitamin A, B, C, D usw. oder nach den von ihnen geheilten Krankheiten als Antirachitikum, Antipellagrafaktor, Antisterilitätsvitamin, Antiperniziosafaktor, Antiskorbutikum und dergleichen bzw. nach ihrer chemischen Konstitution als Ascorbinsäure, Lactoflavin, Pantothensäure, Nicotinsäureamid, Tocopherol usw. Die Vitamine sind in den täglich aufgenommenen Nahrungsmitteln nur in Spuren, oft nur in Bruchteilen von Milligrammen, enthalten. Der Vitaminbedarf des menschlichen Körpers ist so gering, daß bei gemischter Kost die in Gemüsen, Früchten usw. enthaltenen Vitamine im allgemeinen ausreichen. Da der menschliche Körper die Vitamine fortwährend zersetzt und ausscheidet, müssen ihm immer wieder durch die Nahrungsmittel (Obst, Gemüse, Tomaten, Butter usw.) Vitamine zugeführt werden, weil sonst allmählich wie bei den obigen Versuchstieren Vitaminmangelkrankheiten (= Avitaminosen) auftreten könnten. Bis 1967 sind beim Menschen über 50 verschiedene Vitaminmangelkrankheiten festgestellt worden. Zur sicheren Verhütung von Vitaminmangelschäden und zur Heilung von Avitaminosen werden von der Industrie Dutzende von einfachen oder kombinierten, frei erhältlichen Vitaminpräparaten hergestellt; man kann heute die meisten Vitamine in Fabriken zentnerweise synthetisieren. Durch Verabreichung von vitaminreicher Nahrung bzw. von Vitaminpräparaten konnten zahlreiche, früher sehr gefürchtete und verbreitete Krankheiten (Skorbut, Beri-Beri, Rachitis, Pellagra usw.) zum Verschwinden gebracht werden.

Vitamin A (Epithelschutzvitamin, Axerophthol) ist chemisch ein hochkomplizierter Alkohol; er bildet in reinem Zustand ein hellgelbes Öl, das sich in Alkohol und Äther löst. Das Vitamin A (bzw. seine Vorstufe Carotin) findet sich im Lebertran, Lebern, Karotten, Spinat, Kopfsalat, Eigelb, Butter, Milch usw. Der Erwachsene braucht täglich 1–2 mg A-Vitamin. Bei mangelhafter Versorgung mit diesem Vitamin entstehen krankhafte Hornhautveränderungen (kann zu Erblindung führen), nichterbliche Nachtblindheit, abnorme Hauttrockenheit, Wachstumshemmungen, erhöhte Anfälligkeit gegen Infektionskrankheiten usw. Nach neueren Forschungen wirkt Vitamin A auch bei Blutarmut, Altersschwerhörigkeit und Warzen günstig. Handelspräparate mit A-Vitamin: Arovit (Roche), A-Vicotrat, Vogan (Merck, Bayer) usw.

Vitamin-B-Komplex. Hierher gehören etwa 10 verschiedene Vitamine, so z. B. Vitamin B_1 (Aneurin, Thiamin, antineuritisches Vitamin), farblose, wasserlösliche Kristalle, hitzeempfindlich. Je hundert

Gramm Hefe enthalten 4, Reiskleie 1,3, Linsen 0,38, Leber 0,27 Milligramm B_1-Vitamin. Beim Fehlen von Vitamin B_1 treten Appetitlosigkeit, Störungen im Kohlenhydratstoffwechsel, Beri-Beri, Polyneuritis und dergleichen auf. Der tägliche Mindestbedarf wird mit 0,6 Milligramm angegeben. Reichliche Versorgung mit B_1-Vitamin steigert manche Präzisionsleistungen wie Lösung von Rechenaufgaben, Speerwurf, Schreibmaschinenschreiben, Auswendiglernen usw. Gegen Ermüdung am Steuer werden Präparate mit Vitamin B_1 und Traubenzucker empfohlen. Handelspräparate mit B_1-Vitamin: Betabion, Betaxin, Benerva usw.

Vitamin B_2 (Riboflavin, Lactoflavin, Wachstumsvitamin) bildet in reinem Zustand wasserlösliche Kristallnadeln. Je 100 Gramm Schweineleber enthalten 2,5–3,7, Ochsenleber 1–2,5, Tomaten 0,2–0,24, Milch 0,175–0,26 Milligramm B_2-Vitamin. Der Tagesbedarf beträgt 1,5–2 Milligramm; er wird durch die üblichen Nahrungsmittel gedeckt. Vitamin-B_2-Mangel führt zu Wachstumsstillstand, da dieses Vitamin beim Aufbau wichtiger Fermente benötigt wird. Handelspräparate: Beflavin (Roche), Lactoflavin (Bayer).

Folsäure (Folinsäure) ist ein orangefarbenes, kristallines, wasserunlösliches Pulver; die Formel enthält p-Aminobenzoesäure in Bindung mit Glutaminsäure und einem Pteridinderivat. Folsäure kommt in grünen Pflanzenblättern (besonders Spinatblättern) vor; sie schützt gegen Sprue, bösartige Blutarmut usw. Hohe Tagesgaben von Folinsäure (50 Milligramm) wirken gegen bösartige Blutarmut ebenso günstig wie Leberpräparate. Handelspräparate: Folsan (Kali-Chemie), Folbal (Geigy), Cytofol (Lappe), Folinor (Nordmarkwerke, Hamburg).

Pantothensäure (Antigrauer Haarfaktor) ist eine wasserlösliche, stabile Verbindung, die bei Ratten schon in Tagesgaben von 0,015 Milligramm graue Haarfärbungen zum Verschwinden bringt. Die Pantothensäure wird neuerdings in der Kosmetik gegen das Ergrauen der Haare angewendet, s. Panteen. Das als 5%ige Salbe und Lösung gelieferte Bepanthen (Roche) enthält den Alkohol der Pantothensäure.

Vitamin B_6 (Adermin, Antidermatitisvitamin) bildet weiße, wasserlösliche Kristallnadeln; es ist z. B. in Reiskleie, Melonen, Hefen und Lebern enthalten. Der Tagesbedarf des Erwachsenen wird auf 4–6 Milligramm geschätzt. Mangelnde Vitamin-B_6-Zufuhr verursacht nervöse Störungen und Blutarmut. Handelspräparate: Benadon (Roche), Hexobion (Merck), B_6-Vicotrat (Heyl).

Pellagra-Schutzstoff (pp-Faktor), Nicotinsäureamid, farblose Kristalle; je 100 Gramm Ochsenleber enthalten 10–25, Schweinsleber 12, Schweinefleisch 3–5, Weizenvollmehl 5 Milligramm Pellagra-Schutzstoff (Tagesbedarf 13–16 Milligramm). Mais ist frei von Pellagra-Schutzstoff; er enthält vielmehr ein Antipellagra-Vitamin; deshalb trat früher in maisreichen Ländern (Spanien, Italien, Rumänien und Ägypten) die Pellagra auf, die sich in Rötungen, Abschuppungen und Vernarbungen unbedeckter Hautstellen, Störungen im peripheren und zentralen Nervensystem usw. äußerte. Durch Zufuhr von Pellagra-Schutzstoff kann diese Krankheit schlagartig geheilt werden. Handelspräparate: Benicot (Roche), Nicobion (Merck), Niozym (Zyma-Blaes), Nicotinsäureamid „Bayer", Niadon (Riedel-de Haën).

Vitamin B_{12} ist der in der Leber enthaltene Wirkstoff gegen bösartige Blutarmut (Perniciosa). Das Kilo Frischleber enthält nur etwa 0,2 Milligramm Vitamin B_{12}; dieses bildet rote Kristalle, die neben Kohlenstoff, Wasserstoff und Sauerstoff noch Phosphor, Stickstoff und 45% Kobalt enthalten. Prof. Dorothy Crowfoot-Hodgkin (Nobelpreis 1964) gelang die vollständige Aufklärung der Struktur des Vitamins B_{12}. Bruttoformel: $C_{63}H_{90}CoN_{14}P$; Molekulargewicht 1357,44. Nach Annual Rev. of Bioch. wirkt Vitamin B_{12} als Coenzym. Es katalysiert mit spezifischen Enzymen best. Stoffwechselreaktionen. Man kennt 10 Enzymsysteme, die nur in Gegenwart des Coenzyms B_{12} funktionieren: Umwandlung der Glutaminsäure und des Glycerins; Synthese der Nucleinsäuren (und damit am Aufbau der Zellkernsubstanz beteiligt) usw. Nach neuer Auffassung wirkt Vitamin B_{12} als Matrizenmolekül für Hämoglobin. Die Synthese gelang 1972 A. Eschenmoser (Zürich) und R. Woodward (USA). Handelspräparate: B_{12} „Siegfried", B_{12}-Mardulcan (Stadt), Docigram (Dr. J. Ellendorff, Wuppertal-Barmen), Docovit (Robisch GmbH., München), Pernipur (Mulli-K.G., Hamburg), Rubivitan (Bayer-Leverkusen), Cytobion (Merck), Vitamin B_{12} (Rhein-Chemie, Heidelberg), Dociton (Rhein-Chemie, Heidelberg), B_{12}-Cytofol (Lappe), B_{12}-Vicotrat (Heyl, Berlin). Die folgenden B-Komplex-Präparate enthalten alle oder die meisten B-Vitamine: B-Komplex-Vicotrat (Heyl), Benutrex (Organon GmbH., München), Bevimult (Desitin-Werk, Hamburg), B-Viton-Kapseln (Asche u. Co., Hamburg), BVK „Roche", Hepacobal (J. W. Teufel, Stuttgart), Lederplex (Lederle, München), Stresscaps (Lederle, München), Polybion (Merck) und Neurobion (Cascan), Polyvital (Bayer), Vitamin B-Komplex Dr. Fresenius (Bad Homburg v. d. H.).

Vitamin C (Antiskorbutisches Vitamin, l-Ascorbinsäure) ist ein farbloses, wasserlösliches, stark reduzierend wirkendes Kristallpulver, das beim Kochen und längerem Luftzutritt geschädigt wird. Versetzt man eine Lösung aus 3 Tabletten Cebion mit Silbernitratlösung, so wird diese in kurzer Zeit zu schwarzem, fein verteiltem Silber reduziert. Ein Tropfen C-Vitamin-Lösung färbt ein frisches, unbenütztes Kopierpapier nach längerer Zeit dunkel – Reduktionswirkung. Sehr feines Eisenpulver reagiert mit C-Vitamin unter Bildung von farblosem Eisenascorbinat (Blutbildungsmittel); unter Luftzutritt färbt es sich blauviolett. Prüfe, ob auch frischer Zitronensaft oder der Saft schwarzer Johannisbeeren eine Silbernitratlösung im Dunkeln zu Silber reduzieren kann! Je 100 Gramm Hagebutten enthalten 250—1400, Zitronensaft 30—80, Erdbeeren 70—90, Tomaten 10—100, Kopfsalat 20—60, Himbeeren 20—37, Äpfel 8—22, Petersilie 100—300, Blumenkohl 50—90 (gekocht 10), Sauerkraut 12—40 (gekocht 10), Sanddornbeerensaft 360—900, Haustierleber 20—30, Johannisbeersaft, schwarz 90—360, Johannisbeersaft, rot 20—65, Apfelsine, Fruchtfleisch, 16—100, Spinat 20—80, Kartoffel (Herbst) 11—36, Kuhmilch 1—2 Milligramm C-Vitamin; der Tagesbedarf wird auf 30—150 Milligramm geschätzt. Bei mangelhafter Vitamin-C-Versorgung lockern sich die Zähne, es treten Schwellungen und Blutungen im Zahnfleisch und unter der Körperhaut auf; die Knochen werden brüchig und verursachen Schmerzen. Der Skorbut der Seefahrer ist auf Vitamin-C- und -B-Mangel zurückzuführen; die Frühjahrsmüdigkeit hat wahrscheinlich ähnliche Ursachen. Große, wiederholte Vitamin-C-Dosen (täglich 1—2 Gramm) können zur Vorbeugung und Abkürzung von Erkältungskrankheiten dienen. Überdosierung (bis 20 Gramm!) ist beim C-Vitamin offenbar unschädlich. Bei Müdigkeit am Steuer können 0,5—1 Gramm C-Vitamin schon nach 30 Minuten eine 3—4stündige Ermunterung hervorrufen. Handelspräparate: Cantan (Farbwerke Hoechst), Cebion (Merck), Cedoxon (La Roche), Coryfin 100 (Drugofa), Ce-Fortin (Togal), Taxofit (Anasco), Vicelat (Bayer-Leverkusen) u. a., als Tabletten, Brausetabletten und Tropfen erhältlich.

D-Vitamine (antirachitische Vitamine). Man unterscheidet hier zwischen untereinander sehr ähnlichen D_2-, D_3- und D_4-Vitaminen; es handelt sich hier jedesmal um komplizierte Sterine. Reines D_2-Vitamin bildet farblose Nadeln, die bei 115—117° schmelzen; sie sind unlöslich in Wasser, dagegen leicht löslich in Fetten, Ölen und organischen Lösungsmitteln. D-Vitamine sind in Lebertran, Eigelb, Butter, Leber, Milch usw. enthalten. Je 100 Gramm Medizinal-Lebertran enthalten mindestens 8500, Heilbuttlebertran 120 000—400 000, Thunfischlebertran 700 000—4,5 Mill., Schweinsleber 40—180, Milch, frisch, 0—10, Butter 10—100, Käse 50—200, Eidotter 150—500, Hering 300—1700, Forellen 500—4000, Pilze 20—80, Margarine 100 Internationale Einheiten D-Vitamin. Die D-Vitamine bewirken die Einlagerung der im Blut kreisenden Calcium-Phosphat-Bestandteile in die Knochen; bei mangelnder Vitamin-D-Versorgung werden die Knochen weich und nachgiebig (Rachitis, Knochenerweichung, Englische Krankheit). Die Haut der Menschen und Tiere enthält 7-Dehydrocholesterin (Vorstufe von D_3-Vitamin), das bei Sonnenbestrahlung oder ultravioletter künstlicher Höhensonne in D_3-Vitamin übergeht; daher war die Rachitis besonders in nebligen, nördlichen Ländern (England, Englische Krankheit) verbreitet. In den Tropen ist sie unbekannt. Eine Tages-

Vitamine

dosis von 0,002–0,02 Milligramm D-Vitamin schützt vor Rachitis. Zu ihrer Heilung ist eine mehrfache Dosis nötig. Bei übermäßig starker Vitamin-D-Zufuhr können Krankheitserscheinungen in Form von Verkalkungen der Nieren, Lungen und Arterien auftreten. Bei der Rachitisverhütung spielen die Vitamin-D-Präparate des Handels eine wichtige Rolle; hier wären zu nennen: Deparal (D_3), Kalzan ($Ca+D_3$), Oldevit (D_2), Vigantol (D_3), Vigorsan (D_2), D_3-Vicotrat, Sanostol (D_3). D- und A-Vitamine beschleunigen auch die Wundheilung; deswegen enthalten neuere Wundsalben vielfach Lebertran oder andere A- und D-Träger, dazu kommen noch Harnstoff, Desinfektionsmittel, Penicillin und dergleichen. Viele Kombinationspräparate: Cal-C-Vita (La Roche) als Brausetablette mit Orangengeschmack (D_2, C, B_6, Calciumcarbonat, Zucker).

Vitamin E (Fertilitätsvitamin, Antisterilitätsvitamin, Tocopherol) ist in reinem Zustand ein schwach gelbliches Öl, das in Weizenkeimlingsölen vorkommt. Ratten, die eine Vitamin-E-freie Nahrung erhalten, bringen nur tote Junge zur Welt; des weiteren beobachtet man Schädigung der Muskelelemente usw. Da E-Vitamin in vielen Nahrungsmitteln vorkommt, konnte man beim Menschen noch keine gesicherte E-Avitaminose feststellen. E-Vitamin wirkt günstig bei Altersbeschwerden, Herz- und Kreislaufstörungen, Arteriosklerose, Verletzungen, Rheumatismus usw. Die Erfolge der australischen Schwimmer bei der Olympiade in Melbourne 1956 werden zum Teil auf reichliche Vitamin-E-Verabreichung zurückgeführt. E-Vitamine sind besonders für die Veterinärmedizin wichtig. Handelspräparate: E-Mulsin, Ephynal, Evion, Vitemonta, E-Viterbin und viele Kombinationspräparate.

Vitamin F. Hierher rechnet man einige ungesättigte höhere Fettsäuren (Linolensäure und dergleichen), bei deren Fehlen allerlei Hautschäden wie z. B. trockene, abschilfernde Haut, Haarausfall, Kopfjukken, brüchige Fingernägel, Furunkulose, Schuppenflechte, Milchschorf usw. eintreten können. Das Vitamin F wird für Schönheitspflegemittel vom Lab. Dr. Kurt Richter, Berlin, geliefert; das Vitamin F 99 der Badag Chem.-Pharm. Fabrik GmbH, Heidelberg, ist ein aus reinen Pflanzenölen gewonnenes, 99%iges Vitamin-F-Präparat (Kapseln, Tropfen, Salben) aus hochungesättigten Fettsäuren (Linol-Linolensäure-Äthylester), das bei Hautschäden (Ekzeme, Furunkulose, Beingeschwüre, Schuppenflechte), Verdauungsbeschwerden, Erkältungsgefahr, Angina usw. sowie bei der Teintpflege vorbeugend bzw. heilend wirkt. Ein altes Volksmittel gegen Furunkulose ist das Leinöl, das ebenfalls viele ungesättigte Fettsäuren enthält (Vitamin F 99 riecht auch leinölartig); deshalb erkranken Maler selten an Furunkulose. Hochungesättigte Fettsäuren wie z. B. Linolsäure, Linolensäure, Arachidonsäure u. dgl. senken den Cholesterinspiegel des Blutes; daher werden Arteriosklerotikern einige besonders „Vitamin-F-reiche" Pflanzenöle wie z. B. Sonnenblumenöl (52%, Linolsäure), Sojaöl (50—54%, Linolsäure), Weizenkeimöl u. dgl. an Stelle von Butter, Speck und Schmalz empfohlen.

Vitamin H (Biotin, Hautschutzvitamin, antiseborrhoisches Vitamin) bildet lange, farblose, wasserlösliche Nadeln, die bei 232° C schmelzen, kommt in Eidotter, Milch, Hefe, Leber, Nieren, Hirn, Reiskleie, Sojabohnen usw. in winzigen Mengen vor (5 Zentner Trockeneigelb ergaben 1,1 Milligramm Vitamin H). Beim Fehlen von H-Vitamin beobachtet man bei Menschen und Ratten eine Art Seborrhoe (Schmerfluß). Die Ausscheidung der Talgdrüsen nimmt zu, die Haut wird trocken, und es kommt unter gleichzeitiger Schuppen- und Krustenbildung zu starkem Haarausfall. Handelspräparat: Murnil (Bayer) gegen nichtparasitäre Haut- und Haarkrankheiten von Hunden, Füchsen, Nerz u. dgl.

K - Vitamine (antihämorrhagische Vitamine). 7 Vitamine, welche die Blutgerinnung begünstigen (K ist der Anfangsbuchstabe von Koagulation = Gerinnung) und deshalb z. B. bei Operationen Verwendung finden. K-Vitamine kommen in grünen Blättern, faulendem Fischmehl, Roßkastanien und dergleichen vor; zum Teil sind es auch synthetische Präparate. Vitamin K_1 ist 2-Methyl-3-phytyl-1,4-naphthochinon; Vitamin K_2 2-Methyl-3-difarnesyl-1,4-naphthochinon; Vitamin K_5 4-Amino-2-methyl-1-naphthol; Vitamin K_7 4-Amino-3-methyl-1-naphthol. Handelspräparate: Hemodal (Hoechst), Konakion (Roche), Styptobion (Merck).

Rutin (Citrin, Permeabilitätsvitamin, P-Vitamin), gelbes Pulver, kann z. B. aus Buchweizen gewonnen werden, vermindert die Zerbrechlichkeit und Durchlässigkeit der kleinen Blutgefäße, sowie die Zerreißungsgefahr der Arterien bei überhöhtem Blutdruck. Langfristige Rutingaben (20—60 Milligramm täglich) beseitigen vielfach kapillare Gefäßschwäche bei überhöhtem Blutdruck, Netzhautblutungen, Schlagfluß und dergleichen. Ähnlich wie Rutin wirkt auch das verwandte Hesperidin u. dgl. Handelspräparate: Citrin (Hoechst), Rutinion (Rhein-Chemie, Werk Lauda), Birutan (Merck), Hespidon (Robisch, München), Hesperidin-Promonta (Hamburg), Haemocoavit (Endopharm, Frankfurter Arzneimittelfabrik).

Vitamin T (Termitin, Torutilin). Komplexer Körper, der zur Vitamin-B-Gruppe in Beziehung steht und in Faden- und Hefepilzen, Oidium lactis, Penicillium und Hypomyces-Arten vorkommt. Vitamin T (auch Super- oder Übervitamin genannt) steigert vielfach die Zellassimilation um 20—30%; es bewirkt die Bildung der Giganten bei den Ameisen und der großköpfigen Soldatentypen bei den Termiten; Taufliegen, Küchenschaben, Mäuse, Hühner, Ferkel, Kälber und Säuglinge wachsen bei Vitamın-T-Gaben schneller; Wunden, Verbrennungen, Frostschäden usw. heilen rascher. Handelspräparat: T-Vitazell (Byk-Gulden-Lomberg).

Präparate, die mehrere Vitamine enthalten: Combionta (Merck) mit 11 Vitaminen und 11 lebenswichtigen Bio-Elementen; Detavit-Aquat (Merck) mit Vitamin A und D_3 wasserlöslich; Multibionta (Merck) mit Vitamin A, B_1, B_2, B_6, B_{12}, C, D_3, E u. a. Panvitan (Drugofa, Köln) ist ein Multivitaminpräparat mit wohlabgewogenem Wirkungsverhältnis. Ein Panvitan-Bonbon enthält: Vitamin A 0,882 mg, Vitamin-B_1-chloridhydrochlorid 1,0 mg, Vitamin B_2 1,0 mg, Vitamin B_6 0,5 mg, Vitamin-B_{12}-Cyanokomplex 0,001 mg, Nicotinsäureamid 5,0 mg, Calcium-D-pantothenat 1,0 mg, Folsäure 0,1 mg, Vitamin C 30,0 mg, Vitamin D_3 0,005 mg, Vitamin-E-acetat 1,0 mg, Vitamin H 0,01 mg. Supradyn (La Roche) mit 10 Vitaminen, 4 Mineralien und 3 wichtigen Spurenelementen (Cu, Co, Mo) als Brausetabletten oder Kapseln. Protovita (La Roche) mit 12 Vitaminen. Completovit (Boehringer, Ingelheim) enthält neben Vitaminen Stoffe, die einen fruchtigen, frischen Geschmack geben.

Antivitamine. In neuester Zeit sind einige Stoffe entdeckt worden, die die Vitamin-Synthese oder den Vitamin-Stoffwechsel stören. Man bezeichnet sie als Antivitamine. Sie haben ganz ähnliche Struktur wie das entsprechende Vitamin und werden im Körper ebenso wie das Vitamin als Coferment an das Apoferment (Eiweiß) gebunden, wobei ein „nichtfunktionierendes" Ferment entsteht. Antivitamine sind nicht eigentlich giftig; sie nehmen den normalen Vitaminen ihre Wirkungsstätte und wirken dadurch schädlich. Gegen Ascorbinsäure (Vitamin C) wirkt Glucoascorbinsäure, gegen Lactoflavin (Vitamin B_2) wirken Isolactoflavin und Lumaflavin.

Wasch- und Waschhilfsmittel. Für alle wasserlöslichen, grenzflächenaktiven Stoffe, die man auch als waschaktive Stoffe (WAS), Netz- und Emulgiermittel bezeichnet, hat Götte vor kurzem die Bezeichnung „Tenside" vorgeschlagen. Dieser Begriff hat sich überraschend schnell eingeführt. Schon die alten Ägypter haben Seife als erstes Tensid gekannt. Jahrhundertelang hat sich die Seife als Waschmittel gehalten. Bei der industriellen Verwendung und auch bei der Verwendung zum Waschen von Wäsche im Haushalt machten sich jedoch drei Nachteile der Seife immer stärker bemerkbar: ihre Empfindlichkeit gegen die Ca-Ionen des Wassers, mit denen sie unlösliche Kalkseife bildet, ihre Unbeständigkeit gegen Säure und ihre alkalische Reaktion, die z. B. für Wollgewebe schädlich ist.

So setzte vor 50 Jahren eine Entwicklung ein, die zu wichtigen

Gruppen von „synthetischen" Tensiden führte. Man kann ein Tensid als eine Verbindung definieren, deren Moleküle Zwitterwesen sind. Die Moleküle sind kettenförmig und unsymmetrisch und bestehen aus einem längeren, hydrophoben (=wasserabweisenden) und einem kurzen, hydrophilen (=wasserlöslichmachenden) Teil. Die Verbindung muß außerdem in wäßrigen Lösungen grenzflächenaktiv sein. Betrachten wir dies am Beispiel der Seife.

$$C_9-C_{17} - C\genfrac{}{}{0pt}{}{\diagup O}{\diagdown ONa} \qquad \text{hydrophob} \longrightarrow O \quad \text{hydrophil}$$

Der hydrophile Teil besteht im allgemeinen aus einer Kohlenwasserstoffkette; als wasserlöslichmachender Teil dient in der Seife die —COONa-Gruppe, in den synthetischen Waschmitteln die Gruppen wie —OSO$_3$Na, —SO$_3$Na. Die entsprechenden Stoffe bezeichnet man als Fettalkoholsulfate (R—O—SO$_3$Na), Alkylsulfonate (R—SO$_3$Na), Fettsäurekondensationsprodukte (Hostapon) und Alkylbenzolsulfonate.

$$R-\phenyl-SO_3Na\,.$$

Letztere müssen aufgrund des Detergenziengesetzes seit Oktober 1964 biologisch abbaubar sein. Alkylbenzolsulfonate mit geradkettigem Alkylrest erfüllen diese Forderung (Marlone, Hüls, R = C_{12} bis C_{14}).

Neben den obigen Verbindungen auf Anionenbasis können auch Tenside hergestellt werden, deren Wirksamkeit auf Kationen oder auf neutrale Stoffe zurückzuführen ist. In den Waschmitteln sind aber die anionenaktiven Waschrohstoffe weitaus am wichtigsten. Nichtionogene Waschrohstoffe sind Fettalkoholpolyglykoläther, R—O(CH$_2$·CH$_2$O)$_n$H und Alkylphenolpolyglykoläther R—⟨O⟩—O(CH$_2$·CH$_2$O)$_n$H (Markenname Marlipal und Marlophen Hüls) und Fettsäurealkyloamide, R—CO—NH—CH$_2$—CH$_2$OH (Marlam, Hüls).

A. Vollwaschmittel

Während man beim „klassischen" Waschverfahren mehrere „Arbeitsgänge" — Enthärten, Einweichen, Kochen, Spülen und Bleichen — unterscheidet (und dementsprechend mindestens 3 verschiedene Erzeugnisse verwendet), sind in den modernen Waschmitteln alle genannten Funktionen vereinigt, so daß der Waschprozeß in einem einzigen Arbeitsgang abläuft. Man löst etwa 6 g des Vollwaschmittels (=Schnellwaschmittel) im Liter Leitungswasser, legt die Wäsche in die kalte Waschlauge, erhitzt, kocht 10 Minuten und spült dann mindestens zweimal mit kaltem Wasser. Bei der Herstellung der Vollwaschmittel setzt man zur Verbesserung der Wascheigenschaften den synthetischen Tensiden noch sogenannte „builders" zu. Dies sind kondensierte Phosphate- und Celluloseglykole. Weitere Zusätze: Natriumperborat, optische Bleichmittel, Duftstoffe, Wasser- und Natriumsulfat. Von den sehr zahlreichen wirksamen Waschmitteln, die synthetische Tenside oder/und Seife enthalten, seien nur „Persil", „Weißer Riese", „Omo", „Prodixan", „Burmat", „Burnus", „Dash", „Cascade", „Dalli", „Sunil", „Ariel", „Fakt" erwähnt.

Über die Zusammensetzung der Waschmittel, die sehr stark schwankt, gibt Bild 34 Auskunft.

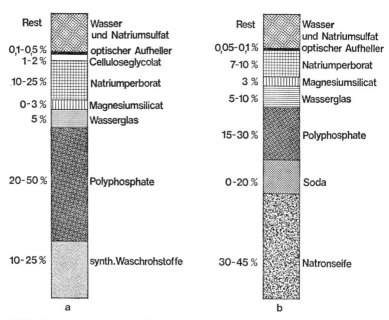

Bild 34. Zusammensetzung von Waschmitteln. a) Modernes Vollwaschmittel mit synthetischen Tensiden (nach W. Kling). b) Waschmittel auf Seifenbasis.

Bei vielen Wasch- und Waschhilfsmitteln kann man aufgrund der folgenden einfachen Untersuchungen einen Eindruck von der ungefähren Zusammensetzung erhalten:

Flammenfärbung. Erhitze ein Magnesiastäbchen, tauche es noch heiß in „Persil"-Pulver und halte es sodann in die nichtleuchtende Flamme! Eine lebhafte Gelbfärbung deutet auf Natrium hin. Freilich läßt sich nicht feststellen, von welcher Verbindung das Natrium stammt, da in den Waschmitteln eine ganze Reihe von Natriumverbindungen enthalten sein können: Seife, Natriumperborat, Natriumsilicat, Natriumsulfat, Natriumphosphat, Natriumpolyphosphate, Fettalkoholsulfonat und ähnliche synthetische Tenside.

Seifennachweis. In vielen Fällen (z. B. Burmat 70, Dalli, toki) verkohlt das am Magnesiastäbchen haftende Pulver; man sieht dann oft ein kleines Flämmchen, das auch außerhalb der Gasflamme kurze Zeit weiterbrennt und brenzlige Dämpfe abgibt. In diesem Fall darf man in dem Waschmittel wohl Seife vermuten, freilich könnte es sich auch um Fettalkoholsulfonate („Fewa"), Fettsäurekondensationsprodukte, Dodecylbenzolsulfonat, Mersolate, Panamarinde („Quillola") usw. handeln. Die Anwesenheit von Seife ist anzunehmen, wenn 1. eine erbsengroße Menge Waschpulver in einem zu drei Viertel mit destilliertem Wasser gefüllten Probierglas beim Umschütteln sofort gut schäumt, dagegen mit derselben Menge hartem Leitungswasser nur eine milchige, viel weniger schäumende Flüssigkeit gibt (Näheres S. 291), 2. wenn bei der mit destilliertem Wasser hergestellten Seifenlösung nach Zusatz von etwas verdünnter Schwefelsäure oder Salzsäure (umschütteln!) eine weiße, flockige Masse von Fettsäure auf der Oberfläche schwimmt (Näheres S. 250). Diese beiden Reaktionen sind bei den seifenfreien, organischen Waschmitteln („Fewa" u. a.) nicht zu beobachten; wohl aber z. B. bei Dalli-Spezial und toki. Oft erkennt man Seife auch an dem Geruch der Seifenlösung.

Lackmusreaktion. Ein sauberes Probierglas wird zur Hälfte mit destilliertem Wasser gefüllt. Ein in die Flüssigkeit gelegtes Stück rotes Lackmuspapier bleibt unverändert. Gibt man nun aber etwas Waschpulver (z. B. Persil oder Omo) hinein, so färbt sich das Papier nach dem Umschütteln meist blau. Nur bei einigen synthetischen Präparaten bleibt das Papier unverändert („Fewa" reagiert schwach alkalisch). Die alkalische Reaktion der Seifenpulver kann von Seife, aber auch von Soda, Natriumperborat, Wasserglas oder Borax herrühren.

Sodanachweis. In ein Schälchen gießen wir verdünnte Salz- oder Schwefelsäure über einige Kubikzentimeter Henko. Da viele Einweichmittel Soda enthalten, findet in der Regel ein Aufschäumen statt. Das entweichende Gas ist Kohlendioxid; es entsteht nach der Gleichung: $Na_2CO_3 + 2 HCl \rightarrow 2 NaCl + H_2O + CO_2$. Ein darübergehaltenes Streichholz erlischt, Kalkwasser wird getrübt; vgl. S. 28! Mit dem Siegeszug der synthetischen Waschmittel ist die Anwendung von Soda in diesem Bereich erheblich zurückgegangen.

Nachweis von bleichenden Per-Verbindungen. Wir füllen ein Probierglas zur Hälfte mit destilliertem Wasser und lösen darin eine Messerspitze „Persil" auf. Nicht erwärmen, nur umschütteln! Zur Lösung gibt man so lange verdünnte Schwefelsäure, bis das Aufschäumen beendigt ist. Dann gießt man zu dieser Flüssigkeit eine dunkelviolette, sehr verdünnte Kaliumpermanganatlösung (einige kleine Kriställchen auf 100 ccm Wasser genügen!), der man vorher einige Kubikzentimeter verdünnte Schwefelsäure zugemischt hat. Wenn in dem Waschmittel Per-Verbindungen enthalten sind, so wird die dunkelviolette Kaliumpermanganatlösung nach einigem Schütteln und Zuwarten vollkommen entfärbt — umschütteln! Bei weiteren Permanganatzugaben

Wasch- und Waschhilfsmittel

findet die Entfärbung merkwürdigerweise immer rascher statt; offenbar wird während der Reaktion ein beschleunigender Katalysator (MnO_2?) erzeugt; vielleicht ist auch vorher eine Aufhebung der Stabilisatorwirkung nötig. Erst nach Erschöpfung des Bleichmittels bleibt (bei weiterem Permanganatzusatz) die Färbung bestehen. Die Entfärbung der Lösung erklärt sich folgendermaßen: Persil enthält als bleichenden Stoff Natriumperborat $NaBO_2 \cdot H_2O_2 \cdot 3 H_2O$. In wässeriger Lösung spaltet dieses H_2O_2 beim Erwärmen ab. Das H_2O_2 (Wasserstoffperoxid) zerfällt allmählich in Wasser und Sauerstoff (Gleichung $H_2O_2 \rightarrow H_2O + O$). Durch zugesetzte Stabilisatoren kann der Nachweis der Per-Verbindungen erschwert werden. Der Sauerstoff ist im Augenblick seines Freiwerdens außerordentlich wirksam; beim Waschen tötet er Bakterien (Desinfektion), zerstört die Schmutzstoffe und beseitigt Gerüche. Das Kaliumpermanganat wird durch das Wasserstoffperoxid unter Sauerstoffentwicklung zu farblosen Verbindungen reduziert; dies sieht man auch, wenn man zu der schwefelsäurehaltigen Kaliumpermanganatlösung etwas Wasserstoffperoxid gießt. Gleichung: $2 KMnO_4 + 5 H_2O_2 + 3 H_2SO_4 \rightarrow K_2SO_4 + 2 MnSO_4 + 5 O_2 + 8 H_2O$.

P e r o x i d - (Natriumperborat-, Natriumpercarbonat-) N a c h w e i s   n a c h   K l i n g : Man rührt 0,2 g des trockenen Waschpulvers mit 5 ml Wasser an, mischt 15%ige Schwefelsäure bis zur sauren Reaktion dazu, gießt noch 3 ml 2%ige Kaliumdichromatlösung ins Gefäß und schüttelt dann mit 5 ml Äther aus. Wenn die Ätherschicht sich blau färbt durch Bildung von Chromperoxid, CrO_5, waren Perverbindungen anwesend. — Die Bleichwirkung vieler amerikanischer Waschmittel beruht auf Chlor, genauer auf Natriumhypochlorit (NaOCl).

N a c h w e i s d e s B o r s. Wir verrühren in einer kleinen Porzellanschale einen Teelöffel Borax mit wenig konzentrierter Schwefelsäure zu einem Teig und setzen dem Teig etwas Methylalkohol zu; der Methylalkohol brennt beim Entzünden mit einer grüngesäumten Flamme. Wir wiederholen diesen Versuch, nehmen aber an Stelle von Borax Sunil, Persil oder Omo. Methylalkohol brennt auch bei der Verwendung von diesen Waschpulvern mit einer grüngesäumten Flamme. Erklärung: Borsäure bildet mit Methylalkohol flüchtigen Borsäuremethylester, der mit grüngesäumter Flamme brennt. Gleichung: $H_3BO_3 + 3 CH_3OH = B(OCH_3)_3 + 3 H_2O$.

P h o s p h a t n a c h w e i s. Persil und andere Waschmittel enthalten Komplexphosphate, deren Nachweis nicht immer so glatt gelingt wie der Nachweis gewöhnlicher Phosphate. Es empfiehlt sich, eine Persilprobe von 0,1 Gramm 2 Minuten in einem Gemisch aus 5 ml Wasser und 5 ml konz. Salpetersäure zu kochen und nach der Abkühlung auf 50° 5 ml Ammonmolybdatlösung zuzugeben. Bei Anwesenheit von Hexameta- oder Metaphosphat fällt dann ein gelber Niederschlag aus – diese Phosphate werden beim Kochen mit Salpetersäure in gewöhnliche Orthophosphate verwandelt. Man verwendet in den Waschmitteln hauptsächlich folgende Phosphate: saures Natriumpyrophosphat, $Na_2H_2P_2O_7$, Tetranatriumdiphosphat, $Na_4P_2O_7$, Natriumhexametaphosphat, $(NaPO_3)_6$, Pentanatriumtriphosphat. Wir lösen eine etwa erbsengroße Menge Persilpulver soweit als möglich in einem halben Probierglas voll destilliertem Wasser und gießen dann langsam, portionenweise einige ml einer roten Lösung von Eisen(III)-thiocyanat (erhalten durch Zusammengießen verdünnter Lösungen von Eisen(III)-chlorid und Kaliumthiocyanat) dazu. Die rote Lösung wird anfangs glatt entfärbt; bei weiteren Thiocyanatzugaben bleibt eine Gelbfärbung zurück. Der Versuch zeigt, daß Persil

Stoffe enthält (Komplexphosphate? Silicate? Trilon?), die geringe **Eisenspuren** (die gewöhnlich in Leitungswasser enthalten sind und die Wäsche vergilben) in sich einschließen und damit unschädlich machen. In den Spül- und Reinigungspulvern „Imi" u. a. sind mit Hilfe von Salpetersäure und Ammoniummolybdat (Näheres siehe S. 29) große Mengen von Phosphaten spielend leicht nachzuweisen. Man darf bei dem Nachweis die Salpetersäure nicht sparen, da von dieser zunächst große Mengen zur Neutralisierung der meist gleichzeitig vorhandenen Soda verbraucht werden. Heute werden vielen Wasch- und Reinigungsmitteln in steigendem Umfang allerlei hochwirksame Phosphate (Komplexphosphate wie z. B. Calgon, Polyphosphate) zugesetzt, welche das Seifenpulver härteunempfindlich machen, Kalkseife und Magnesiumseife auflösen, Faserverkrustungen beseitigen und einen weichen Griff erzielen.

W a s s e r g l a s (Natriumsilicat). Wasserglas läßt sich mit unseren einfachen Mitteln leider nicht sicher nachweisen; wir dürfen es aber in vielen Wasch- und Bleichmitteln vermuten. In Waschpulvern und verwandten Produkten verhindert ein Zusatz von 4—8% Natriummetasilicat das Vergilben der Gewebe durch eisenhaltiges Wasser und die Verkrustung der Faser.

O p t i s c h e A u f h e l l e r (Fluoreszenzstoffe, optische Bleichmittel). Modernen Waschmitteln werden etwa 0,02 bis 0,03% optische Aufheller zugesetzt; dies sind komplizierte, meist farblose, organische Verbindungen, wie z. B. Derivate der Diaminostilben-Disulfosäure (Blankophore von Bayer-Leverkusen): „Ultraphor", „Tinopale", „Leukophore", „Uvitex" usw. Beim Waschen bleiben diese Stoffe wie Farbstoffe zäh auf der Faser haften. Sie absorbieren den unsichtbaren, ultravioletten Strahlenanteil des Tageslichts, von Tageslichtlampen und Höhensonnenlampen (etwa 3000—4000 Ångström) und verwandeln diese Strahlung in längerwelliges, sichtbares, blaues Licht, das zusammen mit dem blassen Gelb der vergilbten Wäsche gerade Weiß gibt. Es wird auf diese Weise mehr sichtbares Licht ausgestrahlt als eingestrahlt, daher erscheint die Wäsche ungewöhnlich hell und leuchtend („Suwaweiß", „das strahlendste Weiß meines Lebens"). Der qualitative Nachweis von optischen Aufhellern und Seifen erfolgt durch Feststellung der Fluoreszenz im Ultraviolett-Licht. Geeignet ist für diesen Zweck das filtrierte UV-Licht einer Quarzlampe (z. B. der Hanauer Analysen-Quarzlampe).

C e l l u l o s e g l y c o l a t. Um diesen Stoff nachzuweisen, bedeckt man in einer Porzellanschale eine kleine Waschpulverprobe mit 1 Tropfen Schwefelsäure und gibt 1 Tropfen 0,1-n Jodlösung dazu. Eine auftretende blaue Farbe weist auf Celluloseprodukte hin. Beim Waschen ist es wichtig, daß der abgelöste Schmutz in der Waschflotte dispergiert bleibt und sich nicht wieder auf der Wäsche absetzt. Es war ein entscheidender Fortschritt, als es 1940 gelang, mit Celluloseglycolat (Cell—O—CH_2COONa) einen Zusatz zu finden, der das Schmutztragevermögen von synthetischen Textilien und von Seide entscheidend verbessert (DRP 332203).

B. S p e z i a l w a s c h m i t t e l

Diese Fabrikate enthalten im allgemeinen keine Bleichmittel und wurden für besondere Textilien wie Wolle, Synthetics und bunte Gewebe geschaffen. Auch die Spezialwaschmittel können in den meisten Fällen in der Maschine verwendet werden. Ein häufig hergestelltes Feinwaschmittel, das wir auch zu den Spezialwaschmitteln rechnen dürfen, hat folgende Zusammensetzung: 30—50% synthetische Tenside (WAS), 3—20% Polyphosphate, 2% Celluloseglykolat, 2% Wasser, Rest Natriumsulfat.

„Fewamat", früherer Name „Fewa", ist das älteste Feinwaschmittel, das insbesondere Natriumlaurylsulfat ($C_{11}H_{23}CH_2OSO_3Na$) enthielt. Man bekommt diesen Stoff, wenn man den entsprechenden Fettalkohol mit konz. Schwefelsäure behandelt (Gleichung: $C_{11}H_{23}CH_2OH + H_2SO_4 \rightarrow C_{11}H_{23}CH_2OSO_3H + H_2O$) und das H der SO_3H-Gruppe durch Na ersetzt. Fewa ist, chemisch gesprochen, neutralisierter Fettalkoholschwefelsäureester, ein Fettalkoholsulfat von der Formel $RO \cdot SO_3Na$, wobei R einen Alkoholrest bezeichnen soll. Heute enthält Fewamat primäre Alkylsulfate, Alkylbenzolsulfonate, Kolloidstoffe und Elektrolyte.

V e r s u c h e : D a r s t e l l u n g e i n e s N a t r i u m a l k y l s u l f a t s. Bringe in ein Prüfglas eine kleine Menge von einem langkettigen Alkohol ($C_{12}H_{25}OH$), in ein zweites Prüfglas 1/2 ml konz. Schwefelsäure, in ein drittes 3 ml 10%ige Natronlauge und erwärme die 3 Prüfgläser in heißem Wasser! Wenn der feste Alkohol (Alkanol) geschmolzen ist, gibt man vorsichtig 3 Tropfen der erwärmten Säure hinzu, schüttelt und läßt das Reaktionsgemisch noch 10 min. im Wasserbad. Dann wird neutralisiert durch 10%ige NaOH, die man tropfenweise zugibt. Indikator Phenolphthalein. Bei schwacher Rosafärbung spülen wir alles in ein großes Prüfglas, dann fügt man Wasser dazu und schüttelt. Die hohe Schaumschicht ist ein Zeichen für entstandenes Natriumalkylsulfat.

Erhitze etwas Fewamatpulver auf dem Porzellanscherben! Das Pulver verbrennt unter Rußabscheidung (organische Substanz!). Fülle ein Probierglas etwa zu drei Vierteln mit Leitungswasser und löse darin eine Messerspitze Fewamat auf! Nach einigem Umschütteln und Erwärmen löst sich das Pulver auch in kalkhaltigem Wasser (ja sogar in Kalkwasser oder einer 4%igen Calciumchloridlösung) völlig klar auf! Die Lösung gibt beim Umschütteln sofort starken Schaum. Gibt man zur Lösung etwas Säure, so bleibt die Schaumbildung unverändert; man sieht auch keine weiße, unlösliche Fettsäure über der Flüssigkeit schwimmen, wie es bei Seifenwasser der Fall wäre. Bei Seifenlösung entsteht außerdem in hartem Wasser unlösliche, schmierige Kalkseife (Näheres S. 291). Hierdurch wird die Waschwirkung stark vermindert, außerdem hört die reinigende Wirkung bei Säurezusatz auf. Fewamat hat gegenüber der Seife nicht nur den Vorteil der neutralen Reaktion, sondern auch der Kalk- und Säureunempfindlichkeit. Fewamat wird daher mit besonderem Erfolg zum Waschen empfindlicher Gewebe (Seide, Wolle, Nylon, Mischgewebe) verwendet.

Korall (Sunlicht) und Nylweiß (Flammer). Feinwaschmittel für alle modernen Gewebe, die nicht gekocht werden. In der Zusammensetzung unterscheidet es sich von den Vollwaschmitteln dadurch, daß es kein Perborat enthält.

„Perwoll" (Henkel) ist ein Spezialprodukt für Wollwaren. Es ist frei von chemischen Bleichmitteln und optischen Aufhellern. – Weitere Handelsprodukte sind „seti", „dato", „trend", „Mustang", „Burmat 70" (enthält Seife und WAS), „X-tra", „Burti", „F4" und „Sanso".

C. W a s c h h i l f s m i t t e l (zum Einweichen, Vorwaschen und Weichspülen). In Haushalt und Gewerbe können Verschmutzungen auftreten, die mit einem Vollwaschmittel schwer entfernt werden können. Aus diesem Grunde hat die chemische Industrie verschiedene Produkte zur Verbesserung des Waschvorgangs entwickelt.

„Kucki" (Dalli-Werke) hat ein starkes Fettdispergiervermögen. Es wird bei buntem Arbeitszeug allein und bei weißer Wäsche in Verbindung mit einem Waschmittel eingesetzt.

„Saptil" (Henkel) kann als Wasch-Aktivum bezeichnet werden. Durch sein gutes Fettlösevermögen beseitigt es hartnäckige Schmutzstoffe aus jeder Wäsche, besonders aus nicht kochfesten Teilen (Nylon, Perlon, Mischfasern). Die waschaktiven Substanzen sind neutral eingestellt. Das Produkt ist aufhellerfrei und leicht parfümiert.

„Henko" (Henkel) ist ein Einweich- und Enthärtungsmittel; damit wird die Wäsche vorbehandelt in Bottichwaschmaschinen oder im Waschkessel. Es enthält neben Soda (Versuche s. o.) und Wasserglas auch synthetische, waschaktive Substanzen mit besonders hoher Netzwirkung. Nach längerem Einweichen in warmer Henko-Lauge erfolgt eine beträchtliche Vorreinigung der Wäsche.

„Henk-o-mat" (Henkel): Vorwaschmittel, das in Trommel- und Bottichwaschmaschinen angewendet wird. Wichtiger Bestandteil ist ein Enzymkomplex, der eiweißhaltigen Schmutz schon bei niedriger Temperatur abbaut. Weitere Bestandteile: synthetische Waschrohstoffe, Polyphosphate, optische Aufheller.

Weitere Einweich- und Hauptwaschmittel: Ariel (Procter und Gamble) und X-TRA (Henkel).

„Burnus". Bekanntlich werden im Darm der Menschen und Tiere die meist unlöslichen Eiweiße und Fette in wasserlösliche oder emulgierte (d. h. in feinste Tröpfchen zerteilte) Stoffe verwandelt, welche die Darmwand durchwandern und in die Blutbahn übertreten. Die Zerlegung und Auflösung (Emulgierung) der Eiweiße und Fette wird hauptsächlich durch gewisse Absonderungen (Enzyme) von Verdauungsdrüsen bewirkt. Das alte Einweichmittel „Burnus" enthielt Verdauungsenzyme von Schlachttieren (Pankreatin). Im neuen Waschmittel „Burnus" (Burnus GmbH, Darmstadt) sind Bakterien-Enzyme enthalten. Der Wäscheschmutz enthält außer anorganischen Bestandteilen vor allem Eiweiß, Fett und Stärke, die von Hautausscheidungen und

Wasch- und Waschhilfsmittel

Speiseresten herrühren. Diese zähhaftenden Stoffe, die auch Staub, Ruß u. dgl. auf die Wäschefaser binden, werden beim Waschen mit „Burnus" durch Bakterien-Enzyme aufgelöst (hydrolysiert bzw. emulgiert); deshalb läßt sich auch der übrige Schmutz nach Burnusbehandlung leicht abspülen. Die Wäsche ist mit Burnus bei 35–40° C (Körpertemperatur) einzuweichen; bei höheren Temperaturen werden die Enzyme allmählich unwirksam. Außerdem würden die Eiweißreste gerinnen und damit schwerer zu verdauen sein. Ähnlich wie „Burnus" ist auch das „Enzymolin", ein weißes, leicht lösliches, alkalisch reagierendes Pulver mit standardisiertem Fermentgehalt. „Burnus" dient zum Einweichen im Haushalt; Enzymolin ist für das maschinelle Vorwaschen bestimmt. Die Anwendung erfolgt in einer 0,2- bis 3%igen Lösung.

V e r s u c h e : Erhitze etwas Burnuspulver auf dem Porzellanscherben! Eine leichte Verkohlung zeigt geringe Mengen von Kohlenstoffverbindungen (Pankreatin) an. Gelbe Flammenfärbung und reichliche Kohlensäurebildung bei Säurezusatz weisen auf Soda hin. „Burnus" enthält u. a. Soda und einige Prozent Pankreatin. Die Wirkungsweise des letztgenannten Stoffs zeigen folgende Versuche: Verreibe etwas festen Eidotter (enthält Eiweiß und Fett) auf einem Tuch und lege dieses in ein Probierglas mit Burnuslösung. Nach einigen Stunden ist das Tuch „von selbst" sauber geworden; das Wasser wird dagegen von aufgelöstem bzw. emulgiertem Eiweiß und Fett stark getrübt. Legen wir zur Kontrolle ein zweites, in gleicher Weise verunreinigtes Tuch in gewöhnliches Wasser, so sammeln sich im Lauf von mehreren Stunden nur einige abgefallene Dotterstückchen am Boden an; das Wasser bleibt klar, und der Fleck verschwindet höchstens teilweise.

Die verdauende Wirkung des Pankreatins wird noch in folgenden Fällen praktisch ausgewertet: Zur Verstärkung mangelhaft arbeitender menschlicher Verdauungssäfte wird bei Magenkranken empfohlen, die Pankreatin-Dragées (Chem. Fabr. Brunnengräber, Lübeck) oder die Pancrazymtabletten von Röhm und Haas (Darmstadt) oder Nutrizym-Dragées (Merck) einzunehmen; diese spalten Fette, Eiweiß und Kohlenhydrate.

Pankreatin enthalten auch die Magen-Darm-Mittel „Arbuz", „Cotazym", „Festal", „Gerikreon", „Idoferm", „Intestinol", „Okipan", „Pancurmen", „Pankreon", „Lipazym" u. dgl.

„Super Luzil" (Lever Sunlicht) ist ein biologisch wirkendes Einweich- und Vorwaschmittel. Es ist ein grün-gesprenkeltes Pulver, das u. a. eine Kombination von Detergentien zur Schmutzlösung, Natriumpolyphosphate zur Wasserenthärtung, Carboxymethylcellulose, Natriumsulfat, Parfüm und Farbstoff enthält. Als spezielle Wirkstoffe werden eiweißabbauende Enzyme verwendet, wodurch besonders schwierige eiweißhaltige Flecken: Blut, Ei, Soße, Milch usw. entfernt werden. Wiederhole den Versuch S. 288 oben mit dem festen Eidotter und „Super Luzil". Auch mit diesem Vorwaschmittel wird der Fleck aufgelöst.

„Sil" (Henkel), ein Bleich- und Spülmittel für die Wäsche, schäumt etwas und verkohlt in der Flamme. Kaliumpermanganat wird nach Zusatz von verdünnter Schwefelsäure entfärbt: Perverbindung! Sil dürfte aus organischen Per-Verbindungen, Waschalkalien, optischen Aufhellern sowie Bleichstabilisatoren bestehen. Diese verhindern eine zu schnelle Sauerstoffabspaltung in heißer Lösung. Anwendungsbereich: als Zusatz beim Wäschespülen, Entfernung von Flecken (Wein, Obst, Fruchtsaft) und zur Aufhellung vergilbter Wäsche.

„Lenor" (Procter und Gamble), „Vernell" (Henkel) und „Kuschelweich" (Sunlicht). Wäscheweichspülmittel zur Verbesserung des harten Wäschegriffes auf der Basis kationenaktiver Substanzen (etwa 3 g/l im letzten Spülbad) verleihen der Wäsche einen weichen Griff. Schlingen- und Maschenware wird wieder flauschig. Die elektrostatische Aufladung synthetischer Fasern wird verhindert. Die obengenannten Produkte erleichtern die Bügelarbeit bzw. erübrigen sie bei manchen Textilien.

„REI". Seifen- und alkalifreies Universal-Abwasch-, Wasch- und Reinigungsmittel, weißes, wasserlösliches Pulver in gelben Packungen. Hersteller: Procter u. Gamble, 6231 Schwalbach/Taunus.

Versuche: Löse eine etwa erbsengroße Menge „REI" in 5—10 Kubikzentimeter destilliertem Wasser! Beim Erwärmen klare Auflösung. Reaktion mit Lackmus neutral. Bleichmittelnachweis negativ. Bei Säurezusatz keine wesentliche Änderung, also sodafrei. Reaktion mit Ammoniummolybdat (Phosphatnachweis) unsicher. Die klare „REI"-Lösung gibt beim Eingießen in die gleiche Menge hartes Leitungswasser, Kalkwasser oder Gipswasser keine oder nur unwesentliche Trübungen und schäumt beim Umschütteln sofort stark, also frei von Seife. Nach dem Ausglühen einer kleinen Probe kann im Rückstand die SO_4-Gruppe nachgewiesen werden. „REI" ist eine Kombination verschiedener synthetischer, organischer Waschrohstoffe (z. B. von Fettalkoholsulfonaten, dodecylbenzolsaurem Natrium, Alkylbenzolpolyglykoläther, Fettsäurekondensationsprodukten usw.); außerdem enthält es Hexametaphosphat. Für die Reise ist „REI in der Tube" (weiße, mit Wasser stark schäumende Paste) besonders geeignet.

„Pril". Dieses seit 1951 von der Böhme Fettchemie (Düsseldorf) hergestellte Abwasch-, Spül- und Reinigungsmittel enthält höhermolekulare Alkylsulfate, Alkylbenzolsulfonate, Komplexphosphate, Neutralsalze usw. Pril zeigt den sogenannten Blank-Schnell-Trockeneffekt. Darunter versteht man eine Erscheinung, die an das gleichzeitige Vorhandensein von folgenden 3 Eigenschaften des Spülmittels gebunden ist: 1. Schnell wirkendes Schmutzlösevermögen, verbunden mit der Fähigkeit, den abgelösten Schmutz im Spülbad festzuhalten. 2. Stark entspannende Wirkung auf das Wasser. Das entspannte Wasser läuft an glatten Wänden praktisch vollkommen und unter Hinterlassung eines nur hauchdünnen Flüssigkeitsfilms ab, der in wenigen Minuten von selbst trocknet. Nicht entspanntes Wasser bildet dagegen Tropfen und Bahnen. 3. Die Menge an Spülmitteln, die mit der feinen Wasserhaut auf den Flächen haftenbleibt, muß so minimal sein, daß weder Glanz noch Klarheit der trocken gewordenen Flächen beeinträchtigt werden. Bei Anwendung von Pril ist das Abtrocknen und Nachpolieren mit einem Tuch überflüssig. Die pro Person im Jahr über prilgespültes Geschirr aufgenommene Pril-Menge liegt unter 0,1 Gramm und ist unschädlich. Pril ist auch als Lösung im Handel. Weise in Pril Phosphate nach!

Versuch. Wirkung von Pril: Fülle ein Becherglas mit Wasser und lege eine Nadel auf Löschpapier auf die Oberfläche. Wenn das Papier abgesunken ist, schwimmt die Nadel. Die Oberfläche des Wassers wirkt infolge der großen Oberflächenspannung wie eine elastische Haut. Dadurch bleibt die Nadel, obwohl sie spezifisch schwerer ist als das Wasser, auf der Wasseroberfläche liegen. Sobald durch Zugabe von Seifenlösung oder Pril die Oberflächenspannung des Wassers verringert und somit die „Haut" zerstört wird, sinkt die Nadel unter.

„Tide" und „Vel". Tide, ein in USA verbreitetes, pulverförmiges Reinigungs- und Netzmittel, enthält ca. 12% Laurylsulfat, 5% Alkylarylsulfonat, 15% Natriumsulfat, 45% höhermolekulare Phosphate, 9% Silicate, 1,5% Laurylalkohol, 11% Wasser, 1% Carboxymethylcellulose und kleine Mengen eines optischen Aufhellers. – Das amerikanische Haushaltsreinigungsmittel „Vel" (Feinwaschmittel für Wolle) ist aus 30% Alkylarylsulfonat, 7% Komplexphosphat, 60% Natriumsulfat, 1% Carboxymethylcellulose und ca. 1% optischen Aufhellern zusammengesetzt.

Die Polyphosphate werden, da sie in den Abwässern die Eutrophierung fördern, in Zukunft durch alkaliarme Silicate ersetzt werden. Großversuche in Stuttgart mit „Sasil" (Henkel), einem Natrium-Aluminiumsilicat, sind erfolgreich verlaufen. Die Textilforschung in USA propagiert heute schon die „Einwegwäsche", die man nach einmaligem Gebrauch wegwirft, anstatt sie zu waschen. Bei Servietten und Handtüchern ist dies ja schon heute weitgehend der Fall. – Manche Personen reagieren auf enzymatische Waschmittel allergisch. Prof. Steigleder, Köln, empfiehlt, jeden direkten Hautkontakt mit Bio-Waschmitteln zu vermeiden und wasserundurchlässige Handschuhe zu verwenden.

Wasser. Chemisch reines Wasser ist aus Wasserstoff und Sauerstoff zusammengesetzt; es hat die chemische Formel H_2O. In der Natur ist das Wasser fast nie rein; es enthält vielmehr wechselnde Mengen von Kalk, Gips, Magnesiumverbindungen, Kochsalz, Eisenverbindungen, Sauerstoff, Stickstoff, Kohlensäure, organische Verbindungen usw. aufgelöst; dazu kommen vielfach noch gröbere Verunreinigungen, wie Schlammteilchen, Bakterien u. a. Am reinsten ist noch Regen- und

Schneewasser, aber auch dieses enthält Luft gelöst. Daß unser Leitungswasser gelöste Stoffe enthält, zeigen folgende

Versuche: Bringe auf eine Glasplatte etwas Leitungswasser und daneben ungefähr die gleiche Menge destilliertes Wasser! Nach vorsichtigem Erwärmen verdunstet das destillierte Wasser ohne Rückstand, während beim anderen eine weiße Kalkkruste übrigbleibt, die mit einem Salzsäuretropfen deutlich aufschäumt. Fülle ein Probierglas mit Leitungswasser, gib etwas Salzsäure sowie Bariumchloridlösung dazu und erwärme! Eine weiße Trübung zeigt die SO_4-Gruppe (Gips!) an; Näheres S. 26 f.! Mit Silbernitratlösung und etwas Salpetersäure gibt Leitungswasser allmählich eine milchige Trübung; Nachweis von chemisch gebundenem Cl (Kochsalz!); Näheres S. 23 f.!

Die für die Praxis wichtigsten, im Leitungswasser gelösten Stoffe sind: Calciumhydrogencarbonat, $CaH_2(CO_3)_2$, auch $CaCO_3 \cdot H_2CO_3$ oder $Ca(HCO_3)_2$ geschrieben, Magnesiumhydrogencarbonat, $MgH_2(CO_3)_2$ und Gips, $CaSO_4$. Ein Liter Wasser kann vom Calciumhydrogencarbonat bis zu 0,9 Gramm, vom Magnesiumhydrogencarbonat bis zu 2 Gramm und vom Gips bis zu 2,5 Gramm auflösen. Der einfache Kalk, $CaCO_3$, ist in Wasser etwa 70mal weniger löslich als der „doppeltkohlensaure" Kalk. Der Gesamtgehalt an Calciumhydrogencarbonat, Magnesiumhydrogencarbonat und Gips wird auch als „Härte" des Wassers bezeichnet. Diese richtet sich nach dem Gesteinsuntergrund, den das Wasser durchfließt; in Kalkgebieten ist sie höher als in Granit- oder Sandsteingebieten. Auch im Lauf des Jahres kann sie sich verändern; sie erreicht namentlich nach längerer Trockenheit im Hochsommer höhere Werte (das Wasser fließt dann oft ganz trüb aus der Leitung), während sie im regnerischen Frühjahr und Herbst abzunehmen pflegt.

Im Haushalt und in der Technik ist das harte Wasser nicht geschätzt. Kaffee und Tee büßen, mit demselben angesetzt, viel von ihrem Wohlgeschmack ein. Kocht man Hülsenfrüchte (Erbsen) mit hartem Wasser, so werden die Pektinstoffe in den Mittellamellen der Zellwände unter dem Einfluß des Kalks wasserunlöslich, und die Erbsen bleiben trotz längerem Kochen hart.

Wird hartes Wasser zur Kesselspeisung verwendet, so schlägt sich allmählich an den Wänden eine harte Kalkkruste nieder, die dem Metall schadet. Dieser „Kesselstein" ist ein schlechter Wärmeleiter; springt er an einer Stelle ab, so kommt das weniger heiße Kesselwasser in Berührung mit der stark erhitzten Kesselwand; es verdampft dort sehr rasch und ruft nicht selten gefährliche Kesselexplosionen hervor. Man benützt deshalb zur Kesselspeisung mit Vorliebe weiches Wasser und scheut in größeren Betrieben auch nicht die Ausgaben für besondere Wasserenthärtungsanlagen. Im Handel sind eine Reihe von meist soda- und phosphathaltigen Kesselsteinmitteln erhältlich, die entweder das Wasser zum Teil enthärten, bevor es in den Kessel kommt, oder im Kessel den Kalk und Gips des Wassers als weiche Masse niederschlagen, so daß sich an den Wänden kein harter, schwer ablösbarer Kesselstein bildet. Ein sehr bewährtes Wasserenthärtungsmittel ist Trinatriumphosphat, Na_3PO_4, das z. B. unter der Bezeichnung „Albert-Tri" (Biebrich) verwendet wird. Natriumphosphat verwandelt den gelösten Kalk und Gips in unlösliches Calciumphosphat. Häufig wird die Wasserenthärtung auch mit Hilfe von Permutit oder durch Kochen und Sodazusatz ausgeführt.

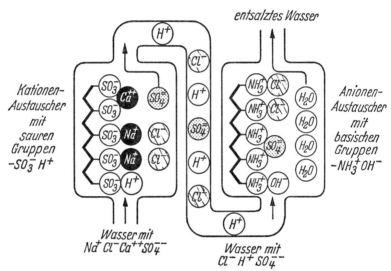

Bild 35. Entsalzung von Wasser durch Kationenaustauscher und Anionenaustauscher (nach Pauling verändert)

In neuerer Zeit werden in steigendem Umfang Kunstharzionenaustauscher (Lewatite und Wofatite in Deutschland, Amberlite, Dowex u. dgl. in USA) zur Wasserenthärtung verwendet. Eine vollständige Entsalzung des Wassers ist durch aufeinanderfolgende Anwendung von Kationen- und Anionen-Austauschern möglich *(Bild 35)*. Ionenaustauscher sind Kunstharze aus einem riesigen organischen Netzwerk mit zahlreichen sauren ($-SO_3^-H^+$) und basischen ($-NH_3^+OH^-$) Gruppen. Die chemischen Vorgänge können wie folgt formuliert werden:

$$\left. \begin{array}{l} R-SO_3H + Na^+ \rightleftarrows R-SO_3Na + H^+ \\ R-NH_3OH + Cl^- \rightleftarrows R-NH_3Cl + OH^- \end{array} \right\} H_2O$$

Der Austausch ist umkehrbar; „erschöpfte" Kationen-Austauscher können mit Säure (H⁺), Anionen-Austauscher mit Lauge (OH⁻) regeneriert werden (unterer Pfeil ←). Oft wird die Entsalzung des Wassers in sog. „Mischbettaustauschern" in einem einzigen Arbeitsgang durchgeführt. Die großtechnische Wasserenthärtung ist zu einem umfangreichen Wissenschaftszweig mit einer riesigen Spezialliteratur angewachsen.

Im Haushalt macht sich die Härte des Wassers hauptsächlich beim Waschen unangenehm bemerkbar, wie aus folgenden Versuchen zu ersehen ist.

V e r s u c h e : Wir lösen in 100 cm³ destilliertem Wasser (bzw. Regen- oder Schneewasser) 0,5 Gramm fein zerteilte Palmoliveseife auf; umschütteln, erwärmen! Darauf füllen wir ein Probierglas 6 cm hoch mit destilliertem Wasser und lassen dazu aus einer Bürette oder aus einem möglichst engen Meßzylinder (die 10-cm³-Kölbchen der Photogeschäfte sind geeignet) 0,2 bis 0,3 cm³ von unserer Seifenlösung fließen. Nun schließen wir das Probierglas mit dem Daumen und schütteln zehnmal kräftig um. Man sieht dann eine etwa zentimeterhohe Schaumschicht über der Flüssigkeit.

Füllen wir ein zweites Probierglas 6 cm hoch mit gewöhnlichem Leitungswasser, so sieht man selbst nach Zugabe von 2 oder 3 cm³ Seifenwasser und jedesmaligem zehnfachem Schütteln noch keinen Schaum, sondern nur eine milchigweiße Trübung innerhalb der Flüssigkeit. Erst bei Zusatz von 5–6 cm³ Seifenwasser tritt nach zehn Schüttelbewegungen schließlich eine etwa zentimeterhohe Schaumschicht auf. Da nur der Seifenschaum, nicht aber die milchige Trübung Reinigungswirkung besitzt, so ist leicht einzusehen, daß beim Waschen mit hartem Wasser viel Seife vergeudet wird. Es verbinden sich in diesem Fall die ersten Seifenanteile mit dem Kalk und Gips zu unlöslicher, milchigweißer, nichtschäumender, nichtreinigender Kalkseife – und erst wenn aller Kalk und Gips in Kalkseife verwandelt ist, kann sich bei weiterem Seifenzusatz Schaum bilden. *

Der nachteilige Einfluß des Kalks zeigt sich nicht nur beim Waschen von Geweben, sondern z. B. auch beim Waschen der Hände. Regenwasser gibt in jedem Fall schneller reinigenden Schaum als Leitungswasser. Wer sich in kalkreichen Gegenden wäscht, braucht sicherlich mehr Seife als in kalkarmen Granit- oder Buntsandsteingegenden. Bei gleicher Reinlichkeit der Bewohner dürften also die Seifenhandlungen in den letztgenannten Gegenden schlechtere Geschäfte machen. In den Vereinigten Staaten verbrauchte die Bevölkerung eines Gebietes mit hartem Wasser jährlich auf den Kopf 25 kg, in einem „Weichwassergebiet" dagegen nur 15 Kilogramm Seife. Aufs Ganze gesehen verursacht die „Härte" des Wassers einen gewaltigen Mehrverbrauch an Reinigungsmitteln. In jedem Kubikmeter hartem Waschwasser gehen je nach dem Härtegrad 1–5 Kilogramm Seife nutzlos

---
* Natürlich „klappt" der Versuch im obigen Sinn nur beim Leitungswasser in kalkreichen Gegenden; das Wasser in Sandstein- oder Granitgebieten ist oft so kalkarm, daß es sich fast wie destilliertes Wasser verhält.

verloren. Der von der Wasserhärte verursachte Seifenverlust wurde vor dem Siegeszug der härteunempfindlichen, synthetischen Waschmittel für ganz Deutschland im Jahre auf über 100 Millionen DM geschätzt. Dazu kommt noch, daß die Kalkseife weiße Stoffe allmählich unansehnlich macht. So beträgt z. B. die „Weiße" der Gewebe nach fünfzigmaligem Waschen in „weichem", kalkfreiem Wasser noch 99%, in hartem Wasser dagegen nur noch 60%. Angesichts dieser Nachteile ist es begreiflich, daß man schon seit langem versuchte, dem zum Waschen verwendeten harten Leitungswasser die Härte ganz oder wenigstens teilweise zu entziehen. In welcher Art dies geschehen kann, mögen die folgenden Versuche zeigen.

V e r s u c h e : Wir füllen ein Probierglas 6 cm hoch mit Leitungswasser und kochen einige Zeit. Je nach der „Härte" des Wassers sieht man nach dem Abkühlen eine leichte Trübung; oft entsteht an der Oberfläche ein helles Häutchen. Statt der 6 ccm Seife vom vorigen Versuch brauchen wir jetzt nur noch 3 bis 4 cm³, um nach 10 Schüttelbewegungen den gleichen Schaum hervorzurufen. Erklärung: Durch das Kochen wird ein Teil des löslichen Calciumhydrogencarbonats $CaH_2(CO_3)_2$ und des Magnesiumhydrogencarbonats $MgH_2(CO_3)_2$ unter Abgabe von Wasser und Kohlensäure in unlöslichen Kalk (bzw. Magnesiumcarbonat) verwandelt. Die unlöslichen Stoffe verbinden sich nicht mehr mit Seife. In vielen ähnlichen Versuchen können wir nun die „enthärtende", seifensparende Wirkung von „Henko" (s. Bleichsoda), Borax, Soda, „Calgon"[1], Pottasche, „Imi" usw. feststellen. Um richtig vergleichen zu können, ist nur zu beachten, daß wir gleich große Probiergläser wie im ersten Beispiel 6 cm hoch mit hartem Wasser füllen, dann gleiche, etwa erbsengroße Mengen Soda, Borax, „Calgon", Pottasche oder „Imi" darin unter Umschütteln auflösen (soweit dies möglich ist) und zum Schluß so lange die obige Seifenlösung zufließen lassen, bis nach jeweils zehn Schüttelbewegungen eine etwa 1 Zentimeter hohe Schaumschicht entsteht. In jedem Fall brauchen wir zu diesem Schaum mehr Seifenlösung als beim destillierten und weniger als beim unbehandelten, harten Wasser. Wie groß ist der Seifenverbrauch, wenn das harte Wasser zuerst gekocht und dann mit Soda enthärtet wird? Wie groß ist der jeweilige Seifenverbrauch bei 1%igen Lösungen von Calciumchlorid, Kalkwasser, Magnesiumchlorid, Eisensulfat usw.? (Jedesmal das Probierglas 6 Zentimeter hoch füllen und ermitteln, wieviel Kubikzentimeter Seifenlösung bis zur Bildung einer 1 Zentimeter hohen Schaumschicht benötigt werden). Im Haushalt wird gelegentlich empfohlen, in das zu enthärtende Wasser ein Säckchen mit Eierschalen oder Marmorstückchen zu hängen. Dabei soll sich

---

[1] „Calgon" ist eine Mischung aus mittel- bis hochmolekularen Polyphosphaten. Es gibt mit den wasserlöslichen Calcium- und Magnesiumsalzen des „harten" Wassers lösliche „Komplexsalze", welche die angenehme Eigenschaft haben, mit Seife keine unlöslichen Kalkseifen mehr zu bilden. Deshalb schäumt hartes Leitungswasser, dem etwas „Calgon" beigemischt wurde, nach Zusatz von Seifenlösung sofort kräftig auf. „Calgon" bringt auch bereits ausgeschiedene Kalkseife wieder in Lösung und emulgiert Fette oder Öle aller Art ohne Anwendung von Seife. Eine blutrote Lösung von Eisenrhodanid (entsteht beim Zusammengießen verdünnter Lösungen von Eisen(III)-chlorid und Kaliumrhodanid) wird durch Calgonlösung entfärbt, da letztere mit dem Eisen Komplexverbindungen eingeht. Man kann im Handel 500-Gramm-Packungen Calgon (hauptsächlich für Waschmaschinen) um 3,65 DM kaufen. Hersteller ist Benckiser, Chem. Fabr., Ludwigshafen.

der Kalk und Gips des Wassers auf den Eierschalen niederschlagen. Prüfe nach der obigen Methode, ob der Seifenverbrauch bei dem so behandelten Wasser geringer ist! Vergleiche Preis und Wirkung der verschiedenen Wasserenthärtungsmittel in einer Tabelle!

Eine schnelle Bestimmung der Wasserhärte ermöglicht die Durognost-Packung der chem. Fabr. Heyl, Hildesheim (Preis 7,50 DM). Man füllt hier ein Probierglas bis zur eingeritzten Marke mit dem zu prüfenden Wasser, färbt dieses durch den beigegebenen Indikator rot und zählt so lange Durognost-Tabletten ins Probierglas, bis die Farbe nach Grün umschlägt. Die Zahl der hierbei verbrauchten Tabletten gibt direkt die Zahl der Härtegrade an. Genauigkeit: ca. $1/2$ Härtegrad.

Neben der Enthärtung spielt auch die Desinfektion des Wassers eine wichtige Rolle. Im allgemeinen ist das Quell- und Grundwasser beim Weg durchs Gestein filtriert worden, so daß es meist annähernd bakterienfrei ist. Steht frisches Quellwasser nicht zur Verfügung, so muß häufig eine Filtration durch Sand, Kohle oder Kieselgur vorgenommen werden. Auf Reisen kann man verdächtiges Trinkwasser mit dem Filtron-Gerät der Firma Fichtel u. Sachs keimfrei machen. Die bakterientötende Wirkung des Chlors wird auch in Schwimmbädern ausgenützt. Man fand, daß schon 0,4 Milligramm Chlor genügen, um in einem Liter Wasser innerhalb 10 Minuten Millionen von Bakterien zu vernichten. Der geringe Chlorzusatz schadet dem Menschen nicht, da Chlor bald in Salzsäure übergeht und diese mit dem Kalk des Wassers harmlose Salze bildet. Auch bakterienverdächtiges Trinkwasser wird vielfach mit Chlor desinfiziert; den Chlorgeschmack kann man mit Aktivkohle oder Dechlorit (Börner und Co. GmbH., Düsseldorf) beseitigen. Des weiteren eignet sich auch Ozon zur Trinkwasserdesinfektion. – Die Verschmutzung des Wassers in Flüssen und Seen hat in letzter Zeit beträchtlich zugenommen. Der Bau neuer Kläranlagen ist dringend erforderlich. Die Reinhaltung der Gewässer ist zu einer der wichtigsten Aufgaben des Umweltschutzes geworden. Die Methoden dazu liefert die Chemie. Allerdings sind hohe finanzielle Aufwendungen zur Reinhaltung der Gewässer notwendig. Man schätzt, daß für die Jahre zwischen 1975 und 1985 ein Betrag von 16 Milliarden eingesetzt werden muß, um 90% der Abwässer zu reinigen.

Wasserglas. Das in Drogerien und anderen Geschäften erhältliche Wasserglas ist eine wasserhelle, geruchlose, ölige Flüssigkeit. Erhitzt man eine abgewogene Probe davon in einer Porzellanschale, so verdampft viel Wasser (etwa 65%), und es bleibt eine weiße Kruste zurück, die aus Natriumsilicat (Na_2SiO_3) mit wechselnden Mengen von Siliciumdioxid-Hydraten besteht und die Flamme lebhaft gelb färbt (Natrium!). Die käufliche Wasserglaslösung reagiert alkalisch. Bleibt sie längere Zeit an der Luft stehen, so erstarrt sie allmählich zu einer glasigen Masse, weil die Kohlensäure der Luft Kieselsäure abscheidet und gleichzeitig Wasser verdunstet. Deshalb muß Wasserglas möglichst luftdicht abgeschlossen werden, solange man es aufbewahrt. Bei Zusatz von Salzsäure entsteht eine Abscheidung von Kieselsäure.

V e r w e n d u n g : Im Haushalt zum Einmachen von Eiern, in der Malerei zu Wasserglasanstrichen und feuerhemmenden Holzüberzügen, in der Seifensiederei als Waschmittelzusatz, bei der Herstellung von Wasserglaskitten[1], zur Zubereitung von Glastinten, in der Medizin zur Herstellung fester Verbände bei Knochenbrüchen (Wasserglasverbände sind leichter als Gipsverbände; aber sie erstarren erst nach 12–24 Stunden, während Gipsverbände schon nach 5–10 Minuten fest werden), in der Industrie zur Erzeugung von Emailmassen, in der Bautechnik zur Herstellung wasserdichter Grundmauern usw.

Wasserstoffionenkonzentration (pH-Wert-Bestimmung). Wenn wir einen Streifen blaues Lackmuspapier in saure Milch, Essig, Salzsäure, Eisensulfatlösung usw. tauchen, färbt er sich rot; umgekehrt wird ein roter Lackmuspapierstreifen beim Eintauchen in Sodalösung, Salmiakgeist, Kalkwasser oder Natronlauge blau gefärbt. Saure Milch, Essig und Salzsäure rufen beim Lackmusfarbstoff jedesmal die gleiche Rotfärbung hervor, obwohl wir wissen, daß z. B. Salzsäure außerordentlich viel saurer und darum auch aggressiver ist als z. B. saure Milch oder Essig. Die sauren Eigenschaften (saurer Geschmack, Auflösung von Magnesium und anderen Metallen, zerstörende Wirkung auf lebendes Gewebe usw.) der Säuren und der sauren Salze werden bewirkt durch Wasserstoffionen (H^+-Ionen). Diese H^+-Ionen haben sich an je ein Wassermolekül angelagert und bilden H_3O^+-Ionen, die ihrerseits von weiteren Wassermolekülen umhüllt sind. Man müßte eigentlich H_3O^+-Ionenkonzentration sagen. Allerdings wird im allgemeinen Sprachgebrauch der Techniker von H^+-Ionenkonzentration gesprochen. Sehr genaue Messungen zeigen, daß auch reines Wasser H_3O^+-Ionen und OH^--Ionen enthält: $H_2O + H_2O \rightarrow H_3O^+ + OH^-$. Je höher die Wasserstoffionen-Konzentration, um so saurer ist der Geschmack, und um so größer ist die Einwirkung auf Metalle usw. Entsprechendes gilt auch für die Laugen (alkalisch reagierende Stoffe), deren Eigenschaften durch winzige, negativ elektrisch geladene Hydroxidionen (OH-Ionen) hervorgerufen werden. Je mehr OH-Ionen im Liter Flüssigkeit, um so stärker die Ätzwirkung, um so ausgesprochener der laugenhafte, seifige Geschmack usw. Eine Lösung reagiert mit Lackmus sauer, wenn die H-Ionen im Überschuß sind; sie reagiert alkalisch, wenn die OH-Ionen überwiegen; sie ist neutral, wenn die

---

[1] Man verrührt z. B. in einem Schälchen etwas Schlämmkreide mit Wasserglas zu einem dünnen Brei, bestreicht damit die Bruchstellen von Porzellan- und Tongefäßen, preßt die zusammengehörigen Scherben gut aufeinander, schabt den seitlich hervorquellenden Brei mit einer Rasierklinge ab und läßt das gekittete Gerät einige Stunden in der Sonne oder in der Nähe des warmen Ofens stehen. Das Wasserglas erstarrt dabei allmählich zu einer steinharten, glasigen Masse.

Zahl der H-Ionen und der OH-Ionen einander entsprechen. Auch Laugen enthalten neben vielen OH-Ionen noch wenige H-Ionen (weniger als neutrale Flüssigkeiten), und zwar ist die Zahl der H-Ionen um so geringer, je konzentrierter die Lauge ist; man kann daher auch die Laugen ganz einfach durch ihre H-Ionenzahl kennzeichnen. Nun finden viele chemische und technische Vorgänge nur bei ganz bestimmten Wasserstoffionenkonzentrationen statt; es sei hier an die Vorgänge bei der Invertzuckerbestimmung, die Eiweißverdauung, Färberei, Wäscherei, Konservierungsverfahren usw. erinnert. Hier handelt es sich meist um mittlere Konzentrationsbereiche, nicht etwa um 50%ige Salzsäure oder um 40%ige Natronlauge. Um diese mittleren Wasserstoffionenkonzentrationen leicht abstufen und messen zu können, haben verschiedene Firmen (Merck, Bayer, Riedel-de Haën usw.) U n i v e r s a l i n d i k a t o r p a p i e r e herausgebracht. Der „Mercksche Universalindikator" besteht z. B. aus kleinen Heftchen mit je 100 orangegelben Papierstreifen. Man bezeichnet die Messung der Wasserstoffionenkonzentration auch als pH-Messung; p ist der Anfangsbuchstabe für Potenzzahl, H ist das Zeichen für Wasserstoff. Die pH-Skala umfaßt im allgemeinen die Werte 0–14 mit dazwischenliegenden Dezimalzahlen. Eine Normalsalzsäure (3,65%ige Salzsäure) hat den pH-Wert 0, eine $1/10$ Normalsalzsäure (0,365%ige) 1,0, eine $1/10$ Normalschwefelsäure (0,98%ige Schwefelsäure) 1,2, die Magensalzsäure 0,9–1,5, eine $1/100$ Normalsalzsäure (0,0365%ig) 2,0, Zitronensaft 2,3, Normalessigsäure (6%ige Essigsäure) 2,4, gewöhnlicher Essig 3,1, eingesäuertes Silofutter 3–4, $1/10000$ Normalsalzsäure 4,0, saure Milch 4,4, $1/10$ Normalborsäure 5,2, reines Wasser 7,0, Blutflüssigkeit 7,36, Darmsaft 8,3, Seewasser 8,3, $1/10$ Normalnatronlösung (0,84%ige Natronlösung) 8,4, $1/10$ Normalammoniakwasser (0,17%ig) 11,0, $1/10$ Normalsodalösung (1,06%ige Sodalösung) 11,3, gesättigtes Kalkwasser 12,3, $1/10$ Normalnatronlauge (0,4%ige) 13,0, Normalnatronlauge (4%ig) 14,0; eine 50%ige Kalilauge würde dem pH-Wert 14,5 entsprechen. Die pH-Zahl 7,0 entspricht der neutralen Reaktion; kleinere Zahlen besagen, daß die Lösung sauer reagiert; höhere Zahlen, wie z. B. 9, bedeuten alkalische Reaktion. Mit dem gewöhnlichen „Merckschen Universalindikator" kann man die pH-Werte 1–14 bestimmen. Wir verfahren bei einer solchen Messung folgendermaßen: Man taucht einen der orangegelben Streifen einige Sekunden in die zu prüfende Flüssigkeit, wartet nach dem Herausnehmen 15–30 Sekunden und vergleicht dann die Färbung dieses Papiers mit der beigegebenen Farbtafel. Wenn man z. B. einen Streifen in gestandene Milch taucht, nimmt er eine Färbung an, die zwischen den pH-Farbtäfelchen 4 und 5 liegt; tatsächlich hat saure Milch den pH-Wert 4,4. Falls die zu messende Flüssigkeit sehr zäh oder farbig ist, läßt man sie auf das Indikator-

Bild 36. pH-Meter zur einfachen Bestimmung der Bodenreaktion. Zu einer kleinen Bodenprobe wird die Prüfflüssigkeit gegeben. Sie nimmt eine bestimmte Farbe an. An der Farbskala des Porzellan-pH-Meters wird der Säuregrad des Bodens abgelesen.

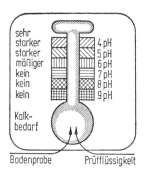

papier auftropfen und vergleicht die Färbung auf der Papierrückseite nach 15–30 Sekunden mit der Farbskala. Prüfe die pH-Werte von Salmiakgeist, 1%iger Kupfervitriollösung, Seifenwasser, Wein, Zitronensaft, Sodalösung, Süßmost, Mineralwasser, Essig, Putzflüssigkeiten (z. B. „Sidol"), „Fewa"-Lösung und dergleichen mit dem Universalindikator! Gib zu verdünnter Natronlauge so lange Salzsäure, bis der pH-Wert 1 erreicht ist und beobachte die Farbumschläge an einem hineingelegten Universalindikatorpapier – öfters umschütteln! Tauche einen Universalindikatorstreifen in „Sidol" und lege ihn zur Beobachtung beiseite; er ist zunächst ganz dunkel (alkalisch), aber nach etwa 10 Minuten hat er infolge Ammoniakverdunstung wieder eine gelbe Farbe angenommen. Mit dem „Neutralit" von Merck (Heftchen zu 100 Streifen oder Rollen in Kunststoffdosen) kann man pH 5,5—9,0 bestimmen.

Wasserstoffperoxid. Das chemisch reine Wasserstoffperoxid (H_2O_2) ist eine ganz schwach blau gefärbte, sehr zähe Flüssigkeit, die nur mit großer Mühe dargestellt werden kann. In sämtlichen Drogerien und Apotheken wird für Haushaltszwecke in der Regel eine Lösung verkauft, welche auf 100 Teile Wasser etwa 3 Teile Wasserstoffperoxid (H_2O_2) enthält. In den folgenden Ausführungen beziehen wir uns immer auf diese verdünnte Lösung, die als Wasserstoffperoxid oder auch als Wasserstoffsuperoxid bezeichnet wird. Sie ist eine wasserklare, geruchlose, bitter schmeckende, schwach sauer reagierende, unbrennbare Flüssigkeit, die sich in ihrem Aussehen von Wasser nicht unterscheidet. Bei längerem Herumstehen zerfällt das Wasserstoffperoxid langsam in Wasser und Sauerstoff nach der Gleichung:
$2 H_2O_2 \rightarrow 2 H_2O + O_2$; der Zerfall geht bei Anwesenheit von Laugen rascher, bei Gegenwart von Säuren langsamer vonstatten als in neutralen Lösungen. Wasserstoffperoxid kann sich bei langem Aufbewahren vollständig zersetzen. Durch feingepulverte Stoffe (Braun-

steinpulver, Metallpulver, Kohlepulver) wird der Zerfall stark beschleunigt. Vgl. folgenden Versuch!

In ein Becherglas gießen wir über eine Messerspitze Braunsteinpulver einige Kubikzentimeter Wasserstoffperoxid und bringen einen glimmenden Holzspan über die Gasblasen. Ein helles Aufleuchten zeigt Sauerstoff an.

Setzt man dem Wasserstoffperoxid kleine Mengen von sogenannten Stabilisatoren (z. B. Phosphorsäure, Harnstoff, Barbitursäure, Benzoesäure, Phenacetin, Natriumpyrophosphat, Trilon B, Salicylsäure, Nipakombin und dergleichen) zu, so wird der Zerfall stark verlangsamt. Ein gut stabilisiertes Wasserstoffperoxid verliert heute im Jahr bei normaler Aufbewahrung (Dunkelheit, 20–25° C) nur etwa 1% seines Gehalts. Die geruchzerstörende bzw. desinfizierende Wirkung zeigt folgender Versuch:

In zwei Probiergläser gibt man je ein Stückchen rote Wurst; das erste wird mit Leitungswasser, das zweite mit Wasserstoffperoxid etwa bis zur Mitte aufgefüllt. Nach einigen Tagen riecht das erste Glas stark nach Fäulnis, das zweite nicht. Gießt man zum ersten Glas ebenfalls Wasserstoffperoxid, so verschwindet der üble Geruch nach dem Umschütteln allmählich — Wasserstoffperoxid zerstört üble Gerüche — es wirkt „desodorierend", d. h. geruchzerstörend und wird aus diesem Grund auch bei der Heilung übelriechender Geschwüre verwendet.

Wasserstoffperoxid zerstört auch Farbstoffe; es bleicht — aus diesem Grund sieht die Wurst im zweiten Probierglas des vorigen Versuchs nach einiger Zeit ganz weiß aus. Kochen wir einige Blaukrautblätter im Probierglas mit Wasserstoffperoxid, so werden sie schließlich entfärbt. Da Rotwein einen sehr ähnlichen Farbstoff wie das Blaukraut enthält, kann man auch Rotweinflecke, ferner Heidelbeerflecke usw. mit Wasserstoffperoxid entfernen. In den „Ortizon-Kugeln" (Drugofa) ist 36% Wasserstoffperoxid an 64% Harnstoff gebunden; dieses gibt im Mund Sauerstoff ab, der die Mundhöhle von Bakterien säubert und die Zähne bleicht. Auch in „Farina-Zahnpaste", „Kolynos-Zahnpaste" und manchen anderen Zahnputzmitteln wird während der Anwendung Wasserstoffperoxid bzw. Sauerstoff frei. Daß Wasserstoffperoxid auch in vielen Bleichmitteln wichtige Dienste leistet, ist auf S. 283 näher ausgeführt. Es wird u. a. zum Bleichen von Horn, Schafwolle, Baumwolle, Leinen, Jute, Stroh, Holz, Papier, Ölen, Fetten, Wachsen, Seifen, Seide, Schwämmen, Elfenbein, Federn usw. verwendet. Die Farbstoffe der Sommersprossen werden zerstört, wenn man die Haut täglich zweimal mit sogenanntem Perhydrol (= 30%ige Wasserstoffperoxidlösung, in Apotheken erhältlich) betupft. Kocht man abgeschnittene, dunkle Haare in Sodalösung (damit wird das Fett beseitigt) und legt sie dann in Perhydrol, so hellen sie sich auf. Dunkles Kopfhaar wird rotblond, wenn man es mit einer Mischung von 100 Gramm Wasser, 15 Gramm Perhydrol und 4 Tropfen 25%igem Ammoniakwasser durchfeuchtet und nach 10 bis

20 Minuten mit reinem Wasser und zum Schluß mit Essigwasser nachspült. Der Ammoniakzusatz ist nötig, weil das Wasserstoffperoxid bei Anwesenheit von Basen rascher in Wasser und Sauerstoff zerfällt und aus diesem Grund auch schneller bleicht als gewöhnlich. Häufige Anwendung von Wasserstoffperoxid ist nachteilig; das Haar wird dadurch brüchig. Wasserstoffperoxid wird auch als Fixiermittel bei Kaltdauerwellen verwandt. Im 2. Weltkrieg wurde 85%iges Wasserstoffperoxid zur Oxidation von Alkohol in Raketen eingesetzt.

Nachweis von Wasserstoffperoxid: Gibt man im Probierglas zu einigen Kubikzentimetern Kaliumdichromatlösung und etwas verdünnter Schwefelsäure Wasserstoffperoxid, so entsteht eine tiefblaue, bald in Grün umschlagende Farbe. Weise auf Grund dieser Reaktionen in Ortizon Wasserstoffperoxid nach!

Zahnpflegemittel. Zur Reinigung und Verschönerung der Zähne werden heute hauptsächlich Zahnpasten und Zahnpulver verwendet. Beide enthalten in der Regel ein Gemisch aus den folgenden Bestandteilen:

1. Ein feines, kornfreies Polier- und Schleifmittel (z. B. feinpulverisierter Kalk, gefällter Kalk, Schlämmkreide, Magnesiumcarbonat, Tricalciumphosphat, Dicalciumphosphat, Silicagel), welches die Zähne abscheuern und evtl. schädliche Säuren neutralisieren soll. Die letztgenannte Aufgabe ist sehr schwierig, da in die Ritzen der Zähne oft Bakterien eindringen, welche die hängenbleibenden Speisereste (hauptsächlich Zucker und Stärke) in Milchsäure verwandeln, die besonders das Zahnbein allmählich angreift.

2. Wasser, Sorbex, Karion, flüssig (enthält Sorbit), Glycerin oder ein anderes Glycerinaustauschmittel; diese Stoffe bilden zusammen mit den unter 1., 3. und 4. aufgezählten Bestandteilen eine beständige, nicht austrocknende Paste.

3. Stabilisierungsmittel. Diese machen die Paste beständig; sie binden das Wasser. Hierher gehören z. B. Tylose, Lanettewachs, Rohagit, Alginate, Pektine, Gummiarabikum, 0,1–0,5%ige Tragantlösung usw.

4. Gleitmittel (Ricinusöl, Paraffinöl und dergleichen). Diese geben der Paste größere Geschmeidigkeit, so daß sie sich leichter aus der Tube herauspressen läßt.

5. Stoffe, welche die Reinigungswirkung erhöhen, wie z. B. Seifen, oder 0,5–2% Fettalkoholsulfonate, Hostapon, Texapon, Natrium-Sulforicinoleate u. dgl.

6. Antiseptische Zusätze, wie z. B. Kamillenextrakt, Myrrhenextrakt, Salicylsäure (0,5%), Salol (0,5%), Chinosol (1%), Chlorthymol (0,1%), Thymol (0,5%), Borsäure, Nipagin und dergleichen. Diese sollen die Mundhöhle vorübergehend desinfizieren und die Zahncreme während der Lagerung vor Zersetzung schützen (Bild 38).

7. Geruch- und geschmackverbessernde Stoffe, zumeist Pfefferminzöl oder auch Menthol, Fenchelöl, Eucalyptusöl, Nelkenöl usw., zur Geschmacksverbesserung Zucker bzw. Saccharin.

8. Eventuell Farbstoffe zur Rotfärbung (Karmin, Eosin, Amaranth und dergleichen).

9. Besondere Zusätze, wie z. B. Jod (in Jod-Kaliklora), bleichende Stoffe (Natriumperborat, Kaliumchlorat), künstliche oder natürliche Mineralsalze, Vitamine (C-, D- und F-Vitamin), radioaktive Stoffe (Doramad), zusammenziehend wirkende Stoffe (Gerbstoffe, Aluminiumverbindungen), Remineralisationssalze (z. B. Calciumgluconat), Enzyminhibitoren (Antienzyme, wie z. B. Na-N-Lauroyl-Sarcosinat, 1,3-Dicyclohexyläthyl-5-amino-5-methylpyrimidin); diese sollen säurebildende und dadurch zahnbeinschädigende Enzyme von Mundbakterien für 12–24 Stunden hemmen.

10. Fluorverbindungen. Es ist heute nach WHO gesichert, daß eine Zufuhr von Fluoriden einen wirksamen Schutz vor Karies (Zahnfäule) darstellt. Die Wege der Fluoranreicherung stellt Bild 37 dar. Die Fluoridierung des Trinkwassers hat sich am zweckmäßigsten erwiesen; sie wird in mehr als 30 Ländern durchgeführt. Eine tägliche Reinigung mit einer Fluorzahnpaste führt zu einer allmählich erfolgenden Kompensation des Fluordefizits und zur Karieshemmung (Prof. Dr. Dr. P. Riethe). Weniger durchsichtig ist die Wirkung des Fluorids. Vor allem wird durch die F-Verbindungen im Trinkwasser der gewöhnliche, nur wenig kariesresistente Hydroxylapatit des Zahnschmelzes in den säurebeständigen härteren Fluorapatit umgewandelt. Gleichung: $Ca_5(PO_4)_3OH + F^- \rightarrow Ca_5(PO_4)_3F + OH^-$.

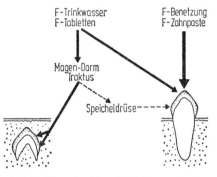

Bild 37. Wege der Fluor-Anreicherung des äußeren Schmelzes vor und nach dem Durchbruch des Zahnes bei Zufuhr von fluoridiertem Trinkwasser, F-Tabletten oder bei Verwendung von F-Benetzungen und F-Zahnpasten (nach Mühlemann).

Die Industrie liefert eine große Zahl von hochwertigen Zahnpasten; daher dürfte sich deren Selbstherstellung im kleinen nicht lohnen. Verhältnismäßig einfach sind die Zahn p u l v e r herzustellen; wer Freude an chemischen Versuchen hat, kann sich aus 450 Gramm Schlämmkreide, 75 Gramm Magnesiumcarbonat, 50 Gramm Veilchenwurzelpulver und 10 Gramm Pfefferminzöl nach folgender Vorschrift ein Zahnpulver fabrizieren: Man vermischt das Pfefferminzöl mit

Zahnpflegemittel

wenig Schlämmkreide, fügt allmählich die Veilchenwurzel zu und hernach in kleinen Dosen die übrigen Bestandteile. Der Veilchenwurzelzusatz soll durch seinen Gerbstoffgehalt das Zahnfleisch härten und kräftigen. Die Schlämmkreide wirkt reinigend und neutralisierend, wie schon oben ausgeführt wurde. Der Zusatz von Magnesiumcarbonat soll das Pulver auflockern. Eine haltbare Zahncreme kann nach folgender Vorschrift hergestellt werden: 20 Gewichtsteile reines, geruch- und geschmackloses Seifenpulver werden mit 70 Teilen Wasser und 70 Teilen Glycerin verrührt und darauf mit so viel Schlämmkreide verknetet, daß eine gleichmäßige Paste entsteht. Eine Zahnpaste vom Typ Solvolith erhält man z. B. aus 42% gefällter Kreide, 1% Tragant, 5% Karlsbader Salz, 25% Glycerin, 1% Pfefferminzöl und 26% Wasser.

V e r s u c h e : Im folgenden führen wir eine Anzahl der bekanntesten, heute erhältlichen Zahnreinigungsmittel in alphabetischer Reihenfolge auf und geben kurze Anleitungen zu einfachen Untersuchungen. Die große Mehrzahl aller Zahnputzmittel kommt in Aluminiumtuben mit Kunstharzverschluß auf den Markt und enthält als Grundbestandteil Carbonate (Schlämmkreide, gefälltes feines Calciumcarbonat, Magnesiumcarbonat und dergleichen); sie brausen daher bei Salzsäurezusatz stark auf — Kohlendioxidentwicklung —; das Kohlendioxid ist an der Kalkwassertrübung leicht erkennbar; Näheres S. 28. Wird ein etwa zentimeterlanges Stück der Zahnpaste im Probierglas mit 5–10 Kubikzentimeter destilliertem Wasser kräftig umgeschüttelt, so bildet sich meist starker Schaum; dieser ist auf einen Zusatz von Seife oder synthetischen Schaum- und Netzstoffen (Fettalkoholsulfonat u. dgl.) zurückzuführen, welcher reinigende Wirkung ausübt. Die meisten Zahnpasten riechen angenehm pfefferminzartig, weil ihnen kleine Mengen des erfrischend riechenden Pfefferminzöls oder anderer ätherischer Öle beigemischt sind. In der Regel enthalten die Zahncremes noch andere wasserbindende, organische Stoffe, welche bewirken, daß das Kalkpulver mit dem Wasser und dergleichen eine cremeartige, gleichmäßige Masse bildet, die sich beim Lagern nicht entmischt.

Solche Feuchtigkeitsbindemittel sind z. B. Pektine, Tragant, Lanettewachs, Methylcellulosen, Alginate usw. Man kann die Wirksamkeit dieser Feuchtigkeitsbindemittel vergleichend studieren, wenn man je ein zentimeterlanges Stück verschiedener Zahncremes in ca. 2 Zentimeter Abstand auf ein Filtrierpapier legt und zur Verhütung der Wasserverdunstung eine große Petrischale oder den Deckel

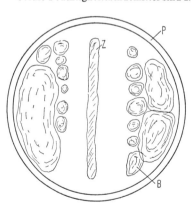

Bild 38. Versuch: Hemmung des Bakterienwachstums durch Zahnpasta. In einer Petrischale (P) befindet sich ein steriler Agar-Nährboden. Mit einem abgeflammten Glasstab wird eine Aufschwemmung des Zahnbelags verteilt. In nächster Nähe des Zahnpastastreifens (Z) wird das Wachstum von Bakterien-Kolonien (B) gebremst.

eines Einmachglases darübergedeckt. Nach 30–60 Minuten hält man das Filtrierpapier gegen das Licht; man sieht dann um die Zahncremes ein kleineres oder größeres durchsichtiges Feld, in das auf Grund der Kapillarkräfte Wasser von der Zahncreme eingewandert ist. Je kleiner dieser durchsichtige Bezirk, um so besser sind die Feuchtigkeitsbindemittel der Zahncreme – um so höher ist auch deren Lagerbeständigkeit. Neben den oben erwähnten allgemeinen Bestandteilen finden sich in vielen Zahnputzmitteln noch spezielle Bestandteile, die uns in der folgenden Aufstellung besonders interessieren.

"A d l a n - R o s e" (Kaliklora-Werke Queisser & Cie., Hamburg), mit Carmin gefärbte Zahnpasta, die das Zahnfleisch für etwa 10 Stunden schön rot färbt. Der Farbstoff löst sich in Alkohol; er färbt sich bei Laugenzusatz tief violett, beim Kochen mit Salpetersäure entsteht Gelbfärbung.

"A r o n a l - V i t a m i n - Z a h n p a s t a" (Wybert GmbH., Lörrach, Baden) enthält außer den üblichen Bestandteilen noch Fluorverbindungen (gegen Karies), Sulforicinoleat (gegen Zahnstein), A- und D-Vitamin (gegen Zahnfleischentzündung).

V e r s u c h. N a c h w e i s v o n V i t a m i n A: Verreibe ein 1 cm langes Stück Zahnpasta auf einem Uhrglas und gib eine gesättigte Lösung von Antimon(III)-chlorid, $SbCl_3$ in Chloroform tropfenweise dazu. Es tritt eine Blaufärbung durch Vitamin A auf, die nach 1—2 Minuten verschwindet.

"B l e n d a x - f l u o r - s u p e r" (Blendax-Werke, Mainz) enthält außer den üblichen Bestandteilen noch Alkalimonofluorphosphat. Weise in einer Blendaxprobe Carbonat nach. Geruchsprobe! Prüfe auf Chlorat! Näheres S. 26.

"C e b i o n - P a s t e" (Merck, Darmstadt). Zahnpasta mit 3% Vitamin C zur Zahnfleischmassage gegen Zahnfleischblutungen. Schüttle ein etwa zentimeterlanges Stück der Cebionpaste im Probierglas mit 5%iger Silbernitratlösung! Es tritt sofort eine Schwärzung von ausgeschiedenem Silber ein (nach einiger Zeit entsteht auf der Probierglaswand ein Silberspiegel), denn das C-Vitamin wirkt sogar in saurer Lösung stark reduzierend auf Silbernitrat.

"C h l o r o d o n t a n t i c a r i e s" (Leo-Werke G.m.b.H., Frankfurt/M.) enthält als Putzkörper sehr feines, gefälltes Calciumcarbonat ($CaCO_3$, Kreide), 1% Aromaöle (überwiegend Pfefferminzöl, Menthol und Fluorverbindungen.

"C h l o r o d o n t m e d i c a l" (Leo-Werke). Hauptwirkstoff ist Aloxicoll (Aluminiumchlorhydroxid). Dieses wirkt adstringierend und zahnfleischstraffend. Weitere Bestandteile: Kamillenextrakt, Tonerdehydrat und Calciumpyrophosphat als Putzkörper und Natriumlaurylsulfat als Schaumkörper. Untersuche auf Phosphat und Carbonat.

"D u r o - A l k o h o l - Z a h n c r e m e" (Dr. Scheller DuroDont, Eislingen/Fils) enthält reinen Alkohol neben milden Putzkörpern und ätherischen Ölen (starker Pfefferminzgeschmack).

„Dontomed-Alkohol-Sauerstoff-Zahncreme" (Dr. Scheller DuroDont, Eislingen/Fils). Peroxidhaltige Alkohol-Zahncreme. Nachweis des Aktiv-Sauerstoffs mittels schwachsaurer KJ-Stärke-Lösung. Nachweis des hohen Alkoholgehaltes: Zahncreme brennt nach Anzünden mit fast farbloser Flamme.

„DuroDont-Zahncreme" (Dr. Scheller DuroDont, Eislingen, Fils) mit biologischem Wirkstoff gegen Parodontose und Karies aus Pflanzenextrakten, Bromchlorophen gegen Mundgeruch. Wirksamer Carbonat-Phosphat-Putzkörper zur Erzielung sauberer Zähne. Carbonat-Nachweis: schäumende CO_2-Entbindung bei Zugabe von Säuren. Phosphat-Nachweis: mit Ammoniummolybdat (S. 29).

„Elmex mit Amin-Fluor" (Wybert G.m.b.H., Lörrach). Zahnpaste mit einem Gehalt an Aminfluoriden (Hexadecylaminhydrofluorid und ein langkettig substituiertes Propylendiamin-Dihydrofluorid). Die Aminfluoride weisen gegenüber den gebräuchlichen anorganischen Fluoriden (NaF, SnF_2, Natriummonofluorphosphat) einen höheren Fluoridierungseffekt auf. Ausgeprägte karieshemmende Wirkung (nach Prof. Marthaler, Zürich).

„Friscodent" (4711). Weise in dieser Zahncreme Carbonate und Pfefferminzöl nach. Biologisch wirksame vollaromatisierte Zahncreme mit guter Reinigungskraft.

„Stark-Jod-Kaliklora" (Queisser & Co., Hamburg) enthält neben den üblichen Bestandteilen (Carbonat, Schaumstoffe, Aromastoffe) 0,75% Jod in Form von n-Methylhexamethylentetrammoniumjodid. In der zahnärztlichen Praxis wird diese Paste den Patienten zur Unterstützung der Behandlung von Parodontopathien und hypersensiblem Dentin empfohlen. Die kleinen Jodmengen können mit unseren einfachen Hilfsmitteln nicht nachgewiesen werden. „Stark-Jod-Kaliklora" ist frei von Kaliumchlorat; dagegen entfärbt es kleine Mengen von stark verdünnter, schwefelsaurer Kaliumpermanganatlösung.

„Kukident" (Kurt Krisp, 6940 Weinheim) ist als Schnellreinigungspulver (auch in Tablettenform) für Zahnprothesen erhältlich. Weise das Phosphat entsprechend S. 29 und den nascierenden Sauerstoff, der sich in Lösung entwickelt, mit schwachsaurer KJ-Stärke-Lösung nach!

„Lacalut spezial" (Anasco, Wiesbaden). Weißes Mundpulver, enthält Calciumcarbonat, Schaumstoffe, Aromastoffe und Aluminiumlactat (weise darin Al nach S. 20 nach!); letzteres geht bei der Anwendung in adstringierend wirkendes Aluminiumhydroxid über, welches das Eiweiß oberflächlich etwas härtet, so daß es von Bakterien weniger befallen werden kann. Auch als Zahnpaste im Handel.

„Ondrony" (One Drop only, GmbH., Berlin) ist schleifmittelfrei und enthält den Wirkstoff der Kamille Azulen, der entzündungshemmend wirkt.

„P e p s o d e n t" (Elida-Gibbs, Hamburg) enthält neben den üblichen Bestandteilen (Pfefferminzöl, Carboximethylcellulose, Natriumlaurylsulfat, Titandioxid) noch Monofluorphosphat und als Putzkörper Urlium, ein Aluminiumoxidhydrat.

„S e l g i n" (Beiersdorf, Hamburg), osmotisch wirkende Zahnpasta, entzieht infolge hypertonischem Meersalz- und Mineralsalzgehalt dem Zahnfleisch überschüssige Feuchtigkeit und strafft dadurch das Gewebe.

„S i g n a l e x t r a" (Elida-Gibbs, Hamburg). Außer den üblichen Zahncremebestandteilen (Reinigungs- und Schaumbildungsmittel usw.) finden sich noch unlösliche Metaphosphate als Putzkörper. Eine Fluorkomponente dient als Antikarieswirkstoff. Über Zahnschmelzhärtung und Kariesreduzierung berichten Klinkel u. Stolte in D. D. Zahnärzteblatt 9/69. Bromchlorophen und Mundwasserwirkstoffe bekämpfen Bakterienbefall der Mundhöhle und Mundgeruch (Bild 38).

„C o l g a t e f l u o r S" enthält außer den üblichen Bestandteilen noch Lauroylsarcosid (starkes Netzmittel) und Fluorverbindungen.

W e l e d a P f l a n z e n - Z a h n c r e m e. (Weleda A.G. Schwäb. Gmünd). Geleeartige, nach Pfefferminzöl riechende, neutrale Creme; gibt mit Salzsäure kein Kohlendioxid, also carbonatfrei; in Wasser ziemlich klar löslich, starke Schaumbildung.

„Z a n m e d" (Dr. Scheller DuroDont, Eislingen) ist eine Spezial-Zahncreme, die sich bei überempfindlichen Zähnen und Zahnfleischbluten bewährt. Sie wirkt durch Osmose und Remineralisierung. Der Gehalt eines rezeptfreien Lokal-Anästhetikums beseitigt ersten Berührungsschmerz bei mechanischer, chemischer oder thermischer Reizempfindlichkeit; Versiegelung der freiliegenden Zahnhälse durch Niederschlag von dem zahnschmelzähnlichen Hydroxylapatit aus dem Putzkörper. Beseitigung von Zahnfleischentzündungen mittels anorganischer Salzkombination, die durch osmotischen Sog den entzündlichen Wasserstau abbaut und das Zahnfleisch strafft.

M u n d w a s s e r. Rezept zur Selbstherstellung: In 50 ml reinem Alkohol (96%ig) werden 1,5 ml Myrrhetinktur und 0,5 ml Pfefferminzöl gelöst, dazu gießt man 50 ml dest. Wasser. Bei der Anwendung gibt man 2 Teelöffel dieser milchigen Flüssigkeit auf ein Glas Wasser.

P r a k t i s c h e W i n k e : Die Zähne sollen womöglich nach jeder Mahlzeit, vor allem aber nachts vor der Bettruhe gereinigt werden, da über die Nacht die im Mund befindlichen Bakterien besonders starke Gärungen verursachen und infolge Säurebildung der Zahnsubstanz schaden können. Die Reinigung geschieht am besten mit einer kleinen Zahnbürste, sowie mit Zahnpulver oder Zahnpaste. Man reibt die oberen Zähne von oben nach unten, die unteren von unten nach oben.

Dabei sollen nicht nur die Außenflächen, sondern auch die Kau- und Innenflächen gründlich gereinigt werden. Nach dem Genuß von zuckerreichen Torten, Kuchen usw. ist es zweckmäßig, ein Stück derbes Schwarzbrot zu kauen, da hierdurch die feinen, klebrigen, in allen Ritzen hängenbleibenden Kuchenteilchen wenigstens zum Teil wieder abgescheuert werden. Man muß etwas gegen den zu häufigen Zuckergenuß unternehmen, sonst wäre die o. a. Fluoridierung von Trinkwasser usw. sinnlos (Prof. Riethe). Eine amerikanische Firma bringt Tabletten zur Zahnreinigung, die eine Zahnbürste entbehrlich machen, in den Handel. Die Tabletten entwickeln nach 30 Sekunden einen Schaum, der reinigt und angenehm schmeckt.

Zitronat. Mit „Zitronat" bezeichnet man die in Lebensmittelgeschäften erhältlichen, dicken, dunkelgrünen, zarten und aromatischen Fruchtschalen der großfrüchtigen Zitrone (kürbisartige Zedratfrucht), die in Korsika, Sardinien und Sizilien der Fruchtschalen wegen angebaut wird. Um die Schalen haltbar zu machen, werden sie mit geschmolzenem Zuckersirup behandelt. Zitronat enthält rund 80% Kohlenhydrate und 20% Wasser; Eiweiß und Fette fehlen. Zitronat wird hauptsächlich als Gewürz zum Backen verwendet. Orangeat besteht aus den dicken, bittersauren Schalen der Pomeranzen (bittere Orangen). Diese werden in dicken Zuckerlösungen gekocht und darauf an warmer Luft getrocknet.

Zündhölzer. Die heutigen Zündhölzer sind nur an den Reibflächen der Zündholzschachteln zu entflammen. Diese enthalten im wesentlichen roten Phosphor, einen Klebstoff (Dextrin, Tragant) und ein feines, hartes Pulver (Glaspulver, Bimssteinpulver, Kieselgur oder Schmirgelpulver), das beim Darüberfahren des Streichholzes die Reibungswärme möglichst steigern soll. Der rote, ungiftige Phosphor der Reibfläche läßt sich entzünden; er verbrennt mit einem kleinen, gelblichen Flämmchen unter weißer Rauchentwicklung (Phosphorpentoxid). Der Kopf des Streichholzes besteht aus einer eingetrockneten Zündmasse, die neben färbenden Zusätzen und Bindemitteln als wesentliche Bestandteile einen brennbaren Körper (Antimonsulfid) und eine sauerstoffabgebende Verbindung (Chlorate, Nitrate, Bichromate u. a. Oxidationsmittel) enthält. An gewöhnlichen Flächen läßt sich dieses Streichholz nur schwer entzünden; streicht man es aber über die Reibfläche der Streichholzschachtel, so wird etwas Phosphor losgerissen (daher sehen abgenützte Reibflächen hell aus). Dieser entzündet sich durch die entstehende Reibungswärme mit dem Chlorat der Streichholzkuppe, wodurch schließlich die ganze Zündmasse Feuer fängt. Unter der Streichholzkuppe ist eine Paraffinschicht, welche die Entflammung des Holzes erleichtert. Das übrige Holz ist mit etwas

Natriumphosphat oder Ammoniumphosphat durchtränkt, um ein Nachglimmen des abgebrannten, weggeworfenen Streichholzes zu verhindern. Die Streichholzflamme ist im Augenblick des Aufflammens 1350 bis 1930° C heiß; diese große Hitze wird durch das Chlorat (enthält konzentrierten Sauerstoff in chemischer Bindung) bewirkt; sie ermöglicht eine rasche, sichere Entzündung des Holzes.

Versuche: Schabe von gewöhnlichen Sicherheitshölzern (Haushaltsware) die braunen Köpfchen ab und weise in ihnen nach S. 26 Chlorat nach! Koche 5 Streichhölzer, bei denen die Köpfchen abgebrochen wurden, im Prüfglas mit einigen Kubikzentimeter Ammoniummolybdatlösung! Ein gelber Niederschlag zeigt Phosphat an. Die Hölzer sind mit Natriumphosphat oder Ammoniumphosphat imprägniert.

Nachweis des Phosphors: Löse die Reibfläche einer Zündholzschachtel von der Unterlage ab und schneide sie in kleine Streifen, die in ein trockenes Prüfglas geworfen werden! Das Glas wird mit Watte gut verschlossen. Erhitze nun das untere Ende des Prüfglases mit kleiner Flamme! Der rote Phosphor hat sich beim Erwärmen in den weißen umgewandelt. Dieser verdampft und schlägt sich am Prüfglas oder Stopfen nieder. Die Menge ist kaum sichtbar. Wenn man den Raum verdunkelt und den Stopfen etwas öffnet, leuchtet die Watte in matt-grünlichem Schimmer durch die Berührung mit dem Luftsauerstoff.

Heute werden anstelle von Zündhölzern in steigendem Umfang Feuerzeuge benutzt. Das Benzinfeuerzeug enthält als wesentlichen Bestandteil ein Zündmetall (Zündstein), das z. B. aus einer Legierung von 45—50% Cerium, 39—46% Lanthan, 2—4% Yttererden, 7% Eisen und aus geringen Mengen anderer Metalle bestehen kann. Beim Zündvorgang wird ein Stahlrädchen an einem solchen Zündstein gerieben, wobei dieser zerstäubt und die abgeschleuderten feinen Kriställchen unter Funkenbildung oxidieren. Es entstehen sehr heiße Funken, die die vom benachbarten Docht aufsteigenden Benzin- oder Alkoholdämpfe entzünden. Zur Füllung von Taschenfeuerzeugen bringt die Firma Esso in weißroten Blechdosen ein gereinigtes, besonders leichtflüchtiges, nicht verbleites Spezialbenzin (Feuerzeug-Benzin) auf den Markt, das auch zum Reinigen von Fettflecken verwendet werden kann. Gieße einige Tropfen dieses Benzins in eine Porzellanschale und halte ein brennendes Streichholz (Vorsicht!) in einigen Zentimetern Abstand darüber! Die rasch aufsteigenden Dämpfe entzünden sich nach kurzer Zeit. Bringe einige Feuerzeugbenzintropfen auf ein Stück Filtrierpapier und beobachte die Verdunstungsgeschwindigkeit! Der durchscheinende Benzinfleck verschwindet nach kurzer Zeit.

In den letzten Jahren haben sich Gasfeuerzeuge, die mit Flüssiggas als Brennstoff betrieben werden, mehr und mehr durchgesetzt. Das Gas ist in Form verschieden großer Gaspatronen erhältlich.

Sachregister

Abavit 221
Abbeizen 34
ABC-Löschpulver 61
ABC-Trieb 51
Abführmittel 245
Ablaugen 34
ABRADOR 251
Abrazo-Flips 211
Abschreckungsmittel 241
Abstinyl 36
Acetat 65
Acetylcelluloselacke 106
Acetylopyrin Aubing 50
Acetylsalicylsäure 49
8×4-Stifte 73
Acinormal 255
Acisorban 255
Acrylglas 158, 164
Acrylnitril 262
Actosin 243
Adermin 275
Adlan-Rose 302
Äthanol 35
Äthoxylinharze 148
Aethrol 69
Äthylenglykol 124
A 55 50
Agfacolor-Papier 205
Agfa-Negativ-Positiv-Verfahren 205
Agrimort 241
Ajax 209
Akkumulatoren 263
Albert-Tri 292
Alcotest-Gerät 38
Alferex 243
Alginsäure 245
Alkalysol 69
Alka-Seltzer 36, 50
Alkohol 35
Alkoholbestimmung im Blut 39
Alkoholgehalt 35

Alkohol und Verkehr 38
Alpecin 133
Alpha-Naphthylthioharnstoff 243
Alsol 92
Aludrox 255
Alufolie 45
Aluminium 45
Aluminiumgeschirr, Reinigen von 46
Aluminiumnachweis 20
Amasil 185
Amasil-Streusalz 185
Ameisenmittel Schering 239
Ameisensäure 185
Ameisenvertilgung 239
Amigren 50
Aminoplaste 157, 160, 161
Aminoplast, Synthese 161
Aminotriazol 235
Amisia-Mottenschutz 241
Ammoniakgas 32, 78
Ammoniaknachweis 22
Ammoniumhydroxid 225
Ammoniummolybdat 11
Ammoniumsulfat 77
Ammonsulfatsalpeter 78
Am-Sup-Ka 83
Analysen, qualitative 9
Analysen, quantitative 9
Andralgin 50
Andy mit Salmiak 209
Aneurin 274
Anionenaustauscher 292
Anstreicharbeiten 46
Antabus 36
Antaethan 36
Antidermatitisvitamin 275
Antidüngemittel 86
Antimotta-Kristall 241
Antischneck 246
Antivitamine 280
ANTU 243

Apfelmarmelade 172
Apomorphin 36
Appetitzügler 245
Apragon 50
Apyron 50
Aquarellfarben 108
Aquavit 43
Araldite 148
Arbuz 288
Arcanol 50
Arikal-0 242
Aronal-Vitamin-Zahnpasta 303
Arovit 273
Arrak 43
Arrex-Wühlmaus-Patrone 244
Arsenquellen 176
Asche, Untersuchung 74
Ascorbinsäure 276
Asphalt 104
Aspiphenin 50
Aspirin 49
Aspirin plus 50
Assugrin 223
Ata 210
Atemgifte 228
Atomiseur Compositum 62, 70
Atrix-Creme 136
Aufheller, optische 285
Ausschwefeln 172
Autan-Mückenschutz 139
Autobenzine 268 f.
Auto-Reinigungs- und Glanzmittel 50
Auxol 133
Aversan 36
A-Vicotrat 275
Azulen 135

Bacillol 70
Backin 52
Backpulver 51

Sachregister

BAC-Stifte 73
Bactospeine 229
badedas 53
Badesalz 53
Badeseifen, schwimmende 251
Badezusätze 55
Bajutox-Feuerschutz 238
Bakelit 157, 161
Bakterien 55
Baktol 70
Baktonium 70
Baluphen 70
Bariumchloridlösung 11
Bariumsulfat 93
Barytgelb 98
Barytweiß 93
Basinex P 237
basische Farbstoffe 110
Basudin 230
Baytex 239
Beerenflecke 117
Beflavin 275
Beilsteinsche Probe 24
Beizenfarbstoffe 111
Bekarit-F 238
Benadon 275
Benerva 275
Benicot 276
Benzin 268, 271
Benzoesäure 184
Benzol 271
Bepanthen 275
Berlinerblau 99
Berührungsgifte 228
Betabion 275
Betaxin 275
Bevimult 276
Bier 42
Bierhefen 40
Bi-Hedonal 236
Bindemittel 102
Biotin 279
Biox-Fluor-Zahnschutzpasta 303
Birkin-Haarwasser 133
Birutan 279
Biserierte Magnesia 255
Bitterquellen 175
Bitumenlacke 107
Bladafum 231
Blankit 119
Blankophore 285
Blattfresser 227
Bleiacetat 11
Bleichmittel 283

Bleichsoda 55
Bleicyanamid 99
Bleikitt 146
Bleinachweis 20
Bleistifte 56
Bleitetraäthyl 271
Bleiweiß 94 f.
Blend-a-med 303
Blendax-fluor-super 303
Blutalkohol 38
Blutflecke 118
Bodendesinfektion 237
Bohnermassen 57
Bohnermassen, verseifte 58
Boonekamp 43
Borax 59
Bordeauxbrühe 233
Bor-Dünger 84
Bor, Nachweis von 284
Bradosol 70
Brandbekämpfung 60
Branntwein 42
Brassicol 237
Brauns Entfärber 119
Brauns Rostentferner 110
Braunsteinflecke 120
Brauselimonade 168
Brauselimonadepulver 168
Brauselimonadewürfel 168
Bremerblau 100
Bremergrün 100
Bremsenöl 239
Brennspiritus 37
Brestan 234
Brillengläser, phototrope 205
Brockmanns Futterkalk 125
Brumolin 243
Bullrichsalz 254
Burgunderbrühe 234
Burmol 119
Burnus 287
BVK „Roche" 274

Cadmiumgelb 98
Cadmiumrot 96
Cafaspin 50
Calcidurin 126
Calcipot 126
Calciumcarbid 63
Calciumnachweis 18, 19
Calciumsulfhydrat 88
Cal-C-Vita 278
Calgon 294

Camping-Labor-Gasbrenner 10
Cantan 277
Caprolactam 260
Captan 234
Caput mortuum 96
Carbamat 229
Carbid 63
Carbolineum 229, 232
Carbolsäurelösung 68
Carbonatnachweis 28
Casein 103
Caseinleim 149
Cebion 277
Cebion-Paste 303
Cedoxon 277
Ce-Fortin 277
Celatox-CMPP 237
Cellophan 157
Celluloid 157
Celluloseesterleim 149
Celluloseglycolat 285
Centralin 210
Centron-N 50
Ceresan 221, 237
Champagner 44
Chartreuse 43
Chemiefaser, Erkennung von 65
Chemiefasern 64
Chemie-Kupferseide 65
Chinaspin 50
Chinosol 71
Chlor 31
Chloramin 70
Chloratnachweis 26
Chlorina 70
Chlorkalk 65
Chlorkautschuklacke 106
Chlornachweis 23
Chlornitrobenzol 234
Chlorodont 303
Chlorthion 230
Chlorwasserstoff 32
Chromgelb 98
Chromgrün 101
Chromierfarbstoffe 111
Chromocker 97
Chromorange 98
Chromoxidgrün 101
Chromoxidhydratgrün 101
Chromrot 98
Chrysanthol-Nebeldose 231, 239
Cibacronfarbstoffe 111

Sachregister

Cignolin 71
Citocolfarben 109
CITO-Kamillen-Creme 137
CITO-Rasiercreme 139
citratlöslich 81
Citretten 174
Citrin 279
Cleansing-Creams 136
Coca Cola 142
Cocktail 43
Coffein 141
Coffein-Antipyrin 36
Coffetylin 50
Cola-Schokolade 142
Cola-Spordro 142
Cold Cremes 138
Colgate fluor S 305
Colormatic-Gläser 206
Combionta 280
Complesal Hoechst „Rotkorn" 83
Completovit 280
Contradol 50
Contrax-Cuma 243
Coryfin 277
Cotazym 288
Creme Tokalon 136
Cremolan 134
Crescal 83
Cumarax 243
Cumarax-FU 243
Cumarinderivate 242
Cupravit 234
Curaçao 43
Curattin-Haftstreupulver 243
Curelljo 132
Cu-Spinnfaser 65
Cyclokautschuk 107
Cytobion 276
Cytofol 275

Daimon 258
Dalli 282
Danziger Goldwasser 43
DDT 227
Decalcit 126
Dechlorit 295
Delegol 71
Delial-Sonnencreme 138
Delial-Sonnenmilch 138
Delicia-Fliegenteller 239
Delicia-Mäusepräparat 244
Delicia-Mottenmittel 241
Delicia-Ratron 243
Delicia-Raumnebel P 231

Delicia-Schneckenpräparat 241
Denicotea-Patrone 192
Deparal 278
Depilatorien 88
Der General 211
Derval 253
Desinfektion 67, 184
Desinfektion des Wassers 295
Desodorierung 73
destillieren 13
Detavit-Aquat 280
Detmol 239
Detmol-fum 231
Dextrin 102, 150
Dextro-Energen 183
Dextropur 183
Diapositive 200
Diastase 42
Diatomeenerde 145
Diazinon 230, 239
Dibromol 71
p-Dichlorbenzol 241
Dichlor-Diphenyl-Trichloräthan 227
2,4-Dichlorphenoxyessigsäure 236
Dichlorphos 231
Dieselkraftstoffe 268
Difluordichlormethan 257
Dihydroxyaceton 139
Dikofag 236
Dimecron 230
Dinitro-Karbolineum 232
Diolen 65, 262
Diphenyl 185
Diplona-Haarextrakt 133
Dipterex 230, 239
Direktfarbstoffe 111
Dispersionsfarbstoffe 111
Dixan 282
DLG-Kraftfuttergemische 125
Dociton 276
Docovit 276
Dolan 65, 261
Dolviran 50
Dontomed-Alkohol-Sauerstoff-Zahncreme 304
dor 210
Dracholin 57
Dralon 65, 261
Dr. Scholls Badesalz 59
Dual 59

Düngemittel 74
Düngung von Baumlöchern 85
Düngung von Schmetterlingsblütlern 85
Düngung von Topfblumen 85
Düngung von Wäldern 86
Dulgon 54, 73
Durethan BK 158
Durethan U 158
Duro-Alkohol-Zahncreme 303
Durodont-Zahncreme 304
Durognost-Tabletten 295
Duroplaste 155 f.
Dusturan 231

Eau de Cologne 152
Efasit-Fußbad 54
Eier 86
Eierlegepulver 86
Ei-Konservierung 86
Eindampfen 13
Einkalken 87
Einzeldünger 75
Eisenchlorid 12
Eisengallustinte 127
Eisenkitt 147
Eisennachweis 20
Eisenoxidfarben 96
Eisenoxidrot 96
Eisenoxidschwarz 96
Eisenvitriol 11
Eisenwässer 175
Eiweiß 180
Eiweißnachweis 180
Elidor 131
Ellocar-Vitamin-Creme 137
Elmex 304
Eloxalverfahren 46
Emaillierung 218
Emser Kesselbrunnen 177
Emulgatoren 232
Emulsion 134
Endocil 140
Englischrot 96
Enkasa-Faser 123
Enpeka 83
Enthaarungsmittel 88
Entsalzung von Wasser 291
Entwickeln 198
Entwicklerflecke 121
Entwicklungsfarbstoffe 111

Enzyme 287
Ephynal 278
Epidermin 135
Epoxidharzkleber 148
Epoxidharz-Lacke 107
Erdgas 207, 271, 273
Erdölförderung 269
Erdölverbrauch 269
Ernährung 178
E 605 229
Essig 89
Essigsäure 91
Essigsaure Tonerde 92
Essitol 92
Eukutol 136
Eulan 240
Evion 278
Exhorran 36
Exodin 239

Farben 93
Farbenphotographie 205
Farbkuppler 205
Farbstifte 108
Farbstoffe 109
Farbstoffflecke 118
Faserschreiber 154
F.d.H.-Schlankheit-Drinks 246
Fehlingsche Lösung 183
Fellmodur-Gießharz 165
Fensterreinigungsmittel 213
Ferbam 234
Ferrum-Ex 119
Fertisal 83
Festal 288
Fette 180
Fettflecke 114
Fettnachweis 181
Fewa 286
Fibrolane-Faser 123
Filterzigaretten 192
filtrieren 13
Filtron-Gerät 295
Fingerabdrücke 112
Fissan-Cremes 134, 140
Fixativ 105
Fixierbad 199
Fixieren 199, 202
Flächenbehandlung 243
Flammenfärbung 12, 17
Flammenschutzmittel 63
Flammschutz Albert DS 238
Flecken-Paula 115

Fleckenreinigung 113
Fleck-Fips 115
Fleischextrakte 121
Fliegenbekämpfung 239
Flit 239
Floranid 79
Floranid-Nitrophoska 83
Florex 235
Flüssiggas 207
Fluoridierung der Trinkwasser 301
Fluorverbindungen 301
Fluor-Zahnpaste 304
Flycid-Zerstäuber 231
Folbal 275
Folinor 273
Folsäure 275
Folsan 275
Formaldehyd 68, 123
Formaldehydlösung 68
Formamint 69
Formica 148
Forst-U 46 237
Fraßgifte 228
Frigen 11 257
Frigen 12 A 257
Friscodent (4711) 304
Frostschutzmittel 123
Füllfederhaltertinte 264
Fungizide 232 f.
Fusariol 220
Futterkalke und Kalkpräparate 124

Galalith 157
Garantol 88
Gasanalyse, quantitative 33
Gasspürgerät 33
Gastro-Setaderm 255
Gasuntersuchungen 31
Geburtenregelung 194
Gefrierkonservierung 187
Gelatine 19
Geleeherstellung 126
Gelfix 127
gelöschter Kalk 103
Gelonida 50
Gelusil 255
Genantin 124
Geolin 210
Gerbsäure 127
Gerikreon 288
Germisan 221
Geschmacksprobe 15
Gesichtswasser 153

Gestagen 194
Gevisol 71
Gießharz S 158, 165
Gipswasser 12
Glasätzen 128
Glastinten 265
Glattin 219
Glaubersalzwässer 175
Glem 131
Globol 241
Globus-Silberputzmittel 210
Glühwein 44
Glutaminsäure 122
Glutinleime 149
Glutolin 102
Glutolinkleister Kalle 151
Glutolin-Leim 151
Glutox-Zerstäuber 239
Glycerin 129
Glycerinbleioxidkitt 147
Glykol 124
Glysantin 124
Glysolid-Glycerin 137
Glyzerona 137
Goldax 303
Graphit 56, 102
Grilon 157
Grog 44
Grünerde 101
Grunddünger 75
Gruppenreagenzien 19
Guignetgrün 101
Gummiarabikum 150
Gummilösung 150

Haarentferner 88
Haarfärben 130
Haarsprays 131
Haarwaschmittel 131
Haarwasser 132
Haber-Bosch-Verfahren 76
Haemocoavit 279
Haftstreupuder Epyrin 243
Hakaphos 83
Halonlöscher 62
Hansa-Nicotin 231
Harnstoff 78
Hartbohnerwachs 57
Hartseifen 249
Harzbindemittel 104
Harzflecke 116
Hascherpur 110
Hautbräunungsmittel 138

Sachregister

Hautcremes 134
Havisol 71
Hederichbekämpfung 80, 235
Hedolit-Pulver 235
Hedonal 236
Hedonal MCPP forte 237
Hedonal-M-Pulver 236
Hefezellen 40
Heftalin 106
Heizöle 140
Helocid-Schneckenkorn 241
Hemodal 279
Henkels Bleichsoda 55
Henkel-Zell-Leim 151
Henko 56, 287
Henk-o-mat 287
Hesperidin 279
Hespidon 279
Hexachlorcyclohexan 238
Hexa-Globol-Nebel 241
Hexobion 275
Hirschhornsalz 51
Holzöl 104
Holzschutzmittel 238
Honig 140
Hora-Ameisentod 239
Hortal 84
Hostalen 157
Hostalit 157
Hostapon 281
Hühneraugenmittel 224
Hydroxid-Ionen 189, 296
Hyperphos 81

Ichthyolseifen 252
Igelit 157
Ilgon 223
Ilgonetten 223
Imi 59, 207, 208
Insektenil-Raumnebel 231
Insektenhormone 244
Insektenschutzcremes 139
Insektenstiche 226
Insektizide 229 ff.
Insektizide, systemische 230
Integrierter Pflanzenschutz 245
Intestinol 288
Ionenaustauscher 289
Isooctan 270

Jade-Fix-Braun 139
Jodflecke 121
Jodlösung 12
Jodquellen 176
Jodtinktur 70
Jothion 71
Joule 37, 179
Jumbo 210

Kaffee 141
Kainit 79, 236
Kaiserborax 59
Kalidunger 79 f.
Kalimagnesia 80
Kaliseifen 249
Kalium 18
Kaliumdichromat 11
Kaliumferrocyanid 11
Kaliumhexacyanoferrat (II) 11
Kaliumnachweis 18
Kaliumpermanganat 11, 143, 212
Kaliumpermanganatflecke 120
Kaliumpyrosulfit 40
Kaliumrhodanid 11
Kalkammonsalpeter 78
Kalkanstriche 47
Kalkflecke 117
Kalk, gelöschter 103
Kalksalpeter 76
Kalkspatpulver 94
Kalkstickstoff 78
Kalk-Vigantol 126
Kalkwasser 11
Kaloderma-Gelee 137
Kalorie 37, 179
Kalorienbedarf des Menschen 179
Kaltdauerwellen 143
Kaltleim 149
Kaltwasserfarben 107
Kalzan 278
Kampka 83
Karlsbader Salz 176
Kasseler Braun 97
Kathodischer Rostschutz 218
Kationenaustauscher 292
Kauritleim 148
Kautschukklebstoffe 149
Keratin 144
Kernseife, Herstellung 249, 250
Kesselstein 212, 291
Kieselgur 145
Kieselsäure-Füllstoffe 94
Killavon 71

Kinessa-Bohnerwachs 57
Kirschenflecke 117
Kitte 146
Klebebander 152
Klebstoffe 147
Kleinbildfilm 197
Kleister 150
Klopffestigkeit 270
Knochen 124
Knochenabfälle (als Düngemittel) 81
Kobaltblau 99
Kobaltchlorid 12
Kobaltviolett 99
Kochsalz 152
Kochsalzquellen 175
Kölnisch Eis 153
Kölnisch Wasser 152
Körperfarben 93
Kognak 44
Kohlendioxid 31
Kohlenhydrate 183
Kohlensäurelöscher 61
Kohlenwasserstoffe 33, 268
Kola-Dallmanntabletten 141
Kolestral 133
Komma 245
Konakion 279
Konservierungsstoff-Verordnung 185
Kontaktgifte 228
Kontaktklebstoffe 150
Kopfdüngung 75
Korall 286
Kornbranntwein 44
Korrosionsbeständigkeit 45
Korsoform 71
Kosmetische Präparate 153
Kousa-Diät 246
Kreide 94
Kremserweiß 94 f.
Kronos-Titanweiß 95
Kühlstift 153
Küpenfarbstoffe 110
Kugelschreiber-Farbmassen 153
Kuhmilch 173
Kukident 304
Kumulus-Netzschwefel 233
Kunstharze 154
Kunstharzionenaustauscher 292
Kunstharzklebstoffe 147
Kunstharzlacke 106

Sachregister

Kunsthonig 141
Kunststoffe 155 ff.
Kunststoff-Gruppen 156
Kupferkalkbrühe 233
Kupfernachweis 18, 21
Kupfersulfat 234
Kurznaßbeizverfahren 221
K2r 115
Lacalut 304
Lacke 105
Lackmus 17
Lackstoffe 105
Lactoflavin 275
Lanitalfaser 65
Lanital-Wolle 123
Lanolin 134
Laudamonium 71
Laugenflecke 117
Leguval 158
Leim 149
Leimfarbenanstriche 48
Leinöl 104
Leinölfirnisse 104
Lenardphosphore 166
Lenicet 92
Lenor 289
Leuchtblau „Bayer" 167
Leuchtgelb „Bayer" 167
Leuchtmassen 161
Leuchtmassen, fluoreszierende 167
Leuchtmassen, radioaktive 167
Leukophore 285
Lewatite 292
Lifeboy-Seife 252
Liköre 44
Limonaden 168
Lindan 239
Lipazym 289
Lippenstifte 109
Lithopone 94
Loba 57
Locksubstanzen 244
Löslichkeit 16
Lösungsmittel 107
Lösungsmittelseifen 251
Löten 169
Lötzinn 169
Losantin 66
Lucifer-Nicotin-Räucherpulver 231
Lumogen L (BASF) 167
Lupolen 157
Luran-Mischpolymerisat 158

Luzifer 231
Lysoform 71
Lysol 72
Lysolin 72

Mäusebekämpfung 242
Maggi's Würze 122
Magnesia 255
Magnesium-Nitrophoska 82
Mairol 84
MAK-Kontrolle 33
Malathion 230
Mandelkleie 171
Maneb 234
Manusept 72
Marlide 281
Marlipal 281
Marlon 281
Marlophen 281
Marmelade 172
Marsrot 96 f.
Mate 141
Mattcremes 140
Mauerfraß 77
Maurermörtel 47
MBV-Verfahren 46
Medical Pier 131
Medizinische Seifen 251
Meersalz 152
Meerzwiebelpräparate 243
Mehrnährstoffdünger 75, 82
Meister Proper 211
Mennige 96
Merckscher Universalindikator 297
Mercurochrom 72
Merfen 72
Merinova-Faser 123
Metallatzung 172
Metallreinigung 213 f.
Metasystox 230
Metylan 151
MH 30 BASF 86
Migränin 36
Milch 173
Milch, kondensierte 187
Miloriblau 99
Milorigrün 101
Mineralfarben 93
Mineralöle 269
Mineralsalzbedarf 124
Mineralwässer, künstliche 177
Mineralwasser 174 f.
Minimax 60

Minipille 194
Mipolam 157
Mischbettaustauscher 293
Mischpolymerisate 163
Mohnöl 104
Moltopren 158
Molybdatrot 97
Mondamin 177
Moosgrün 101
Morkit 242
Motorbenzole 268
Motorkraftstoffe 268
Mottenbekämpfung 239
Mottentod 241
Münzen 178
Multibionta 278
Multi-Gas-Detektor 33
Multi-Troxi-Pulver 61
Mundwasser 305

Nachweis organischer Stoffe 15
Nachweis von Metallen 18 f.
Nagele-Mottentod 241
Nagerbekampfung 242
Nahrungsmittel 178
Nahrungsmittelkonservierung 184
α-Naphthylthioharnstoff 243
Naßlöscher 60
Natreen 223
Natriumbicarbonat 188
Natriumchloratpräparate 235
Natriumcyclamat 222
Natrium-Cyclohexylsulfamat 222
Natriumglutamat 122
Natriumhydrogencarbonat 188
Natriumnachweis 17
Natriumnitrat 193
Natron 188, 254
Natronlauge 11
Natronsalpeter 76
Natronseifen 249
Nebona 51
Negative 199
Neocalcit 126
Neosept 72
Netz-Schwefelpräparate 233
Neurobion 276
Neutralisation 189
Neutralit 298

Sachregister

Neutralon 255
Nexa-Fliegenteller 239
Niadon 276
Nicobion 276
Nicotin 190 f., 230 f.
Nicotinpräparate 231
Nicotin-Räuchermittel 231
Nicotinsäureamid 275
Nikoflor 231
Niozym 276
Nitratnachweis 27
Nitrierhärtung 226
Nitrilotriessigsäure 290
Nitrit 193
Nitritnachweis 194
Nitritpökelsalz 193
Nitrocelluloselacke 106
Nitrophoska 82
Nivea-Creme 137
Nur 1 Tropfen 195
Nylon 65, 261
Nylweiß 286

OB 21
Obstbaumcarbolineum 232
Obstflecke 117
Obst- und Beerenweine 41
Ocker 97
Octanzahl 270
Öle 180
Ölfarbenflecke 116
Ölfarben- und Lackanstriche 48
Öl-in-Wasser-Emulsionen 134
Ölkitte 146
Ölkreiden 108
Öllacke 105
Ölofenanzünder 140
Ölshampoo 131
Östrogen 194
Okipan 288
Oktanzahl 270
Olivgrün 101
Ondrony 304
Opekta 127
Optische Aufheller 285
Orangeade 168
Orlon 65
Ortizon-Kugeln 299
Osmol F_1 238
Ossopan 126
Ovulationshemmer 194
Oxidrote 96
Oxidation 195

Palatal 158, 165
Palliacol 255
Panflavin 69
Pankreatin-Dragées 288
Pankreon 288
Panteen 133
Pantothensäure 275
Panthrie 229
Panvitan 280
Parathion 229
Parexan 231
Pastellfarben 108
Pasteurisieren 188, 259
Patentkali 80
PeCe 65
Pegulan 157
Pektine 126
Peligom 151
Pelikanol 151
Pellagra-Schutzstoff 275
Penicillin 196
Pepsodent 305
Perl-junior-Filterpatrone 192
Perlon 65, 260
Permanentgrün 101
Persil 282
Pertinax 157
Pertrix 263
Per-Verbindungen, Nachweis von 283
Perwoll 287
Pfizers Pflanzen- und Blumendünger 84
Pflanzenleime 102
Pflanzenschutz 245
Phenoplaste 157, 161
pH-Meter 298
Phoskamon 84
Phosphatdünger 80
Phosphatierung 217
Phosphatnachweis 29, 284
Phosphorsäurenachweis 29
Phosphorverb. 229
Photographieren 196
Photopapiere 199
Photoplatten 197
Phototrope Gläser 205
pH-Wert-Bestimmung 296
PID 253
Pigmente 93
Pilka 88
Pille 194
Pinopon-Schaumbad 53
Piz-Buin-Exclusiv-Creme 139

Placentubex 140
Plexidur 164
Plexiglas 158, 164
Plexigum 158
Pökeln 186
Polaroid-Verfahren 204
Politurflüssigkeiten 105
Pollopas 157
Polyacryle 65
Polyacrylnitrile 65, 261
Polyaddition 156
Polyäthylen 157, 161
Polyamide 65, 158, 260
Polybion 276
Poly-Crescal 84
Polyester 65, 158, 164
Polyester, ungesättigte 164 f.
Poly-Fertisal 84
Polykondensation 156
Polymerisation 156
Polymethacrylsäureester 158, 164
Polystyrol 158, 160, 163
Polyurethane 158
Polyvinylchlorid 157
Polyvinyle 65
Polyvital 276
Pompejanischrot 96
Positive 194
Pottasche 206
Preludin 245
Pressal 148
Preußischblau 99, 101
Pril 289
Procionfarbstoffe 111
Propan 206
Protovita 280
Punsch 44
Putzmittel 205
Pyrethrumpräparate 231
Pyromors 238

Quartamon 72
Quellen, alkalische 174

Racumin 243
Radierwasser 66
Radikal-Unkrautvertilger 235
Räuchern 187
Räucherpatronen 244
Raphatox 231
Rapidosept 72
Rasiercremes 139
Rasierseifen 252

Sachregister

Rasiersteine 207
Rasikal 235
Rattenbekämpfung 242
Rattex-Cuma 243
Raucherentwöhnungsmittel 193
Raupenleime 238
Rax 243
Reagenz 19
Reaktivfarbstoffe 111
Redon 261
Redoxit 84
Redoxvorgang 195
Reduktion 195
Reduktionsvorgänge 195
Regenon 245
Regina-Hartglanzwachs 57
REI 288
Reinigungsmittel 208 f.
Reinigungsverfahren 212
Reinigung von Leder 216
Reinigung von Linoleum 215
Reinigung von Marmor 215
Reinigung von Metallen 214
Reinzuchthefen 41
Remazolfarbstoffe 111
Rendsburger Gartendünger 84
Rennie 255
Resopal 157
Reyon 65
Rezepte zu kosmetischen Präparaten 130, 131, 137, 153, 305
Rhenaniaphosphat 81
Rhodandinitrobenzol 234
Rhovyl 65
RIE 253
Riechfläschchen 226
Riseptin 72
Rispa-Bleichcreme 137
Rodent Repellents 242
Rodinal-Feinkorn-Entwickler 199
Rötel 96
Roha-Salz 255
Rohnicotin 190, 231
Rohrzucker 183
Rost 215 f.
Rosten 215
Rostflecke 118
Rostschutz 215
Rostschutzanstriche 218
Rostschutzmaßnahmen 216
rote Tinte 266

Rotocker 96
Rotweinbereitung 41
Rotweinflecke 117
Rubivitan 276
Rum 44
Rumetan FK 243
Rumetan-Wühlmausköder 243
Rustica 83
Rutin 279
Rutinion 279

Saatbeizmittel 220 f.
Saatbeizverfahren 221
Saccharin 221
Säuerlinge 174
Säurefarbstoffe 110
Saftverzehrer 228
Sagrotan 72
Salbengrundlage 134
Salicylsäure 223
Salmiakgeist 225
Salpetersäure 11
Salpetersäurenachweis 27
Saltrat 54
Salzsäuregas 32
Samtgrün 101
Sasil 290
Satina-Creme 137
Sauerstoff 31
Sauerstoffbad Bastian 54
Sauerstoffbad Helag 54
Sauerstoffbad mit Fichtenöl „Dr. Schupp" 54
Schädlingsbekämpfung 226
Schädlingsbekämpfung, biologische 245
Schädlingsbekämpfung, neue Wege 244
Schauma 131
Schaumlöschgeräte 62
Schaumstoffe 150
Schaumweine 44
Schellack 104
Schiefermehl 102
Schiwachs 58
Schlank-Dragées Neda 246
Schlankheitsdragées Minus 246
Schlankheitsdrinks 246
Schlankheitsmittel 245
Schlank-Schlank 246
Schlußdesinfektion 69
Schmierseifen 249
Schneckenbekämpfung 241
Schneckentod 241

Schneelöscher 61
Schnellwaschmittel 281
Schuhcreme 247
Schwangerschaftstest 248
Schwarzkopf-Seborin 133
Schwarzkopf-Trocken-Schaumpoon 132
Schwarzweiß-Photographie 197
Schwefeldioxid 31
Schwefelfarbstoffe 110
Schwefelkalkbrühe 233
Schwefeln 40
Schwefelnachweis 23
Schwefelsäure 11
Schwefelsäurenachweis 26
Schwefelsaures Ammoniak 77
Schwefelverbindungen 232
Schwefelwässer 176
Schwefelwasserstoffgas 33
Schweinfurtergrün 101
Scillirosid 243
Sebalds Haartinktur 133
Seifen 249
Seifen, medizinische 251
Seifennachweis 283
Sekt 44
Sekuron P 237
Selektonen 236
Selgin 305
Sepso-Tinktur 72
Sevilan-Creme 137
Sexuallockstoffe 244
Shampoo 131
Sherry 44
Sichel-Leim 48
Sichozell-Leim 151
Sidol 211
Sigella 131
Signal extra 305
Sil 289
Silan 289
Silberflecke 121
Silbermanns Gartendünger 84
Silbernachweis 22
Silbernitrat 12
Silberspiegel, Herstellung 256
Silesia 231
Silicatnachweis 29
Silicone 158
Siliconlack 107
Siliconöl, Bayer 158
Silicon-Präparate 48

Sachregister

Silinfarben 48
Silvapin 54
Silvapin-Sauerstoffbad 54
Simazin 235
Simplicolfarben 109
Skai 157
Smyx-Haarwaschcreme 131
Soda 253
Sodbrennen 254 f.
Solbar 233
Sommersprossencreme 136
Sommersprossenpuder 136
Sonnenbrandcreme 138
Sonnenschutzöl 139
Sorbinsäure 185
Sorbit 223
Spalt-Tabletten 36
Spanischrot 96
Speichergas 273
Spektrol 115
Spezialvolldünger Hoechst 83
Spiegel 256
Spray 257
Spritessig 90
Spritlacke 105
Sprühdosen 257
Stabilisatoren 299
Stabilit 148
Stärke 183
Stärkenachweis 183
Stahlwässer 175
Standard-alupast-Herdpflege 211
Standöl 104
Stark-Jod-Kaliklora 304
Steinhäger 44
Stickstoffdünger 76
Stickstoffmagnesia 78
Straub-Kaltwelle 144
Streichhölzer 306
Styptobion 279
Styropor 163
Sublimatlösung 68
Substantivfarbstoffe 111
Süßmost 258 f.
Süßstoffe 221 f.
Sugan 243
Sulfatnachweis 26
Super Luzil 288
Superphosphat 80
Supradyn 280
Surfen 73
Syndets 253
Synthesefasern 260 f.
Synthetics 260

synthetische Lacke 106
synthetische Tenside 281
synthetische Waschmittel in Stückform 253
systemische Insektizide 230 f.

Tabak 191
Tafelessig 89
Tafelwässer 174
Tageslicht-Entwicklungsdose 198
Talimon 255
Talpan 243
Tamlo 139
Tannin 127
Taschenbatterien 263
Taschenfeuerzeug 307
Tashan-Multivitamin-Creme 137
Taxofit 277
Tego 103 G.S. 73
Teichdüngung 85
Temperafarben 108
Tenside 280 f.
Termitin 279
Terpentinlacke 105
Terpentinölersatz 57
Terra di Siena 97
Tetraäthylblei 271
Thalliumsulfat 244
Thermoplaste 155
Thiamin 274
Thioglykolsäure 88
Thiurame 234
Thomapyrin 50
Thomasmehl 81
Thuricide 229
Tide 290
Tinol-Draht 171
Tinol-Weichlötmasse 171
Tinopale 285
Tinten 265
Tintenkiller 66
Tintenstifte 57
Tinte, rote 266
Tischlerleimtafeln 149
Titanweiß 95
Tocopherol 278
Togal 50
Tomorin 243
Tormona 100, 237
Toxaphen 244
Transparentseifen 251
Traubenzucker 183
Traubenzuckernachweis 183

Treibmittel 257
Treibstoffe 267
Trevira 65, 262
Tributon D 237
Trichloracetat 235
Trichlorathylen 115
Trilysin 133
Trinatriumphosphat 208, 292
Trinkwasser 295
Trissol 84
Trockenbatterien 263
Trockenbeizverfahren 221
Trocken-Handreiniger „Globo" 253
Trockenhautwäsche 253
Trockenlöscher 60
Trockenrasier-Tonics 273
Trolitul 158
Trolon 157
Trunksucht 36
Trypaflavin 69
Tugon-Fliegenmittel 239
Tungöl 104
Tuschen 267
T-Vitazell 280

UA-Salze 234
UHU-Alleskleber 147
UHU-Alleslöser 148
UHU-Flux 115
Ultin 255
Ultrafin 199
Ultramarin 99
Ultramarinblau 100
Ultramid 158
Ultrapas 157
Ultraphor 285
Umbra 97
Umbramatic-Gläser 206
Umweltschutz 33, 140, 295
Universalindikatorpapiere 297
Universalkittpulver 147
Unkraut-Ex 235
Unkrautvertilgung 235
Untersuchungssubstanz 14
U-Salze 238
U 46 236
U 46 KV 237
Uvitex 285

Valvanol 73
Vanishing-Cream 140
Vel 253
Verbißschutz 241

Sachregister

Verchromung 218
Verdünnungsmittel 107
Vergällungsmittel 37
Vergrämungsstoffe 242
Vergrößern 200
Vernickeln 218
Veronesergrün 101
Verzinkung 218
Verzinnen 218
Vestolen 157
Vestolit 157
Vestopal 158
Vestyron 158
Vicelat 277
Vigantol 278
Vigorsan 278
Viktoriagrün 102
Vim 209
Vioform 73
Vitamine 273
Vitamin A 274
Vitamin B_1 275
Vitamin B_2 275
Vitamin B_4 275
Vitamin B_{12} 276
Vitamin-B-Komplex 274
Vitamin C 276 f.
Vitamin D 277
Vitamin E 278
Vitamin F 278
Vitamin H 279
Vitamin K 279
Vitamin T 279
Vitaminhaarwasser Panteen 133
Vitemonta 278
Vogan 274
Volldünger 75, 82
Vollwaschmittel 281
Vollweizen-Gel 246
Vomasol S 233

VPI (Vapor Phase Inhibitor) 219
Wachstumsvitamin 275
Wässern 198 f.
Wandtafelkreiden 108
Warmwasserfarben 107
WAS 280
waschaktive Substanzen 280
Waschhilfsmittel 280
Waschmittel 280
Waschmittel, synthetische 253, 281
Wasser 290
Wasserglas 103, 285, 295
Wasserglasanstriche 47
Wasserglaskitt 147
Wasserglas-Klebestoffe 151
Wasserhärte 293
Wasser-in-Öl-Emulsion 134
Wasserstoffgas 32
Wasserstoffionenkonzentration 296
Wasserstoffperoxid 298
Weichlot 169
Weinbereitung 39
Weinbrand 44
Weinessig 91
Weinhefen 40
Weinsäure 52
Weinstein 52
Weißeffekt bei Waschmitteln 285
Weleda Zahncreme 305
Wermutwein 44
Wespenbekämpfung 238
Whisky 44
Widder-Hartwachs 57
Wiedotox-Schutzfarbe 239
Wildverbiß 241

Wipolan-Faser 123
Wirkstoffe in kosmet. Präp. 154
W/Ö-Emulsion 134
Wodka 45
Wofatite 292
Wolmanit-Antiflamm 238
Wolmanit I 238
Wurzelnager 228

Xylamon 238
Xyladecor 238

Zahnmed 305
Zahnpflegemittel 300
Zahnpulver 301
Zaponlacke 106
Zellwolle 65
Zeozon 138
Zephirol 73
Zest 253
Zigarette 192
Zigarette, nikotinfrei 191
Zigarette, nicotinarm 191
Zineb 234
Zinkgelb 98
Zinkgrün 100
Zinkkitt 146
Zinknachweis 19
Zinkphosphid 243
Zinkweiß 94
Zinnachweis 22
Zinnober 96
Ziram 234
Zitronat 306
Zitronenlimonade 168
Zucker 178
Zuckergenuß 306
Zündhölzer 306

Ein weiterer Leckerbissen für Chemie-Freunde ist das Kosmos-Mineralogie-Praktikum. Es ist einerseits der Schlüssel zur Zauberwelt der schönen Steine, Minerale, Kristalle und deshalb für alle Mineraliensammler unentbehrlich, andererseits ermöglicht es dem Hobby-Chemiker eine Reihe interessanter, wenig bekannter chemischer Untersuchungen und Versuche.
eine Reihe interessanter, wenig bekannter chemischer Untersuchungen und Versuche.
Das ausführliche Experimentierbuch mit zahlreichen farbigen Abbildungen, Tabellen und erklärenden Zeichnungen führt in die Mineralogie, Kristall- und Gesteinskunde ein. Es macht mit den chemischen und physikalischen Untersuchungsmethoden zur Prüfung und Bestimmung von Mineralien und Steinen vertraut, u. a.: Feststellung von Strichfarbe, Glanz, Bruch, Spaltbarkeit, Härte und Magnetismus nach äußeren Kennzeichen – innerer Aufbau der Minerale – Nachweiß von Mineralgruppen wie Karbonate, Fluorite, Phosphate, Silikate, Sulfate und Sulfide sowie Elementen wie Aluminium, Antimon, Arsen, Blei, Cadmium, Eisen, Kobalt, Kupfer, Magnesium, Mangan, Molybdän, Nickel, Quecksilber, Uran, Wismut, Silber, Zink – Kennenlernen von Kristall-Systemen durch Bau von Kristallen im Modell.
Alle für die Versuche benötigten Materialien wie Holzkohle, Magnesiastäbchen, Lötrohr, Spiritusbrenner, Mörser mit Pistill, Reagenzgläser, verschiedene Chemikalien, Lupe, Strichtafel usw. sind beigegeben, dazu 20 Minerale einschließlich Mohs'scher Härteskala und Modellbaubogen für 12 verschiedene Kristalle.

Und das schreibt Friedrich Oehme in der Einleitung des Anleitungsbuches zum Mineralogie-Praktikum:
Schönheit, das Erlebnis von Farbe, Form oder Glanz sind es, die am Anfang des Hobbys Mineraliensammeln stehen. Doch wie bei allen intensiver betriebenen Liebhabereien befriedigt bald der ästhetische Genuß allein nicht mehr. Man verlangt nach mehr Information, nach tieferem Wissen über Aufbau und Zusammensetzung. Hier hilft das „Mineralogie-Praktikum" weiter. Es bietet Arbeits- und Anschauungsmaterial für die bestimmenden Kennzeichen der Minerale *und* die Mittel, um in sie „hineinzuschauen". Strichtafel, Lupe, Magnet usw. ermöglichen die Bestimmung äußerer physikalischer Merkmale und Eigenschaften; Lötrohr, Holzkohle, Chemikalien usw. erlauben es, die Elemente zu erkennen, aus denen Minerale aufgebaut sind. Die Benennung anhand der Bestimmungstabellen des „Praktikums" wird dann keine Schwierigkeit mehr sein.
Die Arbeitsmethoden, die das „Praktikum" präsentiert, bereiten bei normalem handwerklichem Geschick, ein wenig Geduld und Übung keine unüberwindlichen Schwierigkeiten. Alle Versuche lassen sich ohne Vorkenntnisse durchführen und bringen sichere Ergebnisse. Die Mineralmengen, die für die Untersuchungen benötigt werden, sind so gering, daß sammelnswerte Mineralstufen in keiner Weise beeinträchtigt werden. Und auch der Sammler von Kleinstufen, sogenannten Micromounts, kann damit seine Funde bestimmen.
Das „Mineralogie-Praktikum" enthält als Übungsmaterial 20 typische und wichtige Minerale, mit denen zunächst experimentiert werden sollte, um sich die erforderliche Geschicklichkeit anzueignen. Als nächster Schritt können die erlernten Methoden zur Mineralbestimmung dann auch auf wertvollere Stücke der eigenen Sammlung oder Neufunde ausgedehnt werden.
Dazu wünsche ich Ihnen viel Freude und Erfolg.

Chemie... von den ersten Versuchen bis zur anspruchsvollen Labortechnik

Kosmos Spiele mit Chemie
Die verblüffenden chemischen Zauberkunststücke erlauben einen ersten Blick in die geheimnisvolle Welt der Chemie und begeistern jeden, auch wenn Chemie als Schulfach noch nicht dran ist. So wird das Interesse an Chemie spielend geweckt und der Grundstein für ein faszinierendes Hobby gelegt. Der Kasten enthält eine Grundausrüstung mit harmlosen Stoffen – es braucht nichts erhitzt zu werden – und ein reich bebildertes Anleitungsbuch, das zu spannenden Versuchen anregt, die schon Kindern ab 9 Jahren gelingen.
Bestell-Nr. 64 35 11

Kosmos Chemie-Junior
Die praxisnahe Experimentierausrüstung für Kinder ab 10 Jahren. Griffbereit im Kasten untergebracht sind u.a.: Chemikalien, Grundplatte, Probiergläser, Heizmulde, Trockenspiritus, Filtrier- und Lackmuspapier, Glasrohre, Stopfen und Spatel. Damit lassen sich 150 interessante Versuche aus der Umwelt des täglichen Lebens, aus Küche und Haushalt ohne Risiko durchführen.
Bestell-Nr. 62 45 11

Kosmos Chemie-Praktikum All-Chemist
Ein fesselnder, praxisbezogener und leicht verständlicher Streifzug durch die anorganische und organische Chemie für Jungen und Mädchen ab 12 Jahren mit positiver Wirkung auf die Schulergebnisse: Der Einblick in den Aufbau der Materie aus Atomen und Molekülen schafft die Voraussetzungen für das Verständnis chemischer Vorgänge. Auszug aus dem Versuchsprogramm: Säuren, Basen, Miniaturfeuerlöscher, Springbrunnen im Probierglas, künstlicher Nebel, Wetteranzeige, Eisennachweis, Kohledestillation, Molekülspaltung, alkoholische Gärung, Seifenherstellung, Kohlehydrate, Eiweiß. Im umfangreichen, mit 180 farbigen Textillustrationen und Fotos ausgestatteten Experimentierbuch werden 245 gefahrlose Versuche beschrieben.
In der jetzt vorliegenden Neuausgabe dieses Kastens sind attraktive Versuche aus dem Bereich der Chemolumineszenz hinzugekommen sowie Überraschungen für Hobby-Kriminalisten.
Bestell-Nr. 62 35 11

Kosmos Chemie-Labor C1

Atombau, chemische Bindung, Säure-Basen-Theorie, Redoxreaktionen, elektrolytische Dissoziation... hier bekommt der Jung-Chemiker einen fundierten Einblick in alle Bereiche einschließlich der Kunststoff- und Nahrungsmittelchemie. Über 400 Versuche machen mit den Zusammenhängen vertraut. Er lernt mühelos die wichtigsten Handgriffe und Grundoperationen kennen: Filtrieren, Destillieren, Sublimieren, Titrieren, Extrahieren und vieles mehr. Auch ausgesprochen moderne Laborverfahren wie die Papierchromatographie werden berücksichtigt. Das Chemie-Labor C1 ist ein abgeschlossener Lehrgang auf experimenteller Basis und vermittelt ebenso praktische Tips wie wichtige theoretische Grundkenntnisse. Eine willkommene Ergänzung zum oft vorwiegend theoretischen Chemie-Unterricht!
Ab ca. 14 Jahren. Bestell-Nr. 6135 11

Kosmos Chemie-Labor C2

Chemie für Fortgeschrittene: dieser Experimentierlehrgang wird höchsten Ansprüchen gerecht und ist zugleich Aufbaustufe zum Kosmos Chemie-Labor C1. Die umfangreiche Experimentierausrüstung mit allen wichtigen Spezialgeräten wie z.B. Bürette, Pipette, Meßzylinder, Erlenmeyerkolben usw. ermöglicht eine Vielzahl von wichtigen Versuchsanordnungen. Selbst komplizierte Sachverhalte sind so leicht zu erfassen, z.B. Orbitalmodell, pH-Wert, Pufferlösungen, Redoxpotentiale, Massenwirkungsgesetz usw.
Mit einem zusätzlichen Elektronik-Bausatz können auch elektronische Untersuchungsmethoden angewandt werden. Das 240seitige Experimentierbuch behandelt in 236 Versuchen Grundlagen, Methoden und Anwendungen der Chemie.
Übrigens: keine Angst mehr vor dem Abitur; mit den Kosmos-Experimentierkästen C1 und C2 kann im Selbststudium das gesamte Abiturwissen in Chemie erarbeitet werden.
Ab ca. 16 Jahren. Bestell-Nr. 6136 11

Kosmos-Experimentierkästen sind im Hobby- und Spielwarenhandel erhältlich.

Wenn Sie sich ausführlich über das Kosmos-Experimentierprogramm informieren möchten, fordern Sie bitte unverbindlich unseren Prospekt »Kosmos-Experimentierkästen« an:

Kosmos-Verlag, Postfach 640, 7000 Stuttgart 1